谨以此书献给奋斗在中国数据中心基础设施工程领域的设计、建设与运维的工程师们

This book is dedicated to the engineers of design,construction and operation&maintenance who have been working for the infrastructure construction of China Datacenter

中国数据中心
技术指针

China Datacenter Technology Guide

第 I 辑

钟景华 等著

本书是中国数据中心建设和运维系列丛书的第Ⅰ辑，以数据中心为背景，结合数据中心的系统设计及应用要求，围绕供配电系统、空调系统、机柜系统、网络系统和布线系统等方面，侧重描述系统结构、规划设计、产品应用、技术发展趋势等内容，填补了国内空白，对于推动和发展我国数据中心基础设施的设计、建设、运营和维护，具有深远的意义。

本书可供从事数据中心基础设施的工程设计、建设、运营、维护和技术支持的相关单位，以及金融、互联网、工业等领域的企事业单位使用，包括银行、证券交易所、移动运营商、电子商务、基金公司等机构的信息管理部门和高校相关专业的技术人员、在校师生参考使用。

图书在版编目（CIP）数据

中国数据中心技术指针．第1辑／钟景华等著．--北京：机械工业出版社，2014.11

（中国数据中心建设和运行维护系列丛书）

ISBN 978-7-111-48664-0

Ⅰ．①中… Ⅱ．①钟… Ⅲ．①机房－建设－中国 Ⅳ．①TP308

中国版本图书馆CIP数据核字(2014)第268682号

机械工业出版社（北京市百万庄大街22号，邮政编码100037）
策划编辑：张丰收　　责任编辑：朱 历
装帧设计：侯媛媛　　责任校对：张万英 鞠 佳 杨晓花　　责任印制：陈大立
版式制作：北京睿心达图文设计有限公司
印刷制作：北京博海升彩色印刷有限公司
2014年10月第1版印刷
180mm×250mm・19.5印张・300千字
0-5000册
标准书号：ISBN 978-7-111-48664-0
定价：220.00元（简精装版）

中国数据中心技术指针

China Datacenter Technology Guide

著作者：

钟景华 研究员

GB 50174《数据中心设计规范》编写组 组长、中国数据中心工作组 组长、中国数据中心专家技术委员会 主任委员、中国电子工程设计院 副总工程师、世源科技工程有限公司 总电气师。

主要统稿编撰人：

曹 播

艾默生网络能源有限公司 数据中心解决方案及产品部 总经理、《中国数据中心技术指针》第Ⅰ辑 主要统稿编撰人、中国数据中心专家技术委员会 技术专家、《数据中心供配电系统技术白皮书》主笔。

主要参编人：

王前方

艾默生网络能源有限公司 数据中心市场研究经理、中国数据中心专家技术委员会 技术专家、《数据中心机房空调系统技术白皮书》主笔。

陈 川

深圳英维克科技有限公司 市场总监、中国数据中心专家技术委员会 技术专家、《数据中心机房空调系统技术白皮书》主笔。

何云晖

上海杜尔瑞克电子设备有限公司 总经理、中国数据中心专家技术委员会 技术专家、《数据中心机柜系统技术白皮书》主笔。

庞俊英

阿里巴巴 数据中心 首席构架师、中国数据中心专家技术委员会 技术专家、《数据中心网络系统技术白皮书》主笔。

陈宇通

美国西蒙公司 技术总监、中国数据中心专家技术委员会 技术专家、《数据中心布线系统工程应用技术白皮书》主笔 。

参编企业：

斯特莱恩电气信息技术（北京）有限公司　施耐德万高（天津）电气设备有限公司
威图电子机械技术（上海）有限公司

中华文化第一云数据中心

中华文化第一云数据中心位于北京市房山区，数据中心由四个机房楼组成，每个机房楼为四层建筑，建筑面积 19600平方米，总建筑面积 78400平方米，达到国家规范 GB 50174—2008《电子信息系统机房设计规范》的 A、B级标准要求，每栋机房楼建设 14个模块，共计 56个机房模块，共计安装 10000台机柜，机柜功率密度为 4kW～6kW /机柜，空调系统采用自然冷却技术，PUE < 1.5。

序言
Preface

数据中心，迎接大数据时代的技术挑战

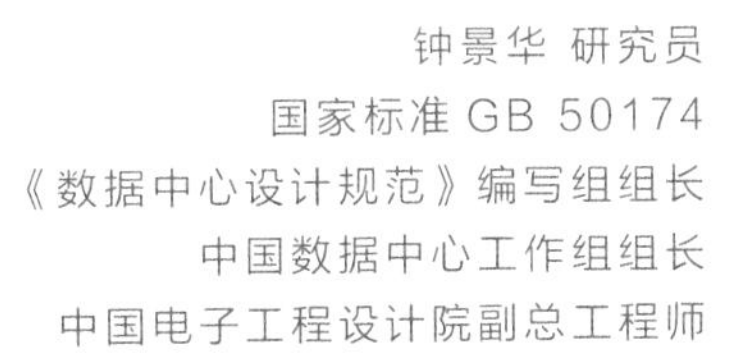
钟景华 研究员
国家标准 GB 50174
《数据中心设计规范》编写组组长
中国数据中心工作组组长
中国电子工程设计院副总工程师

《中国数据中心技术指针》付梓出版之际，作为本书的著作者，一名中国数据中心建设快速发展的亲历者和建设者，我感慨万千。

卅载光阴间，中国信息化工程基础设施的发展，从无到有，从电子计算机房到数据中心的发展演变，正是中国繁荣昌盛、创新进步的真实写照。

1987 年，中国第一批从事计算机机房建设的工程师集合在一起，开始编制一部关于计算机机房建设的国家标准。经过 6 年的调研、编制和审批，到 1993 年我国第一部也是世界第一部关于计算机机房设计的国家标准《电子计算机房设计规范》由国家技术监督局和建设部联合发布实施，机房建设由此开始了一个新的阶段。在这个阶段，电子信息设备逐渐小型化，多台计算机联网，智能建筑开始应用计算机进行控制和管理，计算机机房开始使用恒温恒湿的专用空调和 UPS 电源。

进入 21 世纪，随着电子信息技术的高速发展，机房建设又开始了一个更新阶段。2005 年，中国又一批从事机房建设的工程师集合在一起，开始编制中国第二部关于机房建设的国家标准。经过 3 年的不断努力，到 2008 年新版国家标准 GB 50174—2008《电子信息系统机房设计规范》由住房和城乡建设部、国家质量监督检验检疫总局联合发布实施。在国际上，2005 年美国通信行业协会发布了 TIA 942《数据中心通信设施标准》。在此后的阶段，各类数据中心（IDC 互联网数据中心、EDC 企业数据中心、CDC 托管

中国农业银行河北省分行数据中心

中国农业银行河北省分行数据中心位于河北省石家庄市，占地面积 3818平方米，建筑面积 8980平方米，可以满足河北农行未来 10年业务发展需要。数据中心为二层建筑，达到总行《中国农业银行分行信息系统机房建设与管理指引》一级机房标准，达到国家规范 GB 50174—2008《电子信息系统机房设计规范》的 A级标准要求。数据中心共有 4个模块，597台机柜，机柜功率密度为 3kW ~ 5kW /机柜，空调系统采用自然冷却技术，PUE < 1.5。

数据中心）替代了过去分散的小型计算机机房，供配电系统和空调系统的可靠性得到提高，机柜和机架成为IT设备的载体，网络技术得到发展，信息资源整合在加速，数据中心的需求在快速增长。

中国数据中心建设最早是由政府数据集中开始，进而到金融、电信、互联网，大型企业也开始建设自用数据中心。随着数据中心建设和运维管理专业化程度的提高，第三方托管数据中心得到了长足发展。数据中心的发展从成本中心到服务中心，功能从支撑业务发展到驱动业务，最终将使其成为业务创新的加速器。

随着通信、云计算、大数据、互联网、金融、游戏、电子商务和电子政务等技术的发展，更多的数据中心将不断建设。数据中心建设是一个复杂的系统工程，涉及到能源、选址、规划、建筑、结构、供配电、空调、通信、消防和监控；涉及到服务器、存储和网络；涉及到运维、管理、服务和应用。未来的数据中心将实现监控可视化、控制自动化、管理流程化。数据中心将承担越来越重要的战略角色，也将面临着众多的挑战和机遇。

在我动手写这篇序言的时候，想到以前在一些杂志和书籍中看到的好文章，我想找出来重新读一下，可翻阅了很多本书和杂志也没有找到这些文章，这让我再次感到“数据”的重要，如果这些文章储存在数据中心，搜索一下就可以找到了，这才是“数据”存在和不断被使用的核心价值。随着“大数据”时代的到来，“数据”这种抽象的东西越来越清晰地表现在人们的日常生活中。我们正处于数据和信息大爆炸的年代，各行各业将依赖于数据和信息的发展而发展，世界在信息网络的互联下，成为一个地球村，在人们未来的工作和生活中，数据和信息就像水和电一样，成为不可缺少的元素。就像发电厂为电网提供源源不断的电力支持一样，数据中心为信息网络提供源源不断的数据和信息支持。

本书是中国数据中心建设和运维系列丛书的第I辑，主要涉及数据中心的一些关键技术，内容包括数据中心供配电系统、空调系统、机柜、网络和综合布线技术的理论和实践经验，希望读者能从书中得到启迪和帮助。

本书由中国数据中心工作组组织行业专家编写，在此感谢为此书出版付出努力的各位专家及全体工作人员。

是为序。

钟景华

2014年春节 于北京

中国信达灾备数据中心

中国信达灾备数据中心位于安徽省合肥市滨湖新区，建设用地面积55602平方米，地上总建筑面积 173257平方米，包括数据中心、后援中心、呼叫中心、办公等建筑。数据中心为四层建筑，达到国家规范 GB 50174—2008《电子信息系统机房设计规范》的A级标准要求，机柜数量为1000台，机柜功率密度为 8kW /机柜，采用水冷空调系统和热回收技术，PUE< 1.5。

序言
Preface

Datacenter to Meet the Technical Challenges of Big Data

Zhong Jinghua Professor
Leader of the writing group of National Standard
GB 50174'Code for Design of Datacenter '
Leader of China Data Center Committee
Deputy chief engineer of China Electronics Engineering
Design Institute

China Datacenter Technology Guide is being published. As the author of the book and as the witness and designer of datacenter rapid development in China, I am filled with emotion.

During thirty years, China information engineering infrastructure has developed from scratch and from electronic computer room to datacenter. The evolution is the true portrayal of China's prosperity and innovation.

In 1987, a group of computer room engineers first gathered together to prepare a China national standard of computer room construction. After 6 years' investigation, preparation and approval, China's first and the world's first national standards on computer room design——Code for Design of Computer Room by the State Quality Supervision Bureau and the Ministry of Construction jointly issued in 1993. The Computer room construction started into a new stage. Then the IT equipment became progressive miniaturization, and multiple computers started in network. The intelligent building began using computer control and management, and computer room began using CRAC and UPS.

In 21st century, with the rapid development of electronics information technology, the datacenter construction has entered a new stage. Another group of datacenter engineers gathered again to compile China's second national standard about computer room construction

中石油北京昌平数据中心

中石油北京昌平数据中心位于北京市昌平新城中关村国家工程技术创新基地，规划总用地 6.10公顷。数据中心为四层建筑，建筑面积 31360平方米，达到国家规范 GB 50174—2008《电子信息系统机房设计规范》的 A级标准要求。机柜数量为4468台，机柜功率密度为 3kW～7kW／机柜。供电和制冷系统采用“冷热电”燃气三联供和自然冷却技术，PUE＜1.5。

in 2005. With 3 years of continuous efforts, the national standards GB 50174——Code for Design of Electronic Information System Room by the Ministry of Housing and Urban–rural Development(MOHURD) and the General Administration of Quality Supervision, Inspection and Quarantine(AQSIQ) jointly issued in 2008. The American Telecommunication Industry Association published TIA 942 Datacenter Communications Facility Standard was in 2005. Various datacenters (e.g.IDC–Internet Datacenter, EDC–enterprise datacenter, CDC–colocation datacenter) have replaced the past scattered small computer rooms, thus have enhanced reliability of power distribution system and air conditioning systems. Cabinets and racks have become the IT equipment carriers, network technologies have grown up, information resources integration has accelerated, and the datacenters demand has been growing rapidly.

China's datacenter construction was started from the governmental data collection, then entered the finance, telecommunications and internet. Large enterprises have built their own datacenters as well. The specialization of datacenter construction and operation management increase. The datacenters managed by the third party have developed very fast. The development of the datacenter from a cost center to a service center and from the business supporting to the business driving, will eventually make it as an accelerator for the business innovation.

Following the development of the cloud computing, big data, the Internet, financial services, gaming, e–commerce and e–governmental business technology, more and more datacenters will continue to be built. The datacenter construction is a complicated systematic project involving the energy, site selection, planning, architecture, construction, power supply, air conditioning, communications, fire control and monitoring, and related to servers, storage and networks, as well as the operation, management, services and applications. The future datacenter will implement its monitoring visualization, control automation and process management. It will assume an important strategic role, and face numerous challenges and opportunities increasingly.

When I began to write this preface, I have remembered some good articles in old magazines and books. I wanted to review but couldn' t find them eventually, which reminded me the importance of the data. If these articles are stored in the datacenter, they would be easily searched. This is the core value of the data existing and reusing constantly. When the big data age comes, abstract data become much clear in people' s dairly life. We are in the data and information explosion era. All industry will depend on the development of data and information. Under the information network interconnection, the world is becoming a global village. In future the data and information become an indispensable element just like water and electricity when people are working and living. As the power plant provides a steady flow of electric power to the grid, the datacenter provides a steady a steady flow of the data and information to the support information network.

This is the first book of the series books on China's datacenter construction and operation. It mainly involves some key technologies in the datacenter, including it's power distribution systems, air conditioning systems, cabinets, networks and cablings as well as theoretical and practical experiences. We hope readers can get inspirations and helps from the book.

This book is organized by CDCC(China Data Center Committee).We appreciate the hard work of the experts of the circle and the effort of all staff for its publication.

Zhong Jinghua
Chinese New Year 2014

机械工业信息研究院

机械工业信息研究院，成立于1952年。62年来，秉承“服务国家经济社会科技全面进步”的宗旨，坚持产业化发展的方针，建立了一套完整的信息资源采集、加工、传播和服务体系，形成了以图书出版、期刊出版、信息咨询和图书分销四个主导产业协同发展，研究、出版、培训、印刷、发行、分销纵向一体化的多领域、多学科的大型综合性信息内容采集、加工、传播、咨询的服务能力，是目前我国工业领域最大、科技领域综合实力最强的大型国有信息咨询机构。

序言
Preface

数据中心大有作为

郭锐 教授级高工 /编审
机械工业信息研究院 副院长
机械工业出版社 副社长

数据中心是现代信息社会的重要基础设施，如何规划好、建设好数据中心，是实现中国经济转型升级的重大技术课题之一。因此，数据中心技术白皮书能够以《中国数据中心技术指针》的形式公开出版，应该说是恰逢其时。

中国数据中心工作组，自 2009 年创立以来，在钟景华研究员的领导下，在百余位数据中心行业技术专家和近 200 余家会员单位的大力支持下，奋发有为、不懈创新，以数据中心相关国家标准编制为核心，以标准宣贯为平台，以技术白皮书为抓手，所取得的成绩和行业尊重，是有目共睹、值得赞誉的。

中国数据中心工作组，以引领技术创新为主题，发挥专家型人才的重要作用，倡导设计与应用、产品与系统、建设与管理全产业链的协同创新，就数据中心规划设计、工程建设、产品应用、运营管理等领域中的热点技术话题进行交流和研讨，系统总结编制了多本技术白皮书。应当说，这是一项增强创新自信、推动技术进步、有应用成效的探索性工作，其意义是深远的。

习近平同志系列重要讲话多次强调，实施创新驱动发展战略，就是要发挥科技创新的支撑引领作用，增强科技进步对经济增长的贡献度，形成新的增长动力源泉，推动经济持续健康发展。从要我创新变为我要创新，促进创新链、产业链、市场需求有机衔接，加快从要素驱动发展为主向创新驱动发展转变，正成为中国各行业技术组织推动技术创新的中心工作，这正是机械工业信息研究院、机械工业出版社大力支持中国数据中心工作组开展相关工作的初衷。

《中国数据中心技术指针》作为凝聚中国数据中心建设领域各方专家的心血之作，本书第 I 辑汇集了数据中心技术领域近年来在规划设计、产品应用和工程建设等多方面的工作成果，阶段性地系统总结了数据中心供配电系统、空调系统、机柜系统和布线

CMP
机械工业出版社
机械工业出版社，成立于 1952年，现隶属于机械工业信息研究院。62年来，机工社以传播先进科技和先进文化为己任，广泛采集国内外优质出版资源，逐步形成了专业出版、教育出版、大众出版的产业格局，并向数字出版、产品流通、电子商务、网络教育延伸，构建起了完整的知识信息采集、加工、传播服务体系，是目前国内规模最大的综合性科技出版社之一。
2001年至今，机工社连续十年保持全国图书零售市场占有率综合排名第一的佳绩；2008年起，机工社连续四年被世界品牌实验室评选为“中国 500最具价值品牌”；2009年，机工社在国家新闻出版总署组织的社店互评活动中名列第一。
在全世界的科技出版领域，被誉为中国的“麦克劳希尔”、“斯普林格”，品牌价值广受认可。

系统的工程理论和实践经验，重点阐述了数据中心环境要求、设备布局、供配电设计、机柜系统布置、空调系统优化、布线系统规划等方面的技术条件和方法，符合国家相关现行标准的规定，对数据中心的发展趋势、规划思路、设计方法、产品选择、系统配置和运营管理有较高的参考价值，是一本数据中心领域普及性、实用性相结合的高端技术专著，具有一定的引领性和前瞻性。

在中国新型工业化和信息化融合发展的道路上，期盼更多像中国数据中心工作组这样能够主动擎举创新精神旗帜的优秀行业技术组织的涌现。真诚祝愿中国数据中心工作组，在钟景华研究员和专家团队的带领下，把握大数据、云计算快速发展带来的历史机遇，在未来推进中国数据中心创新发展的工作中取得新的突破、作出新的贡献！

是为序。

郭致

2014 年 10 月 1 日 于北京

全球电力公司（Universal Electric Corporation，UEC）总部位于美国宾夕法尼亚州（PA，USA），创建于1924年，80多年来专注于为全球的客户和合作伙伴提供安全、灵活的供配电解决方案。现在已被广泛誉为定制化供配电的行业领导者。

序言
Preface

STARLINE®
TRACK BUSWAY

The Advantages of Flexible, Customized Power Distribution in Data Centers

Bruce Moore
Starline Asia Pacific Region Manager
Starline（斯特莱恩）亚太区总裁

Universal Electric Corporation with global headquarters at 168 Georgetown Road, Canonsburg, PA-USA 15317 is dedicated to provide safe and flexible power distribution solutions to highly valued customers and business partners across the globe. As a privately held family company, it was founded in Pittsburgh, Western Pennsylvania by Donald Ross, who worked as an electrician and was determined to restore the city' s electricity after the Great Flood in 1924. Because of the company' s commitment to customer needs, it has made continued innovations during the past 80 years and from humble beginnings has widely known today as the industry leader in customizable power distribution.

Globalization along with the rapid propulsion of informatization across all industries, the emergence of cloud computing, data mining and the "Internet of Things" in China, Data Centers as the entity that carry and transmit massive data is attracting burgeoning investment. It' s estimated that there will be circa 80 thousand Data Centers in China by 2020 spread across a total area circa 30 million sq. metres. To support the growing need Universal Electric Corporation founded its regional Representative office in Beijing in 2012 to serve customers in Greater China.

Data Centers are the information hub of enterprises and other organizations and the power system is arguably the most crucial physical infrastructure, irrespective of whether the power source emanates from the traditional utility grid, alternate energy source or hybrid. In any case a reliable power supply and distribution system is the foundation of safe and reliable operations of a Data Center and the cornerstone of Green Data Centers. Designing efficient power distribution architecture and developing intelligent power management capability are both major issues that Data Center administrators confront. With today's increasing power density requirements and other design considerations, how to design a power distribution system that is safe, scalable, efficient, energy saving to meet the ever changing business needs due to the dynamic nature of the enterprise presents a significant challenge that can no longer be met with traditional, environmentally unfriendly cabling particularly when considering

StarLine Track Busway母线系统自1988年创立起，就定位为模块化的、随需而建的供配电系统，由全球电力公司（Universal Electric Corporation）设计生产，它拥有独特的灵活性和可扩展性，可迅速增加、改变电力分配模块，无需停机，持续使用，能最大化能源效率，同时确保业务的连续性。

the reduction of raised floors for passive cooling applications and growing deployment of POD' s micro-modules and "Data Centers in a box" where physical space is a premium, or in instances of co-location / hosting providers "space is rentable" thereby maximizing return on investment for white space.

Data Centers are not immune to the need to "do more with less" mantra and moreover Cloud computing data centers need an intelligent, environmentally friendly, modular, overhead "build-as-needed" power distribution system.

Following extensive research, development and testing Universal Electric Corporation revolutionarily introduced StarLine Track Busway providing reliable, flexible and maintenance free solution for distributing either VAC or VDC power to support IT electrical loads in Data Centres. With the continuous access design and patented U-shaped spring pressure copper conductors, plug-in units can be rapidly deployed along the busway whenever and wherever the need arises, without shutting down the power source thus giving customers the ability to relocate power in an unprecedentedly convenient way. Additionally StarLine Track Busway boasts lower cost of ownership throughout the Data Center lifecycle. What' s more Universal Electric Corporation offers subject matter experts to prepare power distribution architectures in a customer focused consultative manner and is hugely adept at customizing system design and Plug-In Tap-Off unit to meet precise customer needs and budget. Industry experts proclaim that the value of a Data Center is primarily manifested in availability, applicability and total cost of ownership and StarLine Track Busway is unrivaled in all three element. Not surprisingly present and future China Data Centers need "StarLine Power Distribution Mode" to support existing and future power distribution needs.

Universal Electric Corporation is an ISO 9001:2008 Registered Quality System manufacturer that holds numerous patents for customizable power systems. In addition to UL listing, StarLine Track Busway systems are fully compliant with major global standards including AS/NZS, CE, CCC, ETL, IEC, SII and VDE. Besides, increasing awareness of power usage effectiveness led to Universal Electric Corporation introducing fully integrated critical power monitoring into StarLine Track Busway systems utilizing either Modbus RTU, Modbus TCP / IP, SNMP or Wireless communication protocols that dramatically promotes intelligent management of Data Centers' power distribution systems.

StarLine Track Busway has been field-proven for more than 25 years. Among the world' s top 500 enterprises, over 90 percent rely on StarLine to support their mission critical IT electrical load, including Apple, EBay, Yahoo, Google, Facebook, Intel, Sun Microsystems, etc. In China, StarLine Track Busway is rapidly gaining popularity in the Data Center industry, especially in financial sector. StarLine Track Busway value in China has already been recognized by virtue of the Data Center Innovation Award and Data Centre Product Application Award presented during the CECS's 2013 Annual Forum as well as being honored with a 2013 Data Center Product Innovation Award by China Computer Users Association – Computer Room Branch.

StarLine Track Busway is easy to install, expand, relocate, reconfigure and customize. We are committed to resolve problems with regard to power distribution in Data Centers that have been plaguing those who are concerned with traditional methods by providing the best power distribution solution for Data Centers across China.

Last but not least the writers of this book are all experienced practitioners and / or subject matter experts in the Data Centre industry and this publication addresses best practices pertaining to Data Center infrastructure construction and provides guidance for those who are seeking to deliver the best possible outcomes. I'm convinced the publication of this book will promote the development of Data Center infrastructure construction in China and Universal Electric Corporation is deeply honored to participate in the program.

1st Oct, 2014

Beijing

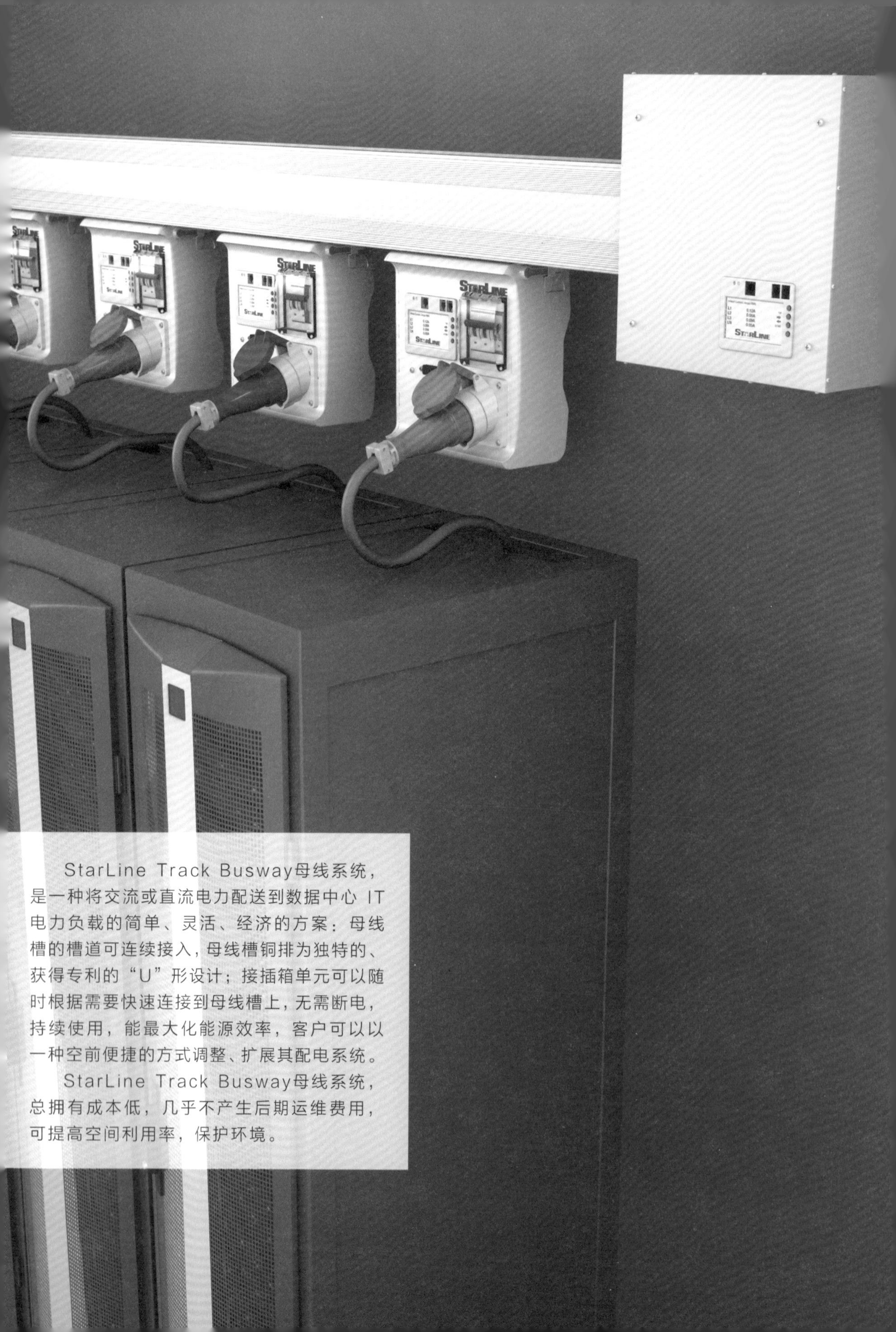

StarLine Track Busway母线系统，是一种将交流或直流电力配送到数据中心 IT 电力负载的简单、灵活、经济的方案：母线槽的槽道可连续接入，母线槽铜排为独特的、获得专利的“U”形设计；接插箱单元可以随时根据需要快速连接到母线槽上，无需断电，持续使用，能最大化能源效率，客户可以以一种空前便捷的方式调整、扩展其配电系统。

StarLine Track Busway母线系统，总拥有成本低，几乎不产生后期运维费用，可提高空间利用率，保护环境。

序言
Preface

STARLINE®
TRACK BUSWAY

数据中心供配电模式的定制化优势

丁静（Monica）大中国区总裁
Starline（斯特莱恩）大中国区

全球电力公司（Universal Electric Corporation，UEC）总部位于美国宾夕法尼亚州（PA，USA），专注于为全球的客户和合作伙伴提供安全、灵活的供配电解决方案。创建于1924年，UEC公司自成立之初就承诺以客户需要为核心，在过去的80多年间坚持创新，从无到有，现在已被广泛誉为定制化供配电的行业领导者。

近年来，全球化进一步发展，中国各个行业信息化不断推进，云计算、数据挖掘技术和物联网出现，数据中心，作为海量数据传输的载体，正在迅速增长。据报道，到2020年，中国将有8万个数据中心，总面积将达3000万平方米。在这种大背景下，UEC于2012年在北京建立了大中国区办事处，以引入新的供配电解决思路，服务中国客户。

数据中心是企业和其他组织机构的信息枢纽，而电力系统可以说是数据中心物理基础设施中最关键的一环。因此如何设计有效的供配电系统，并实现智能电源管理，一直是数据中心管理者面临的主要挑战；另外，当今数据中心对功率密度等要求不断提高，多样化的电力需求出现，如何实现安全、高效、节能、满足客户因设备变化而变化的电力需要的供配电系统，使得挑战不断升级，传统的布线方式不够环保，也已经无法满足这些要求，尤其被动制冷设备和POD微模块的部署使得活动地板下的“空间”成为很大的问题。另外，对于主机托管企业来说，“空间”就是金钱，最大化地利用空间才能带来更多收益。

数据中心应当将资源效率最大化，云计算数据中心更需要这样的思路。那么答案就在于智能的、环保的、模块化的、随需而建的供配电方案。

UEC公司在大量的研究和测试之后，革命性地引入了StarLine Track Busway母线系统——一种将交流或直流电力配送到数据中心IT电力负载的简单、灵活、经济的方案：

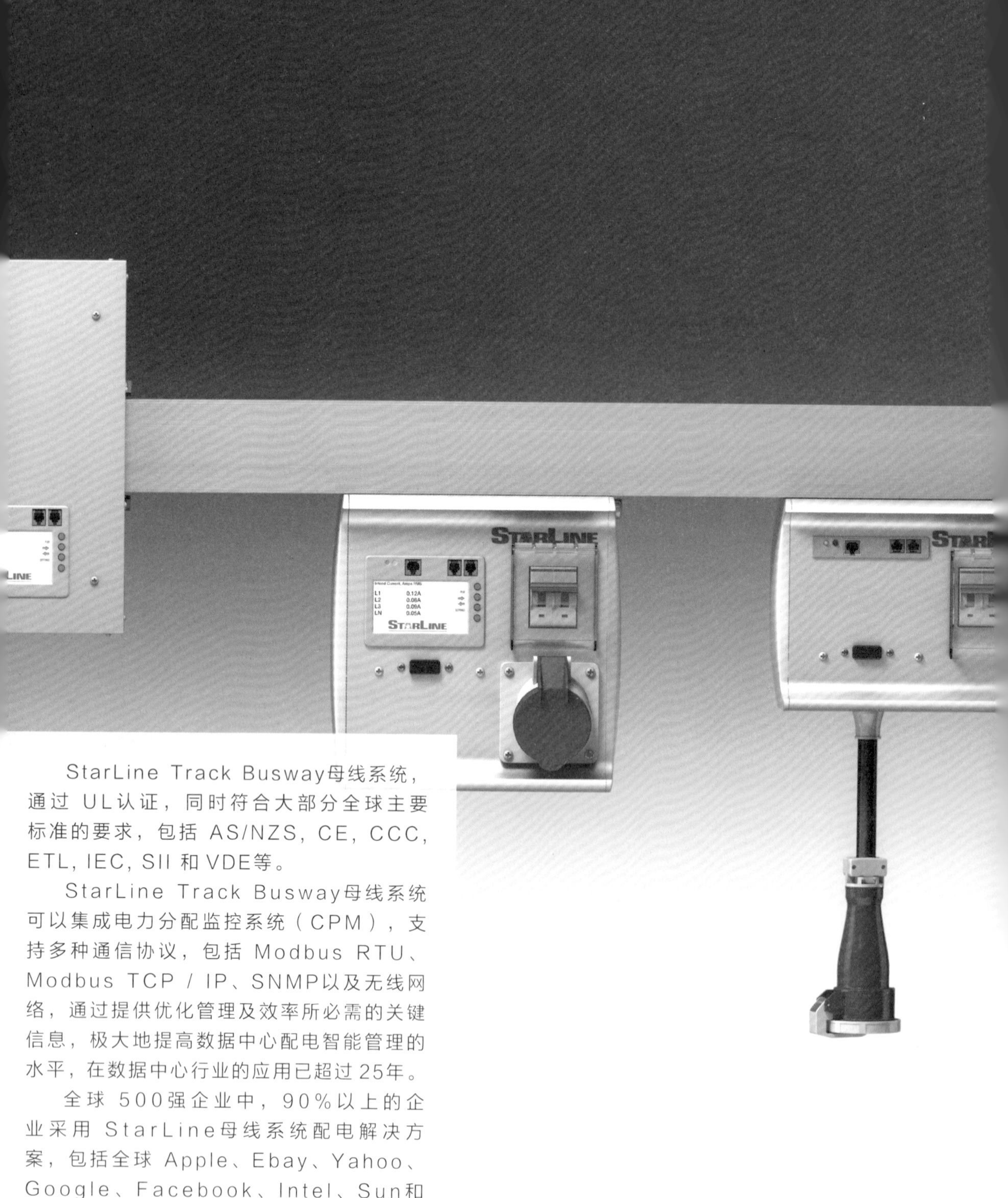

StarLine Track Busway母线系统，通过 UL认证，同时符合大部分全球主要标准的要求，包括 AS/NZS, CE, CCC, ETL, IEC, SII 和 VDE等。

StarLine Track Busway母线系统可以集成电力分配监控系统（CPM），支持多种通信协议，包括 Modbus RTU、Modbus TCP / IP、SNMP以及无线网络，通过提供优化管理及效率所必需的关键信息，极大地提高数据中心配电智能管理的水平，在数据中心行业的应用已超过 25年。

全球 500强企业中，90%以上的企业采用 StarLine母线系统配电解决方案，包括全球 Apple、Ebay、Yahoo、Google、Facebook、Intel、Sun和 Microsystems 等。

母线槽的槽道可连续接入，母线槽铜排为独特的、获得专利的“U”形设计；接插箱单元可以随时根据需要快速连接到母线槽上，无需断电，持续使用，能最大化能源效率，客户可以以一种空前便捷的方式调整、扩展其配电系统。此外，StarLine Track Busway 母线系统总拥有成本低，几乎不产生后期运维费用，可提高空间利用率，保护环境。

StarLine Track Busway 母线系统的另外一个重要优势在于其完善的定制化方案：专业的设计师可根据客户实际配置和预算需求，定制系统设计方案、各种母线槽以及多样的接插箱单元。数据中心专家一般认为，数据中心的价值主要体现在其可用性、适用性及总拥有成本，而 StarLine Track Busway 母线系统在这三个方面都拥有很强的优势，所以我认为，当前和未来的中国数据中心需要这样的供配电模式。

UEC 是 ISO 9001:2008 认证的制造厂商，在定制化供配电方面拥有多项专利。StarLine Track Busway 母线系统是 UL 认证的系统。此外，本系统符合大部分全球主要标准的要求，包括 AS/NZS, CE, CCC, ETL, IEC, SII 和 VDE 等。随着社会对 PUE（能源使用效率）的关注度的增强，StarLine Track Busway 母线系统引入了高集成化的智能监控系统，可以使用 Modbus RTU、Modbus TCP / IP、SNMP 或者无线通信协议，极大地提高数据中心配电智能管理的水平。

StarLine Track Busway 母线系统在数据中心行业的应用已超过 25 年。全球 500 强企业中，90% 以上的企业采用 StarLine Track Busway 母线系统配电解决方案，包括全球 Apple，Ebay，Yahoo，Google，Facebook，Intel，Sun，Microsystems 等。自引入中国以来，StarLine Track Busway 母线系统在中国业界，尤其在金融数据中心方面引起了很高的关注度。2013 年 11 月，StarLine 在中国工程建设标准化协会的年度大会上荣获 “2013 年度数据中心年度创新奖”和“2013 年度数据中心产品应用奖”；2014 年 3 月，获得计算机用户协会机房设备应用分会颁发的“2013 年度数据中心创新产品技术奖”。

StarLine Track Busway 母线系统拥有易于安装、拓展、调整、重新布置、定制的优势，相信它一定能解决长期以来传统配电方式困扰中国数据中心管理者的诸多难题，为中国数据中心提供完美的末端配电解决方案。

最后，本书的编写者都是中国数据中心行业经验丰富的从业者和 / 或专家，这本书定能为中国数据中心基础设施建设开启灵感并提供实在的指导。也相信这本书的出版将推动中国数据中心基础设施建设的发展，UEC 非常荣幸能够参与这样一项有意义的事情。

2014 年 10 月 1 日 于北京

RiMatrix S
首个标准化、批量生产的数据中心，即插即用

序言
Preface

“The System”理念，助力新一代标准化数据中心发展

王理 总裁
威图电子机械技术（上海）有限公司

伴随“信息化”对社会生活的全面渗透，数据中心已经成为不可或缺的重要基础设施。现阶段数据中心的建设与改造逐步走向标准化、集约化、规模化和社会化，形成数据中心“集装箱”式发展。以云计算技术为核心的云数据中心将成为数据中心市场的发展引擎，威图创新的标准化的数据中心物理基础设施，为当今的数据中心与云计算技术的发展注入了全新的活力。

威图集全球创新成果与德国严谨作风于一体的数据中心物理基础设施包括机架、温度控制设备、备用电源和配电系统及监控设备。同时，威图还开创性地提出了集装箱化解决方案，以便充分提升空间利用效率和缩短安装周期。

威图——以标准化、创新技术和高品质而闻名全球。我们秉承“Rittal—The system”的理念，以“产品＋软件＋服务”的系统模式，为用户提供节能、安全、灵活的系统解决方案，助力新一代的标准化数据中心与云计算技术的飞速发展。

数据中心技术白皮书以《中国数据中心技术指针》形式正式出版发行，把全球最新、最领先的标准和规范呈现在中国的数据中心行业面前。这将为中国数据中心行业的未来，注入全新的动力，明确发展的方向。

在此，威图向数据中心工作组及本次《中国数据中心技术指针》的编纂单位表示诚挚的敬意，感谢你们为推进行业标准化发展做所的努力和贡献。

威图预祝《中国数据中心技术指针》发行取得圆满成功。

2014年10月1日 于上海

施耐德万高（天津）电气设备有限公司是施耐德电气（中国）投资有限公司与法国施耐德电气工业股份有限公司共同建立的一家外商独资企业，于 2004年 2月 24日在天津新技术产业园区注册成立，总投资额为为5700万元人民币，现有员工 426人，在国内 10个城市设立了办事处，销售和售后服务网络覆盖全国30个省、市和地区。

施耐德万高是施耐德电气 ATSE产品全球的主要生产基地，历经 10年的快速增长，目前已经成为全国ATSE产品行业的领导者。

公司力求通过专业的技术、完美的产品质量、多元化和系统化的产品结构，优质的售后服务体系，为中国低压配电市场提供更加丰富的智能化电气产品。

序言
Preface

Schneider Electric
施耐德电气

不断为数据中心供配电提供高可靠性保障

张军 总经理
施耐德万高（天津）电气设备有限公司

随着IT技术的不断发展，企业信息化需求的不断加强，我国的数据中心市场已经进入到一个高速发展的阶段。然而伴随着数据中心建设规模的不断扩大，功率密度、能源消耗、运营成本以及动力环境可靠性等问题已经成为数据中心基础设施面临的主要问题。这些问题对数据中心的供配电系统提出了同样的挑战。

供配电系统是数据中心基础设施中最为重要的子系统，它对IT设备、制冷、安防和监控管理等子系统起着重要的供电支撑和保障作用。随着新一代数据中心的建设和发展，供配电系统规模越来越庞大，结构也越来越复杂。在这种情况下，已经难以采用人工的方式对变配电设备进行监控和管理，因此配电系统的自动化、智能化必将成为数据中心供配电系统未来的发展方向。自动转换开关电器（ATSE）作为供配电系统中实现电源转换的关键设备，在保障数据中心电源系统的可靠性和可用性方面扮演着非常重要的角色，因此安全性、可靠性、易用性和可维护性是衡量ATSE产品的重要标准。随着自动转换开关产品技术的不断进步，新一代的智能化、高可靠性的ATSE产品将在数据中心得到广泛的应用，同时也为提高配电系统自动化、智能化水平起到积极的推动作用。

《数据中心技术白皮书》内容详实、案例丰富，此次以《中国数据中心技术指针》形式正式出版发行，可以说为读者了解数据中心基础设施新理念、新产品、新技术提供了很好的平台，本书对于提高国内数据中心的规划设计水平，增强运行维护安全有着重要的帮助和指导意义。最后，衷心祝愿《中国数据中心技术指针》的出版发行获得成功，成为广受欢迎的精品图书。

张军

2014年10月1日 于天津

出版者的话
Publisher words

创新汇聚精英力量　技术引领数据中心

——写在《中国数据中心技术指针》正式出版之际

张丰收 高级工程师 / 副编审
机械工业信息研究院
电气时代杂志社 社长 / 主编

“在钟景华研究员的带领下，2009 年中国数据中心工作组正式成立，2010 年开始组织编写多本《数据中心技术白皮书》，主动挑战“中国设计”如何向“中国创新”升级的大课题，以全球视野谋划创新，与国内外标准规范、先进技术意见及解决方案紧密结合，深入研究如何为推动中国数据中心基础设施建设领域的技术升级和工程进步。应该说，工作组超前谋划的实际成果，是令人振奋、倍受鼓舞的。”

创新，是技术进步的灵魂；经验，是能力提升的基础；交流，是成果分享的方式。

今天，《中国数据中心技术指针》正式出版，作为本书的出版策划者，我掩卷摩挲，心中释然之余，感慨万千。因为，终于可以给本书的著作者钟景华研究员一个满意的交代了。

钟景华研究员，中国数据中心工作组组长、中国电子工程设计院副总工程师、世源科技工程有限公司总电气师，作为国家标准《数据中心设计规范》（GB 50174）的编写组组长，长期从事中国数据中心重大工程设计与标准编制工作，一直致力推动中国数据中心基础设施技术的进步与创新。

他，在数据中心基础建设领域内广受尊重，业内亲切地称呼为“老钟”，是我的良师益友，也是我认识、熟悉数据中心领域技术工作的引路人和导师。回想与他的相识、相知，已是 8 年前的事情了。

2006 年，因为策划研究供配电系统可靠性技术问题的工作需要，我与钟景华先生相识，同年有幸多次参加了《电子信息机房设计规范》（GB 50174-2008）的编制会议，结识了很多数据中心领域的专家朋友，第一次迈入了“数据中心”这个陌生的技术领域，一学就是 8 年。

期间，与钟景华先生进行交流，他多次表达内心的想法，深感在对工程设计和业主单位中从事技术工作的工程师进行宣贯和解读《电子信息机房设计规范》（GB 50174-2008）的过程中，十分必要和迫切地需要编纂一本技术性的专业资料，帮助这个领域的工程技术人员系统地了解数据中心基础设施建设领域中的相关技术知识，促进“设备、设计、建设、运营”等多方之间的彼此交流，进而形成对数据中心建设中“技术创新、设备应用与管理方式”的正确认识。组织编著这样一本技术资料，成为了他的夙愿；帮他出版这样一本技术图书，也成为了我的期待。

在他的带领下，2009 年中国数据中心工作组正式成立，主动挑战“中国设计”如何向“中国创新”升级的大课题，以全球视野谋划创新，与国内外标准规范、先进技术意见及解决方案紧密结合，深入研究如何为推动中国数据中心基础设施建设领域的技术升级和工程进步。应该说，工作组超前谋划的实际成果，是令人振奋、倍受鼓舞的。

在他的带领下，2010年中国数据中心工作组开始组织编写《数据中心技术白皮书》，先后编制了《数据中心供配电系统技术白皮书》、《数据中心机房空调系统技术白皮书》、《数据中心机柜系统技术白皮书》、《数据中心网络系统技术白皮书》、《数据中心布线系统工程应用技术白皮书》等多本内部技术著作，为中国数据中心基础设施建设领域提供了技术、产品及应用的咨询指南，具有广泛、深刻的影响力。

今天的中国，随着通信、金融、电子商务、电子政务以及网络游戏等领域信息化支撑需求的蓬勃发展，“两化融合”对数据中心基础设施建设提出了可持续发展的新要求，充分注重整体规划、强化系统安全、重视集成效率、降低能耗费率，这些已成为系统设计、技术创新的核心因素。

《中国数据中心技术指针》正式出版，应该说适逢其时、意义深远。本书以“先分散布局、再集成整合”的战略思路，在多本“技术白皮书”的基础上，汇集凝聚了一大批全国数据中心行业骨干设计院所中具有行业使命感的优秀专家，以及斯特莱恩、施耐德电气、威图等一大批具有产业责任感的国内外优秀公司，以推动工程设计进步与国家设计标准优化升级，深入总结国家重大工程项目的创新设计经验，实施国标创新与设计创新为使命责任，对接供配电、空调、机柜、网络等方向的热点技术需求，优化技术信息来源结构，从设计的角度，结合中国工程实际，有效地提供了重要的经验参考和技术支持。

“争创中国特色，汇集技术精英，引领创新发展”。我坚信，这样的技术性工作，必将为中国设计界赢得世界设计界的尊敬，做出历史性的贡献。我坚信，紧密围绕数据中心产业发展的需求，大力推进创新链的有效部署，通过设计院、优秀设备供应厂商以及专业媒体和最终用户单位的共同努力，完善技术导向的创新格局，使设计成为技术创新决策、产品研发、科研组织和成果应用的主体，真正实现“设计＋研究”的突破，将必然实现“中国设计”在数据中心领域的体系创新。

最后，我真诚祝愿中国数据中心工作组，在钟景华先生和全体专家的带领下，在新的历史机遇中，取得新突破、新发展！

我想，那一刻，“老钟”的夙愿将会真的实现，而本书的出版，将是一个新征程的开始。

张丰收

2014年10月1日于北京

目　录
Contents

第五章 数据中心机柜系统
Chapter 5 Data Center Enclosure System

第六章 数据中心网络系统
Chapter 6 Data Center Network System

第七章 数据中心布线系统
Chapter 7 Data Center Cabling System

Data Center Overview | 数据中心概述

1

随着世界向更加智能化、物联化和感知化的方向发展，数据正在以爆炸性的方式增长，大数据的出现正迫使企业不断提升自身以数据中心为平台的数据处理能力。同时，云计算、虚拟化等技术正不断为数据中心的发展带来新的推动力，并正在改变传统数据中心的模式。因此，企业需要关注优化IT和基础设施，应用灵活设计、自动化工具和制定规划保证数据中心与业务目标保持一致，从而推动企业数据中心从为业务提供基础应用支持向提供战略性支持转变。数据中心(Data Center)通常是指对电子信息进行集中处理、存储、传输、交换、管理等功能和服务的物理空间。计算机设备、服务器设备、网络设备和存储设备等通常被认为是数据中心的关键IT设备。关键IT设备安全运行所需要的物理支持，如供配电、制冷、机柜、消防和监控等系统通常被认为是数据中心关键物理基础设施。

第一章　数据中心概述

1.1 数据中心功能的演进

随着通信、计算机与网络技术的发展和应用及人们对信息化认识的深入，数据中心的内涵已经发生了巨大的变化。

从数据中心的发展阶段上，可将数据中心分为数据存储中心阶段、数据处理中心阶段、数据应用中心和数据运营服务中心阶段四个大的阶段。

在数据存储中心阶段，数据中心主要承担的功能是数据存储和管理。在信息化建设早期，用来作为办公自动化（Office Application，OA）机房或电子文档的集中管理场所。此阶段的典型特征是：

（1）数据中心仅仅是便于数据的集中存放和管理。

（2）数据单向存储和应用。

（3）“救火式”的维护。

（4）关注新技术的应用。

（5）由于数据中心的功能比较单一，对整体可用性需求也很低。

在数据处理中心阶段，基于局域网的制造资源计划（Manufacturing Resource Planning，MRP－Ⅱ）、企业资源计划（Enterprise Resource Planning，ERP）以及其他行业应用系统开始普遍应用，数据中心开始承担核心计算的功能。此阶段的典型特征是：

（1）面向核心计算。

（2）数据单项应用。

（3）机构开始组织专门人员进行集中维护。

（4）开始关注计算的效率及对机构运营效率的提高。

（5）整体上可用性较低。

随着广域网或全球互联网的应用开始普及和信息资源日益丰富，人们开始关注挖掘和利用信息资源。组件化技术及平台化技术广泛应用、数据中心承担着核心计算和核心的业务运营支撑，需求的变化和满足成为数据中心的核心特征之一。这一阶段典型数据中心叫法为“信息中心”。此阶段的特征是：

（1）面向业务需求，数据中心提供可靠的业务支撑。

（2）数据中心提供单向的信息资源服务。

（3）对系统维护上升到管理的高度，由事后处理到事前预防。

（4）开始关注IT的绩效。

（5）数据中心要求较高的可用性。

从现在技术发展趋势分析，基于互联网技术的组件化和平台化的技术将在各数据中心广泛应用。数据中心基础设施的智能化，使得组织运营借助IT技术实现高度自动化，对IT系统依赖性加强。数据中心承担着组织的核心运营支撑、信息资源服务、核心计算、数据存储和备份，并确保业务可持续性计划实施等。业务运营对数据中心的要求将不仅仅是支持，而是提供持续可靠的服务。在这个阶段，数据中心将演进成为机构的数据运营服务中心。数据运营服务中心的含义包括以下几个方面：

（1）数据中心不仅管理和维护各种信息资源，并且管理运营信息资源，确保价值最大化。

（2）IT应用随需应变，系统更加柔性，与业务运营融合在一起，实时的互动，很难将业务与IT独立分开。

（3）IT服务管理成为一种标准化的工作，并借助IT技术实现集中的自动化管理。

（4）IT绩效成为IT服务管理工作的一部分。

（5）不仅仅关注IT服务的效率，IT服务质量成为关注重点。

（6）数据中心要求具有高可用性。

数据运营服务中心发展进程如图1-1所示。

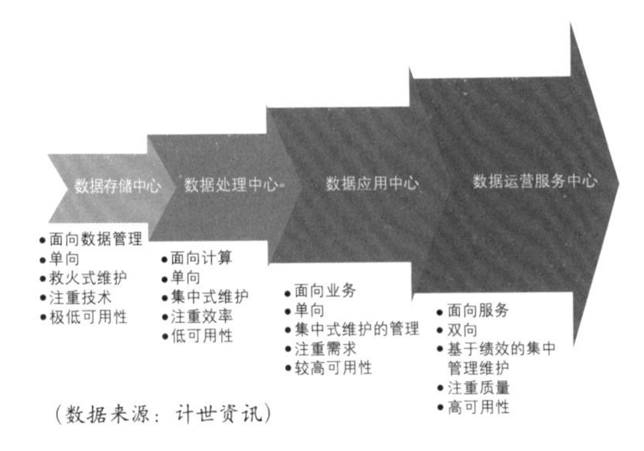

图1-1 数据中心功能演进路线示意图

1.2 数据中心建设的基本内容

一个典型的数据中心常常有多个供应商和多个产品的组件，包括主机设备、数据备份设备、数据存储设备、高效系统、数据安全系统、数据库系统和基础设施平台等等，这些组件需要放在一起工作，必须确保它们能作为一个整体运行。

完整的数据中心作为通信与IT信息系统的大脑与中枢，涵盖从基础设施、技术与系统架构、应用及数据、业务和IT流程、组织与运营、企业与信息化战略等全方位，如图1-2所示。

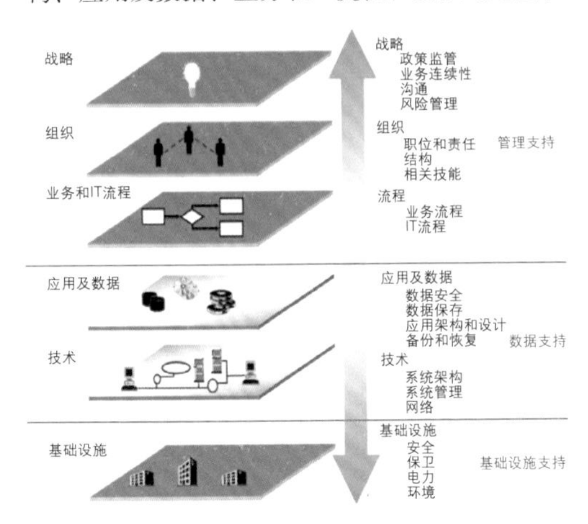

图1-2 数据中心的逻辑组成

数据中心机房建设为数据中心提供关键的基础设施。基础设施包括场地、建筑、供电系统、空调系统、消防系统、防雷与接地等，为数据中心提供安全、可靠和纯净的电力系统与环境。

结合数据中心相关国际、国家标准与技术发展，本书将重点探讨数据中心机房建设的相关子系统。

1.3 数据中心建设原则与目标

数据中心的基础设施、网络、计算资源和管理等系统的规划、设计与建设，必须充分重视其特性、发展趋势和性能要求，并符合下述原则：

（1）高性能。数据中心的计算资源、网络资源和基础设施资源具有较高的信息处理与吞吐能力，网络应充分满足数据交换与传输速度，不应存在阻塞，具备对突发流量、突发计算量的承受能力；系统的建设必须遵循为高性能业务服务的原则，并兼顾技术经济合理性。

（2）扩展性。数据中心应具有良好的灵活性与可扩展性，能够根据今后业务不断深入发展的需要，扩大设备容量和提高用户数量和质量的功能。在系统设计和实施中充分考虑用户后期的扩容，预留合理的扩容接口，尽量确保后期系统扩容时不会影响当前业务的正常运营。此外，在后期系统扩容时不应降低系统的可用性。

（3）适用性。系统的设计和实施能够满足国内、国际标准及业主所要求的各项指标，确保设备和各子系统具有良好的电磁兼容性和电气隔离性能，不影响其他设备和系统正常工作。

（4）可用性。系统的规划、设计、建设实施和运营等应符合国家标准；工作安全可靠；对结构设计、设备选型和日常维护等各个方面进行可用性的设计和建设；在关键设备采用硬件备份、冗余等可靠性技术的基础上，采用相关的软件技术提供较强的管理机制、控制手段和事故监控与安全保密等技术措施，提高安全可用性。

（5）安全性。系统设计必须确保人身安全和设备保护。

（6）稳定性。系统设计宜在成熟且有广泛应用的基础上追求系统的先进性，力求做到方案和产品的无缝链接，须优先考虑数据中心的稳定运行。

（7）通用性。系统的设计和实施应符合国内、国际和行业设计标准、标准协议及通行做法。

（8）可维护性。系统可采取模块化的设计，产品的冗余设计作为重点要求指标。对硬件、软件供应商的实力和售后服务进行详细的评估，准备相关应急预案。

（9）可管理性设计。系统宜采用智能化设计，便于集成监控与管理。

（10）经济性。以较高的性能价格比规划、设计与建设数据中心，使性价比达到最大值。以较低的成本、较少的人员投入来维持系统运转，提供高效能与高效益。尽可能保留并延长已有系统的资源，充分利用以往在设备与技术方面的投入。在确保业务合理的可用性基础之上，合理降低投资成本（Capital Expense，CAPEX）和运营成本（Operating Expense，OPEX）。

（11）节能、环保、减排。系统的规划、设计及建设、运营等，要采用切实有效的措施或技术，建设绿色数据中心要充分体现节能、环保和减排的要求。

1.4 参照法规

本书依据国家相关法律、法规以及设计标准与行业规范为基础，结合数据中心建设、运行与维护中的实际情况，经过多位行业专家的共同努力编制。主要参考的相关法规、规范与标准如下：

《中华人民共和国电力法》。

《中华人民共和国建筑法》。

《中华人民共和国节约能源法》。

《中华人民共和国可再生能源法》。

《中华人民共和国环境保护法》。

《中华人民共和国计量法实施细则》。

GB 50174《电子信息系统机房设计规范》。

GB 50462《电子信息机房施工及检验规范》。

GB 2887《电子计算机场地通用规范》。

GB 50052《供配电系统设计规范》。

GB 50053《10 kV及以下变电所设计规范》。

GB 50060《3～110 kV高压配电装置设计规范》。

JGJ 16《民用建筑电气设计规范》。

GB/T 156《标准电压》。

GB/T 12325《电能质量 供电电压偏差》。

GB 50057《建筑物防雷设计规范》。

GB 50343《建筑物电子信息系统防雷技术规范》。

GB 50054《低压配电设计规范》。

JGJ/T 16《民用建筑电气设计规范》。

GB/T 50378《绿色建筑评价标准》。

GB/T 50314《智能建筑设计标准》。

GB 50034《建筑照明设计标准》。

GB 50016《建筑设计防火规范》。

GB 50045《高层民用建筑设计防火规范》。

GB/T 16895.9《建筑物电气装置》 第7部分：特殊装置或场所的要求 第707节：数据处理设备用电气装置的接地要求（idt IEC 60364—7—707）。

GB/T 16895.17《建筑物电气装置》 第5部分：电气设备的选择与安装 第548节：信息技术装置的接地配置和等电位联结（idt IEC 60364—5—548）。

GB/T 16895.20《建筑物电气装置》 第5部分：电气设备的选择与安装 第55章 其他设备 第551节：低压发电设备（IEC 60364—5—551）。

GB/T 12501《电工电子设备防触电保护分类》。

GB 50217《电力工程电缆设计规范》。

EIA—310—D《19 in机柜标准》。

IEC—60917—2—3《电子设备用机械结构设计模块化规则》。

IEC—60297—5—107《电子设备用机械结构设计模块化规则》。

GB 50311《综合布线系统工程设计规范》。

GB 50312《综合布线系统工程验收规范》。

GB 50343《建筑物电子信息系统防雷技术规范》。

ISO/IEC 24764《数据中心通用布线》。

EN 50173—5《信息技术-通用布线标准-数据中心》。

ANSI—BICSI—002《数据中心设计和实施》。

YD 5059《电信设备安装抗震设计规范》。

NEBS GR—63—CORE ZONE3（1108gal）《北美信息通信行业关于抗震的标准》。

GB 19413《计算机和数据处理机房用单元式空气调节机》。

GB 50019《采暖通风与空气调节设计规范》。

GB 50243《通风与空调工程施工质量验收规范》。

GB 10080《空调用通风机安全要求》。

GB 50015《建筑给水排水设计规范》。

GB/T 14295《空气过滤器》。

GB 50243《通风与空调工程施工质量验收规范》。

JB/T 4330《制冷和空调设备噪声的测定》。

JB/T 8655《单元式空气调节机安全要求》。

GB/T 18430《蒸汽压缩循环冷水（热泵）机组》。

TC 9.9 《Thermal Guidlines for Data Processing Environments 2011》。

TIA 942 《Telecommunications Infrastructure Standard for Data Centers》。

摄影：刘治（电气时代）
摄于：中国农业银行河北省分行数据中心

数据中心分级与总体要求

Data Center Rating Classification and General Requirements

数据中心是为数据信息提供传递、处理和存储服务的，因此必须非常可靠和安全，并可适应不断的增长与变化的要求。数据中心满足正常运行的要求与地点、电源保证、网络连接和周边产业情况等多个因素，这些均与可靠性相关。可靠性是数据中心规划中最重要的一环。为了满足企业高效运作对于正常运行时间的要求，通信、电源、冷却、线缆与安全都是规划中需要考虑的问题。一个完整的、符合现在及将来要求的高标准数据中心，应需要一个满足进行数据计算、数据存储和安全联网设备安装的地方，并为所有设备运转提供所需的保障电力；在满足设备技术参数要求下，为设备运转提供一个温度受控的环境，并为所有数据中心内部和外部的设备提供安全可靠的网络连接，同时不会对周边环境产生各种各样的危害，并具有足够坚固的安全防范设施和防灾设施。

第二章 数据中心分级与总体要求

2.1 概述

数据中心可以建设在一个建筑群、建筑物或建筑物内。通常情况下它由计算机房和支撑空间组成，是电子信息的存储、加工和流转中心。数据中心内放置核心的数据处理设备，是企事业单位的信息中枢。数据中心的建立是为了全面、集中、主动并有效地管理和优化IT基础架构，实现信息系统高水平的可管理性、可用性、可靠性和可扩展性，保障业务的顺畅运行和服务的及时性。

建设一个完整的、符合现在及将来要求的高标准数据中心，应具备以下功能：

（1）需要一个满足进行数据计算、数据存储和安全联网设备安装的场地。

（2）为所有设备运转提供所需的电力保障。

（3）在满足设备技术参数条件下，为设备运转提供一个温度适宜的环境。

（4）为所有数据中心内部和外部的设备提供安全可靠的网络连接。

（5）不会对周边环境产生各种不良影响。

（6）具有足够坚固的安全防范设施和防灾设施。

有多种类型的数据中心可满足具体的业务要求，其中两种最常见的类型是公司/企业数据中心和托管/互联网数据中心。

企业数据中心由具有独立法人资格的公司、机构或政府机构拥有，这些数据中心为其自己的机构提供支持内网、互联网的数据处理和面向Web的服务。由内部 IT部门进行维护。

托管/互联网数据中心由电信业务经营者、互联网服务提供商和商业运营商拥有和运营。他们提供通过互联网联接访问的外包信息技术（IT）服务，同时提供互联网接入，Web或应用托管，主机代管及受控服务器和存储网络。

2.2 数据中心的组成、分类和分级

通常数据中心作为一幢建筑单体（占少数，如IDC或大型企业数据中心）或某一建筑中的一部分（占多数，在公共建筑物中的一个局部区域）的形式构建。一个数据中心通常主要包括主机房、辅助机房、支持机房和行政管理区等。各机房面积的选取应可参考GB 50174—2008《电子信息系统机房设计规范》4.2中的规定。

主机房主要用于电子信息处理、存储、交换及传输设备的安装和运行的建筑空间，包括服务器机房、网络机房与存储机房等功能区域。

辅助区是用于电子信息设备和软件的安装、调试、维护、运行监控和管理的场所，包括进线间、测试机房、监控中心、备件库、打印室以及维修室等区域。

支持区是支持并保障完成信息处理过程和必要的技术作业的场所，包括变配电室、柴油发电机房、UPS室、电池室、空调机房、动力站房、消防设施用房、消防和安防控制室等。

行政管理区是用于日常行政管理及客户对托管设备进行管理的场所，包括工作人员办公室、门厅、值班室、盥洗室、更衣间和用户工作室等。如图2-1所示。

以规模分类，数据中心可以分为超大型数

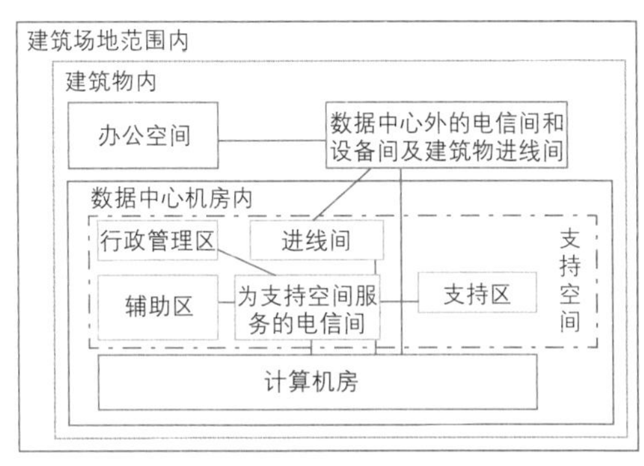

图2-1 数据中心构成

据中心、大型数据中心、中型数据中心及小型数据中心，甚至还有微型数据中心。

我国在2008年制定的GB 50174—2008《电子信息系统机房设计规范》，从机房可用性角度将电子信息机房定义为A、B、C三类，见表2-1，其中A类要求最高。

按美国TIA 942标准与Uptime Institute的定义，将数据中心的可用性等级分为四级，见表2-2。

表2-1 电子信息系统机房分类

等级	A级	B级	C级
机房定义	电子信息系统运行中断将造成重大的经济损失或者造成公共场所秩序严重混乱的电子信息系统机房	电子信息系统运行中断将造成较大的经济损失或者造成公共场所秩序混乱的电子信息系统机房	不属于A级或B级的电子信息系统机房
冗余能力	有容错能力	有冗余	无冗余

表2-2 各级电压线路送电能力

等级	4级	3级	2级	1级
冗余能力	有容错能力	在线保护	有冗余	无冗余

从以上可以看出，两个标准对于机房的可用性定义基本一致。数据中心空调系统的要求和配置同时与机房的可用性等级直接相关，如图2-2所示。

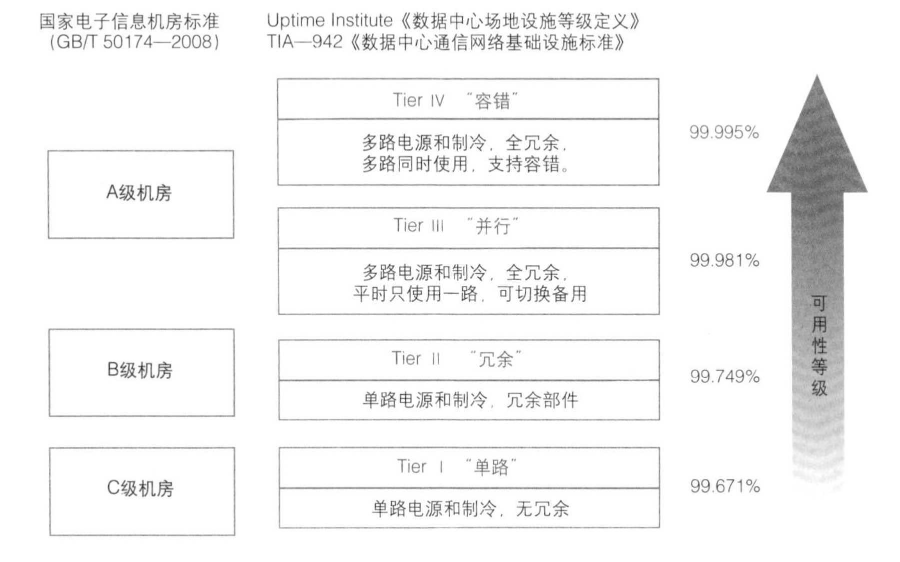

图2-2 GB 50174和TIA 942机房分级对比

2.3 数据中心供配电系统的特点及要求

数据中心业务对供配电系统的总体要求主要包括连续、稳定、平衡、分类、安全、保护和技术经济合理性等内容。

2.3.1 连续

连续供电就是指电网不间断供电，但瞬时断电的情况时有发生。断电是否会影响IT设备的正常运行，可参照ITIC—1100（Information Technology Industries Council，ITIC）的曲线。在数据中心的供配电系统中，合适的UPS选型与组网方式保证数据中心面对毫秒级、分钟及小时级的市电异常时不会有任何中断，对于大时间尺度（如长小时级、天级）的市电异常，则需要备用市电系统或者柴油发电机系统的保证。

图2-3所示的红色区域为高压可能损坏设备的区域，而黄色区域为低压导致设备不能正常工作但不会损坏设备的区域，只有白色的区域才是设备正常工作的区域。

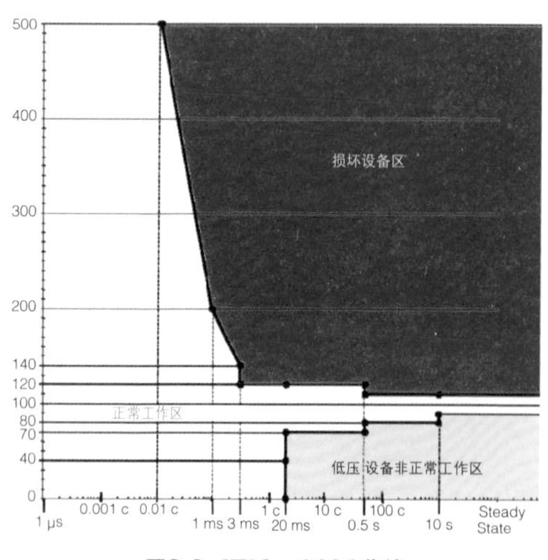

图2-3 ITIC—1100曲线

除了IT设备需要连续的供电保障之外，数据中心制冷系统对于供电连续性的要求也越来越高，如图2-4所示。原因是数据中心的功率密度越来越高，一旦空调系统断电停止工作，在很短的时间内IT设备就因为温度过高而停止运行。因此，保证连续供电是数据中心所有设备最重要条件之一。

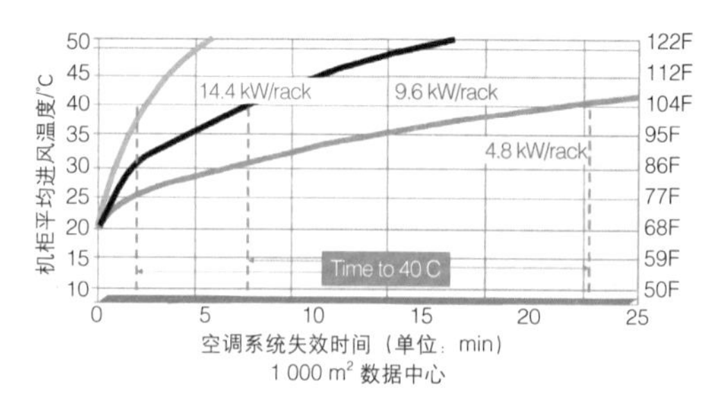

图2-4 不同功率密度温升曲线

2.3.2 稳定

所谓稳定主要指电网电压频率稳定，波形失真小，见表2-3。

表2-3 GB 50174—2008对于电网稳定性的要求

项目	技术要求			备注
	A级	B级	C级	
稳态电压偏移范围（%）	±3		±5	–
稳态频率偏移范围/Hz		±0.5		电池逆变工作方式
输入电压波形失真度（%）		≤5		电子信息设备正常工作时

为了保证数据和设备的安全，需要质量稳定的供电电源。表2-3中各项稳态指标的提出意味着数据中心必须配置UPS，因为市电电网无法长时间处于上述指标之内，只有UPS的输出才能满足上表要求。

2.3.3 平衡

平衡主要是指三相电源平衡，即相角平衡、电压平衡和电流平衡。要求负载在三相之间分配平衡，主要是为了保护供电设备（如UPS）并确保IT设备的可靠用电。

2.3.4 分类

所谓分类就是对IT设备及外围辅助设备按照重要性分别实行供配电。分类的实质源于各负载可靠性的不同要求。为这些负载配置不同的供配电系统，能够在保证安全的前提之下有效地节约成本。A级电子信息系统机房的供电电源应按一级负载中特别重要的负载考虑，除应由两个电源供电（一个电源发生故障时，另一个电源不应同时受到损坏）外，还应配置柴油发电机作为备用电源；B级电子信息系统机房的供电电源按一级负载考虑，当不能满足两个电源供电时，应配置备用柴油发电机系统；C级电子信息系统机房的供电电源应按二级负载考虑。

2.3.5 电能质量

电能质量是指电压、频率和波形的质量，主要包括电压偏差、电压波动和闪变、频率偏差、谐波和三相电压不平衡度、波形失真度和功率因数等参数。数据中心电能质量按照GB 50174—2008《电子信息系统机房设计规范》及附录A的要求执行。

2.3.6 人身安全

数据中心供配电系统在设计、实施和运营时确保不会对人身造成电击和温度过高而造成的酌伤、火灾或其他危害。

直接接触电击防护主要和设备的防护等级关系密切。但是由于漏电流动作保护（RCD）在数据中心的应用受到限制，合理的现场操作与维护规程对于人身安全有着更加重要的意义。间接接触电击防护主要和数据中心电气设备本身防电击类别直接相关。数据中心电气设备主要集中在Ⅰ类和Ⅱ类设备。因此，合理的接地和防雷系统设计就显得尤为重要。此外，选择阻燃和耐火电缆也是电气安全的关键。

2.3.7 设备安全

通过供配电系统整体设计及设备选型，有效地实现短路、过载等保护以确保设备安全运行。

2.3.8 电磁兼容

数据中心是电磁信号密集的场地，通过系统的总体规划与设计，并对备用电产品电磁特性的严格筛选，可有效地规避电磁兼容的诸多问题。

2.3.9 技术经济合理性

不同的应用场合要求不尽相同。技术最优设计往往和成本最优设计有所偏离，子系统最优设计不一定带来整个系统设计最优，建设成本（Capex）设计最优不一定带来运营成本（Opex）设计最优等等。因此在不同应用场合，要充分考虑技术与经济的合理性。

2.4 数据中心空调系统特点及环境要求

2.4.1 数据中心环境和空调系统特点

数据中心中有大量的计算机设备。计算机处理速度越来越快，存储量越来越大，体积越来越小是信息处理发展的趋势，同时也使得单位面积的散热量越来越大。在机房场地初期建设时，为节省项目投资，满足一定时期内的业务发展和设备需要，一般用户都希望尽可能多地安装设备及设备机架，这与民用建筑和工业厂房空调负载有以下显著区别：

显热量大。数据中心内安装的服务器、路由器、存储设备、交换机及光端机等计算机设备以及动力保障设备（如UPS电源），均会以传热、对流和辐射的方式向数据中心内散发热量，这些热量造成机房内温度的升高，属于显热。一个服务器机柜散热功率在每小时几千瓦到几十千瓦，机房内显热比可高达95%。

潜热量小。不改变机房内的温度，而只改变机房内空气含湿量，这部分热量称为潜热。机房内没有散湿设备，潜热主要来自工作人员及室外空气，而大中型数据中心主要采用人机分离的管理模式，机房围护结构密封较好，新风一般也是经过温湿度预处理后进入机房，所以机房潜热量较小。

风量大、焓差小。机房内潜热量较少，很少需要除湿，空气经过空调机蒸发器时不需要降至露点温度以下，所以送风温差及焓差要求较小。设备的热量是通过对流、传导和辐射的方式传递到机房内，设备密集的区域发热量集中，为使机房内各区域温湿度均匀，而且控制在允许的基数及波动范围内，就需要有较大的风将热量带走。

不间断运行、常年制冷。机房内设备散热属于全年不间断稳态热源，这就需要有一套不间断的空调保障系统。对空调设备的电源有很高的要求，不仅需要有双路市电切换，而且对于保障重要计算机设备的空调系统还应配备发电机组做后备电源。即使在冬季机房内也需要制冷。在选择空调机组时，需要考虑机组的冷凝压力和冬季运行其他相关问题。

多种送回风方式。①数据中心机房的送风方式取决于房间内热量的来源和分布情况、机房层高、设备布局及线缆等因素，机房内的送风方式主要分为下部送风、上部送风和区域送风等；②空调机组的送风方式与机房送风方式相适应，空调机组的送风方式分为下送上回、上送上回、上送侧回、侧送侧回、上送后回与前送后回等。

静压箱送风。机房内空调送回风通常利用高架地板下部或天花板上部的空间作为静压箱送回风，静压箱内形成的稳压层可使送风较均匀，在条件允许时，应尽量提高静压箱高度。

对温湿度要求严格。由于服务器、存储设备和路由器等电子信息设备的制造精度越来越高，导致对环境的要求也更高：温度过高会造成服务器设备故障率升高、可靠性下降，甚至直接造成设备宕机；较高的相对湿度会使数据中心内的设备短路、磁带介质出错和元器件及电路产生腐蚀现象。在极端的情况下，相对湿度较高还会使设备的冷表面可能出现冷凝现象，这对设备的威胁更大。较低的相对湿度将产生影响设备运行的静电，造成元器件的击穿、短路等故障，甚至可能损坏设备。磁带和存储介质在低相对湿度下也会产生过度磨损，所以数据中心环境温湿度应控制在合适的范围内。

洁净度要求高。①数据中心机房有严格的空气洁净度要求。在高湿环境中灰尘会加快设备的腐蚀，设备寿命下降，在散热板上灰尘堆积会增加热阻，降低换热效率。腐蚀性气体会快速破坏印制电路板上的金属薄膜和导电体，导致末端连接处电阻值增大。因此要求机房专用空调系统应采用高效、合适的过滤装置，能按相关标准对流通空气过滤除尘。②数据中心机房空调系统必须提供适量的室外新风，以便保持数据中心机房正压，防止污染物渗入室内和保持机房温、湿度的稳定。新风系统应有良好的过滤装置，保证经过处理后的新风洁净度优于国标对机房洁净度的要求。虽然大多数数据中心内人员较少，但仍需确保室内人员的新风需求和卫生要求，室内的新风需求量应满足全国或当地设计标准。

2.4.2 数据中心环境和空调系统要求

GB 50174规定了电子信息机房在不同区域的温、湿度要求，主机房和辅助区采用标准规定的温、湿度要求，基本的环境设计可按照标准附录A中的环境要求，参见表2-4摘录部分。而数据中心的支持区（不含UPS室）和行政管理区的温、湿度控制值应按现行国际标准GB 50019《采暖通风与空气调节设计规范》的相关规定。标准对不同等级的机房以及不同性质的机房的环境要求进行了划分。

GB 50174还对机房的洁净度有要求主机房内在静态条件下测试的空气含尘浓度，每升空气中不小于0.5 μm的尘粒数，应小于18 000粒。

一、机房温度要求

在正常工作的服务器中，CPU的温度最高。当电子芯片的温度过高时，非常容易出现电子漂移现象，服务器就可能出现宕机甚至烧毁。

控制数据中心温度是确保服务器等IT设备正常稳定运行的先决条件，温度对设备的电子元器件、绝缘材料以及存储介质都有较大的影响。电子信息设备运行时会产生极大的显热量，在长时间处于高温或较大温度变化梯度的环境中运行时，可能因温度过高而出现宕机现象，温度长期过高，可使数据处理设备工作环境恶化，缩短电子信息设备的使用寿命，也使电子信息设备的可靠性降低。因此机房环境温度与设备运行的可靠性之间有必然联系。

美国的ASHRAE（美国暖通制冷空调工程师协会）发布的《ASHRAE Environmental Guidelines for Datacom Equipment 2011》对数据中心的环境做了详细的规定和解释。ASHRAE在2011版本中推荐的温度范围为18～27 ℃，相比2004版本的20～25 ℃要求放宽了，见表2-5。要求在保证机房设备正常运行的时候，可以减少机房制冷、加热、加湿和除湿的耗能，降低机房空调系统的能耗，提高PUE，并明确了电子信息设备的进风口温湿度参数。

在机房实际运行过程中，机房环境标准可以根据实际要求参考以上标准以及季节等因素进行区别设定，以降低机房能耗。在特殊情况下需要根据数据设备供应商的要求而定。

二、环境温度变化率

电子信息设备制造商提出了电子信息设备允许环境温度变化率的要求，以避免环境温度的突然变化对电子信息设备造成冲击。国家标准推荐的温度变化率为小于5 ℃/h，ASHRAE推荐最大环境温度变化速率为5 ℃/h。磁带和存储设备对温度变化速率要求更高，相关厂家一般要求其环境温度变化速率小于2 ℃/h，湿度变化速率小于5%/h。

表2-4 不同机房等级的环境要求

项目	技术要求			备注
	A级	B级	C级	
主机房环境温度（推荐值）	18～27 ℃			不得结露
主机房相对湿度和露点温度（推荐值）	5.5～15 ℃，同时相对湿度不大于60%			
主机房环境温度（额定值）	15～32 ℃			当电子信息设备对环境温度和相对湿度放宽要求时，可以采用此参数
主机房相对湿度和露点温度（额定值）	20%～80%，同时露点温度不大于17 ℃			不得结露
主机房环境温度和相对湿度（停机时）	5~45 ℃，8%～80%，同时露点温度不大于27 ℃			不得结露
主机房和辅助区温度变化率（开、停机时）	使用磁带驱动时<5 ℃/h，使用磁盘驱动时<20 ℃/h			
辅助区温度、相对湿度（开机时）	18～28 ℃、35%～75%			
辅助区温度、相对湿度（停机时）	5～35 ℃、20%～80%			
不间断电源系统电池室温度	15～25 ℃			

表2-5 ASHRAE对数据中心环境要求的变化

项目	2004标准	2011标准
低温下限	20 ℃（68 ℉）	18 ℃（64.4 ℉）
高温上限	25 ℃（77 ℉）	27 ℃（80.6 ℉）
低湿下限	40% RH	5.5 ℃ DP（41.9 ℉）
高湿上限	55% RH	60% RH & 15 ℃ DP（59 ℉ DP）

电子信息设备不工作时可以允许其环境温度在一个较大范围内变化，但需要开启数据中心机房空调系统，以维持最低的运行工况，避免电子信息设备受到热冲击。

三、相对湿度

ASHRAE（美国暖通制冷空调工程师协会）发布的《ASHRAE Environmental Guidelines for Datacom Equipment 2011》中推荐的湿度范围为大于5.5 ℃的露点温度的相对湿度、小于60%的相对湿度和15 ℃露点温度。推荐湿度的下限改为了露点温度，放宽的要求是在保证机房设备正常运行时，可以减少机房加湿、除湿和降温的耗能，降低机房空调系统的能耗，提高PUE。

四、空气过滤

GB50174中要求A级和B级主机房的含尘浓度，在静态条件下测试，每升空气中0.5 μm以上的尘粒数应少于1.8万粒。主机房内空调系统用循环机组宜设初或中效过滤器。新风系统应设初、中效空气过滤器，最好设亚高效过滤器。

五、新风要求

GB50174中要求空调系统的新风量应取下列二项中的最大值：①维持室内正压所需风量；按工作人员计算，每人40 m^3/h。②对于无人机房新风可取自走廊、楼梯间等室内空间。

2.5 数据中心的其他相关要求

数据中心中和环境控制有关的还有腐蚀性气体污染、保温、密封、防潮、防尘、防水与防火等，应给予高度重视，以确保计算机系统长期可靠运行工作。要对机房的建筑物进行实地勘查，依据国家有关标准和规范，结合所建数据中心各系统运行特点进行总体设计。数据中心装饰装修的基本作用就是要满足数据中心机房防火、防水、防尘、防静电、隔热、保温和屏蔽等要求。

2.5.1 数据中心对腐蚀性气体污染物的规定

数据中心对空气品质的要求以往主要有温度、湿度和空气含尘浓度三个方面。随着环境保护意识的增强、电子设备生产工艺和技术的更新以及环境污染的加剧，现在国际上对数据中心的空气品质也提出了新的要求，即腐蚀性气体污染的规定。

一、环境保护的背景与电子行业的变化——RoHS与IT电子设备厂商

随着人类环境问题的日益严峻，欧盟于2006年7月1日立法实施了强制标准——RoHS（Restriction of Hazardous Substances），全称是《关于限制在电子电器设备中使用某些有害成分的指令》，列出了对6种有害物质的严格限制，包括铅Pb、镉Cd、汞Hg、六价铬Cr6+、多溴二苯醚PBDE和多溴联苯PBB，规范电子电气产品的材料及工艺标准，强制所有IT产品和电子设备供应商采用更环保的材料，以此保护地球环境和人类健康。

电子设备通常由印制电路板（PCB）、集成电路或表面封装元件组成，RoHS生效以前电子行业内普遍使用铅锡合金进行焊接，强制性的RoHS迫使包括IT行业在内的所有电子行业制造商都必须在工艺上进行改良，尽量不用有害物质，这对电子行业制造商的生产工艺提出了严格的要求。

为了进行改良生产，目前电子行业制造商普遍使用低电阻率的银来代替铅，从而满足RoHS的要求。

随着计算机性能的不断提升，使用的晶体管尺寸必须不断缩小，数量不断增多，电信号为完成指定任务传递的距离也越来越短，所有电子部件都朝着更小尺寸发展，封装密度越来越高，这对硬件的可靠性造成了很多不利因素，例如设备板卡中单位体积的热负载增大，就需要更多的气流冷却，气流的增加也使电子设备更容易受到空气中粉尘、腐蚀性气体污染物的影响。

二、腐蚀性气体对电子设备的影响

即使在RoHS实施以前使用了铅锡合金焊接生产的电子设备，在工业区仍需要加装气体化学过滤装置进行保护，当现在电子设备厂商使用银来替代铅锡合金以后，化学腐蚀问题就日益严重了。银和铜都不是十分稳定的金属，与铜相比银更容易被腐蚀。在以工业为主的城市，或城市的工业区、海边，这些地区空气污染相对严重，空气中硫化物、氮氧化物等腐蚀性气体或盐的浓度比较高，这些空气进入数据中心以后，就特别容易使电子设备发生故障。

由于腐蚀性气体对设备的腐蚀是长期和大面积进行的，发生故障的年限会随着污染物的聚集进一步的缩短，其影响具有明显的滞后性，短期因不容易被发现而忽视，一旦出现问题就会是大面积的，加上局部的不可预测性，容易造成意外宕机，级别要求越高的数据中心（例如A级或Tier4级机房）的损失就越大。需要指出的是，如果机房的空气质量得不到有效的改善，即使更换了IT设备，腐蚀仍将持续，因此很多发达国家都对数据中心的气体污染物治理提出了规范的要求。

三、化学腐蚀的分类

化学腐蚀的种类很多，但常见的有以下三类：

（1）蠕变腐蚀。对铅的限制使工艺上使用银来代替铅并提高导电性，生产上常用浸银的处理方式。浸银处理过的电路板在含硫和一定湿度的空气环境中容易被腐蚀，电路板中的银和铜被腐蚀产生的衍生物会逐渐在电路板上漫延，形成蠕变腐蚀现象。蠕变腐蚀发展到一定程度会造成电子线路短路，从而导致设备部件故障。

（2）镀银腐蚀。这类腐蚀主要产生在含银的小型表面安装组件中。即使在干燥情况下含硫气体也能腐蚀银，并生成腐蚀产物硫化银，硫化银大量聚集后会产生机械压力，从而破坏封装的完整性。封装被破坏后下层的银会被进一步腐蚀，直到部件中的所有银全都耗尽，最终导致断路。

（3）腐蚀性无机盐粉尘。各种无机盐也是数据中心空气粉尘污染物的一个主要来源。沿海地区的强风可将海盐向内陆方向吹进10 km或者更远，而这些海盐能够毁坏这一范围内的电子设备。另外如果数据中心中用于加湿的水分中含有过量的盐分，经过长期的累积也可以是造成这种腐蚀。

需要指出的是，业内也有专家认为电子设备厂商应该通过自身工艺改良来提高对腐蚀性气体的抵御能力，显然这对用户是十分有利的。但想在短期内让厂商做到既能满足环保（RoHS）要求，又不使制造成本明显上升造成用户购买成本提升，再加上是否所有的设备都应该和都需要提高腐蚀抵御能力等等问题业内还没有定论，所以这个问题的解决会是漫长的。

四、腐蚀性气体的来源与影响因素

腐蚀性气体污染的来源一般有室外污染物侵入和室内污染物扩散。

室外污染物侵入是腐蚀性气体污染的主要途径。工业生产、含硫煤的燃烧、汽车尾气及火山爆发等等造成大气污染，形成的硫化物、氮化物和卤化物等腐蚀性气体（如二氧化硫、硫化氢、氮氧化物、单质硫与二硫化碳等），随空气进入数据中心就导致了腐蚀性气体污染。

室内污染物的来源往往来自于含硫计算机配件老化、蓄电池、橡塑保温泡棉、含硫橡胶等装饰装修材料、电缆外皮和下水道等泄漏出的气体等。

需要注意的是，不管是室内还是室外的无机盐和水蒸气都可以作为电解质媒介造成或加速化学腐蚀。

腐蚀性气体污染对数据中心设备的影响，又可分为化学影响、电学影响和机械影响。在最常见的化学影响中，电路板中铜或银的蠕变腐蚀和小型表面安装组件中的镀银腐蚀。在非工业环境中，化学影响往往最容易被忽视。电学影响包括电路阻抗和电弧的变化和由此产生的短路或开路等。机械影响包括散热片污染，光信号干扰，摩擦力增大等。

五、腐蚀性气体污染的检测与处理方法

为了防止气体污染对数据中心造成的危害并判定这种腐蚀的程度，行业内使用了很多方法进行防腐蚀处理。现在业内通常使用“先检测后处理再检测”的循环处理法，如图2-5所示。

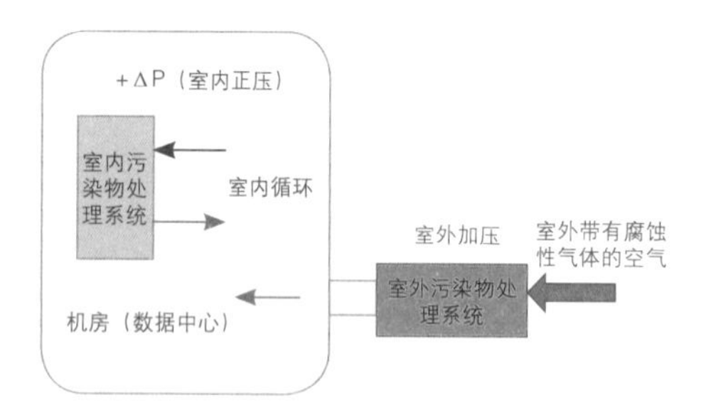

图2-5 数据中心的污染物处理系统示意图

循环处理法的第一步是空气质量检测。一般使用纯铜或银的测试片进行测试，方法是在数据中心特定的位置与高度放置测试片，暴露在空气中30天，若测试片的被腐蚀层厚度低于300 Å（$1\ \text{Å}=10^{-10}\ \text{m}$），则说明该数据中心的腐蚀性气体影响可以忽略；若高于300 Å，则数据中心的气体腐蚀已经对IT设备造成威胁，厚度越大，则威胁越严重。对于检测未超标的数据中心可以定期做检测，以防止腐蚀出现。

对于化学腐蚀测试超标的数据中心，需要进行第二步处理，使用初效、中效和终效三重过滤器及化学滤料相结合的化学方法过滤，常用的化学滤料是经过特殊工艺浸泡的活性炭和活性氧化铝，利用其化学还原剂将其中的腐蚀性气体中和并去除。有些地方也单独使用纯活性炭进行过滤，但因活性炭仅利用其物理吸附性进行过滤，其过滤效率相对较低并容易产生二次污染的风险，所以在高标准和高风量的数据中心中一般很少单独使用纯活性炭来处理化学污染物。

化学方法过滤按使用位置可以分成室内和室外两种：①室外部分可以在精密空调的新风装置前加装化学过滤装置，或将其换成带化学过滤功能的新式新风机组（值得一提的是使用这种新的新风系统可以实现自然冷却），同时做好各路风管的密闭，保证数据中心内的正压，彻底阻止室外污染物的侵入；②室内部分可以使用室内化学过滤机组放置在特定的地方，同样使用初效、中效和亚高效三重过滤器及化学滤料相结合的方法以消除室内气体污染物。

第三步需要对数据中心和化学过滤器进行定期的巡检，对化学滤料进行寿命分析并根据需要更换，确保机房环境始终达到可靠的标准。

不论是在第一步污染物检测未超标的数据中心，还是通过化学过滤处理后的数据中心，都应该进行定期的检测，以防止腐蚀再次出现。通过这样循环方式可以确保数据中心的设备不被腐蚀导致意外宕机。

2.5.2 保温和密封

数据中心机房的冬季保温、夏季隔热以及防凝露等技术问题是机房设计的重要因素。尤其在室外温度较高的夏季，空气相对湿度大，机房内外存在较大的温差，如果机房的保温处理不当，会造成机房区域两个相邻界面产生凝露，更重要的是下层天花的凝露会给相邻部分设施造成损坏而影响工作，同时会使机房区域的机房专用空调的负载加大，造成能源的浪费。在冬季，由于机房的温湿度是恒定值，此时机房含湿量高于室外，如果机房的保温处理不当，机房的内立面墙及吊顶和地面产生凝露，使机房受潮，而影响机房的洁净度。

为了节约能源，减少日后的运行费用，根据以上分析，机房相邻界面凝露应按其起因而采取相应的措施来控制平面、立面隔热及冷气的散失，而且数据中心主机房一般建议采用无窗设计或需要对窗户做密封处理。顶板应考虑保温，楼层地板与幕墙之间需考虑保温隔热处理。

建筑围护结构特别是改建机房的建筑围护结构，其热工性能如不符合GB 50189—2005《公共建筑节能设计标准》的有关规定，那么在机房装饰设计时，需作墙体保温设计。

专用空调区域采用地板下方送风的形式，出风口温度较低，有时会造成下一层楼顶结露，所以需要考虑地面做保温层，既能减少制冷需求，降低运行费用，又不至于使下一层楼顶结冷凝水。建议采用下一层楼顶做保温方式。

此外，新风管道也需要做保温处理。

机房保温的另外一个重要方面就是密封问题，密封可保证机房正压，有利于机房内温湿度以及洁净度的控制。其中管道孔的密封问题是经常被忽略的（特别要注意下送风地板下穿墙孔等的密封问题），如果进出机房的管道孔没有做良好的密封，首先会增大机房空调的负载，还会影响机房的洁净度。在雨季，雨水有时会顺着管线流入机房；在冬季，室内外温差会造成管线结露。在有些机房的建设中，装饰装修部分的施工和电气及空调管线的施工为不同单位，如果工程监理不到位或是工程界面划分不明确，就会使进出机房管道孔的密封成为施工的盲点，因此必须引起足够的重视。

机房外窗宜采用双层玻璃密闭窗，并设窗帘以避免阳光的直射。采用单层密闭窗时，其玻璃应为中空玻璃。

吊顶空间较高时，不宜直接从吊顶内回风，可设计双层顶以减少空调负载和灭火气体容量。

2.5.3 防水

对于数据中心机房，水患是不容忽视的安全防护内容之一。机房水的来源主要是空调系统产生或渗入。水患轻者造成机房设备受损，降低使用寿命；重者造成机房运行瘫痪，中断正常营运，带来不可估量的经济损失。数据中心还需要注意上层房间漏水时对数据中心造成的影响，上层房间可能是机房或者其他用途，均需要有防水措施。因此，数据中心水的防护是机房建设及日常营运管理的重要内容之一。

在机房外围隔断、幕墙边缘和空调安装区域地板下设置适当高度的挡水坝，并应在挡水坝内设置地漏，以防水患发生并能及时排水，并对挡水坝内的地面及挡水坝做防水处理。为了能及时处理渗漏水，在可能产生水的地方（机房专用空调四周和靠走廊地板下）采用漏水报警系统。这样不仅从技术上，也从物理上充分杜绝了机房漏水的情况。空调给水和排水尽可能不经过主机房（主要通过走廊），与机房区无关的水管不得穿过主机房，不可避免时，应做好防结露保温，水管接缝处确保严密并经试压检验。

2.5.4 防尘

按GB 50174—2008规定：A、B级机房内的尘埃标准要达到规范的要求，即粒度不大于0.5 μm的尘埃个数≤18 000粒/L。

要求严格控制机房内的洁净度，主要从以下几个方面：①采用专用空调、新风系统，对于进入室内的新鲜空气应进行过滤处理（中效、亚高效过滤）；②数据中心机房四壁应抹平压光处理，楼板底面应清理干净，管道饰面应选用不起尘的材料，并刷防尘漆；③除主材选用不起尘的材料外，机房专用空调区域地板下、吊顶内需做防尘处理（拦水坝内侧区域也需做防尘处理），在机房入口处设置换鞋柜/鞋套机，以减少机房尘埃污染，使机房区域与其他区域有效地分隔为两个不同指标的空间环境；④机房的维护结构应严格密封，所有穿过维护结构的管线孔应封堵严密，减少漏风和保持机房正压。

2.5.5 空调系统的防火措施

空调系统与消防要进行联动，消防分区应该和空调系统分区一致，避免扩大火灾区域，如果有风管通过防护分区隔墙时应设置防火阀。

2.6 数据中心网络规划设计方法

大规模的数据存储和处理需求，推动了IT系统发生巨大变化，许多公司开始致力于改造和建设新型数据中心，并通过对数据中心基础设施的整合和服务器虚拟化，实现绿色数据中心的目标。IT系统架构模式经历了集中、分散和再集中的演进过程，与此同时，数据中心网络也相应不断演进，从竖井式专有系统到现代统一网络平台。随着云计算时代的到来，云带来计算和数据的集中，网络从提供计算机互联服务的角色演进到数据中心系统构成的交换总线作用。在数据中心的规划设计中，网络的规划设计是其中重要的环节。

2.6.1 网络设计方法

数据中心是企业IT系统的核心部件，需要遵循企业IT系统的整体架构和战略目标。数据中心网络的规划设计需要参考企业IT架构的规划方法，如图2-6所示。

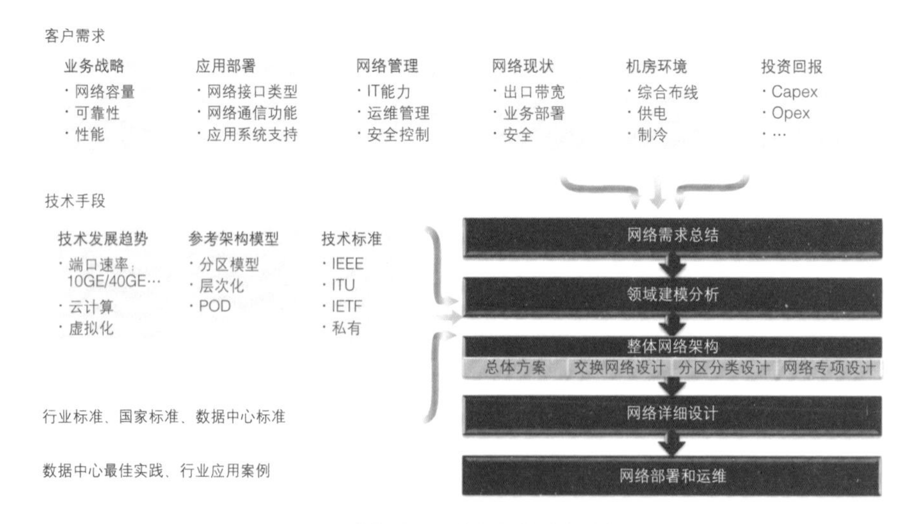

图2-6 数据中心网络规划设计方法论

网络相对于IT系统基础设施的其他部件（如服务器、存储等）有很大不同。网络是一个全局性的系统，联接着所有基础设施的组件。因此需要有一个整体的网络规划，并确立数据中心网络在整个网络的位置和接口界面。

整体网络架构通常需要遵循数据中心业主的企业整体IT架构来制定，最好由业主IT规划部门请专业咨询公司来提供，或根据业主的需求调研为数据中心业主定制完成。

有了整体网络架构、需求分析和参考模型后，设计人员可实施数据中心网络的设计工作，通常包含以下几部分：

（1）数据中心网络模块结构设计。

（2）模块功能和网络实现。

（3）模块之间的接口界面。

（4）容量规划设计。

（5）网络管理和运行规划。

（6）相关的技术实现。

完成数据中心网络规划设计后，设计人员

需要配合项目实施计划和工程进度，提出详细的实施步骤和建议，完成整个数据中心网络规划设计工作。

2.6.2 需求整理及需求分析

业务战略需求。包含业务发展战略对数据中心网络的需求，如未来几年内随着业务发展，对于数据中心网络容量、性能及功能的需求是什么。

应用部署需求。包含应用系统、服务器、存储及应用本身对网络通信的需求。

网络管理需求。数据中心网络除了支持自身的管理外，还有应用服务器、存储盘阵和其他应用系统的管理运行平台；其他系统的日常管理、控制指令都需要通过网络提供的管理平台发布和执行。

数据中心网络规划还应充分考虑客户当前的网络现状、机房环境、投资回报和维护成本等问题。

2.6.3 技术手段的选择

一、技术发展趋势

数据中心从用途形态可分为EDC（Enterprise Datacenter）和IDC（Internet Data Center）两大类，它们所承载的业务特性存在很大差异，承载业务的硬件、软件需求各不相同，同时数据中心各系统之间运营方式也千差万别。科技的发展与进步在向上扩展/向外扩展（Scale-up/Scale-out）中螺旋式上升，应用系统与架构层面从集中到分布式处理只是云计算的一种模式，并不意味分布式架构是当前或未来唯一的技术选择，在特定时期里及特定的业务应用场景下集中式架构（如Power架构等）也是另一个方向的技术选择。

本书并未细分EDC与IDC中网络架构差异。云计算的规模化及大数据时代对传统的网络技术提出更大挑战，它们驱动了当前数据中心网络技术的改进和技术创新。白皮书中对于网络技术的发展趋势略偏向于IDC领域，通信网络作为数据中心最重要的基础设施之一，具备更强的普适性，而任何架构的选择都有多样性，没有最优只有最适合，性能、成本与扩展性三项决定性指标中最多只能选择两项。因此互联网行业、金融行业、电信运营商及大中小型企业对数据中心网络架构的选择既要关注最新技术发展动向，也要依据各自行业应用特征进行技术选择、设计规划。

当今业界提出数据中心计算概念，包含存储、计算、实时存储与计算、超大规模系统以及数据中心，如图2-7所示。

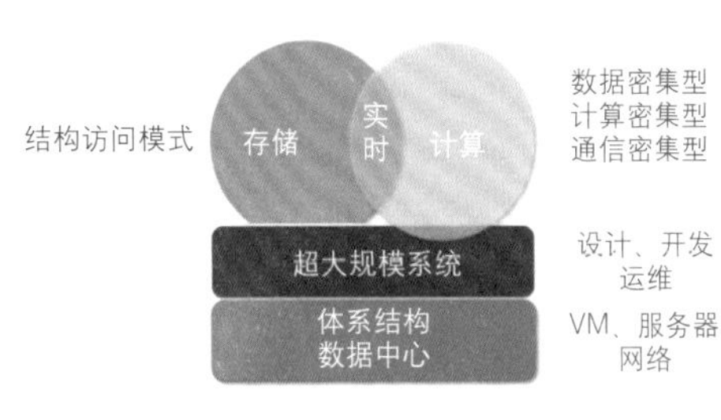

图2-7 数据中心所包含的技术领域

云计算是将成千上万台服务器整合起来，为用户提供灵活的资源分配和任务调度能力，可将云特性总结为：

超大规模。包括机器数、用户数和并发任务数量。

资源整合。上千台服务器共同完成一项计算任务、存储PB甚至EB级数据量。

虚拟化。提供更灵活的资源配置，大规模服务器资源能进行灵活的调度和配置，按业务需求动态分配和使用资源。

快速交付。缓解服务器、网络和IDC基础设施等硬件系统的较长实施周期与业务快速增长和规模需求之间的矛盾。

从狭义上讲，数据中心包含存储、计算两大部分，本书将计算和存储连接在一起的部分称之为数据中心网络。

数据中心网络从流量交互的方向分为Internet Access Network（I-Network）、数据中心交换矩阵和数据中心互联网络三大组成单元，如图2-8所示。

I-Network
数据中心交换矩阵 数据中心互联网络

图2-8 数据中心网络组成单元

数据中心计算对传统数据中心网络架构带来的挑战在一定程度上引导着数据中心网络的技术趋势。弹性计算、离线计算、数据库和高性能计算等云操作系统对大中型数据中心网络的挑战，可总结为四大方面：大规模效应、成本天花板效应、资源使用率效应和大规模管理及自动化部署问题。

大中型数据中心的规模定义为5 000台以上的服务器，数据总线的范围从一台服务器内部延伸到一个机房里的所有CPU、硬盘和内存；对网络的需求体现为：大容量、高吞吐、低延时，无丢包与高扩展性。

下面描述几种应用场景来解释云时代对网络性能的新要求：

（1）以Mapreduce为例，Reduce任务的输入数据分布在集群内的多个Map任务的输出中，这个阶段存在大量Shuffling Data的复制，要求很高的网络带宽和对大量并行突发流量的容忍度。

（2）以Hbase为例，Range Server接受客户端提交的数据，当内存中的数据到一定量后再写进HDFS中，HDFS的写入优先级选择最近的Chunk Server，而Chunk Server和Range Server是混合部署的，初期负责某个分区的Range Server与该分区的数据是存储在同一台机器上，但当Range Server负责的分区数据过多，到了超过单机存储量时，或是Range Server发生了故障切换后被重新调度，Range Server和对应数据可能不再在一台物理机器上时，则读写都必须多了一次跨机器交互。这种跨网络的交互会引入毫秒级的延时，故对于强调响应时间的在线应用可能就是无法接受的。同时，跨服务器的访问会带来带宽的占用，HDFS的存储采用多副本技术（一般是三份，本地一份，跨机架一份，跨交换机一份），因此一份数据从客户端提交开始有可能需要在网络中传输7次，对于网络带宽的压力可想而知。

（3）上下文数据远程化还会带来节点对称计算的要求，保证网络任何两个节点的上下行带宽是对等的，而传统数据中心网络多层架构、数据中心网络设备自身性能都是考虑了“网络收敛比”，这意味着从核心到接入之间的带宽是非对称的，如接入层交换机下行40个GE端口，上行2个10 GE端口，形成1：2收敛比。存在收敛比的根本原因在于传统业务中心的业务流量不大，同时Web类业务本身存在此起彼伏的特性，南北流向（特指互联网流向）的网页类应用对延时的要求仍局限于互联网用户网页主观体验，不会因大量超时造成业务雪崩。

（4）上下文的重建需要时间，比如Key Value服务或Range Server等服务需要加载一些索引到内存中，才能开始提供服务，这个加载动作根据数量级不同而不同，数据多时，甚至需要数分钟才能完成。因此对于Range Server的接入网络的可靠性提出更高的要求。尽可能不要因为网络故障引起Range Server不可访问，导致不必要的Range Server的倒换。

数据中心网络规划设计应综合考虑技术发展趋势、潜在风险，兼容现有网络架构采用阶段化策略，逐步建立稳健、可持续运行的可扩展、高性能网络架构。

二、架构参考模型

数据中心作为IT系统基础的核心，业界有很多的参考架构。目前比较流行的架构模型可参考IT开放组织的很多参考架构模型，网络技术标准化方面也有很多国际标准组织提供相应的网络协议和模型标准，如IEEE和IETF等。

除以上输入外，数据中心网络规划设计人

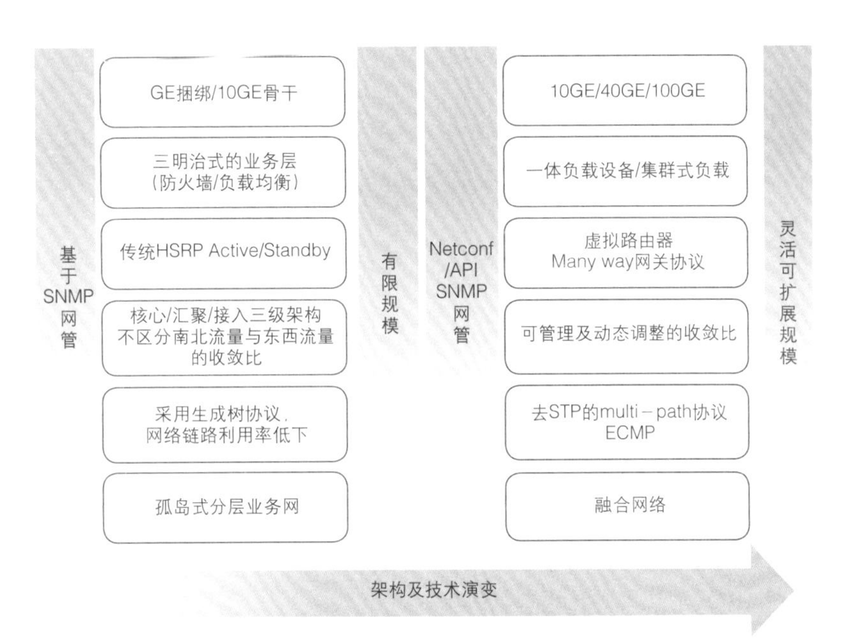

图2-9 数据中心网络架构技术发展趋势

员需要了解以下几个要素：

（1）自建机房还是租用机房、机房地理位置、光纤情况与运营商接入状况。

（2）数据中心机房的物理布局，包括基础设施配备限制、空间使用计划、机房部署规划、布线空间限制等制约条件和电力情况等。

（3）相关的行业标准必须支持，如TIA 942等布线标准、IEEE的各种接口标准与网络距离限制都需要尽量满足，以适应未来数据中心的运行管理和业务扩展。

2.6.4 规划设计需求总结

在汇总所有输入后，需要对所有需求进行梳理，最后确立数据中心网络规划的目标及相关的全部需求信息。为了保证需求分析的全面性，参照网络架构的目标，需求分析可从以下几个方面进行：

一、可用性

数据中心建设的可用性级别与相对应的网络设计可用性级别只是松耦合关系，理论上网络需要更高可用性。

网络可用性包括：①关键设备、关键路径冗余设计；②地址规划及路由快速收敛设计；③灾难备份网络，对设备的实时监控。大致可以分为系统可用性及运维可用性两个指标。

可用性参考指标有Availability（可用性）、MTBF（平均无故障运行时间）和MTTR（平均维修时间），其计算公式如下：

$$系统可用性=\frac{\text{MTTR}}{\text{MTBF}+\text{MTTR}}\times 100\%$$

$$运维可用性=1-\frac{\sum 服务中段时间\times 受影响用户数}{承诺服务时间\times 用户数}\times 100\%$$

二、可扩展性

数据中心方案设计中，每个层次的设计所采用的设备本身都应具有极高的端口密度，为数据中心的扩展奠定基础。

在Internet互联层、Intranet互联层和核心/汇聚层的设备都采用模块化设计，可根据数据中心网络的发展进行灵活扩展。

功能的可扩展性是数据中心提供增值业务的基础。实现负载均衡、动态内容复制与

表2-6 可用性指标

可用性指标（%）	一年内不可用时间
99.000	3 d15 h 36 min
99.500	1 d19 h 48 min
99.900	8 h 46 min
99.950	4 h 23 min
99.990	53 min
99.995	27 min
99.999	5 min
99.999 9	30 s

VLAN等功能，为数据中心增值业务的扩展提供基础。

三、可管理性

网络的可管理性是数据中心运营管理成功的基础。数据中心应提供多种优化的可管理信息。数据中心应具备完整的QoS功能、完整的SLA管理体系、多厂家网络设备管理能力和相对独立的后台管理平台，方便数据中心和用户的网络管理。

四、安全性

安全性是数据中心的用户，特别是电子商务用户最为关注的问题，也是数据中心建设中的关键。它包括物理空间的安全控制及网络的安全控制。数据中心应有完整的安全策略控制体系以实现数据中心安全控制。尤其在虚拟化环境下的应用和网络安全要着重关注以下三大块：

IT资源安全：服务器、网络和系统软硬件。

数据安全：存储和访问数据的安全。

管理安全：用户访问身份的安全。

五、ROI分析

规划新的数据中心网络需要将业务发展需求、前期投资开支与后期经营开支、SLA的要求等一系列因素综合考虑进行ROI分析。

2.6.5 领域建模分析

数据中心网络只是数据中心业主IT系统中的一个部分，因此设计人员需要帮助业主清楚规划出数据中心网络在整个IT系统中的功能界面、管理运行界面及与其他系统，如布线、服务器和用户终端等接口，如图2-10所示。要实现这些，需要对网络在IT系统中的部署进行领域建模分析。

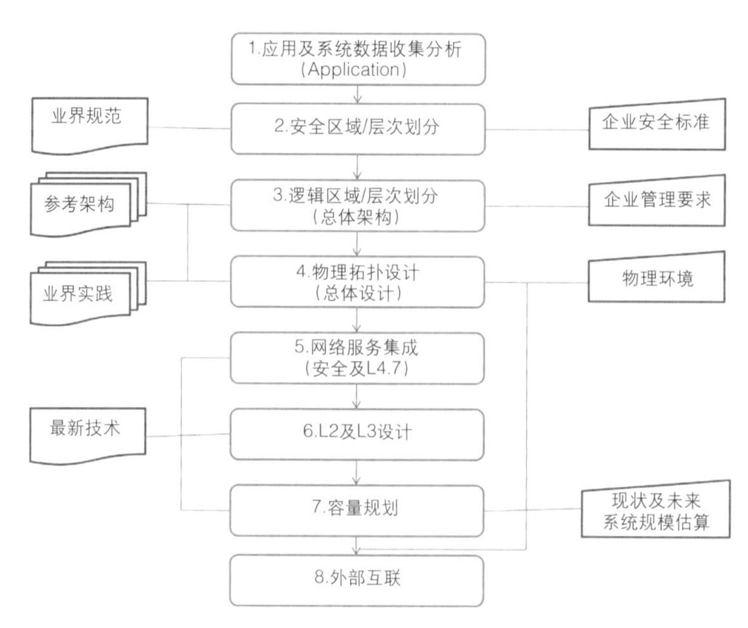

图2-10 数据中心网络设计过程

数据中心供配电系统

Data Center Power Supply and Distribution System

数据中心作为企业的信息中心枢纽，承载着关系企业核心信息的服务器。然而，电源作为数据中心的基础要素之一，断电或低质量供电都是造成数据中心服务器停机的一大主要因素。如何对数据中心电源系统进行设计和智能化管理，以确保数据中心服务器以及其他硬件持续运行，是众多数据中心管理者面临的重大问题。数据中心供配电系统是为机房内所有需要动力电源的设备提供稳定、可靠的动力电源支持的系统，具体来说就是从电源线路进入数据中心，经过高/低压供配电设备到负载的整个电路系统，主要包括中低压变配电系统、柴油发电机系统、自动转换开关系统、输入低压配电系统、不间断电源系统、UPS输出列头配电系统和机架配电系统等。完善可靠的供配电系统，在实际运营中起到了极为重要的核心作用。

第三章　数据中心供配电系统

“数据中心供配电系统”是从电源线路进入数据中心，经过高/低压供配电设备到负载的整个电路系统，主要包括中低压变配电系统、柴油发电机系统、自动转换开关系统（Automatic Transfer Switching Equipment，ATSE）、输入低压配电系统、不间断电源系统（Uninterruptible Power System，UPS）、UPS输出列头配电系统和机架配电系统等，如图3-1所示。

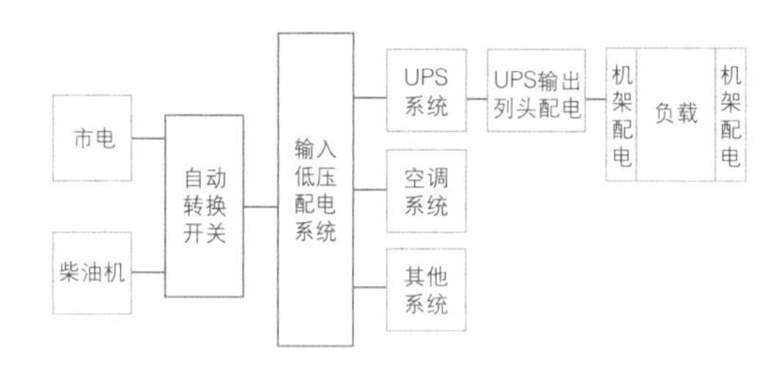

图3-1 数据中心供配电系统示意方框图

3.1 数据中心IT设备电源特性

建设数据中心供配电系统必须先详细了解供配电系统的服务对象——数据中心IT设备及其电源系统，了解IT设备及其电源系统的特点，对合理设计、运营管理数据中心具有十分重要的意义。数据中心主要耗电设备是服务器（Server），其余IT设备电源系统的设计和服务器电源系统的设计大体类似。因此，本章主要讨论服务器电源系统用电特性。

3.1.1 服务器电源系统标准简介

服务器电源按照标准主要可以分为ATX（Advanced Technology Extended）电源和SSI（Server System Infrastructure）电源。ATX标准使用较为普遍，主要用于台式机、工作站和低端服务器；而SSI标准是随着服务器技术的发展而产生的，适用于所有服务器。

一、强制性标准（电源必须满足的标准）

电气安全。GB 4943—2001《信息技术设备（包括电气事务设备）的安全》（等同IEC 950）。产品既要符合该标准要求，又必须能够获得权威机构的认可才能够进行生产和销售，也就是通常所说的安全认证。

电磁兼容。GB 9254—1998《信息技术设备的无线电骚扰限值和测量方法》（等同CISPR 22:1997）。该标准主要对产品产生的传导干扰和辐射干扰进行限制。其目的就是要求产品在使用时，不能干扰其他设备的正常运行。

谐波电流。GB 17625.1—1998《低压电气及电子设备发出的谐波电流限值（设备每相输入电流≤16 A）》（等同IEC 61000—3—2:1995）。

国内目前要求所有电源产品进行3C（China Compulsory Certificate）强制认证。

国际上遵循的标准主要为UL 60950—1；FCC Class B Part 15；EN 55022/CISPR*；EN 55024；EN 61000—4—2；ANSI C 62.41；ANSI C 62.45；ANSI C 63.4；AB13—94—146；EMKO—TSE（74—SEC）207/94等。

二、非强制性的标准（推荐标准）

电磁兼容性。GB/T 17618—1998《信息技术设备抗扰度限值和测量方法》（等同CISPR 24:1997）。该标准与GB 9254—2001《信息技术设备的无线电骚扰限值和测量方法》是产品电磁兼容性的两个方面：GB 9254着眼于产品发出的干扰，而GB 17618则是产品应具备的抗干扰能力。只有同时满足这两方面的要求才算完善的产品，才能保证不同的设备同时使用时不会互相影响。

综合性。GB/T 14714—2008《微小型计算机系统设备用开关电源通用规范》。是我国专门针对计算机电源产品的国家标准，它的内容涉及产品的技术要求、实验方法、检验规则、标志、包装、运输及储存等。

三、企业标准（Intel关于服务器电源相关设计文件）

Intel 关于PC和服务器电源相关设计文件是目前PC和服务器电源领域重要的产品设计，包括外形结构、接口定义到各个输入/输出参数的定义和设定，几乎涵盖电源所有特性。

（1）ATX标准。1997年，Inter公司推出了ATX电源规范。ATX标准的电源与以往电源相比，在可控性、可管理性、散热以及机箱布局等方面做了很多改进。

ATX电源是目前PC和服务器普遍使用的标准电源，包括单电源、冗余电源两种规格。单电源系统功率为145～400 W，最多可支持双处理器系统，这种电源主要使用在PC和低档服务器上；而高档服务器为了满足供电需求，大多采用冗余电源系统，即冗余热插拔电源（能在线更换），可以大大提高整个服务器系统的可靠性和可用性。这种电源的功率一般每模块为175 W以上，有1＋1、2＋1和3＋1等多种规格。

（2）SSI电源规范。随着IA服务器市场的不断扩大，应用领域更宽，应用环境更复杂，对IA服务器电源系统的负载能力、安全性、扩展性和通用性等方面提出了更高的要求。为此，Intel联合一些主要的IA架构服务器生产商推出了新型服务器电源规范——SSI规范。SSI规范的推出是为了规范服务器电源技术，降低开发成本，延长服务器的使用寿命而制定的，主要包括服务器电源（Power Supply）规格、背板系统（Electronic Bays）规格、服务器机箱系统规格和散热系统规格。

3.1.2 服务器电源对于数据中心供配电系统设计的基础意义

服务器电源是整个数据中心供配电系统建设的重点，了解服务器电源的相关特性对于数据中心的供配电系统建设具有重要意义。

一、负载电源框图

服务器设备电源框图如图3-2所示，当前以AC－DC型开关电源为主，其输入特性呈现典型的非线性负载的特性。

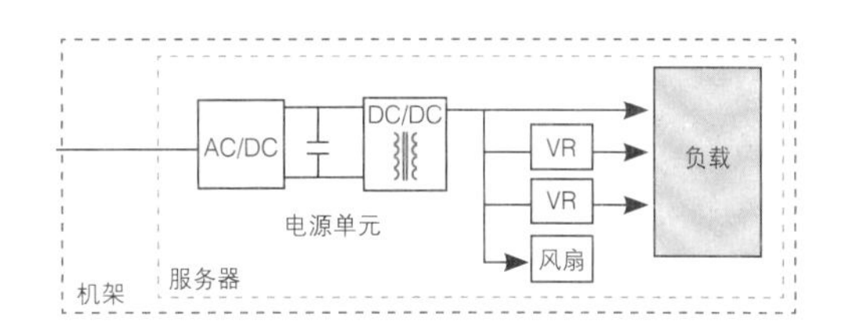

图3-2 IT设备电源拓扑示意图

二、服务器电源容量

业界某知名厂商的一款电源的铭牌，如图3-3所示。

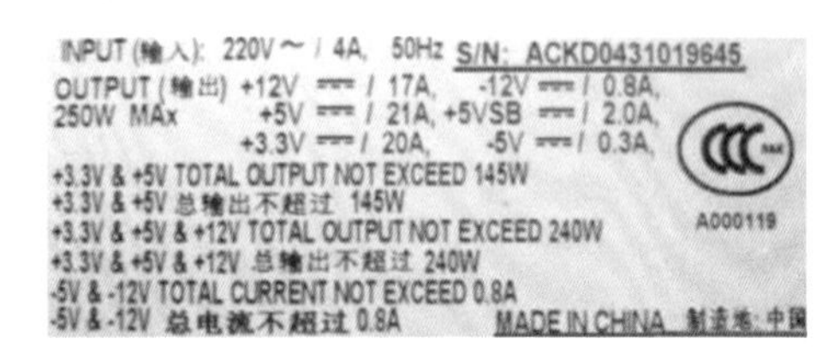

图3-3 业界某知名厂商的一款电源的铭牌

需要强调的是：① Input（输入）中220 V是服务器电源额定输入电压，而4 A指的是最大额定输入电流，表征电源在最低输入工作电压时的最大输入电流；②Output（输出）250 W MAx，表征服务器电源最大输出功率，这个参数通常只有在服务器电源铭牌上才能看到，因此也称为铭牌功率（Nameplate Rating），这个参数是设计时通常参考数值。

但负载的容量并不直接等同于服务器电源的最大输出功率。

图3-4中有黄、绿、蓝三根垂直线，对应服务器的三种工况。

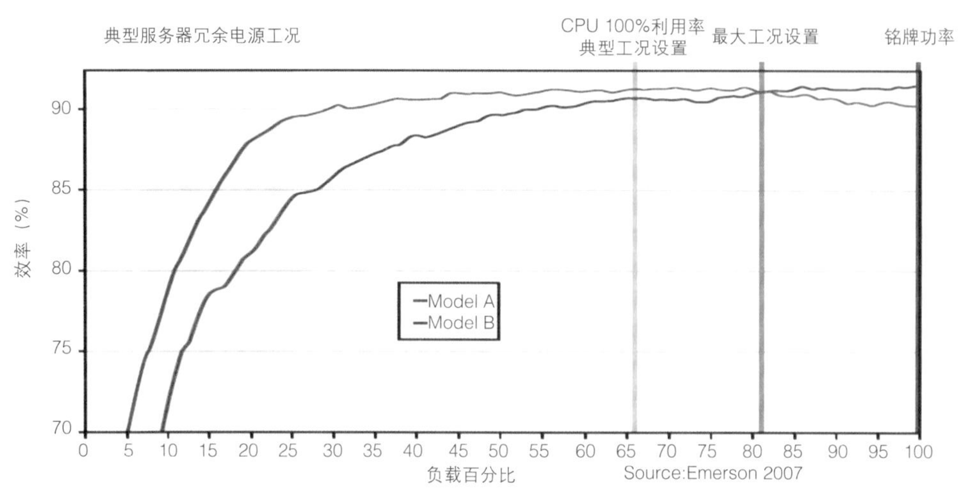

图3-4 服务器电源容量与效率曲线

（1）铭牌功率：服务器电源铭牌功率。

（2）最大工况设置：服务器系统工作在最大用电负载时耗电功率。

（3）CPU 100%利用率典型工况：CPU工作在100%利用率时耗电功率。

从图3-4中可以注意到服务器最大的功率消耗是铭牌额定值的80%。这是因为服务器厂家在选择电源时保留了20%的裕量，而CPU 100%利用率典型工况是铭牌额定值的67%。因此，这种裕量和工况差异建议实际设计时参考。

三、服务器电源冗余

服务器设备中广泛使用的两个或两个以上电源同时供电，这种多电源供电模式称为“冗余电源”（Redundant Power Supply）。

典型的服务器电源供电是均分冗余。系统正常工作时，通过调整各电源的工作参数，使系统均衡地使用每个电源模块——每个电源模块向系统提供相同的电流，这种工作模式称为“电流共享”；或者控制受控调节器使得某一个/组电源工作，其余个/组电源备份。

冗余电源系统中的每个供电模块均可以热插拔（Hot-Swapping）：一旦某个供电模块损坏，在不停电情况下就能完成维修，因此不会影响系统的正常工作。热插拔是指将模块、板卡或电源等设备带电“接入”或“移出”正在工作的机器。

服务器冗余电源系统都可以归结到双电源系统上，如果每一路电源都能够通过独立的供电路由找独立的能量源取电，就能够得到高可靠性。

UPS系统（服务器的能量源）的传统供电方案，如单机/串联热备份/$N+1$直接并机等都不能做到电源相互独立，与之相配套的供电路由也无法独立，即每个环节都存在着明显的单点故障，因此无法和服务器的双电源结构进行匹配。所以，$2N/[2(N+1)]$的供电结构正是基于服务器冗余电源结构而兴起的供电解决方案，如图3-5所示。

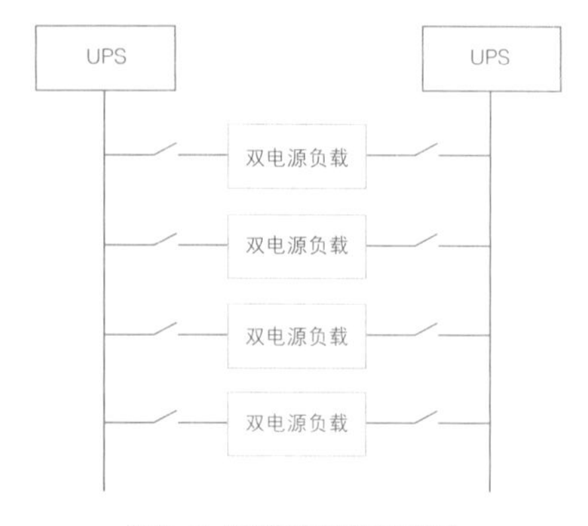

图3-5 2*N*供电结构示意图

四、服务器电源能效

计算机/服务器电源的能效是近年来业界关注的主题之一。

"能源之星"标准在不断升级："能源之星"5.0版规范第一阶段于2009年7月1日生效，要求使用内置电源的计算机在50%负载条件下工作效率最低达85%，而在20%和100%负载条件下最低效率达到82%。

业界还涌现了新的节能要求，如吸引了诸多知名计算机厂商参与的计算产业气候拯救行动（CSCI）的要求，见表3-1。

表3-1 CSCI提出的计算机电源最低能效要求实现时间表

年限	20%负载（%）	50%负载（%）	100%负载（%）
2007.7	80	80	80
2008.7～2009.7	82	85	82
2009.7～2010.7	85	88	85
2010.7～2011.7	87	90	87

3.2 数据中心主用电源系统

主用电源系统一般分为公用电力网供电和独立于公用电力网的发电设备供电（常用的有用户自备电厂、新能源发电和热电联产等）。考虑到国内数据中心主用电源系统主要从公用电力网获取电能，因此本节主用电源系统主要讨论公用电力网系统（即中压配电系统）。

数据中心中压配电系统是数据中心供配电系统联系市电供电网络和用户的中间环节，起着转换和分配电能的作用。数据中心主要涉及10 kV的电压。随着建设规模的增大，外部接入电源的电压等级一般为35（66）kV，甚至为110 kV，可视当地情况而定。

3.2.1 电压选择

一、接入电压等级

数据中心的中压变配电系统电压主要根据用电容量、用电设备特性、供电距离、供电线路的回路数、当地公共电网现状及其发展现状等因素综合考虑决定。

根据国家标准GB/T 156—2007《标准电压》（对应IEC 60038：2002），我国三相交流系统的标称电压、相关的设备最高电压，见表3-2。

表3-2 系统标称电压和设备最高电压（单位：kV）

系统标称电压	设备最高电压
0.22/0.38	–
0.38/0.66	–
1/（1.14）	–
3（3.3）	3.6
6	7.2
10	12
20	24
35	40.5

注：1. 上述电压均为线电压。
2. 数据中心供电系统涉及的电压等级最高一般不超过35 kV。
3. GB/T 156—2007规定3～6 kV不得用于公共配电系统。

二、送电能力

不同电压等级线路由于受制于线路种类和供电距离，其送电的能力也不相同，可参考表3-3。但送电能力的确定必须满足当地供电公司的需求。

表3-3 各级电压线路送电能力

线路种类	标称电压/kV	送电容量/MW	供电距离/km
架空线	6	0.1～1.2	4～15
电缆	6	3	3以下
架空线	10	0.2～2	6～20
电缆	10	5	6以下
架空线	35	2～8	20～50
电缆	35	15	20以下

数据来源：《工业与民用配电设计手册》，第3版。

3.2.2 中压系统接地方式

电力系统中性点接地是一个很复杂的综合性问题，涉及到系统的供电可靠性、人身安全、设备安全、绝缘水平、过电压保护、继电保护和自动装置的配置与动作状态、系统稳定及接地装置等问题。电力系统的中性点是指电力系统三相交流发电机、变压器接成星形的公共点。电力系统中性点与大地间的电气连接方式，称之为电力系统中性点接地方式。电力系统中性点接地方式是保证系统运行、系统安全与经济有效运行的基础。

电力系统中性点接地方式分为中性点不接地、中性点经阻抗（电阻或消弧线圈）接地和中性点直接接地。前两种被称为非有效接地系统或小电流接地系统，后一种被称为有效接地系统或大电流接地系统。

选择确定中性点接地方式应考虑以下因素：

（1）供电可靠性与故障范围。

（2）绝缘能力与绝缘配合。

（3）对电力系统继电保护的影响。

（4）对电力系统通信与信号系统的干扰。

（5）对电力系统稳定的影响。

系统接地要求：

（1）3～10 kV不直接连接发电机系统和35 kV系统：当单相接地故障电流不超过以下数值时，采用不接地方式；其他故障下运行时，采用消弧线圈接地方式。

（2）钢筋混凝土或金属杆塔的3～10 kV架空线路构成的系统和所有35 kV系统，单相接地故障电容电流不超过10 A。

（3）非钢筋混凝土或非金属杆塔的3～10 kV架空线路构成的系统：当电压为3 kV或6 kV时，单相接地故障电容电流不超过30 A；当电压为10 kV时，单相接地故障电容电流不超过20 A；当电压为3～10 kV电缆线路构成的系统，单相接地故障电容电流不超过30 A。

（4）6～35 kV主要由电缆线路构成的送、配电系统，单相接地故障电容电流较大时，可采用低电阻、中电阻接地方式，但应考虑供电可靠性要求、故障时瞬态电压和瞬态电流对电气设备的影响，对通信的影响和继电保护技术的要求及本地的运行经验等。

（5）6 kV及10 kV的电子系统以及发电厂用电系统，单相接地故障电容电流较小时，为防止谐振、间歇性电弧接地过电压等对设备的损害，可采用高电阻接地方式。

3.2.3 数据中心中压系统常用主接线及配电网接线形式

变配电所中压系统的主接线的基本形式通常分为有汇流排和无汇流排两大类。汇流排主要起汇集和分配电能的作用。

有汇流排。单汇流排、单汇流排分段，双汇流排和双汇流排分段；增设旁路汇流排或旁路隔离开关，一倍半断路器接线，变压器汇流排组接线等。

无汇流排。单元接线、桥形接线和角形接线等。

数据中心中压系统的主接线常用方式见表3-4。

中压配电网是指从总降压变电所至各功能变电所和中压用电设备端的中压电力电路，起着输送与分配电能的作用。数据中心常用的中压配电网接线形式主要有放射式单回路、放射式双回路、树干式单回路和树干式双回路等。

3.2.4 中压继电保护

继电保护和自动装置的设计应以合理的运行方式和常见的故障类型为依据，并应满足可靠性、选择性、灵敏性和速动性等四项基本要求。

（1）可靠性是指保护应该动作时动作，不应该动作时不动作。为保证可靠性，使用最简单的保护方式、可靠的元件和尽量简单的回路构成性能良好的装置，并配备必要的检测、闭锁和双重化等措施。保护装置应便于整定、调试和运行维护。

（2）选择性是指首先由故障设备或线路本身的保护切除故障。当故障设备或线路本身的保护或断路器拒动时，才允许由相邻设备、线

表3-4 数据中心常用有汇流排的主接线形式一览表

<table>
<tr><th>形式</th><th>接线示意图</th><th>接线描述与特点</th></tr>
<tr><td rowspan="2">单汇流排接线</td><td>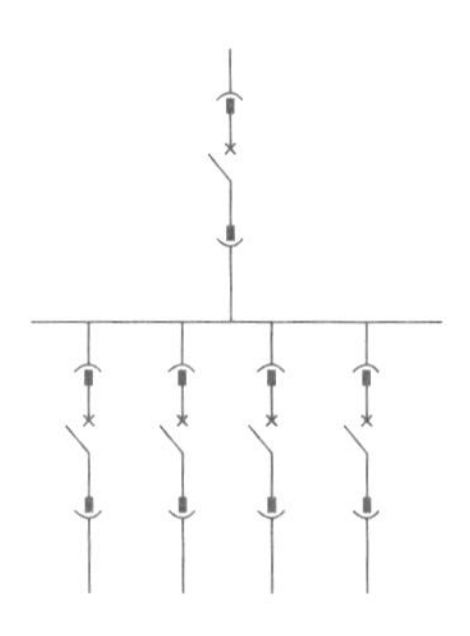</td><td>• 电源进线和所有引出线都汇接于同一组汇流排上
• 汇流排配置可适当配置隔离开关以便于电气保护和日常维护</td></tr>
<tr><td>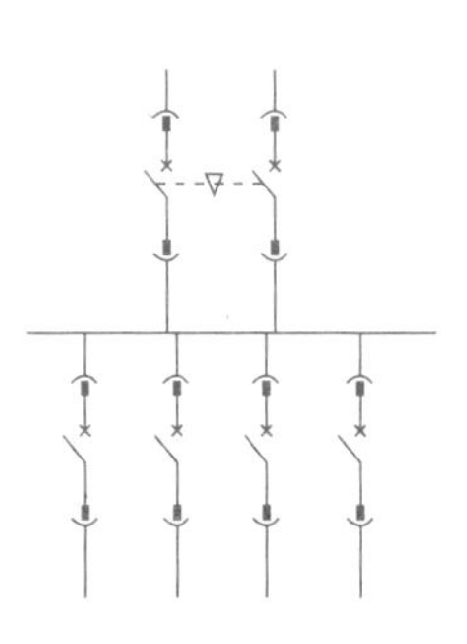</td><td>• 采用两路电源进线可以有效提高供电可靠性
• 两路电源必须实行操作联锁
• 只有在工作电源进线断路器断开后，备用电源断路才能接通</td></tr>
<tr><td>单汇流排分段接线</td><td>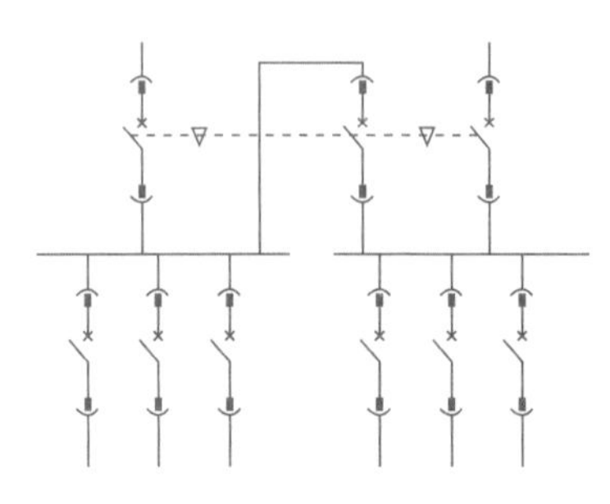</td><td>• 有两种运行方式：分段断路器接通运行；分段断路器断开，分段单独运行
• 简单、清晰、设备少
• 运行操作方便且有利于扩建
• 缩小了汇流排故障的影响范围，可靠性有所提高
• 汇流排分段的数目，通常以2～3分段为宜</td></tr>
<tr><td>双汇流排线接线</td><td>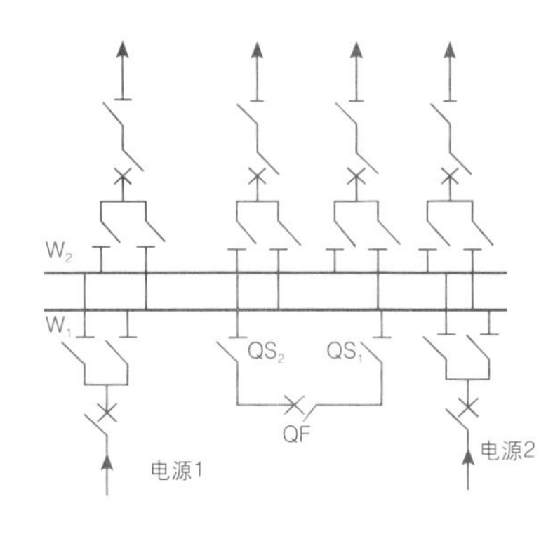</td><td>• 具有两组汇流排W_1，W_2。每一回路经一台断路器和两组隔离开关分别与两组汇流排连接，汇流排之间通过汇流排联络断路器QF（简称母联）连接。
• 数据中心主接线极少用到双汇流排系统</td></tr>
</table>

路的保护或断路器失灵保护切除故障。对于同一保护内有配合要求的两个元器件或者相邻设备和线路有配合要求的保护，其灵敏系数及动作时间在一般情况下应相互配合。

（3）灵敏性是指在设备或线路的被保护范围发生短路时，保护装置应具有必要的灵敏系数。灵敏系数应根据不利的正常运行方式和不利的故障类型确定，但不考虑可能性很小的情况。

（4）速动性是指保护装置应能尽快地切除短路故障，其目的是提高系统的稳定性，减轻故障设备和线路的损坏程度，缩小故障波及范围，提高自动重合闸和备用电源投入的效果等。

3.2.5 中压配电一次接线常用典型方案

一、一路供电电源、一台变压器的10 kV变电所

主接线典型方案如图3-6所示。变压器一次侧采用线路-变压器组单元接线，二次侧采用单汇流排接线。

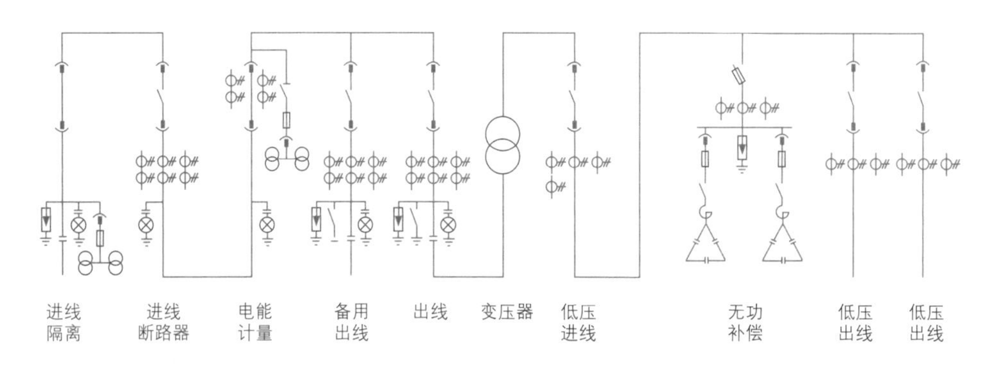

图3-6 一路供电电源、一台变压器的10 kV变电所主接线典型方案

（1）变压器一次侧采用线路-变压器组单元接线，二次侧采用单汇流排接线。

（2）设专用电能计量柜。柜中设专用的、精度等级为0.2 s级电流互感器、0.2 s级的电压互感器（① 计量柜内的互感器不得与保护、测量回路共用；②具体参数要以供电局最终批复为准）。

（3）中压侧设置电压测量柜以测量、监视电压。为保证设备的可靠运行，建议配置UPS装置提供操作电源或直接采用直流电源系统。

（4）为保证数据中心供电的可靠性和提高设备的监控及通信能力，中压系统进出线、变压器的控制和保护宜采用中压断路器配合综合继电保护装置的方式实现。

（5）低压进线总开关和低压出线开关均采用低压断路器，可带负载操作，恢复供电快。

（6）变电所的负载无功补偿采用低压汇流排集中补偿方式，选用低压成套无功自动补偿装置，与其他低压开关柜并排安装。

二、两路供电电源的10 kV变电所

主接线典型方案如图3-7所示，变电所有两路电源均由外供电源供电。

（1）变压器一二次侧均采用单汇流排分段接线。

（2）两路电源均设置电能计量柜。

（3）备用电源的投入方式既可采取手动投入，也可采取自动投入。

（4）低压进线柜放置在中间，而低压出线柜则放置在两侧，便于扩建时添加出线柜。

3.3 数据中心备用电源系统

数据中心备用电源系统一般采用蓄电池、柴油发电机系统或其他储能系统等。

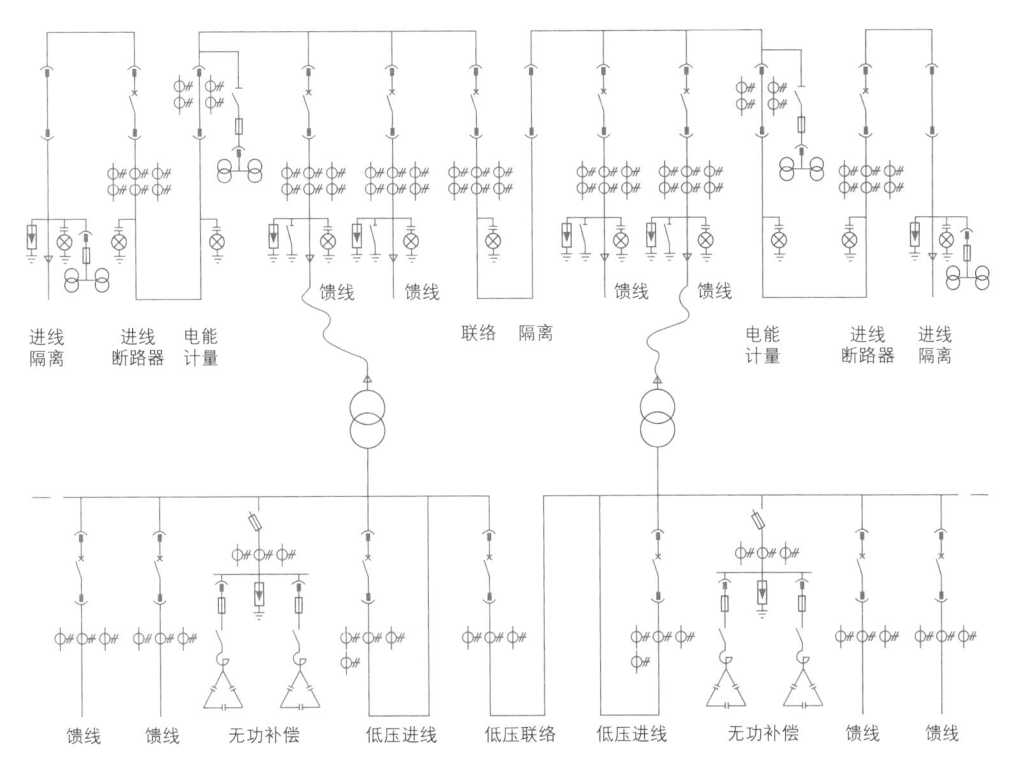

图3-7 两路供电电源、两台或以上变压器的10 kV变电所主接线典型方案

3.3.1 蓄电池系统

一、数据中心常用蓄电池系统概述

数据中心行业主要采用免维护式固定型防酸式蓄电池，当数据中心主用电源系统失效时，用UPS备用电源提供分钟或者小时级别的电源。

铅酸蓄电池是一种蓄电池，采用稀硫酸做电解液，用二氧化铅和绒状铅分别作为电池的正极和负极。数据中心主要采用的是阀控式密闭铅酸蓄电池（VRLA），该型电池主要有如下特点：

（1）使用寿命长。从经济性考虑，电池应具有较长的使用寿命。电池的使用寿命与电池工作环境以及循环充放电的频次有关。充放电频率越高，电池使用寿命越短。

（2）安全性高。电池电解质为硫酸溶液，有强腐蚀性；另外，密封电池内部的电化学过程会产生气体，当内部气压超过一定限度时会造成电池爆裂，释放出有毒、腐蚀性气体和液体，因此电池必须具备优异的安全防爆性能。一般密闭电池都设有安全阀和防酸片，自动调节蓄电池内压，防酸片具有阻液和防爆功能。电池还必须具备安装方便、免维护和低内阻等特性。

该型电池的主要技术参数可见YDT 799—2010《通信用阀控式密封铅酸蓄电池》。

此外，新型的电池如磷酸铁锂电池也逐渐在数据中心中应用。

二、蓄电池常用计算方法

UPS的电池配置计算通常可以分为查表法、恒电流计算法和恒功率计算法。

查表法主要是计算出放电电流，根据不同容量（安·时）的电池在同样放电电流的使用时间，得出合适容量的电池。

恒电流法准确度稍差，在通信行业应用广泛。而在数据中心内应用较为普遍的计算方法是恒功率法。

恒功率计算公式为

$$W=\frac{2P}{V_{\mathrm{f}}\eta}=\frac{P}{N\eta}$$

式中 W——电池组中一个2 V的单体（CELL）所承载的功率，单位为W；

P——UPS输出的有功功率，单位为W；

V_{f}——电池组额定电压，单位为V；

η——UPS在电池模式下的逆变效率；

N——UPS正常工作时需要的电池组所有的2 V单体（CELL）个数。

下面以200 kV·A UPS，后备30 min（放电终止电压1.75 V/CELL）为例说明。

2 V单体电池放电功率为：200 MV·A × 0.8/（192 × 0.94）= 887 W

其中，0.8为输出功率因数，192为某型200 kV·A UPS正常工作时需要的CELL（2 V 单体）个数，0.94为某型200 kV·A 电池逆变效率。

后备时间要求不小于30 min，查询某型6 V系列电池恒功率放电数据表，H6V740/A电池在30 min的放电功率为450 W，配置2组共128节H6V740/A电池可提供900 W的功率，大于系统要求（887 W）。某电池恒功率放电数据见表3-5。

表3-5　某型电池等功率放电能表

Model Number	MINUTES								
	5	10	15	20	30	45	60	75	90
	1.75 Final Volts per Cell								
6V200A·h	1 340	920	722	600	450	328	258	214	182

三、蓄电池监控

采用自动化电池监测设备对蓄电池系统进行实时监测，能有效预防电池故障，保证负载在应急供电下正常运行。在线式电池监测系统能定期自动测量电池系统中每一个电池单体的特征物理量（如内阻、电导和欧姆值等），并参考电池充电电压、放电电压、电流及温度，及时准确地找出系统中有问题的电池，帮助电源维护人员排除电池故障，保证后备电源正常运转。有些系统还能同时监测到电池间连接条的状况，及时发现并防止因连接条松动引起的蓄电池系统故障。

3.3.2 柴油发电机组系统概述

当需要更长时间的后备电源时，数据中心供配电系统通常采用柴油发电机组提供后备能源。

一、原理、组成及分类

柴油发电机组主要由柴油内燃机组、同步发电机、油箱和控制系统四个部分组成，以柴油为燃料，将机械能转换为电能。

柴油发电机组一般由柴油发动机、三相交流无刷同步发电机、控制屏和散热水箱等组件构成，如图3-8所示。

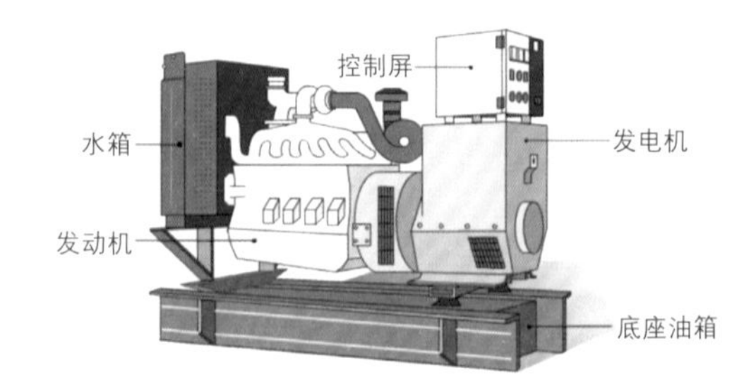

图3-8　柴油发电机组组件示意图

柴油发电机组有多种分类方式，按柴油机的电压可以分为中压油机和低压油机，按柴油机的冷却方式可分为水冷和风冷机组，按机组使用的连续性可分为常用机组和备用机组等。

二、容量选择

（一）柴油发电机组功率

机组选型的原则是用最少投资，满足使用要求。柴油发电机组功率的确定比较复杂，因此首先应该明确各种功率的定义，分析机组的工况性质，确定功率条件；然后根据机组的现场条件和负载的特性，计算并修正所需要的机组输出功率。

ISO 8528—1：2005中对功率定额种类2的规定如下：

（1）持续功率（COP）。在规定条件下，发电机组以恒定负载持续运行，且每年运行时数不受限制的最大功率。

（2）基本功率（PRP）。在规定条件下，发电机组以可变负载持续运行，且每年运行时数不受限制的最大功率。24 h运行周期内运行的平均功率输出（P_{pp}）应不超过PRP的70%，除非与RIC发电机制造商另有商定。在要求允许的平均功率P_{pp}输出比规定值高的应用场合中，应使用持续功率COP。

（3）限时运行功率（LTP）。在规定的运行条件下，发电机组每年运行时间可达500 h的最大功率，即按100%限时运行功率每年运行的最长时间为500 h。

（4）应急备用功率（ESP）。在市电一旦中断或在实验条件下，发电机组以可变负载运行且每年运行时间可达200 h的最大功率；24 h运行周期内允许的平均功率输出不超过70%ESP，除非与制造商另有商定。

该标准还对发电机组运行的现场条件做出规定：在未知且未另作规定的情况下，现场应符合：①绝对大气压力为89.9 kPa（或海拔1 km）；②环境温度为40 ℃；③相对湿度为60%。

（二）机组数量

由于数据中心的重要性，各种工况下的供电设备应该考虑供电可靠性、负载容量、起动冲击电压和电气冗余等内容，发电机组的配置也不例外。在配置柴油机系统时，按照$N+1$原则来配置机组的数量。

机组并联使用是经常采用的一种方式。由于我国目前0.4 kV的低压成套配电柜产品没有6 300 A以上的规定，并联运行的0.4 kV发电机总容量不要超过3 200 kW。如果确实需要更大容量的柴油发电机组，建议采用10 kV的中压发电机组。

用于大型备用电源系统的柴油发电机组都具备并联运行功能，每台柴油发电机具备自动同步调节、自动负载分配和并联保护的基本功能。当市网失电时，发电机组能够同时起动，要求在接到起动信号10 s时间内汇流排得电，所有需要起动的机组在随后的十几秒钟内完成并网操作。并网运行时，机组自动进行有功/无功功率自行分配，这种分布式的并联系统才能满足数据中心备用电源系统的基本需求。

要达到更可靠、更合理的要求，备用电源系统需要一套自动化管理系统控制才能提高整个系统的运行管理水平，具体功能如下：

（1）与系统外电源自动切换。自动对电源间切换，在需要的时候可实现备用电源与主电源的无缝切换。

（2）负载顺序加载。对于关键的负载优先送电，而不需要等到所有机组并联成功后，再去送电。如果对加载控制不合理，可能会导致系统过载。

（3）负载顺序减载。当系统出现异常的时，分级自动切除次要负载，保证重要负载的供电。

（4）轻载自动停机。当系统的负载水平较低时，可以自动停止一些机组运行。

（5）系统遥控及监视。中央控制室可对备用电源系统的运行状况进行监视和远动操作，并对备用电源系统的设备和状态信息实现远距离传输。

（三）功率现场条件修正

在非额定现场条件和特殊负载的情况下，需要调整机组的额定功率。

（1）环境温度。环境温度过高时，空气密度降低，氧气量减少，导致燃烧效率降低，因而会减少柴油机的机械输出功率；同时温度过高会降低发电机的冷却效果，从而影响发电机的输出功率。各品牌柴油机和发电机输出功率受环境影响的修正参数各不相同，实践中以各厂家的修正参数为准。通常可按照环境温度40 ℃以上时按每升高5 ℃、输出功率下降3%～4%计算。

（2）海拔。高海拔时空气密度降低，同样影响柴油机和发电机的输出功率。不同品牌的柴油发电机组要按照厂家的功率修正曲线计算实际输出功率。通常可按照海拔1 km以上，每升高500 m输出功率下降4%～5%计算，电子喷油式柴油机在高海拔和高温度的区域功率损失更大。

（3）加负载的功率因数。对自然进气的机组，其最大允许的一次加载量等于其使用功率。

采用涡轮增压技术后，发动机的功率有了明显的提高，但突加负载的能力却有所下降。增压比越高，突加负载的能力下降也越明显。当发动机处于空载时，增压压力很低（或者说处于非增压状态），此时增加超过额定的负载很可能会造成突加载荷失败，或者转速下降超过限制，或者回复时间较长，这都会影响机组性能。一般当有效压力（P_{me}）在1 MPa以下时，一次突加负载可达标定功率80%，对机组影响不大；当P_{me}达到1.5 MPa时，突加负载只能达到标定功率的50%；P_{me}达到2 MPa时，突加负载只能达到标定功率的40%。因此，数据中心柴油机所负载的UPS要求功率软起动，空调系统要求能够逐台起动。

3.3.3 柴油发电机组与其数据中心负载匹配

一、数据中心柴油发电机组负载特性概述

正确地选型备用柴油发电机组，先了解负载的特性是非常重要的。负载类型一般分为电阻性（如电阻、电炉和白炽灯等）、电感性（如感应电动机、变压器等）、电容性（如电容器等）等线性负载和非线性负载（整流性负载）。柴油发电机在数据中心应用的负载主要是UPS负载和空调负载。

（一）UPS负载

UPS作为整流性设备，在单相或三相不控或相控整流时，由于有滤波电容，在输入端产生瞬间脉动大电流和大量谐波电流，比如三相6脉冲整流器输入电流中就有低次谐波（5次，7次，11次，13次），谐波电流高达30%～35%。在电网中，电流的波动不会对输出电压造成影响。但对于柴油发电机组，其内阻远比电网大得多，UPS的输入谐波电流就会引起柴油机输出谐波电压。尤其是非线性负载较大、发电机组容量较小时，这种危害就更明显。

UPS若采用带PFC功能的IGBT高频整流器时，其输入电流的谐波含量较少（满载时通常小于8%），对柴油机的影响会相对较小。

发电机组的功率为UPS的额定功率（即使UPS不会满载）加电池充电功率。UPS最大充电功率一般不超过占UPS额定输出功率的25%。考虑电池在UPS在发电机组运行时放电情况，则发电机组必须具备向输出负载和电池同时供电，以此确定发电机组供电的最大负载值。

由于UPS是非线性负载，会导致发电机输出谐波。有些UPS带有输入谐波滤波器，以降低谐波电流。如果这些UPS所接负载很小，则必须去掉谐波滤波器，否则，可能会减少发电机组的功率因数。

为UPS选配发电机容量应大于运行整流器的容量。

（二）机房空调负载

数据中心机房空调系统大致可以分为定频空调和变频空调。

定频空调属于感性负载，其中感应电动机

直接起动电流为正常电流的六七倍；变频空调属于非线性负载，对该型负载的分析可参考后面关于非线性负载的讨论。此外，从电磁辐射兼容考虑，在主机房很少采用变频空调。

如果数据中心采用冷冻水空调系统，其负载主要是风机和水泵上的电机。

如果电机负载既可用变频驱动器供电，也可以用直流电动机上的一个交流驱动器，则应选择变频器（VFD）。变频器（VFD）属于非线性负载，需要大容量交流发电机满足负载运行要求；另外，由于变频器是匀速加载负载，与直接起动电机相比，起动条件较少。如果变频驱动器为脉宽调制式，请选择PWM。脉宽调制式变频器对容量增加的需求不及非脉宽调制式变频器。

利用某种类型的降压起动机或固态起动机，也能降低电机的起动要求。使用这些装置后，发电机组起动值会较小一些。无论采取哪种起动方式，都必须谨慎小心。首先，电机转矩取决于设置的电压，利用上述方法，会导致起动过程中电压下降。这些起动方法仅适用于小惯量电动机负载，除非能够确定电动机可产生足够的转矩用于起动时的加速要求。此外，在电机从起动到运行的过程中产生很大浪涌电流（如果过渡发生在电动机达到运行速度之前），从而导致起动要求接近于直接起动。就直接起动而言，如果已知负载在低速下需要低起动扭矩，则应选择小惯量负载。这样有助于减少发电机组的起动功率，因而可以降低发电机组需求的容量。小惯量负载通常包括离心式风机和泵。如果未知，则按大惯量考虑。

（三）负载加载顺序

建议对任何连接到发电机组上的负载或由发电机组起动的负载进行限定。负载按顺序分步加载到发电机上，可降低对发电机容量的要求。这就需要对负载加载进行控制，通常需要使用多个转换开关来实现。通过系统主控器控制负载开关，或调节单个转换开关延时，错开负载投入时间。建议在分步加载之间设定几秒钟的延时，就可以稳定发电机的电压和频率。当然，应该先连接紧急负载或重要负载。

二、UPS整流器对柴油发电机组的影响及对策

（一）负载的阶跃变化

当电气系统连接到发电机组时，大负载在发电机组上形成较大的冲击电流，严重时将引起发电机组的停运。为了避免这种情况，发电机主要负载UPS必须符合配备条件，保证整流器按顺序起动装置，电流的爬升过程会持续一段时间（几秒或十秒级时间，厂家不一样，时间设置不一样），如图3-9所示。

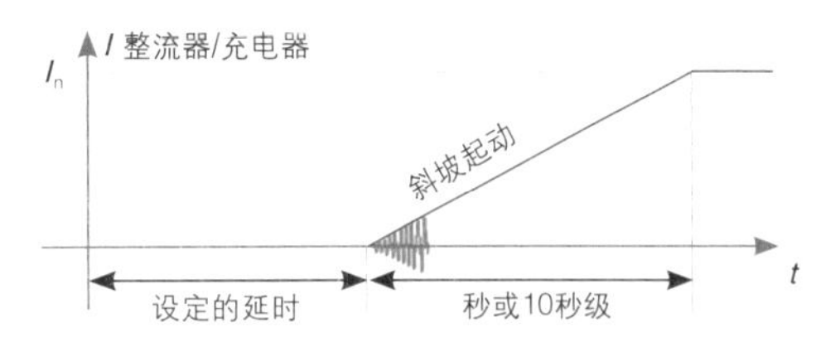

图3-9 柴油发电机组的软起动过程

此外，当市电/柴油机供电时，可以逐次开起整流器，避免发电机组受大电流冲击。

（二）容性电流

UPS输入侧安装LC谐波滤波器时，UPS起动延时的有功功率为零，这时发电机组只为UPS前端的滤波器提供容性电流，其数值为额定电流的10%～30%。

此时，为了维持输出电压稳定，发电机电压调节器必须减小转子的励磁电流，但是电压调节器没有足够的调节范围完全控制输出电压，由于转子都有一定的剩磁，即使完全关闭发电机电压调节器，仍有足够的磁场产生输出电压。这些都是导致输出过电压或者发电机停机的原因。

使用带接触器的滤波器或补偿式LC滤波器就可保证发电机组的安全运行。此外，使用有

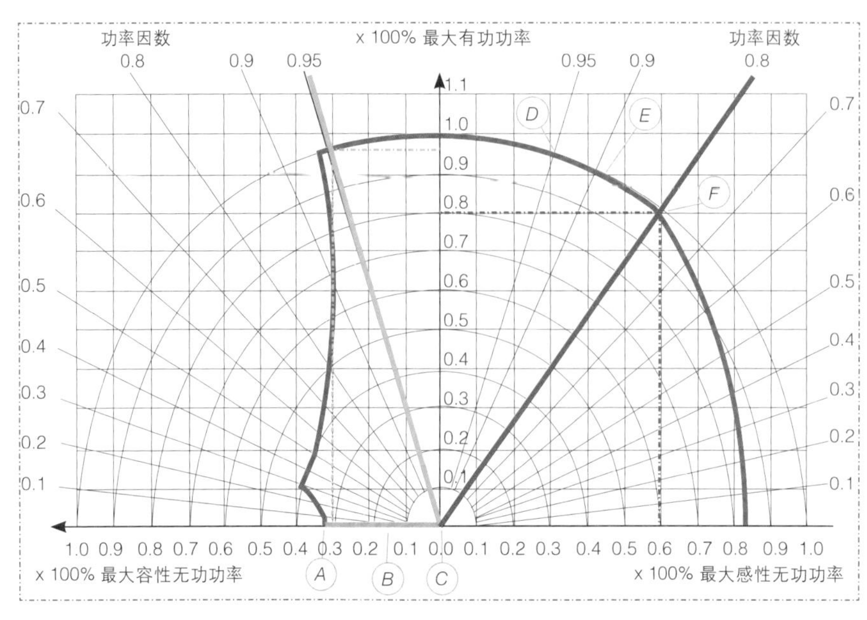

图3-10 某柴油发电机组的功率因数曲线

源12脉冲滤波器或有源功率因数校正（PFC）整流器的UPS也能保证柴油机安全运行。

除了选择具有良好输入特性的UPS之外，①应该尽量避免让UPS处于空载或者低载的工作状态；②在机组投入时，应考虑优先投入感性负载，比如机房空调，再逐台投入UPS系统。

（三）谐波

谐波电流除了在定子绕组产生铜损外，产生的高频磁场在转子绕组上感应出高频电流，由于趋肤效应，高频电流使转子严重发热。此外，高频的谐波电流产生的磁场与转子的磁场不同步，产生高频振动，影响电机寿命。发电机更容易受到非线性负载的影响。

机组带UPS时受谐波干扰主要表现为：

（1）发电机组输出频率为50～60 Hz时，使直流电源和UPS保护动作。

（2）频率或电压异常时发电机组发生严重的机械共振，引起柴油机有节奏的摇摆和声音起伏，严重时会损坏发电机的励磁回路和AVR（自动电压调节器）。

（3）UPS因检测到过电压或过频率而自动关断整流器，由后备电池组直接或从旁路向负载供电。

（4）柴油发电机组超转速引起停机保护，导致市电停电后机组无法正常工作。

要消除谐波干扰，要求UPS具有良好的交流输入谐波抑制技术、功率缓起动和分时起动功能。UPS与柴油机匹配较好、运行稳定的整流和谐波治理技术包括：IGBT整流、12脉冲整流＋11次谐波滤波器、有源滤波器＋无源滤波器＋相控整流、6脉冲整流＋5次谐波滤波器等。从源头治理谐波源能极大地减轻柴油发电机组的运行压力，性价比好，可靠性高。

3.3.4 柴油发电机的接地及保护

一、系统和设备接地

（一）系统接地

系统接地是指将星形联结发电机的中性点、三角形联结发电机的顶点或三角形连接发电机的单相绕组中点接地。最为常见的是将三相四线系统中星形联结发电机的中性点接地，并将中性线（接地导线）引出。通常可以分为直接接地、电阻接地和不接地三种形式。

（1）直接接地。导线直接接地（接地电极导线）。电气规范通常要求在所有带有接地导线（通常为中线）、连接相负载的低压系统（600 V以下）中使用此接地方式。

如果发电机中线连接至市电接地中线上（通常在3极转换开关的中线端子上），则发电机中线不得在发电机上接地。此种情况下，相关规范可能要求在市电供电的地方加贴标记，注明发电机中线的接地位置。

（2）电阻接地。接地电阻固定安装在发电机中性点到接地电极的路径中。配电系统中可使用三角形-星形变压器，为相负载设备提供一个中性点。

中性点电阻接地通常用于中压和中压发电机系统，为发电机系统出现单相接地时提供保护。但在低压系统中使用较少，因为低压系统中都带单相负载，如果中性点通过电阻接地就无法实现为单相负载供电。

通常情况下，高电阻式接地的低压系统使用了一个在相电压下将接地故障电流限制在25 A、10 A或5 A的接地电阻（持续额定时间），同时配备有接地故障检测和报警系统。

选择接地电阻时应考虑额定电压、额定电流及额定时间等因素。

注意：建议工作电压在601～15 000 V的发电机系统采取低电阻接地的方式，以便将接地故障电流限制在一定范围内（通常情况下在200～400 A），允许为协调保护性继电系统提供延时。

（3）不接地系统。交流发电机系统没有接地。此方式偶尔应用于在600 V以下、要求或希望在出现一个接地故障时保持持续供电的三相三线制系统中（无接地线），在此种情况下必须有合格的维修电气工程师在现场。示例介绍重要工艺负载供电的情况。配电系统中可使用三角形-星形变压器，从而为相负载设备提供一个中性点。

（二）设备接地

设备接地是指所有非载流（正常工作期间）金属管道、设备外壳与发电机框架等同时屏蔽并接地。设备接地提供了一个永久、持续和低阻抗回接至电源的电气通路。正确接地可以防止“接触电压”，有助于在接地故障期间切断保护装置。电源上的接地线将设备接地系统与交流系统接地导线（中线）连接在一起。接地连接位置位于交流发电机的机架上，如果配备了机组断路器，在该断路器防护罩内设有接地端子。

二、选择性配合

选择性配合是指仅由故障线路侧的过电流保护装置主动清除各种故障电流下的短路故障。距离故障点最近的上级过电流保护装置对故障的“频繁动作”，将造成配电系统中正常支路断电，并导致应急系统不必要的起动。

电气故障包括外部故障（如市电断电或限电）以及建筑物配电系统内部故障（如导致过电流保护装置断开电路的短路故障或过载）。因为使用应急和备载发电机系统的目的是保持对所选重要负载的供电，在系统发生故障时能够最大限度持续的供电。因此，过电流保护系统应进行有选择的配合。

作为应急或备载供电系统的一部分，设备和导线的过电流保护（包括现场交流发电机）应遵循相关的电气规范。但是，如果应急电力系统供电的负载关系到生命安全，如在医院或高层建筑中，应优先考虑保持供电的持续性，而不是对应急系统的保护。

选择性配合时，建议将转换开关安装在分支电路过电流保护装置的负载侧（如果在分支电路配电板线路侧可行的话），转换开关负载侧的故障不会把应急系统中正常分支电路切换到发电机上。

为了保证系统整体可靠性，转换开关尽可能安装在距负载设备较近的位置，并用多个转换开关将应急系统负载分解为尽可能小的电路。

三、发电机的保护

在低压（600 V以下）应急/备载应用中，发电机组为重要负载供电，且每年运行小时数相对较少，应满足适用电气规范的最低保护要求。除此之外，专业工程师应在设备保护与重要负载的持续供电之间进行权衡，提供高于基本等级的保护。

发电机保护区域包括发电机和从发电机端子到首个过电流保护装置之间的导线、主过电流保护装置（如果使用的话）或馈线过电流保护装置汇流排。发电机过电流保护还包括对此区域内短路故障的保护。

发电机外发生三相短路时，输出电压陡降，励磁系统很难维持原电压。如果没有永磁机的支持也无法维持延续电流，发电机的设计是要考虑满足在三相短路时满足3倍额定电流延续10 s的耐热能力，用于系统的选择性保护。

单相接地短路时，同步电机及其励磁系统的反应不同，发生故障相的电流只需要很少的励磁能量来维持，故障相的电流也不会降低，因此在很短的时间内（1～3 s）发电机可能会过热损坏，无法满足3倍短路电流、延时10 s的选择性保护的要求。解决这个问题的方法就是在系统中加入一个小电阻，使短路相的故障电流维持在1.5～2倍的额定电流范围内，延续10 s用于负载侧清除短路故障，其缺点是在大系统中，如果需要快速切除故障电流时，可能得不到足够的故障驱动电流。

过电压是发生单相接地短路的另外一个危害。发电机的AVR是检测发电机的平均电压，接地故障时会增加AVR励磁强度，对发电机和负载会造成过电压的风险，在中压和高压系统中更有可能存在这些风险，因为这些系统中地绝缘余度不大。

发电机组在发生单相接地短路造成的危害比三相短路更大，所以要对单相接地短路保护予以重视。可以采用通过接地电阻接地的形式，限制单相接地的短路电流来保护发电机，同时又可以延长短路电流的持续时间，实现选择性保护。另外一种方式就是通过调节励磁系统将电压调节模式改为电流调节模式，降低短路电流的幅值，延长短路电流的保持时间，在不损坏发电机的前提下实现“3倍10 s”的保护要求，同时也要避免过电压的发生。

3.3.5 柴油发电机与高低压市电的配合

一、备用电源采用10 kV柴油发电机系统说明

（一）运行方式

（1）变电所10 kV主接线采用分段单汇流排，如图3-11所示。正常运行时，两路10 kV电源分别向两段汇流排供电，母联断路器断开运行。一路10 kV电源停电时，母联断路器手动（或自动）投入运行，由第二路电源向两段汇流排供电，每路电源均可带起全部负载。

（2）10 kV汇流排以放射式向各台变压器供电。变压器采用M（1+1）配置，每台变压器的负载率不大于50%，当一台变压器故障时，另一台变压器可带起全部负载。

（3）0.4 kV汇流排采用分段单汇流排。每两段0.4 kV汇流排设母联断路器，断路器可自投。

（4）当两路10 kV市电电源均失电后，柴油发电机自起动，发电机并机成功后，向变电所两段10 kV汇流排供电。当柴油发电机房紧挨变电所时，柴油发电机汇流排也可以单路电缆向变电所10 kV汇流排供电。

（二）自动装置

（1）柴油发电机为快速自启动柴油发电机组。

（2）10 kV汇流排的市电电源和发电机电源间设自动切换装置，市电电源失电后，切换装置自动切换，10 kV汇流排由柴油发电机供电。

（3）0.4 kV系统母联断路器设有备用电源自动投入装置，当一台变压器故障停电后，0.4 kV

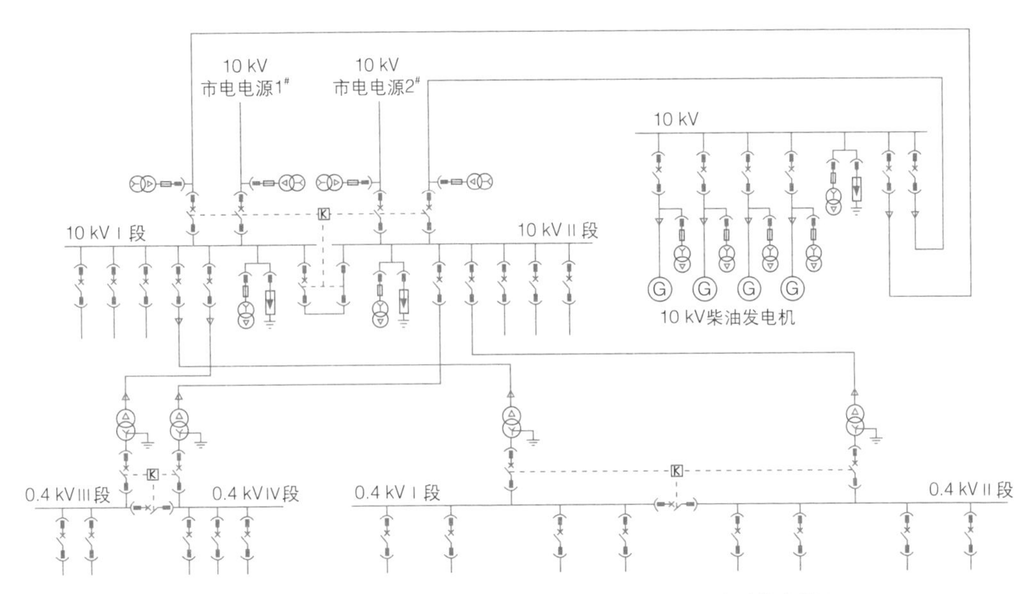

图3-11 备用电源采用10 kV柴油发电机与中压配电系统连接图

母联断路器自动投入。

(三) 电气联锁及机械连锁

(1) 10 kVⅠ、Ⅱ段汇流排市电进线断路器与汇流排联络断路器之间设电气联锁，不允许两路电源并列运行。

(2) 10 kVⅠ、Ⅱ段汇流排发电机电源进线断路器与汇流排联络断路器之间设电气联锁，不允许两路电源并列运行。

(3) 10 kVⅠ、Ⅱ段汇流排发电机电源进线断路器与市电电源断路器之间设电气联锁，市电电源断路器全部断开后，发电机电源进线断路器才能合闸，不允许市电与柴油发电机并联运行。

(4) 柴油机和市电互投条件应该符合GB 16895《建筑物电气装置》5-54部分中有关继电保护装置的描述。

(5) 发电机电源与市电电源自动转换装置应设置机械联锁。

二、备用电源采用0.4 kV柴油发电机组说明

(一) 运行方式

(1) 变电所10 kV主接线采用分段单汇流排。正常运行时，母联断路器断开运行，两路10 kV电源分别向两段汇流排供电；当一路10 kV电源停电时，母联断路器手动（或自动）投入运行，由第二路电源向两段汇流排供电，每路电源均可带起全部负载。

(2) 10 kV汇流排以放射式向各台变压器供电。变压器采用M（1+1）配置，每台变压器的负载率不大于50%，当一台变压器故障时，另一台变压器可带起全部负载。

(3) 0.4 kV汇流排采用分段单汇流排。每两段0.4 kV汇流排设母联断路器，断路器宜自投。

(4) 当两段0.4 kV汇流排失去市电后，柴油发电机自起动，发电机并机成功后，向变电所0.4 kV汇流排供电。整个电路如图3-12所示。

(二) 自动装置

0.4 kV系统母联断路器设有备用电源自动投入装置。当一台变压器故障停电后，0.4 kV母联断路器自动投入。当同组两段0.4 kV汇流排市电失电时，柴油发电机自动运行。0.4 kV汇流排的市电电源和发电机电源间设自动切换装置，市电电源失电后，切换装置自动切换，0.4 kV汇流排由柴油发电机供电。

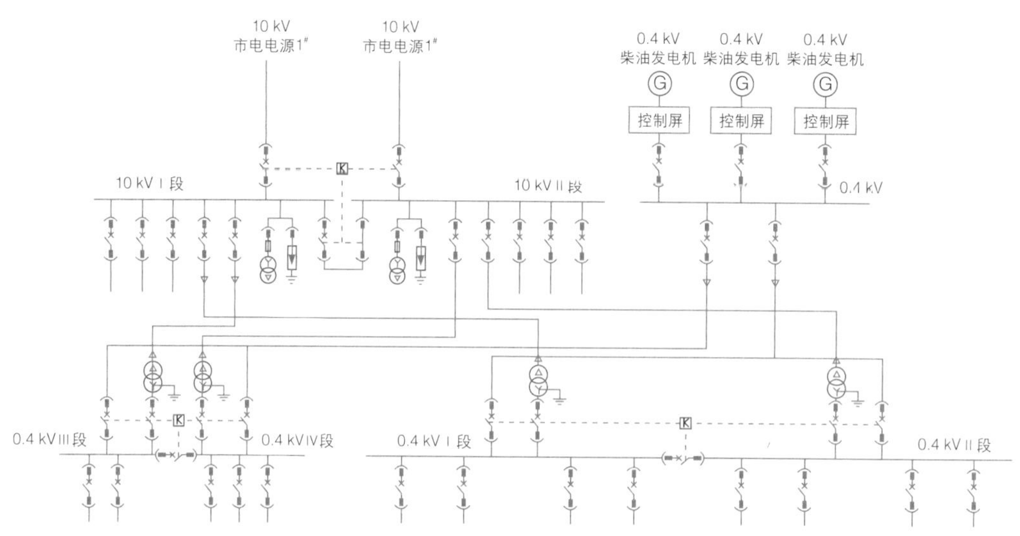

图3-12 备用电源采用0.4 kV柴油发电机与低压配电系统连接图

（三）电气联锁

（1）10 kVⅠ、Ⅱ段汇流排市电电源进线断路器与汇流排联络断路器之间设电气联锁，不允许两路电源并列运行。

（2）0.4 kV汇流排发电机电源进线断路器与市电电源断路器之间设电气联锁，市电电源断路器全部断开后，发电机电源进线断路器才能合闸，不允许柴油发电机电源和市电电源并列运行。

（3）柴油机和市电互投条件应该符合GB 16895《建筑物电气装置》5-54部分中有关继电保护装置的描述。

3.4 数据中心低压配电系统

数据中心的低压配电系统通常为电压在AC 230/400 V的工频交流配电系统，主要用于对数据中心各类电器设备的电力分配和系统保护，低压配电系统的设计应包含基本低压配电接地系统确定、低压供配电系统方案确定以及低压电器设备确定等。

3.4.1 低压配电接地系统的确定

低压配电系统的接地方式直接关系到人身安全、设备安全及设备的正常运行。不同低压配电系统的接地方式部分决定了系统中基本低压保护电器选择和供电系统实现方式，在实际情况中选择合适的接地系统，确保配电系统及电气设备的安全使用，是设计人员在低压配电系统设计中面临的首要问题。总体而言，需要根据电击防护、可靠性要求、用电负载的特性和电磁兼容等因素确定具体的接地形式。

一、低压配电接地系统基本形式

低压配电不同的接地系统（常被称作电源系统类型或系统接地方式）表征了低压变压器二次绕组以下电气装置接地方式的特性和它所供电的低压电气装置的外露导电部分采用的接地方法。低压配电接地系统主要有以下几种形式。

（1）TT系统的变压器或发电机的中性点直接接地，电气设备的保护地线连在与电源中性点有独立接地点，如图3-13所示。由于电气设备的外壳与电源的接地无电气连接，故障时对地故障电压不会蔓延。接地短路时，由于受电源接地电阻和电气设备接地电阻的限制，短路电流较小，可减小危险，但过电流保护装置不会动作，需用剩余电流保护器RCD进行安全保护。

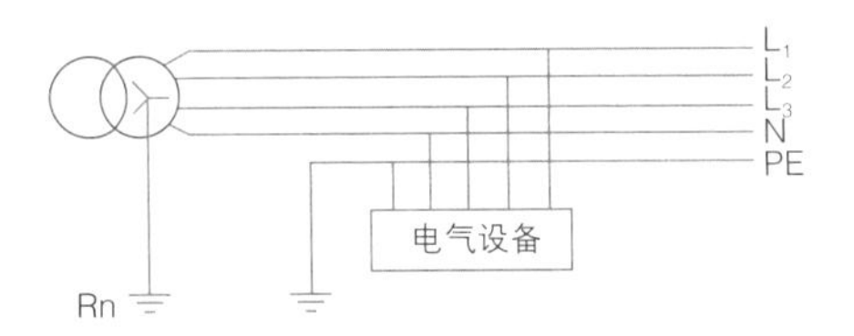

图3-13 TT 接地系统示意图

(2) TN－C系统的变压器或发电机的中性点直接接地，并与电气设备的保护地线连接，如图3-14所示。TN－C系统中，保护线与中性线合称为PEN线。此系统易于实现，节省了一根导线，降低系统初期投资费用。发生接地短路故障时，故障电流大，系统中的过电流保护电器可瞬时切断电源，保证人员生命和财产安全。线路中有单相负载、三相负载不平衡及电网中有谐波电流时，电气设备的外壳和线路金属套管间有压降，干扰敏感性电子设备。PEN线断线或相线对地短路时，会呈现相当高的故障电压，可能扩大事故范围，同时不能使用剩余电流保护装置RCD保护（由于检测不出漏电流，RCD会拒动），发生绝缘故障时，不能有效地对人身和设备进行保护。

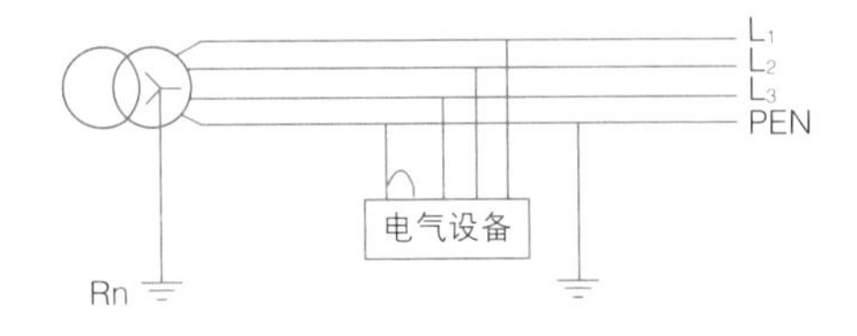

图3-14 TN－C 接地系统示意图

(3) TN－S系统的变压器或发电机的中性点直接接地，并单独设立系统保护线与电气设备的保护地线连接，系统保护线（PE）和中性线（N）分开，如图3-15所示。正常时PE线没有负载电流，系统干扰少，适用于数据处理和精密电子仪器设备。

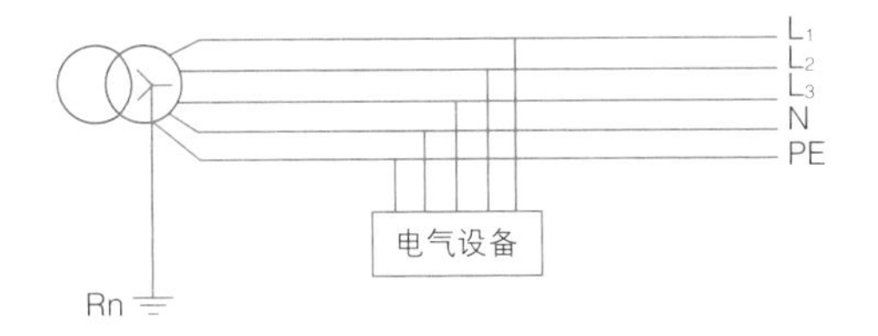

图3-15 TN－S 接地系统示意图

(4) 变压器或发电机的中性点直接接地，并与电气设备的保护地线连接，如图3-16所示。系统某一点起，PEN分为保护线和中性线，分开后，中性线（N）对地绝缘（PEN线分开后，不能再合并）。此系统前面的TN－C系统可满足长距离输电的经济性需要，后端进入建筑物后采用TN－S系统可满足安全性和对电位敏感的电子设备的需要。

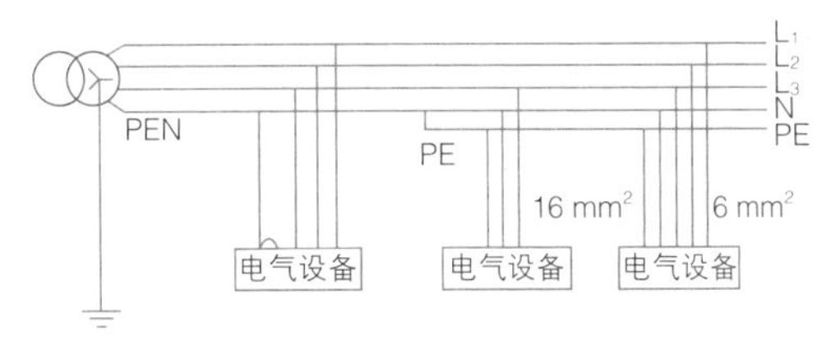

图3-16 TN－C－S 接地系统示意图

(5) IT系统的电源不接地或通过阻抗接地，电气设备的外壳直接接地或通过保护线接至单独接地体，如图3-17所示。

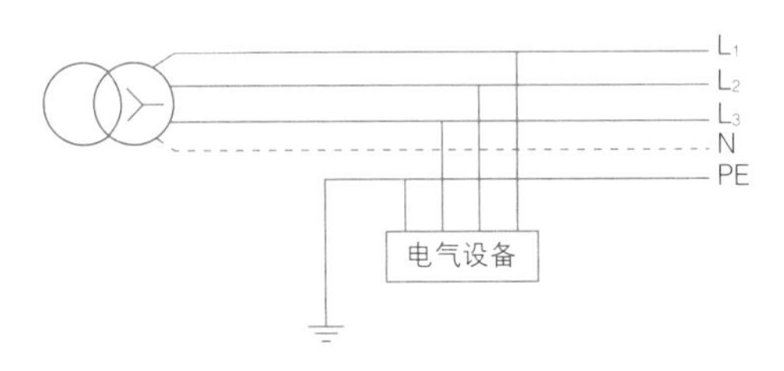

图3-17 IT 接地系统示意图

二、数据中心UPS接地方式

UPS系统的接地方式是数据中心低压配电系统接地的重要内容，UPS作为IT设备的电源，其输出端是否需要重复接地，要根据供电系统的接地方式综合考虑。UPS的接地方式取决于电击防护、三相不平衡及零地电压情况。

（一）中性点漂移与“零地”电压

(1) UPS负载三相不平衡造成中性点漂移。三相输出UPS的负载很难平衡，原因是每台服务器的负载率不同，且经常变化，有的服务器负载率10%，有的服务器负载率30%或90%，永远不可能达到三相平衡；另外，UPS和IT设备通常是非线性负载，3次谐波和3倍频次谐波电流叠加在N线上，加上N线中的三相不平衡电流，造成N线过载，导致中性点漂移。

（2）IT设备对“零地”电压有限制。“零地”电压是指IT设备的中性线与PE线之间的电位差，服务器等IT设备要求对“零地”电压的限值是1～2 V。“零地”电压产生的原因是N线中存在电流，根据实际测量，N线中的电流往往等于或大于相线中的电流，因此GB 50174—2008《电子信息系统机房设计规范》中规定：中性线截面积不应小于相线截面积。N线中的电流除上述所说的三相不平衡电流外，还包含大量的谐波电流。谐波电流的产生有两方面的原因：①UPS所带IT设备为非线性设备，非线性设备在运行过程中产生大量谐波电流；②UPS本身属于开关电源设备，在运行过程中也产生谐波电流。

为了解决“中性点漂移”和“零地电压”的问题，有些数据中心在UPS安装完成后，将N线与PE线直接短接，做重复接地，这是有规范依据的。国家标准GB 50303—2002《建筑电气工程施工质量验收规范》中规定：“不间断电源输出端的中性线（N极），必须与接地装置直接引来的接地干线相连接，做重复接地”。但是不是在任何情况下都可以这样做呢？答案是否定的。

（二）原因分析和解决方法

图3-18是一种工频UPS原理示意图（没有输出隔离变压器），负载所需的N线和PE线均由UPS旁路提供，UPS自身的N线也从旁路提供。下面根据TN－S和TN－C－S系统，对UPS输出端N线做重复接地进行讨论。

（1）当UPS供电电源的接地形式为TN－S系统时。

当UPS供电端的接地形式为TN－S系统时（见图3-19），按照GB 50303的规定，UPS输出端的N线与PE线连接，使TN－S系统中的N线多次接地，这样做表面上解决了“中性点漂移”问题，却违反了IEC和国家规范关于TN－S系统在整个系统中N线和PE线分开的原则，这

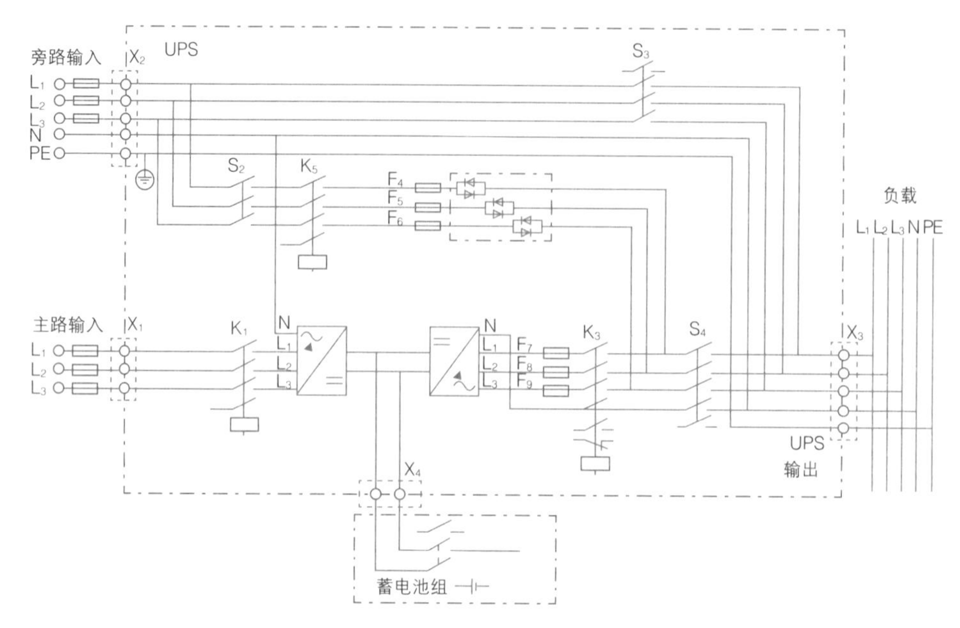

图3-18 一种UPS原理图

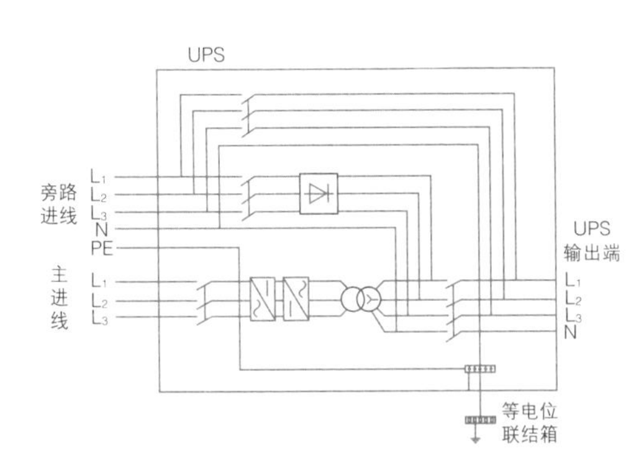

图3-19 UPS输出端错误接地示意（供电电源的接地形式为TN－S系统）

是不可行的。

既然N线来自UPS旁路，对于TN－S系统来讲，N线不允许做重复接地，如果按照GB 50303的规定执行，UPS输出端N线做重复接地，可以将UPS旁路加装隔离变压器的方法解决问题。图3-20是在UPS旁路加装隔离变压器的方案。在TN－S系统中，旁路有隔离变压器的UPS可以按照GB 50303的规定，输出端N线做重复接地。

供电电源的接地形式为TN－S系统时，要降低IT设备输入端的“零地”电压，常用方法是在UPS输入或输出端加隔离变压器。图3-21是在配电列头柜中装设隔离变压器，变压器二次中性线与PE线短接后接地，在隔离变压器后形成新的TN－S系统。由于配电列头柜紧邻IT设备机柜，N线长度较短，即使N线中有很大电流，N线与PE线之间也不会产生较大的电位差，很好地解决了“零地”电压问题。隔离变压器还有提升安全性（电击防护）和抗浪涌作用，可按照系统合理性的原则配置。

图3-22中等电位连接带、各类金属管道、金属线槽和建筑物金属结构均与局部等电位联结箱连接后，再接至大楼总等电位联结箱（或

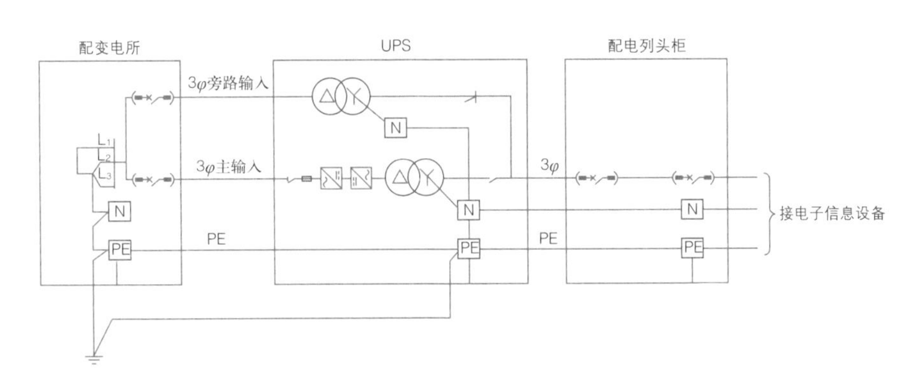

图3-20 UPS输出端接地示意（供电电源的接地形式为TN－S系统）

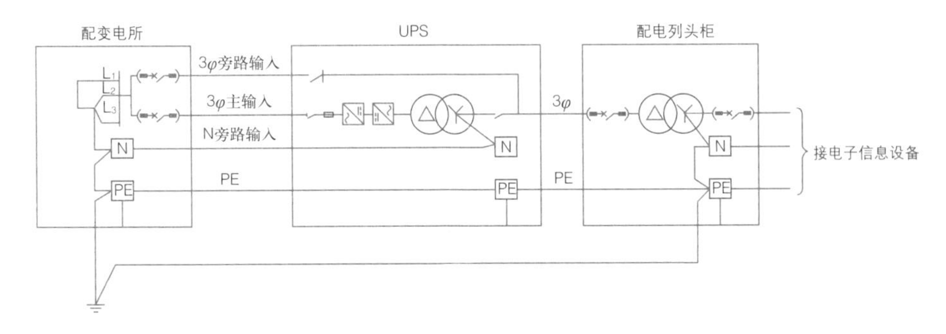

图3-21 利用隔离变压器降低“零地”电压示意

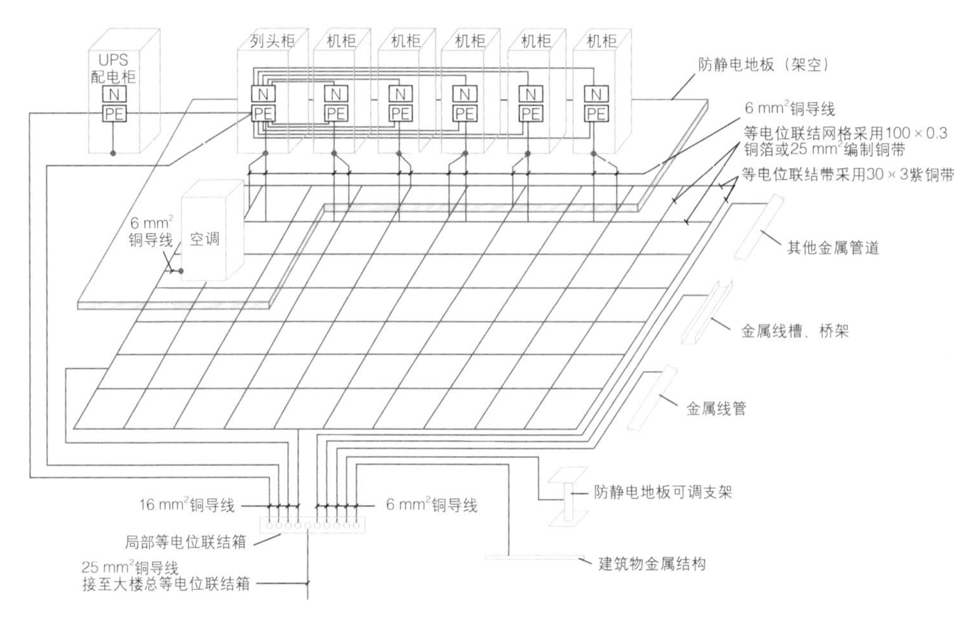

图3-22 机房接地示意图（列头柜带隔离变压器）

带）。机柜采用两根不同长度的6 mm²软铜线与等电位联结网格（或等电位联结带）连接，从列头柜至机柜的N、PE线。因单相负载较多，其截面积应与相线相同。降低“零地”电压除了UPS设备尽可能地靠近IT机房，加装隔离变压器也是一个好办法。

（2）当供电电源的接地形式为TN－C系统时

当供电电源的接地形式为TN－C系统时，由变电所引出PEN线连接到UPS，如图3-23所示。按照GB 50303的规定，将UPS输出端的PEN线做重复接地，这样有利于遏制中性点漂移，使三相电压均衡度提高。同时，当引向UPS供电侧的中性线意外断开时，可确保UPS输出端不会引起电压升高而损坏由其供电的IT设备。

机房负载较小，一台变压器既要为IT设备供电，又要为照明、空调等设备供电时，配变电所低压盘内就需要设置PEN、PE和N汇流排：①为IT设备供电采用TN－C－S系统，由变

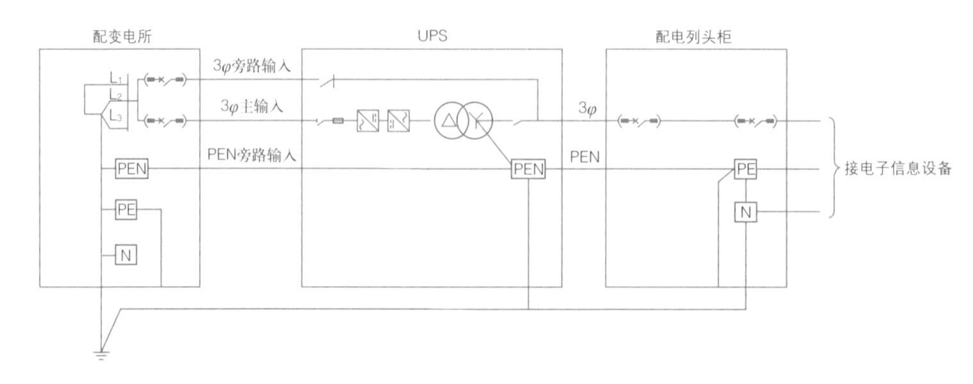

图3-23 UPS输出端接地示意图（供电电源的接地形式为TN－C系统）

电所引出PEN线；②为照明、空调等设备供电采用TN－S系统，由变电所引出PE线和N线。

供电电源的接地形式为TN－C系统时，数据中心机房接地示意图如图3-24所示。从中可以看出，列头柜之前的供电电源接地方式是TN－C系统，在列头柜内N线与PE线短接后接地，形成TN－C－S系统。列头柜至各个机柜的N线与PE线严格分开，满足IT设备的要求。

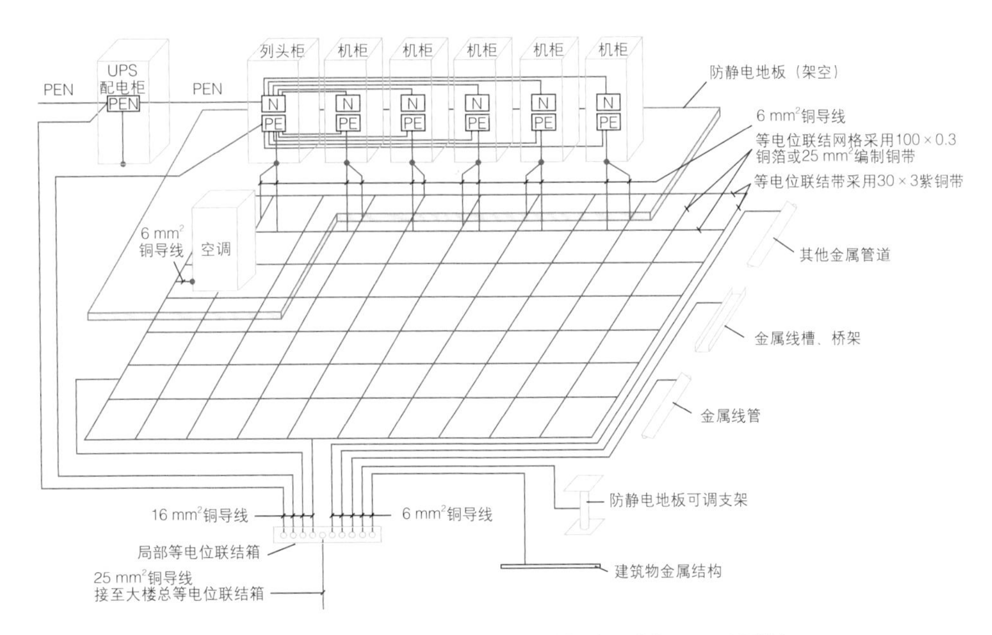

图3-24 机房接地示意图（供电电源的接地形式为TN－C系统）

3.4.2 低压供配电系统方案确定

低压供配电系统方案应考虑配电系统的基本输电布置、备用供电方式及应急电源配置等内容。

一、基本输电布置

输电布置常用形式有集中式和分散式两大类。

（1）集中布置，用电负载采用放射式连接到供电电源。电缆适用于集中布置，逐点将用电设备或分配电盘用电缆采用放射式、星形联结方式连接到低压主开关盘，如图3-25所示。此方式优点是各负载独立受电，一旦发生故障只局限于本身而不影响其他回路，供电可靠性高，控制灵活，易于实现集中控制。缺点是线路多，系统灵活性较差。这种配电方式适用于设备容量大、要求集中控制的设备、要求供电可靠性高的重要设备配电回路。

（2）分散布置，用电设备或分配电箱采用汇流排连接到供电电源。汇流排槽系统很适用于分散布置，采用树干式或链式向很多分散的负载供电，接线容易修改、移动与增减，如图3-26所示。

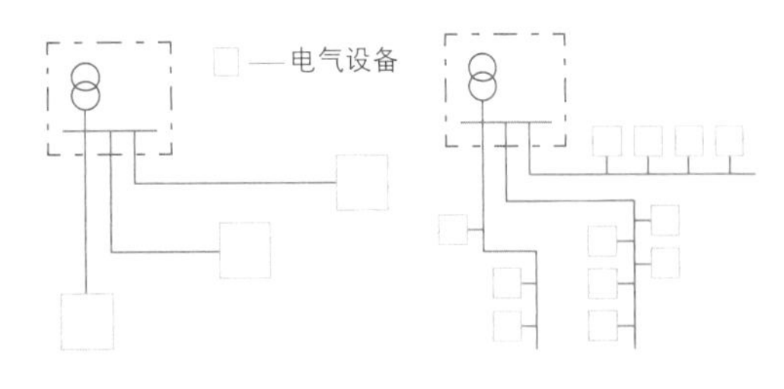

图3-25 集中放射式布置　图3-26 分散树干式布置

为获得最大的供电效益，两种配电模式可以灵活组合。

（3）备用供电及应急电源供电方式。为保证关键用电设备的供电可靠性，在系统方案设计时应考虑冗余的两路电网电源供电的供电方式，必要时应考虑配备UPS和应急发电机等应急供电设备。

3.4.3 低压配电系统的过电流保护设计

过电流故障的保护是低压配电系统设计关键。低压断路器的合理设计及选型是确保数据中心负载安全用电的关键。

一、断路器分类

按结构形式分类：①框架式断路器， 简称ACB，一般用于主变压器低压侧保护、主配电线路保护和汇流排联络开关等场合；②塑壳断路器，简称MCCB，广泛用于分支配电线路、动力负载线路保护等场地；③小型断路器，简称MCB，广泛用于终端配电线路。

二、数据中心配电系统线路及器件保护

（一）低压配电线路保护

低压配电系统通常为树干式配电系统，包括主配电、分支配电和终端配电。国内习惯用两台电源变压器通过单汇流排分段后分列运行，又可通过两分段汇流排之间的联络开关相互联络，保证整个配电系统的供电连续性和工作可靠性。配电系统中的馈线（配出线路）常采用电缆或汇流排槽系统，并选用断路器或熔断器保护配出线路可能出现的过载和短路故障。按IEC 60364或GB 16895，选择馈线电缆截面依据过载保护、短路保护、电压降和人身安全等四个要素。

配电线路无论电缆还是汇流排槽系统，其热耐受能力，是由导线截面和绝缘材料决定的，即S^2K^2，其中S表示电缆截面；K为常数，与绝缘材料有关，如PVC材料为115。线路保护是当线路出现短路或过电流事故时，要求断路器或熔断器快速切断故障电流，使短路电流产生的能量I^2t小于电缆的热耐受能力。通常过载时允许温度为70 ℃；而切断短路电流时，电缆瞬时的温度必须小于160 ℃，并要求自动切断电源的时间$t < S^2K^2/I^2$。保护电器切断短路电流时刻的能量必须小于电缆的S^2K^2，才能有效地保护电缆。因此，$I^2t < S^2K^2$说明了短路电流的大小与导线截面和配电线路长度关系，短路能量与保护电器的分断时间的关系。图3-27是PVC铜导线电缆的热耐受能力及配电线路保护原理。

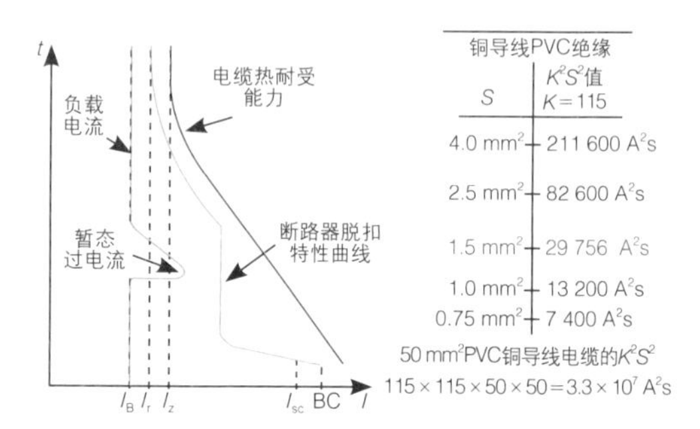

图3-27 电缆热耐受能力及配电线路保护

配电线路除了过载和短路故障外，在分支配电和终端配电线路，有时更重视绝缘（或接地）和过电压故障，因为这类故障直接危及用户的生命。

本节阐述的线路保护，主要指短路和过载保护。选择性是某一树干式配电线路中发生过载或短路故障时，在主配电线路、分支配电线路和终端配电线路之间的选择性保护配合。所谓选择性跳闸是指离故障点最近的一台保护断路器切除故障线路，非故障配电线路则继续保持供电。若无选择性，一个短路故障可使配电干线上的多台断路器同时跳闸，引起大面积停电。

选择性的基础是计算短路电流，计算每一条配电线路可能出现的最大和最小短路电流，才能按配电线路的短路电流和负载电流选择保护电器，才能精确整定保护参数，才能得出配电线路保护电器之间选择性参数级差。所以要研究和评价选择性必须考虑如下因素：

（1）正确选择配电线路导线截面，计算配

电系统网络的参数。

（2）计算短路电流包括最大短路电流和最小短路电流。

（3）正确选择配电线路的保护电器。

（4）整定保护电器（脱扣器）的动作参数。

（5）比较上下级保护电器的特性曲线。

（二）保护电器的选择

配电线路保护电器主要选用断路器和熔断器。断路器主要分为A类断路器和B类断路器。断路器的选择性保护配合主要指：A类断路器之间的保护配合，用电流选择性（或能量选择性）原则评价；B类断路器和B类（或A类）断路器之间的保护配合，用时间选择性原则评价。

（1）A类断路器。A类断路器泛指小型断路器（以下简称MCB）和塑壳断路器（以下简称MCCB），一般为限流型断路器，其脱扣特性曲线由过载反延时脱扣和短路瞬动脱扣两段曲线组成。配电线路发生短路故障时，短路瞬间的电流包含了瞬态非周期分量，短路瞬态的冲击系数与短路电流的稳态值有关。利用A类断路器可限制瞬态短路电流的峰值，快速切除和隔离短路故障。

（2）B类断路器。B类断路器通常指框架断路器（或称ACB），也称选择性型断路器。其脱扣特性由过载反延时脱扣、短路短延时脱扣和短路瞬动脱扣三段曲线组成。该类断路器通常作为变压器总保护开关、汇流排联络开关和主干线配电保护开关。为了确保整个配电系统供电的连续性和可靠性，需要短时耐受短路电流，让下级A类断路器切除短路故障，确保非故障线路连续供电。

（三）选择性保护配合技术

上下级断路器整定时须考虑：当下级断路器出口出现最大短路电流时，由下级断路器选择性地快速切除短路电流；下级断路器入口出现最小短路电流的工况时，依据IEC 60364—4—43和IEC 60364—4—41，上级断路器必须在规定的时间内（TN系统为5 s或0.4 s）切断故障回路。需要强调的是在考虑上下级断路器选择性保护配合时，不应该忽视后一个基本保护原则。

IEC 60947—2定义了电流选择性、时间选择性和能量选择性3种选择性保护配合。还有一种称区域选择性联锁，也称逻辑选择性，是时间选择性结合逻辑功能发展的一种技术。

（1）电流选择性。分支配电线路与终端配电线路均采用A类断路器保护时，通常为电流选择性保护配合，选择性是由上下级两台断路器瞬动脱扣器动作值的电流级差决定的，瞬动电流值级差越大，选择性区域越大。使用电流选择性原则时，通常只能实现部分选择性。IEC 60947—1和IEC 60947—2分别定义了电流选择性与后备保护，全选择性和部分选择性以及选择性极限电流等相关术语。使用电流选择性时，应依据IEC 60947—1和IEC 60947—2有关条款确定选择性极限电流、脱扣器特性曲线的误差；并依据IEC 60364，要求在规定时间内自动切断电源等因数。图3-28是电流选择性保护配合图，下级断路器Q_2和上级断路器Q_1的额定电流分别为160 A和800 A，瞬动脱扣电流整定值分别为800 A和8 000 A。由于影响瞬动脱扣器动作值的因数很多，所以脱扣特性是一个范围，而不是一根曲线。IEC 60898标准用测试电流和相应的动作时间定义热磁脱扣器的动作区域，对瞬动来讲，一般下限测试电流时，动作时间大于0.1 s；而上限测试电流时动作时间小于0.1 s。可以认为脱扣特性是一根曲线，但有±20%的误差；考虑选择性极限电流时，不同的公司产品考虑不同的误差下限值。上级断路器瞬动脱扣整定值8 000 A时，有可能在6 400 A时动作，因而选择性极限电流应该是I_b = 6 400 A，即只要Q_2断路器出口的故障电流$I_{sc} \leqslant I_b$ = 6 400 A，就能实现全选择性保护配合；$I_{sc} > I_b$ = 6 400 A

时，Q_1和Q_2有可能同时动作，而失去选择性。通常分支配电线路之间，下级断路器出口最大短路电流通常大于上级断路器的瞬动整定值，因而采用电流选择性原则只能实现部分选择性。

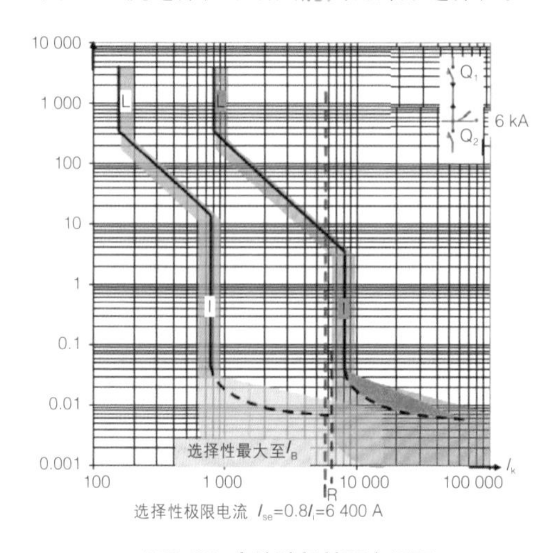

图3-28 电流选择性配合原理

（2）能量选择性。能量选择性是基于下级断路器的限流作用，限制了短路电流的能量，不足以使上级断路器脱扣跳闸。也就是说，下级限流型断路器分断时产生的电弧限制了短路电流，允许通过断路器的（允通或限流后的）能量不足以使上级断路器瞬动脱扣跳闸，即分闸过程中，Q_2断路器的限流特性与Q_1不跳闸段的曲线进行动态比较，看是否会有相交点，因此上下级之间是动态电流选择性关系。图3-29中两曲线的交点I_s称动态选择性保护配合的极限电流，交点左侧是选择性区域，右侧为后备保护区域，两断路器同时分闸，Q_1为Q_2的后备保护。预期短路电流是指短路电流的计算值，仅与电源系统、变压器和线路阻抗有关，即开关设备处于接通（无电弧）状态。下级限流型断路器在短路工况下分断的行为是与预期短路电流（I_p）有关的，很难用于定量地计算，只用于定性的分析。

（3）电流-时间选择性。在图3-30中，当Q_2断路器上口出现最小电流时，要求Q_1脱扣器

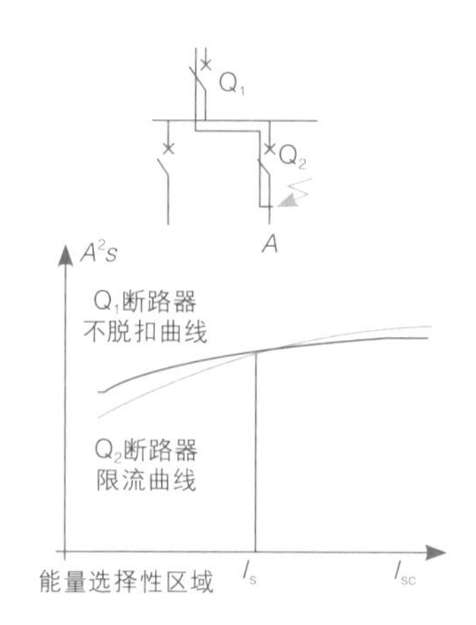

图3-29 能量选择性与后备保护

I_s—能量选择性极限电流 I_b—电流选择性极限电流

能在5 s（或0.4 s）自动切断故障电流。上个案例中，I_{sc}≤4 000 A时，自动切断电源的时间超过了5 s，有可能电缆温度超过额定值，或超过0.4 s构成电击危险，不能满足IEC自动切断电源时间的要求。此时，需要从配电线路及人身安全性考虑，重新选择Q_1的脱扣特性曲线。该案例中MCCB Q_1可采用带（LSI）3段保护曲线的脱扣器与下级（LI）2段保护曲线配合。带（LSI）3段保护的电子脱扣器的整定范围为I_i＝8～12 I_n，I_{sd}＝1.5～10 I_n<I_{kmin}，t_{sd}＝0.1～0.3 s。

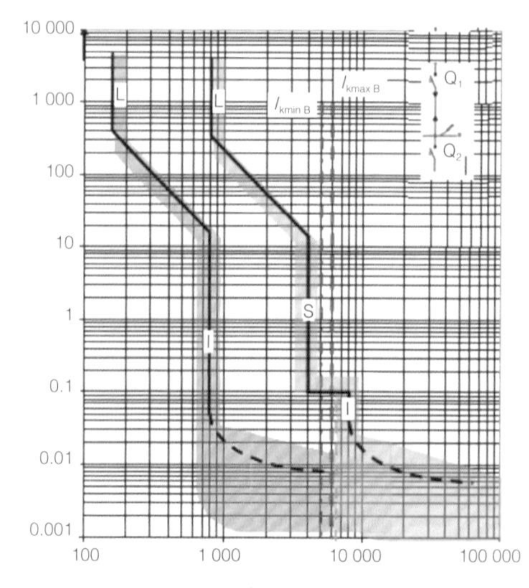

图3-30 电流－时间选择性

如下级配电线路预期最大短路电流I_{scmax}（Q_2出口处）小于上级断路器Q_1瞬动脱扣值I_i时，则能通过电流或时间原则实现全选择性。当下级断路器（进线处）出现最小二相短路电流I_{kmi}时，Q_1通过短延时（按要求的时间内）切断故障电流。上级断路器Q_1与下级配合实现全选择性的条件是

$$\begin{cases} I_b = 0.8\,I_i & \text{确定选择性极限电流} \\ I_{sd} < I_{kmin} & Q_1\text{规定时间内切断电源} \\ I_i > I_{kmax} & Q_1\text{确保选择性} \end{cases}$$

（4）时间选择性。B类断路器与A类断路器配合，或B类断路器与B类断路器之间配合，采用时间选择性的原则，使用时间选择性可避免上下级同时跳闸，或越级跳闸的现象。断路器安装位置预期的短路电流接近主配电柜（或变压器）的短路电流值时，必须采用时间选择性原则，即关闭上级断路器瞬动脱扣，整定短延时脱扣电流和脱扣时间。如上级Q_1为框架断路器，保护变压器带电子式三段（LSI）脱扣特性曲线；下级Q_2为主配电线路保护开关（框架或塑壳断路器），通常Q_1出口的连接汇流排，就是Q_2的进口汇流排；预期短路电流都非常大，接近变压器短路电流。此时，须采用时间选择性，如前所说，人为地关闭Q_1的瞬动脱扣器，用短延时脱扣保护整个配电线路，整定短延时脱扣时间大于下级断路器的脱扣时间，还要考虑误差时间，$t_{sd\,(Q1)} > t_{sd\,(Q2)}$ +（时间误差），如图3-31所示。

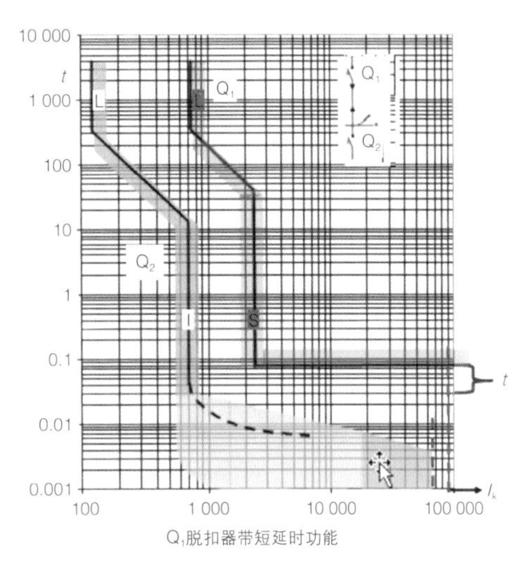

图3-31 时间选择性

（5）区域选择性联锁。区域选择性联锁实质是采用时间选择性原则，是一种电子脱扣器与通信功能相结合的时间选择性保护技术，可利用通信功能来封锁上级框架断路器的瞬动脱扣并开启短延时脱扣，一般用在大型的工业配电系统和大型的火电厂配电系统。区域选择性联锁可避免低压配电系统越级跳闸，和上下级断路器同时分闸的现象，使配电系统短路故障限制在最小范围内，图3-32是区域选择性原理图，由变压器主保护开关、主配电、分支配电和终端配电组成的，适用于大型树干式配电系统；K_4点发生短路时，MCCB瞬动跳闸，通过通信线开启$Q_{3.1}$框架断路器的50 ms短延时，同时封锁它的瞬动脱扣器；K_3点短路时，$Q_{3.1}$瞬动脱扣，并开启$Q_{2.1}$的100 ms短延时并封锁它的瞬动脱扣器；K_2点短路时，$Q_{2.1}$的封锁Q_1瞬动脱扣，并开启200 ms短延时。变压器主保护开关最短的分断时间可以减少到0.2 s，通常为0.3～0.4 s。

区域选择性联锁技术需要在框架断路器内配置区域选择性联锁模块，通信模块需要通信电缆，投资较高，并且接线及维护要求高，在数据中心则可用可靠的ACB电子脱扣器也能达到4级选择性保护配合。

（6）熔断器与断路器保护配合。熔断器在分断能力、选择性、限流性能、经济性和安全可靠性等方面有其特殊的优越性，故在国外应用较为广泛。实际应用中，通常采用刀熔开关（熔断器式隔离开关）或负载开关熔断器组合。

1）熔断器与下级MCB配合。在数据中心配电系统中，常用于分支配电或终端配电系统

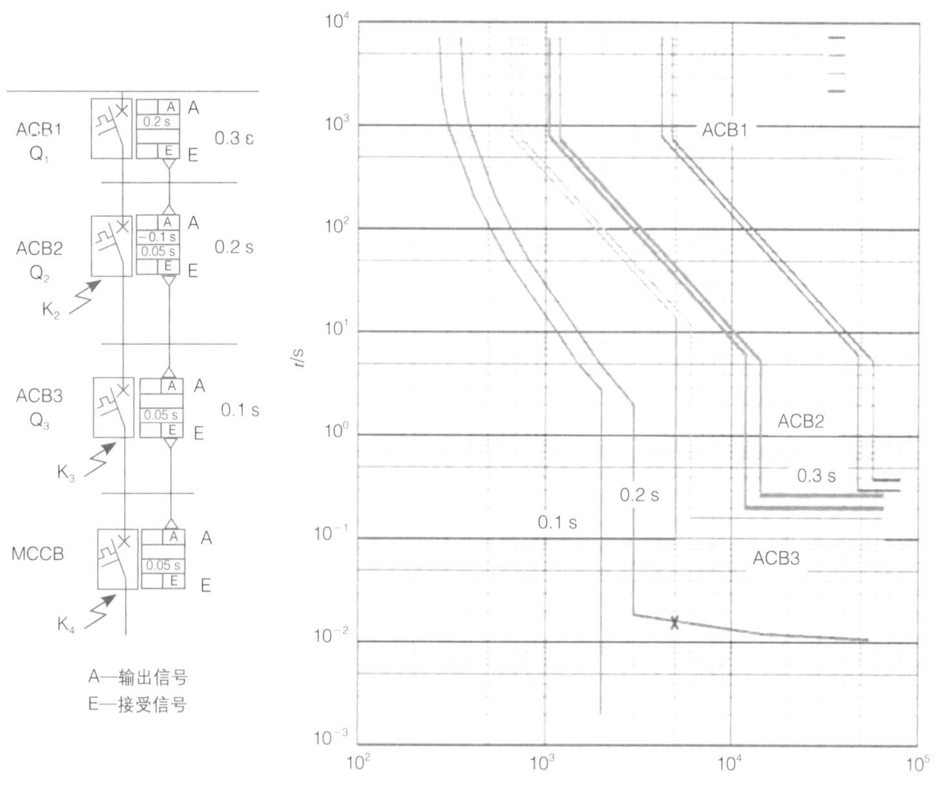

图3-32 区域选择性联锁原理

中，容易与下级MCB实现选择性（或后备）保护配合。图3-33中熔断器与下级MCB配合也可理解为能量选择性，允许通过断路器的短路电流的能量（I^2t）与熔断器不烧断能量曲线的交点为选择性极限I_{se}。预期短路电流大于I_{se}时，熔断器与断路器一起分断短路电流，熔断器为断路器的后备保护。

2）熔断器之间的保护配合。图3-34为因为熔断器的弧前时间-电流曲线，从该图看出熔断器在全电流范围是平行而互不相交的，所以用熔断器就能相当容易地实现选择性保护。

3）为断路器与下级熔断器的配合。图3-35低压主配电盘，常用断路器与熔断器的配合。

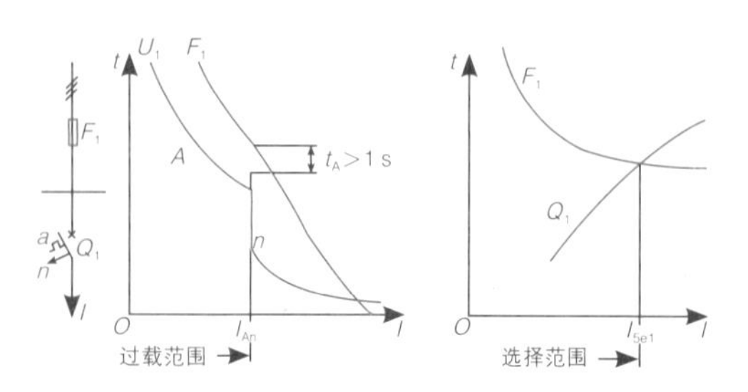

图3-33 熔断器与下级MCB配合

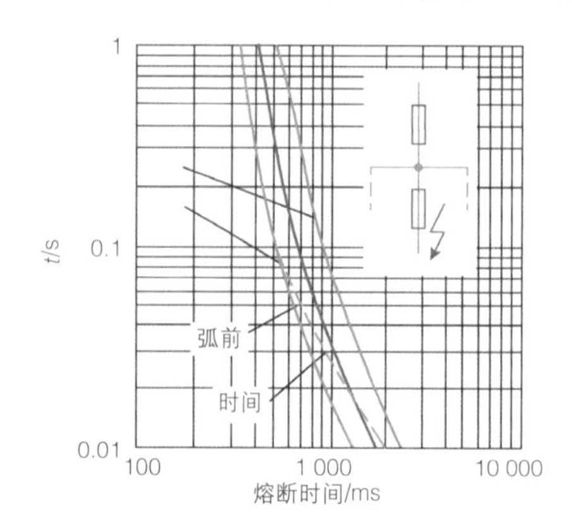

图3-34 熔断器的弧前时间-电流曲线

上级断路器选择具有选择性保护功能的B型断路器，与熔断器特性曲线没有任何相交，可实现全选择性保护配合。

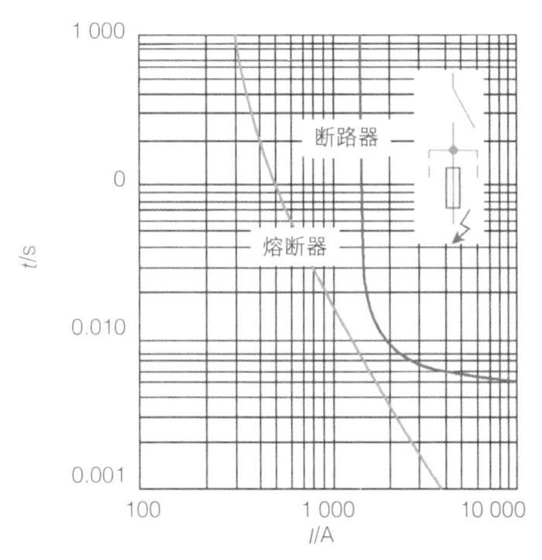

图3-35 断路器与熔断器配合

3.4.4 数据中心ATSE系统

GB/T 14048.11《低压开关设备和控制设备》第6部分 多功能电器第1篇 自动转换开关电器，定义了适用于额定电压交流不超过1 000 V或直流不超过1 500 V的转换开关电器（TSE），TSE用于在转换过程中中断对负载供电的电源系统。该部分的目的旨在规定电器的特性、电器必须遵循的有关条件、证明符合这些条件的试验及进行这些试验的方法、应该在电器上标明的数据及制造商需提供的数据等内容。

ATSE是由一个（或几个）转换开关电器和其他必需的电器组成，用于监测电源电路，并将一个或几个负载电路从一个电源转换至另外一个电源的电器，称为自动转换开关电器（Automatic Transfer Switching Equipment，ATSE）。

ATSE主要用于紧急供电系统，一般单独或者组网完成市电之间或者市电与柴油发电机之间的电源切换。作为数据中心配电系统中重要的配电设备，它的设计与选型关系到整个配电系统的可靠性。

一、ATSE分类

根据GB/T 14048.11，ATSE可分为PC级或CB级两个级别：①PC级，能够接通、承载、但不能用于分断短路电流的ATSE；②CB级，配备过电流脱扣器的ATSE，其主触头能够接通/分断短路电流。PC级与CB级的主要区别在于是否具有过电流保护功能，即当ATSE负载侧发生过负载或短路故障时CB级ATSE将自动切断故障；而PC级ATSE因无切断过电流的功能，从而需要承载相应的过电流。

按照GB 14048.11的相关描述，根据ATSE的核心执行元件及结构的不同，又可以对PC或CB级ATSE进行进一步划分。

（1）专用式（原生式/一体式）。专用式ATSE属于PC级ATSE，采用电磁铁驱动，触头系统为拍合式两位式（见图3-36）和双触头双开距拍合式（见图3-37）两种结构。两位式触头系统由电磁铁直接驱动，动作速度快，结构简单。拍合式触头通过大电流，由于斥力作用额定短时耐受电流一般不能满足要求。因此在配电系统中要有熔断器或与ATSE有严格配合的

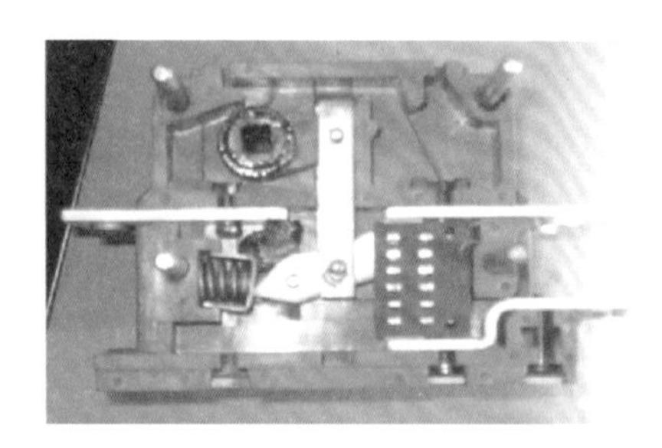

图3-36 拍合式两位式结构

图3-37 双触头拍合式两位式结构

断路器进行保护，以免在配电系统出现短路而使ATSE损坏；此种结构触头开距小，灭弧系统简单，因此分断能力差，使用类别也相对较低。其优点是结构保证了机械联锁，当一路电源触头出现熔焊粘接时，也不至于两路电源短路。

双触头、双开距拍合式触头系统在闭合时通过一拐臂将动触头压紧，提高了额定短时耐受电流，因此额定短时耐受电流相应较大，但由于是拍合式结构，动触头与静触头是硬性接触，触头超行程小，宜弹跳，因此短路接通能力相应较差，但是电磁驱动速度快，触头双开距，可以做成三位式结构，在转换时可以处于暂短断开位置，有利熄弧和降低负载反电动势，因此使用类别较高。此种结构比第一种结构复杂。

（2）派生式。派生式ATSE主要有两台（多台）断路器（CB）或负载隔离开关（PC）配以机械联锁及电机推动机构组成，采用模块化结构。派生式ATSE的电气特性取决于其核心执行元件断路器或隔离开关的电气特性（I_{cn}、I_{cw}、i_{cm}），具备较高的短路特性。由于派生式ATSE的主要驱动装置为电机，所以较比励磁式ATSE其转换动作时间较慢。

二、ATSE应用中产生的问题

（一）PC/CB级应用问题

CB级与PC级ATSE在具体使用中应考虑以下几点注意事项：

（1）PC级前端应该加装保护电器

• 保护电器SCPD可以是断路器，也可以是熔断器。

• 用于消防回路的PC级上端的SCPD只能带短路保护功能。

• PC级的额定电流应该大于线路的1.25倍。

• 线路的短路能力参照ATS 的I_q选择。

（2）CB级前端应该加装隔离电器

• 隔离电器一般选用负载隔离开关。

• ATSE的额定电流按照线路的额定电流选择。

• ATSE的短路能力按照线路的计算短路电流计算。

（3）适用场所（ATSE出口侧发生不同类型故障时，PC/CB级ATSE的动作有所不同）

• 过载保护，在ATSE出口侧发生过负载保护。

• CB级ATSE故障锁定不转换，PC级ATSE转换。

• CB级ATSE对过载保护敏感。

• 对于重要负载不可因为线路过电流而中断供电，均宜选用PC级或不带过负载保护功能的CB级ATSE，例如消防负载、通信和数据机房首端供电。

• 短路保护，在ATSE出口侧发生短路保护。

• CB级ATSE故障锁定不转换，PC级ATSE转换，将一路事故引到另一路，将导致二次短路故障。

• PC级ATSE对短路保护敏感。

• 对于靠近变压器和发电机出口侧的ATSE，宜选用CB级，例如发电机和轨道交通。

（二）三极/四极问题

《自动转换开关电器ATSE设计应用导则》建议了三相四线制（0.4/0.23 kV）电力系统中ATSE极数的选用原则：

（1）同一接地系统，带漏电保护的两个电源下级电路以及两种不同接地系统间（包括两个不同中性线接地点的TN－S系统）电源转换ATSE：三相四线供电应采用四极ATSE，单相供电应采用两极ATSE。

（2）正常供电电源与备用发电机之间采用不同的接地方式时，其转换开关应采用四极ATSE。

（3）IT系统（此处指接地系统）引出中性线时，三相四线供电应采用四极ATSE，单相供电应采用两极ATSE。

（4）在有总等电位联结时，TN－S、TN－C－S系统除原则（1）～原则（3）外，一般不需要设四极ATSE。

（5）TN－C系统严禁采用四极ATSE。

数据中心均采用TN－S三相五线制接地系统，即三根相线L、零线N和保护地线PE。三极式ATSE只切换相线，四极式ATSE同时切断相线和零线。如果两路输入电源为同一接地系统，即两套系统中性线（零线）有共同的接地点（零线地线短接点），那么ATSE可以选用三极式ATSE；如果两套输入电源来自不同的接地系统，中性线接地点也不同，应采用四极ATSE。采用四极式ATSE保证两个系统运行完全隔离，独立运行。

（三）四极切换问题

为数据中心的I T设备供电均为ATSE＋UPS＋IT设备，如图3-38所示。IT设备对于零地电压有特殊要求，GB 50174—2008对所有的A、B和C级机房的要求是零地电压（<2 V）。由于地线电压基准值为零，正常情况下，系统由常用电源供电，UPS输出零地电压接近于电网输入端零地电压；主用电源异常时，起动备用电源。ATSE执行切换操作过程中，ATSE后端设备相线及零线与前面两路输入电源系统有一个断开过程，即ATSE输出部分与输入部分完全断开。在这个短时间内，UPS通过蓄电池给负载供电，保证服务器继续运行，由于UPS输出零线来源于电网零线，而电网零线已经断开，UPS输出零线处于“悬浮”状态，零线电位产生漂移，UPS输出端零地电压有可能高达几十甚至上百伏，这样的零地电压可能直接导致服务器重起或烧坏等，给IT设备造成重大运行隐患。

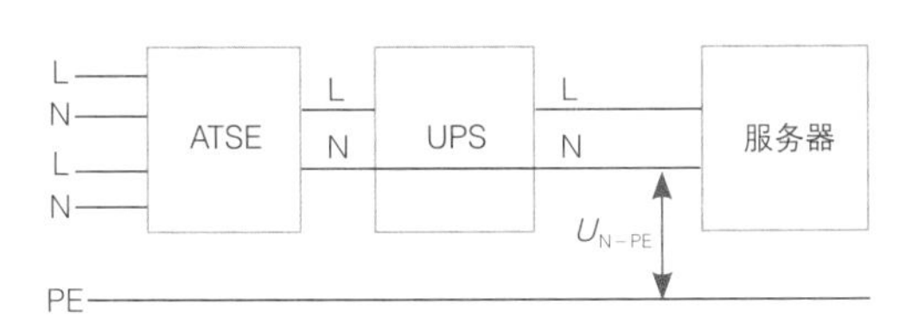

图3-38　供电系统零地示意图

为解决这一问题，有以下两种方法：

（1）输出端配置△/Y 隔离变压器。在变压器二次侧再造一个TN－S系统，重新引出零线。这样，在所有的过程（包括ATS转换过程中输入零线中断的过程）中零地电压始终接近于零，从而完全避免零线中断的故障。

（2）零线过渡切换方案。即采用带有零线过渡切换的ATSE，在切换过程中，N线按照先接通后断的操作顺序，UPS零地电压始终保持相对较低值。此种方式经济性较好，但因ATSE中性极机械结构与三相机械结构不同步而衍生出其他机械故障。

（四）ATSE单点故障问题

作为重要的转换开关设备，ATSE对可靠性要求极高。一旦ATSE故障，将会造成较大范围的影响。

为解决ATSE故障造成的风险，首先在供电方案上，可以采用系统冗余方案，任意一个出现故障时，可保证系统安全运行。

其次，提高产品ATSE的可靠性。大型数据中心的电源切换部件推荐采用带旁路隔离开关型ATSE。在ATSE故障时，临时利用隔离旁路给负载供电，系统不会断电，这时可以维修故障ATSE本体。GB 50174—2008之8.1.16规定：“市电与柴油发电机的切换应采用具有旁路功能的自动转换开关。自动转换开关检修时，不应影响电源的切换。”

旁路型自动转换开关至少需要具备以下功能：

（1）旁路隔离开关能在用电负载不停电的况状下，电源经过旁路至负载。旁路开关的容量不小于自动转换开关的额定容量。

（2）旁通电源时能安全隔离自动转换开关与相关控制电源，保证自动转换开关的检修及维护能够安全进行。

（3）应该设置明确的旁路隔离标志，显示系统状态。

（4）应该设置安全可靠的电子和机械联锁，防止误操作。

（5）旁路和自动转换开关手动（自动、测试、隔离）操作把手最好是盘面永久固定式，避免丢失和紧急无电无光时无法操作实时复电。

（五）ATSE使用类别

使用类别由ATSE自身的特点决定。ATSE的控制负载能力直接影响到ATSE转换的可靠性和安全性，在实际工作中设计人员往往会忽略使用类别。ATSE的使用类别应该和负载特性一致，满足表3-6要求。

表3-6 ATSE使用类别

电流性质	使用类别		典型用途
	A操作	B操作	
交流	AC－31A	AC－31B	无感或微感负载
	AC－32A	AC－32B	阻性和感性的混合负载，包括中度过载
	AC－33iA	AC－33iB	系统总负荷包含笼型电动机及阻性负载
	AC－33A	AC－33B	电动机负载或包含电动机、电阻负载和30%以下白炽灯负载的混合负载
	AC－35A	AC－35B	放电灯负载
	AC－36A	AC－36B	白炽灯负载
直流	DC－31A	DC－31B	电阻负载
	DC－33A	DC－33B	电动机负载或包含电动机的混合负载
	DC－36A	DC－36B	白炽灯负载

（引自 GB/T 14048.11）

目前国内市场上PC级ATSE有两种常用的类别：AC－33i和AC－33。AC－33i的接通能力为$6I_e$，AC－33的接通能力为$10I_e$，上述两种均适合感性负载。如果转换开关应用在电源进线侧，其使用类别不应低于AC－32；如果在配电侧使用类别不应低于AC－33i。

此外，一般ATSE不允许带大电动机或高感抗负载转换。比如大电动机类负载，当其在运行中切换而电源相位差距较大时，它将受到巨大的机械应力冲击，同时由电动机产生的反电动势引起的过电流，造成熔断器熔断或断路器脱扣。解决方法常采用电阻吸收或减负载方式，市电油机之间自动切换设备可利用两路电源同期检测切换，或自动转换开关为延时转换型，两组动触头在转换前增加延时，可避免在切换大电机或变压器负载时引起的冲击电流。

三、数据中心ATSE常见组网形式

数据中心ATSE的应用主要集中在不同市电之间、柴油发电机之间的切换。GB 50052—1995《供配电系统设计规范》之2.0.2规定：“①一级负载应由两个电源供电：当一个电源发生故障时，另一个电源不应同时受到损坏；②一级负载中特别重要的负载，除由两个电源供电外，尚应增设应急电源，并严禁将其他负载接入应急供电系统。”因此，数据中心能量源切换比较复杂，本节就工程实践中常见的四种情况做出分析。

（1）单一市电与单一备用发电机切换方案，如图3-39所示。

1）选用大功率发电机减小对负载的瞬间干扰。

2）可考虑分散风险方案，按负载优先级增加自动切换开关数量，将每一自动切换设备设定不同的延时时间段，排定切换顺序。

3）停电时由自动切换开关发出起动信号起动备用发电机。

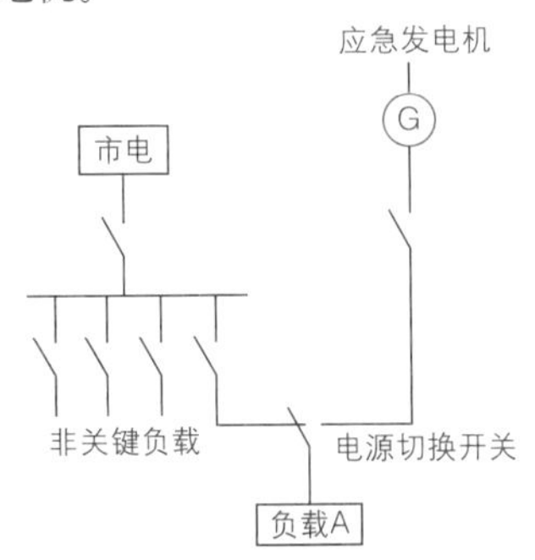

图3-39 单一市电与单一备用发电机切换

4）切换开关自动侦测备用发电机端电压及频率，达到额定值后自动切换至发电机端。

5）市电复电稳定后，切换开关自动回切至市电侧。

6）可由自动切换开关发送停止信号，使备用发电机经冷车运转后停机。

（2）单一市电与多台备用发电机切换方案，如图3-40所示。

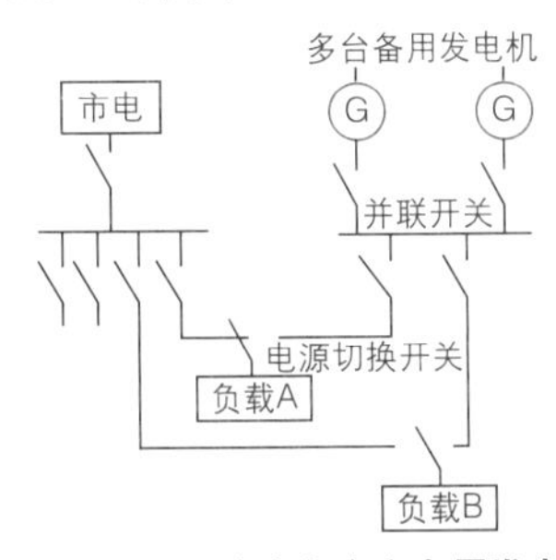

图3-40 单一市电与多台备用发电机切换

1）多台发电机并联且结合多台ATS之应用以提高紧急电力供电可靠度。

2）依负载优先级将每一自动切换设备设定不同的延时排定切换顺序。

3）市电局部或全部停电时可由自动切换开关发送启动信号启动备用发电机。

4）切换开关自动侦测备用发电机端电压及频率，达到额定值后自动切换至发电机端。

5）市电复电稳定后切换开关自动回切至市电侧。

6）可由自动切换开关发送停止信号使备用发电机经冷车运转后停机。

（3）两路市电与单一备用发电机切换方案，如图3-41所示。

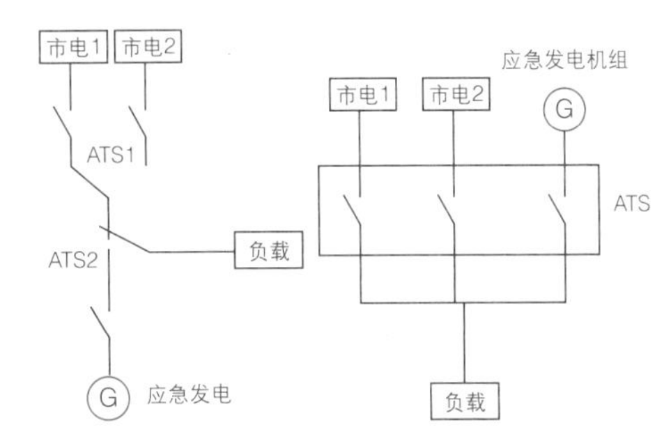

图3-41 两路市电与单一备用发电机的切换

1）选用较大输出功率发电机减小对负载的瞬间干扰。

2）利用两台PC级自动切换开关达到三电源之切换，或者选用单台具备三选一功能的CB级自动切换开关打到三电源切换。

3）可考虑分散风险依负载优先级增加自动切换开关数量，将每一自动切换设备设定不同的延时排定切换顺序。

4）两路市电的优先级高于发电机，当任一路市电失电时由另一路市电继续供电，只有全部市电停电后再起动发电机，该种供电方式也适合应用于两路市电与并联发电机组作为备用电源的供电方案，如图3-42所示。

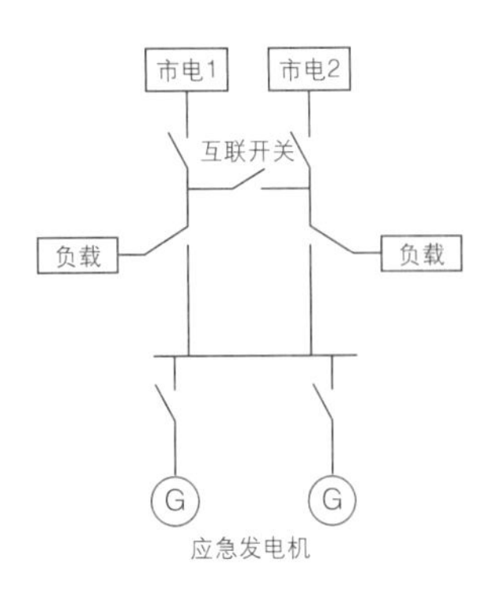

图3-42 两路市电与并联备用发电机的切换

（4）两路市电与多台备用发电机切换方案，如图3-42所示。

1）两路市电间以开关互连，达到两路市电互为备用的目的。

2）任一市电可供电时，不起动发电机，ATS不切换。

3）两路市电均停电时才起动发电机，依负载优先级切换至发电机端。

4）任一市电复电稳定后，切换开关自动回切至市电侧。

5）自动切换开关发送停止信号使备用发电机经冷车运转后停机。

3.4.5 数据中心UPS输出终端配电和机架配电

数据中心UPS输出终端配电和机架配电系统是数据中心低压配电系统的重要组成部分。从工程实践上看，该部分的建设方式和建设理念与UPS系统之前的低压配电系统有着很大的差异，而这种差异正好是由数据中心独特的需求所决定的。

数据中心UPS输出配电及机架配电在数据中心供配电系统中的位置，如图3-43所示。

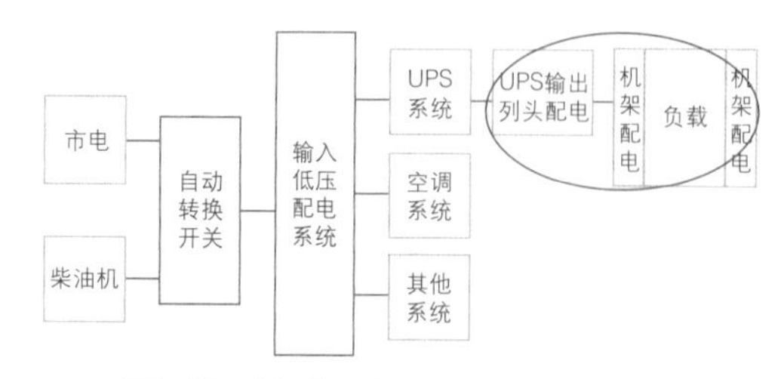

图3-43 数据中心供配电系统示意方框图

一、UPS输出配电

数据中心对供电系统的可靠性及可管理性要求越来越高。IT用户需要对信息设备的供电系统进行更可靠与更灵活的配电，更精细化的管理，更准确的成本消耗等。列头配电柜不但完成传统的电源列头柜的配电功能，同时还应该具有许多强大的监控管理功能，使得数据中心的管理者随时可以了解负载机柜的加载情况、各配电分支回路的状态、各种参数以及不同机群的电量消耗等。

（1）安全管理功能。全面的电源管理功能，将配电系统完全纳入机房监控系统，监测内容丰富。对配电汇流排可以监测三相输入电压、电流、频率、总功率、有功功率、功率因数、谐波百分比及负载百分比等，同时还可以监测所有回路（包括每一个输出支路）断路器电流、开关状态和运行负载率等。

（2）运营成本管理功能。列头配电产品实时侦测每一服务器机架的运营成本，精确计算及测量每一服务器机柜、每一路开关的用电功率和用电量。通过后台监控系统可以分月度、季度、年度进行报表统计。

（3）纳入机房监控系统。列头配电产品应提供RS232 485或简单网络管理协议（SNMP）多种智能接口通信方式，可以纳入到机房监控系统中，其所有信息通过一个接口上传，系统更加可靠，节省监控投资。

（4）配电的灵活性。随着IT用户对配电可管理性的要求越来越高，列头配电产品应用的场合越来越多。列头配电产品应根据不同的场地需求，可选用单汇流排系统或者双汇流排系统。其支路断路器通常选用选择固定式断路器，也可以根据客户需求选用可热插拔断路器。支路断路器容量有16 A、25 A、32 A和63 A，单极或三极可选。

（5）零地电压要求。为了解决机房的零地电压问题，列头配电产品还可以内置隔离变压器，以符合GB 50174—2008零地电压小于2 V的要求。降低零地电压有很多措施，这些措施都可以不同程度地降低零地电压。如果要达到上面的要求，可靠的措施就是在IT负载前端加隔离变压器，并将隔离后的中性线接地。如果采用列头配电柜做电源列头柜，可以使IT负载输入端零地电压降低到小于0.5 V的水平，从而有效地保证IT负载的良好供电环境。

二、机架配电

数据中心机架配电系统基本上是以PDU（Power Distribution Unit）为主要载体。PDU，即电源分配单元，也叫电源分配管理器。顾名思义PDU应具备电源的分配或附加管理的功能。电源的分配是指电流及电压和接口的分配，电源管理是指开关控制（包括远程控制）、电路中的各种参数监视、线路切换、承载的限制、电源插口匹配安装、线缆的整理、空间的管理及电涌防护和极性检测。由于数据中心几乎所有的IT设备都放置在机柜内，所以，PDU作为机柜的必备附件也越来越受到相关各方的重视。PDU和普通插座的区别见表3-7。

表3-7 PDU和普通插座的区别

对比项目	普通插座特点	PDU产品特点
产品结构	简单、普通、固定式结构	模块化结构，可按客户需求量身定制
技术性能	功能单一	控制、保护、监测和分配等功能强大，输出可任意组合
内部连接	一般多为简单焊接	端子插接，螺纹端子固定，特殊焊接，环行接线等形式
输出方式	直接、平均输出	可奇/偶位、分组、特定分配等方式输出
负载能力	负载电流一般≤16 A	负载电流大，最大可达3×32 A以上
功率分配	功率平均分配	可按照技术需求逐位/组地进行负载功率分配
力学性能	机械强度一般，长度受限	机械强度高，不宜变形，长度可达2 m以上
安装方式	普通摆放或挂孔式	安装方式、方法和固定方向灵活多样

配置管理手段的PDU应用有增加的趋势，着重实现数据中心用电安全管理和运营管理的功能。通过对各种电气参数的个性化、精确化计量，不但可以实现对现有用电设备的实时管理，也可以清楚地知道现有机柜电源体系的安全边界在哪里，从而可以实现对机架用电的安全管理。此外，通过侦测每台IT设备的实时耗电，就可以得到数据中心的基于每一个细节的电能数据，从而可以实现对于机架乃至数据中心用电的运营管理。普通PDU和具备用电参数测量和网络监控功能的PDU如图3-44和图3-45所示。

图3-44 普通PDU

图3-45 具备用电参数测量和网络监控功能的PDU

3.4.6 数据中心供配电系统电力电缆

数据中心电力电缆的选择与设计是数据中心供配电系统建设的重要组成部分，不仅是因为数据中心电力电缆是数据中心供配电系统各设备的连接路由，而且电力电缆和数据中心的安全防火密切相关。

一、数据中心电缆综述

（一）电缆的性能特征

（1）阻燃（Flame Propagation）。低烟无卤线缆达到低烟雾无卤素要求的同时，也必须达到较好的阻燃等级。IEC 60332—1和IEC 60332—2分别用来评定单根线缆按倾斜和垂直布放时的阻燃能力。IEC 60332—3用来评定成束线缆垂直燃烧时的阻燃能力，相比之下成束线缆垂直燃烧时在阻燃能力的要求上要高得多。IEC 60332—3有A类、B类、C类和D类之分，进一步评定阻燃性能优劣。IEC 60332—3A阻燃性能最好，在垂直燃烧40min条件下燃烧不起来。

（2）耐火（Fire Resistance）。在规定的火

源和时间下燃烧时，能持续地在指定状态下运行的能力，即保持线路完整性的能力。

因此，数据中心用户在选择低烟无卤线缆的时候一定要遵循国际电工委员会IEC颁布的标准：IEC 61034、IEC 60754和IEC 60332—3，要求线缆厂商提供符合以上标准的低烟无卤线缆，帮助用户实现理想防火阻燃级别的数据中心。

（二）关于阻燃和耐火标准

(1) 阻燃的要求，为两个层面。

第一层：阻燃电缆首先要满足的是单根阻燃性能要求，见表3-8。

表3-8 单根阻燃性能要求

代号	试验外径 *D*/mm	供火时间/s	合格指标	试验方法
Z	*D*≤25 25≤*D*≤50 50<*D*≤75 *D*>75	60 120 240 480	试样烧焦应不超上距夹具下缘540 mm的范围之外	GB/T 18380.1 GB/T 18380.2

第二层：阻燃电缆在满足单根阻燃性能要求下，还有一个多根电缆成束安装情况下的阻燃标准要求，这个标准就是通常所说的阻燃A类、阻燃B类、阻燃C类和阻燃D类，见表3-9。

根据GB/T 18380.3—2001，如果单根电缆仅满足了第一层阻燃的基本要求，其在成束的安装场合下未必有同样的表现，因为火焰沿着成束电缆的蔓延燃烧还受到多种因素的影响。因此阻燃电缆分A、B、C、D类主要是用来评价成束电缆在规定条件下抑制火焰蔓延的能力，其与电缆的用途即电缆、通信等无关。从标准也能看出，阻燃ZA的等级最高，因为排列的根束最多，非金属材料也最多。对于数据中心机房，电缆在桥架上层层叠放，同一桥架上安装的电缆根数极多，因此要求阻燃电缆的选型要满足阻燃A型，这是阻燃的最高等级要求，因此在信息产业部的通信行业标准TD/T1173—2001《通信电源用阻燃耐火软电缆》之5.9.3有如下规定："阻燃型电缆应经受GB/T 18301.3中A类的成束燃烧试验。"表明通信机房内的电缆选型在一般情况下应选择阻燃ZA型号的电缆。

(2) 耐火电缆性能指标。

阻燃电缆和耐火电缆遵循的是完全不同的指标体系。电缆阻燃的标准关注点为电缆在燃烧条件下抑制火焰蔓延的能力，而电缆耐火的标准强调的是电缆在火焰条件下燃烧而要求保持线路完整性的试验步骤和性能要求，包括推荐的供火时间，该标准强调的是电缆在火焰条件下保持负载正常工作。通俗地讲就是，万一失火，电缆不会一下就燃烧，回路比较安全。因此耐火电缆与阻燃电缆的主要区别是：耐火电缆在火灾发生时能维持一段时间的正常供电，而阻燃电缆不具备这个特性。耐火电缆试验合格标准的重要判据如下：

• 保持电压，即没有一个熔断器或断路器断开。

• 导体不断，即灯泡一个也不熄灭。

耐火性能要求见表3-10。

普通耐火电缆分为A类和B类：B类电缆在

表3-9 多根电缆成束阻燃性能要求

代号	试样非金属材料体积*L*/m	供火时间/s	合格指标	试验方法
ZA	7	40	试样上炭化的长度最大不应超过距喷嘴底边向上2.5 m；停止供火后试样上的有焰燃烧时间不应超过1 h	GB/T 18380.3 IEC 60332—3—25
ZB	3.5	40		
ZC	1.5	20		
ZD	0.5	20		

注：GB/T 18380.3—2001《电缆在火焰条件下的燃烧试验第3部分：成束电线或电缆的燃烧试验方法》。

表3-10 耐火性能要求

代号	适用范围	供火时间＋冷却时间/mm	试验电压/V	合格指标	试验方法
N	0.6/1.0 kV及以下电缆	90＋15	额定值	• 2 A熔断器不断 • 指示灯亮	GB/T 19216.21
	数据电缆	90＋15	相对地：110±10	• 2 A熔断器不断 • 指示灯亮	GB/T 19216.23

注：供火温度为（750＋50/0）℃。

750～800 ℃的火焰中和额定电压下耐受燃烧至少90 min而电缆不被击穿。A类耐火电缆在950～1 000 ℃的火焰中和额定电压下耐受燃烧至少90 min，而电缆能够维持正常工作。A类耐火电缆的耐火性能优于B类。

（3）无（低）卤低烟阻燃电缆。

普通的电线电缆护套料大多采用塑料和橡胶做材料，这些材料极易燃烧，电线电缆常因为自身在传输电能过程中发热或外部明火而燃烧引起火灾蔓延。为了改善电线电缆的阻燃性能，一般采用PVC材料或聚烯烃中添加含有卤素类的阻燃剂。但是此种电缆在发生火灾燃烧时释放出大量的剧毒、有腐蚀性的卤化氢气体和大量的烟雾，容易使人窒息而死，同时对仪器设备造成很大的腐蚀，并且给救援工作带来很大的困难。大量的火灾分析表明：有毒烟雾致死人命的比例远高于高温灼烧致死的比例。

而无卤低烟电缆的力学性能比普通电缆稍差，这是由于加入一些特殊的添加剂所致，无卤低烟电缆阻燃电缆的绝缘层、护套、外护层以及辅助材料（包带及填充）全部或部分采用的是不含卤的交联聚乙烯（XLPE）阻燃材料，不仅具有更好的阻燃特性，而且在电缆燃烧时没有卤酸气体放出，电缆的发烟量也小，见表3-11和表3-12。

表3-11 无卤特性要求

代号	无卤（低腐蚀性）		试验标准
	pH加权值	电导率加权值（μs/mm）	
W	≥4.3	≤10	GB/T 17650.2

表3-12 低烟特性要求

代号	试样外径 d/mm	试样数 /根	最小透光率（%）	试验标准
D	＞40	1	≥60	GB/T 17651.2
	20～40	2		
	10～20	3		
	5～10	45		
	2～5	45/3d		

二、数据中心电缆选择与计算

（一）直流供电回路电力线的选择与计算

根据直流供电系统各段导线所起的作用不同，可分为充电线、放电线和供电线。其中，整流器经直流屏到蓄电池的导线称为充电线，蓄电池组经直流屏到通信设备的导线称为放电线，整流器经直流屏到通信设备的导线称为供电线。在通信电源直流供电系统中，一般不单设充电线，而是充电线与放电线合为一体。因此，供电线就泛指直流供电系统中的全部电力线了，供电线中一般分系统单独布设。

（1）直流供电回路电力线的组成。

数据中心直流供电回路的电力线主要分布在蓄电池组至UPS主机、电池之间的连接、少部分的交换或传输设备、直流配电设备至中压控制及信号设备的电力线等地方。

上述各段导线中，直流配电设备至中压控制及信号设备的电力线，应按额定电流选择，并在必要时按额定电压降校验；直流屏内浮充用整流器至尾电池的导线（在直流屏内部的部分），应按额定电流选择，并按机械强度校验；整流器至直流配电屏的导线，一般应按额定电流选择，但在该段导线使用汇流排时，可按机械强度选择，而按额定电流校验。其余部分的导线，均应按蓄电池至用电设备的额定电压降选择。按导线的长期额定电流选择导线时，要根据导线可能承担的最大电流，对照导线额定载流量在敷设条件下的修正值，来确定导线截面，具体计算可参见电缆厂家给出的对应型号交流导线载流量表进行选择。

（2）直流供电回路电力线的截面计算

根据额定电压降计算选择直流供电回路电力线的截面，一般有三种方法，即电流矩法、固定分配压降法和最小金属用量法，最常用的方法为电流矩法。

采用电流矩法计算导体截面积，是按额定电压降来选择导线的方法。它以欧姆定律为依据。在直流供电回路中，某段导线通过最大电流I时，根据欧姆定律，该段导线上由于直流电阻造成的压降可按下式计算

$$S=\Sigma IL/(\Delta\mu K)$$

式中 ΣI——流过导线总电流，单位为A；

L——导线回路长度，即单向路由距离×2，单位为m；

$\Delta\mu$——导线额定电压，单位为V，一般小于1 V；

K——导电系数，$K_{铜}=57$，$K_{铝}=34$。

此外，还可按其他方法进行校验。

（二）交流电力线的选择与计算

选择交流电缆截面积，应符合下列要求。

（1）线路电压损失应满足用电设备正常工作及起动电压的要求。

（2）按敷设方式及环境条件确定的导体载流量，不应小于计算电流。

（3）导体应满足动稳定与热稳定的要求；

（4）在三相四线制配电系统中，中性线（以下简称N线）的额定载流量不应小于线路中最大不平衡负载电流，且应计入谐波电流的影响，一般N线截面积≥1.5倍相线。

（5）采用单芯导线作保护中性线（以下简称PEN线）干线，当截面积为铜材时，不应小于10 mm^2；采用多芯电缆的芯线作PEN线干线，其截面积不应小于4 mm^2。

（6）当保护线（以简称PE线）所用材质与相线相同时，PE线最小截面积应符合表3-13的规定，保护接地线的截面积亦按表3-13选取（见GB 50127—2007第3.7.10节）。

表3-13 PE线最小截面积与相线芯线截面积之间的关系（单位：mm^2）

相线芯线截面积S	PE线最小截面积
$S\leqslant16$	S
$16<S\leqslant35$	16
$35<S\leqslant400$	$S/2$
$400<S\leqslant800$	200
$800<S$	$S/4$

注：1. 安全接地线是同机壳相连的安全接地线。
2. 安全接地线截面积应当为相线电缆截面积的0.5～1.0倍，但截面积不小于6 mm^2。

常用电缆截面积选择方法是按长期额定电流（即按发热情况）选择电缆。

各类电缆通过电流时，由于导线电阻功率损耗发热，温度升高。导线温升过高，将会促使绝缘加速老化，造成绝缘破坏、起火；同时，也会使导体变软，机械强度降低，接头处氧化加剧，接触电阻增大。因此，各制造厂商对各种导线连续发热的额定温升都做出了明确规定，并且根据散热条件制定了各类导线的持续额定电流及各种敷设条件下的修正系数。因此，按发热情况选择导线截面积应满足

$$KI\geqslant I_{js}$$

式中 I_{js}——最大计算负载电流，单位为A；

I——考虑标准敷设条件（空气温度25 ℃，土壤温度为15℃）及导线额定温升而制定的导线持续额定电流，单位为A；

K——考虑不同敷设条件的修正系数，$K=K_tK_1K_2$

其中 K_t——温度校正系数；

K_1——电缆直埋地敷设多根并列校正系数；

K_2——电缆穿管多根并列在空气中敷设校正系数。

此外，还可按电压损失选择、机械强度选择、经济电流选择电缆截面积等方法进行校验。

3.4.7 数据中心供配电汇流排槽系统

数据中心供配电汇流排槽系统的选择与设计是数据中心供配电系统建设的重要组成部分，不仅是因为数据中心汇流排槽是数据中心供应电力至各设备的连接路由，而且也是提供灵活多变安全配用电的源头。

一、汇流排槽系统的性能特征

图3-46所示的汇流排槽系统由Power Feed电力供应箱（端口箱）、Housing Section汇流排槽主体（汇流排槽）、Plug-in Unit接插单元（接插箱）、Housing Coupler、Joint Kit 汇流排槽连接件 、End Cap，End Piece 终端盖、Support Hardware，Threaded Rod Hanger 悬挂或支撑件、Cover Strip-PVC Closure Strip防尘盖板，Installation Tool安装工具等等部件组成，以实现非常灵活的、新型的电力分配系统。

汇流排槽主要部件包括汇流排干线单元、分接单元和绝缘支撑件。操作方式和安装方式为即插即用方式。汇流排的连接方式为公母头直接插接，汇流排搭接方式需用专业的接插工具，汇流排槽类型为任意点即插即用的汇流排槽。

二、汇流排槽系统的工作原理

汇流排槽系统由合金金属外壳（复合结构型材）、铜合金导电排、绝缘材料及相关附件组件组成。它是通过三相五线制传导铜排将电力进行传送，通过专有的U形结构设计，将电力进行下行引出分配从而完成送配电工作；实现在汇流排槽U形传导铜排上任意位置、带电情况下的接插。根据需要任意接插16～63 A，三相或单相的IEC标准的接插箱，在一根汇流排槽上实现单相和三相电力的随需配置。

数据中心汇流排槽系统物理结构如图3-47所示。

三、典型汇流排槽系统参考指标

额定工作电压U_e为AC 415 V；额定绝缘电压U_i为AC 690 V；汇流排槽额定电流I_n分别为400 A、250 A、225 A、160 A和100 A；汇流排槽额定短时耐受电流I_{cw}为15.9 kA；分接单元额定电流I_n分别为64 A、32 A、25 A、20 A、16 A和15 A；分接单元额定分断能力I_{cc}为10 kA；外壳

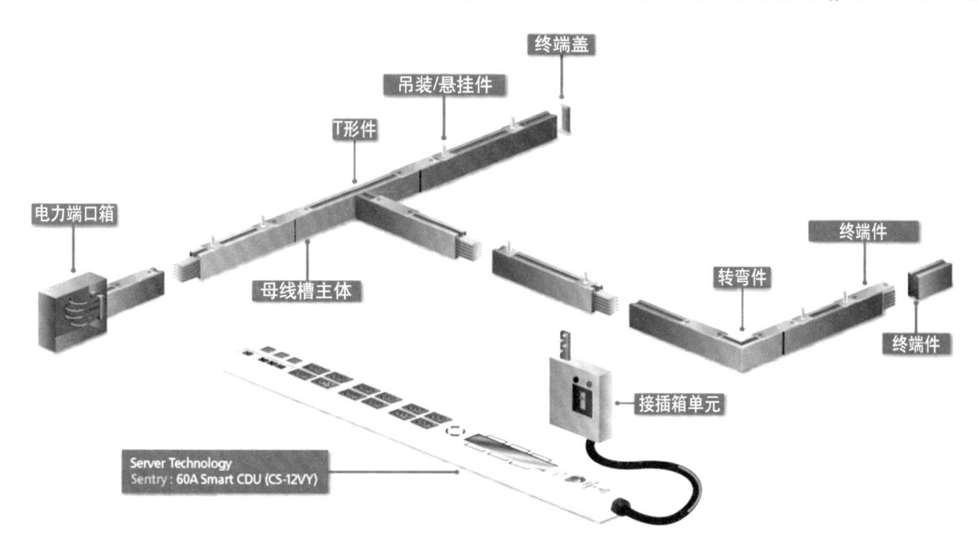

图3-46 数据中心汇流排槽系统

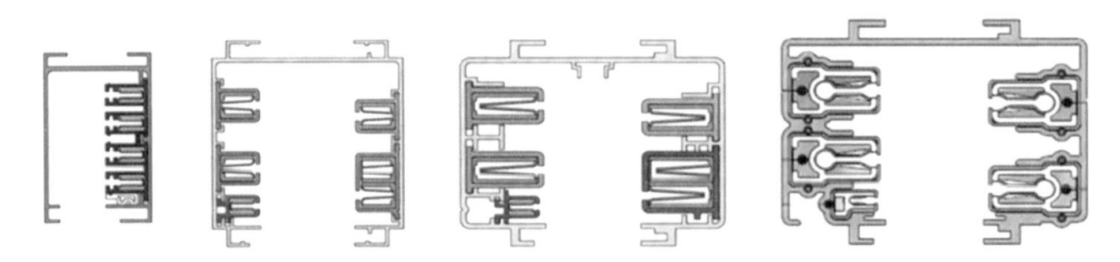

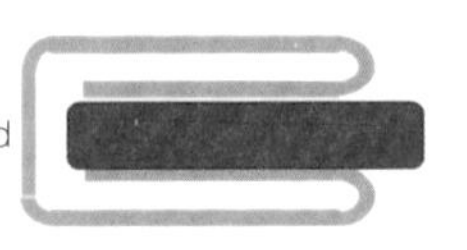

图3-47 数据中心汇流排槽系统物理结构

防护等级为IP32；频率为50 Hz。

四、汇流排槽系统的电力信号采集监控

汇流排槽系统支持一个集成的电力分配监控系统（CPM）、多种通信协议（包括Modbus RTU与Modbus TCP）和无线网络，可以无缝集成到建筑管理系统（BMS）或数据中心基础设施管理系统（DCIM）中，通过提供优化管理及效率所必需的关键信息，为数据中心电力分配系统的管理奠定基础。

电力信号采集与监控功能通过每个独立接插箱箱体上的RS 485接口、Internet接口或无线监控模块采集数据，经通用Modbus协议传输至上行端环控系统，从而彻底简化了监控过程。

在监控电力信息的同时，通过传感器监测到每个机柜内的温度和湿度，并与电力监控信息集成，通过统一的网关输出监控数据，实现对电力、环境数据的统一的、安全可靠的、可灵活扩展的监控。

无线监控模块不需要配置。每个模块的外壳上都有一个容易识别的、唯一的64位条形码的标志符。每个无线监控模块都发布独立的安全密匙，不能随意在网络上传输和提取。

无线监控模块可用于简单的电力监控，在120～240 V、单相和三相电源中，每一个插头和插座都适用。接插箱硬线缆和客户自定义配置等都可以使用。所有无线电力监控模块都通过欧洲安全认证。

汇流排槽系统无线电力监控网络具有高度灵活性和安全性。它是完全独立的，不受任何其他无线网络干扰或其他移动网络的影响，可以在独立机房模块内运行。它支持现有网络，成千上万个节点在单一的数据中心内运行。网络操作频率根据不同的地理位置设置。

汇流排槽系统的无线电力采集监控解决方案是动态的，并且使用专有算法，每一个数据包路由信息独立，不依赖静态的网络。因此，该系统可持续平稳运作，不受干扰。该网络支持自动负载均衡，通过多个网关与其他网关形成一个更好的带宽利用率和线性可扩展性。每个网关支持大约300个监控节点，每个模块内的网关安装没有数量限制。系统会自动使用所有可用的网关，为多个网关的安装提供重冗余设备。

五、汇流排槽系统的供电制式

汇流排槽系统的供电制式可分为交流汇流排槽系统和直流汇流排槽系统。

3.4.8 PUE与能源管理

一、PUE定义

PUE的定义为基础设施总耗能P_Z与IT设备耗能P_{IT}之间的比值，即

$$PUE = P_Z/P_{IT}$$

基础设施总耗能的定义是数据中心的耗能（如专用数据中心设施的电能表处或混合用途建筑物数据中心或机房的电能表处的耗能）。IT设备耗能的定义是用于计算空间内管理、处

理、存储或发送数据的设备耗能。

了解这些测量值的耗能组成非常重要，这是因为：

（1）IT设备耗能包括所有IT设备（如计算、存储和网络设备）以及附加设备（如KVM切换器、监视器以及用于监视或控制数据中心的工作站/笔记本电脑）的耗能。

（2）基础设施总耗能包括以上所有IT设备以及所有支持IT设备的耗能，如①供电系统组件，包括UPS系统、开关设备、发电机、配电单元（PDU）、电池，以及IT设备外部的配电损失；②散热系统组件，例如冷水机、冷却塔、泵、计算机机房空气处理装置（CRAH）、计算机机房空调装置（CRAC）以及直接膨胀空气处理（DX）装置；③其他组件负载，如数据中心照明。

PUE确定方法。①提高数据中心运行效率；②与类似的数据中心比较；③改进数据中心设计和流程；④更新其他IT设备；⑤新数据中心的设计目标。

PUE可以解释数据中心的能源分配。例如，PUE＝3.0表明数据中心的总耗能是IT设备耗能的三倍。此外，PUE可以用作乘数，有助于了解IT组件能源使用情况。

在图3-48中，在电能表处或附近测量基础设施总耗能，可以准确反映数据中心的电能。该测量结果应代表数据中心内的总耗能。

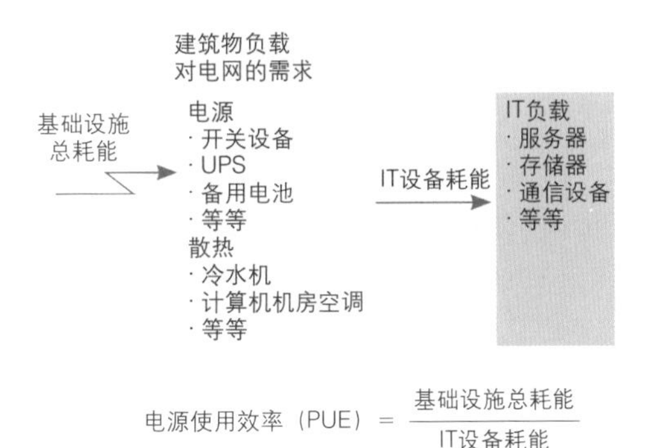

图3-48 在数据中心内计算PUE的示意图

数据中心基础设施的电能表数据包含了未用于数据中心的电能，导致PUE指标不准确。此时，应减去非数据中心办公区使用的能源，而得出准确的PUE。

在所有设施的电力转换、开关和调节后并且在IT设备使用电能前测量IT设备耗能。最可行的测量点位于计算机机房配电单元的输出处，该测量结果应代表供应给数据中心内的计算设备机架的总耗能。

PUE数值范围是1.0至无穷大。在理想情况下，PUE值达到1.0，表明效率达到100%（即所有能源被IT设备使用）。目前没有给出数据中心PUE真正范围的综合数据集合。一些研究表明许多数据中心的PUE达到3.0或以上，但是通过合理的设计，PUE应该达到1.6（或更佳水平）。劳伦斯伯克利国家实验室完成的测量结果为这一观点提供了支持，该结果表明所测量的22个数据中心的PUE值范围在1.3～3.0。

PUE指标与数据中心的基础设施相关。PUE既不是数据中心的生产力指标，也不是独立的综合效率指标。PUE表达了基础设施总耗能和IT设备耗能之间的关系。适当情况下，PUE为高效电力和散热的架构设计，以及这些架构中的设备部署和设备的日常运行均提供了强有力的指导作者。当考察数据中心对基础设施运行变化的响应时，PUE的变化才最具有意义。

二、PUE测量

测量PUE的三级方法，包括基本、中级和高级测量，见表3-14。图3-49所示为典型的数据中心，其中表3-14中所列出的建议PUE测量级别而确定的测量点。这些点由图3-49中电能表指示，上面带有第1～第3级（L_1～L_3）标签。

本书建议设其他测量点，以便深入了解数据中心基础设施的能源效率。监控各种制冷单元和电气组件，为深入了解大型耗能设备以及如何提高运行效率（如冷水机、泵、冷却塔、

表3-14 The Green Grid的PUE三级测量方法的高级分类

项目	第1级（L_1）初级（基本级）	第2级（L_2）中级	第3级（L_3）高级
IT设备耗能	UPS输出	PDU输出	IT设备输入
基础设施总耗能	电网输入	电网输入	电网输入
测量周期	每月/每周	每天/每小时	连续（15 min或更短）

注：如要报告第1级、第2级或第3级，必须使用该级别的所需测量位置。例如，必须在PDU输出和电网输入处执行第2级测量。使用电能测量时需报告某一级别，也要明确“测量周期”。

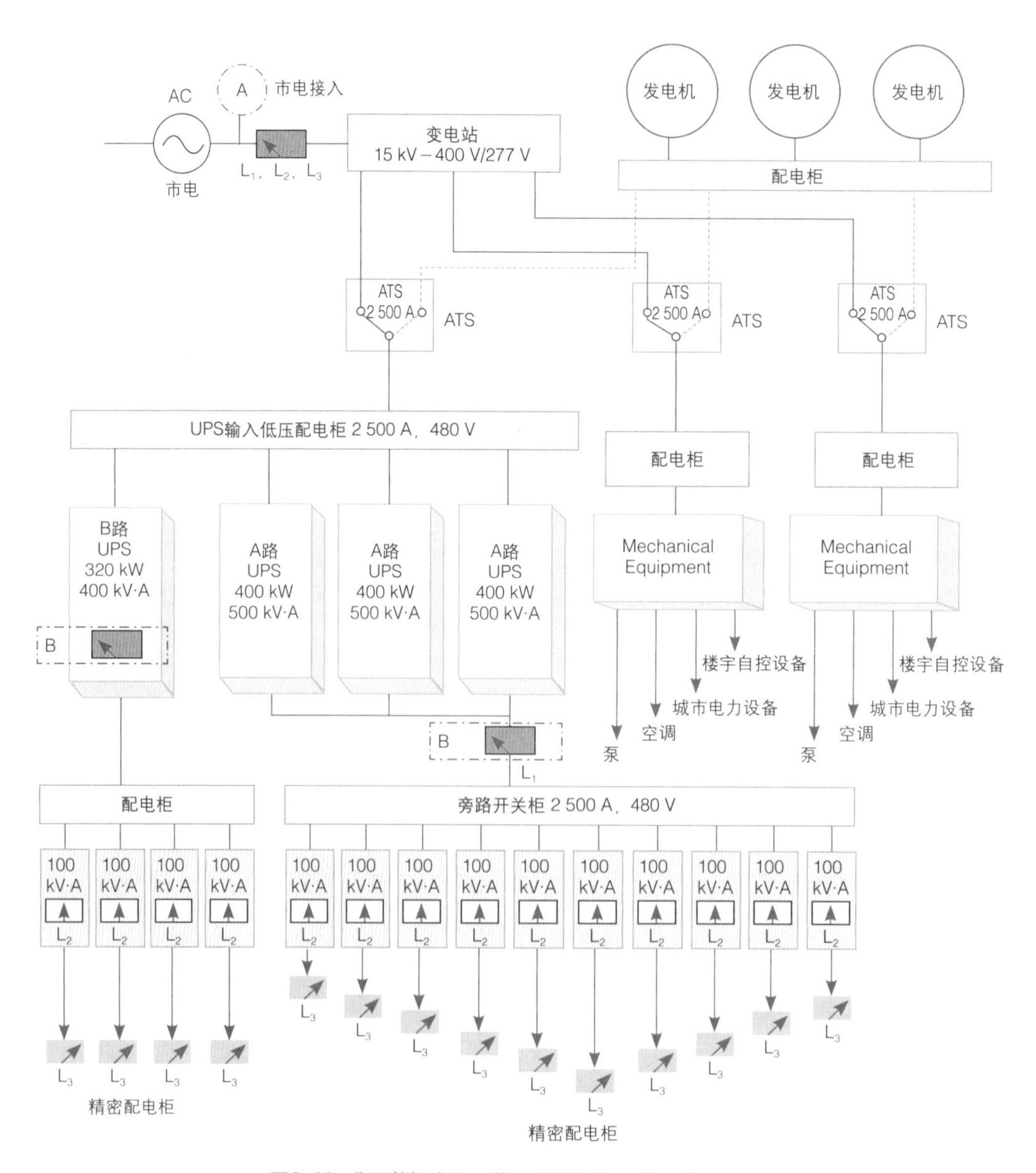

图3-49 典型数据中心三种PUE测量级别的示意图

配电单元和开关设备等）提供依据。

第1级。在UPS设备输出处测量IT负载，经UPS前面板、UPS输出的电能表以及公共UPS输出总线的单一电能表（对于多个UPS模块而言）读取。通过数据中心供电、散热、调节温度的电气和制冷设备供电的电网入口处测量进入数据中心的总能量。基本监控要求每月至少采集一次电能测量，测量过程中通常需要一些人工参与。

第2级。通常在数据中心配电单元前面板或配电单元变压器二次侧的电能表读取，也可以进行单独的支路测量。从数据中心的电网入口处测量总能量，要求每天至少采集一次电能测量。与第1级相比，人工参与较少，以电子形式采集数据为主，可以实时记录数据，预判未来的趋势走向。

第3级。通过监控带电能表的机架配电单元（即机架式电源插排）或IT设备，测量数据中心内的每台IT设备负载（应扣除非IT负载）。在数据中心供电的电网入口处测量总能量，要求至少每隔15 min采集一次电能数据。在采集和记录数据时不应该有人工参与，通过自动化系统实时采集数据，并支持广泛数据存储和趋势分析。所面临的挑战是以简单的方式采集数据，满足各种需求，最终获取数据中心的各种能量数据。

对于第1级和第2级测量流程，建议在一天的相同时间段测量，此时数据中心的负载尽量与上次测量保持一致。进行每周对比时，规定测量时间（例如每周三）应该保持不变。

PUE可以使用能量（千瓦时）加功率（千瓦）计算，这样能量测量更加准确。因为功率测量仅为抽样测量时间点的能量流，而能量测量则为一段时间内的功率流。首次PUE估算通常使用功率取样，而能量取样可以更精确地反映长期能源，现在成为行业首选。大部分监控系统可以自动配置能量报告。

三、数据中心能源管理系统

（一）通过数据中心能源管理系统，所达到的目的

（1）完善数据中心能源信息的采集、存储与管理，获得第一手的数据中心运行工艺数据，实时掌握系统运行情况，确保系统尽可能运行在最佳状态。

（2）建立客观的能源消耗评价体系，有效实施以具体数据为依据的客观的能源消耗评价体系和绩效考核，减少能源管理的成本，提高能源管理的效率；通过真实的能耗特别是IT设备的能源消耗比率，提出节能降耗措施，向能源管理要效益。

（3）加快数据中心能源系统的故障和异常情况处理能力，提高对数据中心能源事故的反应能力；从全局的角度了解系统的运行状况，及时发现危机信息与故障点，以便及时采取措施进行调整，降低IT设备停机的可能，使能源的合理利用达到一个新的水平。

（二）能源管理系统功能概述

通过数据中心能源管理系统对数据中心整体与各个局部能耗信息完成各种数据的采集、监视、技术分析、日报、月报、年报统计和报表输出等功能；也可延伸出数据中心内部的容量管理、变更与管理等方面的派生功能。

能源管理系统实现的功能：

（1）数据采集系统。数据中心各个环节的能源数据通过各种采集方式进入能源管理系统，实现能源管理系统的监视、报警、数据分析与计算、历史数据的统计等用途。

（2）监控系统。通过数据中心能源管理系统显示界面的能源数据，实现能源消耗监视、系统故障报警和分析；并在突发事件期间实施能源应急调度策略，确保数据中心安全稳定运行，达到节能增效的目的。

（3）能源管理。数据中心能源管理系统将采集的数据进行归纳、分析和整理，实现包括

总体能源利用水平分析、局部子系统（甚至单个IT机架或更微观的）能源利用水平分析、能源质量管理、总体与局部子系统的能源成本费用管理、能源需求预测分析，并且形成各种形式的能源管理报表。

3.5 数据中心UPS系统

UPS（Uninterruptible Power System）为不间断供电系统，UPS的设计和选型对于数据中心供电系统的建设具有核心的意义。

3.5.1 UPS分类及定义

根据国家标准GB 07260—2003《不间断电源设备 第3部分：确定性能的方法和试验要求》的附录B定义，将UPS运行分为双变换运行、互动运行和后备运行等三类运行方式，即UPS行业广为熟悉的双变换UPS、互动UPS及后备UPS等三种。GB 07260等同国际电联标准IEC 62040，也等同欧洲标准EN 62040—2001。

（一）双变换UPS

GB 07260—2003定义为“在正常运行方式下，由整流器/逆变器组合连续地向负载供电。当交流输入供电超出了UPS预定允差，UPS单元转入储能供电运行方式，由蓄电池/逆变器组合在储能供电时间内，或者在交流输入电源恢复到UPS设计的允差之前（按两者之较短时间），连续向负载供电。”

同时国标强调，避免使用“在线”一词，防止定义混淆，而只使用术语“双变换”。

（二） 互动UPS

GB 07260—2003定义为：“在正常运行方式下，由合适的电源通过并联的交流输入和UPS逆变器向负载供电。”该标准特别强调：“逆变器或者电源接口的操作是为了调节输出电压和/或给蓄电池充电；UPS输出频率取决于交流输入频率。”

（三） 后备UPS

GB 07260—2003定义为：“在正常运行方式下，负载由交流输入电源的主电源经由UPS开关供电。可能需结合附加设备（例如铁磁谐振变压器或者自动抽头切换变压器）对供电进行调节。这种UPS通常称为‘离线UPS’”。

3.5.2 三种类型UPS原理及特点

一、后备式UPS

后备式UPS电源的功率变换主回路的构成比较简单：市电正常时，UPS一方面通过滤波电路向用电设备供电，另一方面通过充电回路给后备电池充电。当电池充满时，充电回路停止工作， UPS的逆变电路不工作；市电停电时，逆变电路开始工作，后备电池放电，在一定时间内维持UPS的输出。UPS主要由充电器、逆变器、输出转换开关和自动电压调压等部分构成，如图3-50所示。

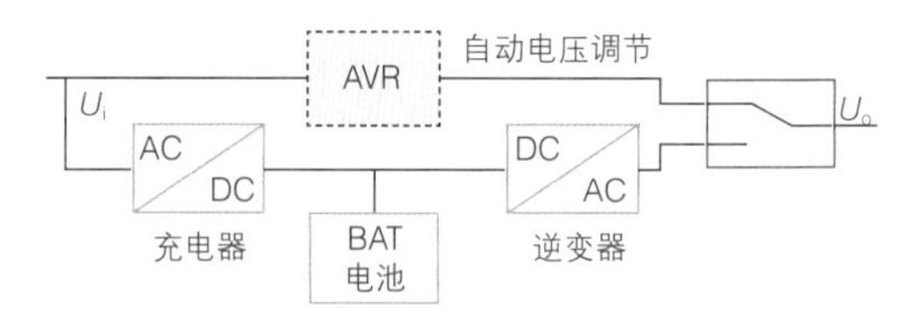

图3-50 后备式UPS原理框图

充电器。市电存在时，对蓄电池充电，如果是长延时UPS，就要求它有较强的充电能力，或者外加相应容量的充电器。

DC-AC逆变器。市电存在时，逆变器不工作；市电掉电时，由它将直流电压（电池供给）变成符合负载要求的交流电压，电压波形有方波、准方波和正弦波三种形式。

输出转换开关。市电存在时，接通输入电源向负载供电；市电掉电时，断开电网，接通逆变器，继续向负载供电。

自动电压调压。实质上是一个变压器装置，可自动进行升压和降压。因此可以拓宽UPS在市电状态下的工作范围，通常以可选件的形式存在。

后备式UPS的性能特点：

（1）当市电正常且输出带载时，效率高，

达98%以上。

（2）当市电正常且输出带载时，输入功率因数和输入电流谐波取决于负载电流。

（3）当市电存在时，输出电压稳定精度差，但能满足负载要求。

（4）市电掉电时，输出转换时间一般可做到4～10 ms，足以满足普通负载要求；但对于服务器等用电设备存在一定的风险。

（5）市电掉电时，后备时间一般为分钟级。

（6）整机抗干扰能力较差。

（7）电路简单，成本低，可靠性高。

（8）受需求和技术的限制，目前后备式UPS电能多在2 kV·A以下。

二、互动式UPS

（一）双向变换器式UPS，如图3-51所示。

市电正常时，交流电通过工频变压器直接输送给负载；当市电在150～276 V时，UPS通过逻辑控制，继电器动作，控制工频变压器抽头升压或降压后向负载供电。若市电低于150 V或高于276 V，由UPS电池向负载供电。在市电在150～276 V之间时，身兼充电器/逆变器的变换器同时还给电池充电，处于热备份状态；一旦市电异常，马上就转换为逆变状态，为负载供电。

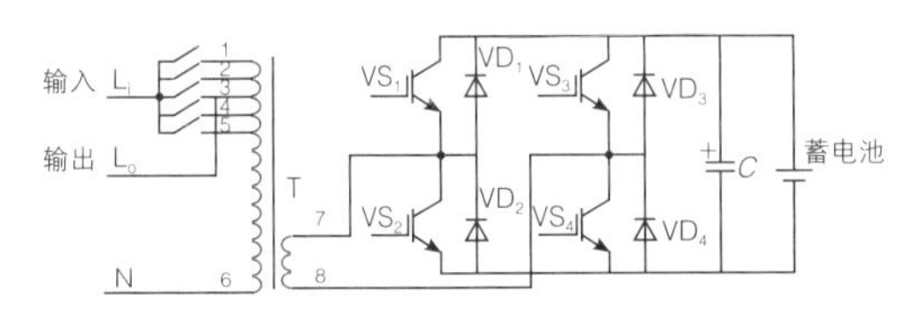

图3-51 双向变换器UPS原理图

双向变换器式UPS与后备式UPS的区别是“双向变换器”：当市电存在时，“双向变换器”的工作状态是AC-DC，给电池充电并浮充；市电掉电后，其工作状态为DC-AC，由电池供电，保持UPS继续向负载供电。变换器时刻处于热备份状态，市电/逆变切换时间比后备式要短，同时兼顾了对电池充电的功能，提高了后备式UPS的功率容量，减小了市电掉电时的转换时间，提高了对输出电压的滤波作用。

双向变换器式UPS性能特点是：

（1）当市电正常时，效率高达98%以上。

（2）当市电存在时，输入功率因数和输入电流谐波成分取决于负载电流。

（3）市电掉电时，因为输入开关存在开断时间，至使UPS输出仍有转换时间，但比后备式要小。

（4）市电存在时，输出电压稳定精度差。

（5）市电存在时，因为逆变器直接接在输出端，并且处在热备份状况，对输出电压尖峰干扰有滤波作用。

（6）充电器/逆变器共用使电路更简单，成本低，可靠性高。

（7）逆变器同时有充电功能，省掉了后备式UPS的附加充电器，其充电能力要比附加充电器强的多，当要求长延时供电时，无须再增加机外充电设备。

此外，业界还有一种设计十分独特的UPS，把交流稳压技术中的电压补偿原理用到了UPS的主电路中，一般称之为Dalta变换式UPS。

（二）Dalta变换式UPS

Delta变换式（见图3-52）UPS实际相当于一台串联调控型的交流稳压电源，它的主要功能是对市电进行稳压处理，将原来不稳定普通市电电源变成电压稳压精度为380（1±1%）V的交流稳压电源。其控制原理与利用“伺服电动机”调节电刷的位置来进行“电压补偿”的“全自动补偿方式”交流稳压电源的控制原理相同。其重大改进是采用高频脉宽调制技术和利用双向能量传递特性的“四象限”变换器（Detla变换器和主输出变换器）来取代易于产生机械磨损的伺服电动机和电刷调节系统。

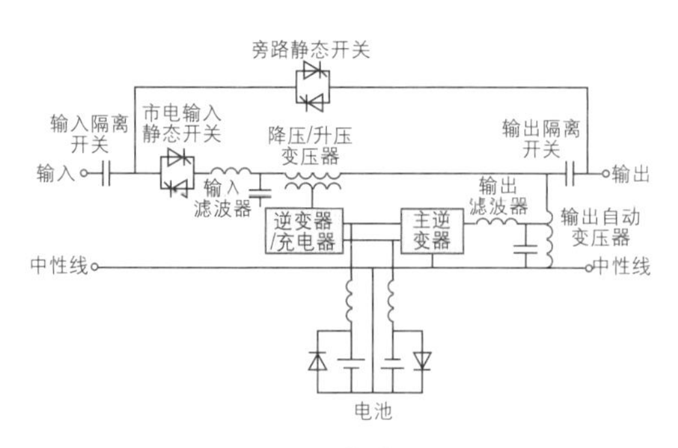

图3-52 Dalta变换式UPS原理图

Delta 逆变器（图3-52中逆变器/充电器）。是一组DC-AC和AC-DC双向逆变器，其输出变压器（高频）二次侧串联在UPS主电路中，有三个功能：①对UPS输入端进行输入功率因数补偿，并抑制输入电流谐波；②与主逆变器一起，完成对输入电压的补偿，当输入电压高于输出电压额定值时，Delta逆变器吸收功率，反极性补偿输入输出电压的差值，当输入电压低于输出电压额定值时，Delta逆变器输出功率，正极性补偿输入输出电压的差值；③与主逆变器一起，完成对电池的充电和浮充功能。

主逆变器。同样是DC-AC和AC-DC双向逆变器，它有四个功能：①同Delta 逆变器一起，完成对输入输出电压差值的补偿；②同Delta逆变器一起，完成对电池的充电和电压浮充功能；③随时监测输出电压，保证输出电压的稳定，对输出电压波形失真和输出电流谐波成分进行补偿，使其不对电网产生影响；④当市电掉电时，全部输出功率由主逆变器给出，并且保证输出电压不间断，转换时间为零。

Dalta变换式UPS的性能特点如下：

（1）因为主逆变器随时监视控制输出电压，并通过Delta逆变器参与主回路电压的调整，所以不管市电有无，都可以向负载提供高质量的电源，主要电气指标在稳态时比较好。

（2）市电掉电时，输出电压不受响应，没有转换时间。并且当负载电流发生畸变时，也由主逆变器调整补偿掉。

（3）当市电存在时，Delta逆变器和主逆变器只对输入电压与输出电压的差值进行调整和补偿，逆变器承担的最大功率（当输入电压处于上限和下限时）仅为输出功率的20%（相当于输入电压变化范围），所以功率强度很小（1/5），功率余量大，这就大大增强了UPS的输出能力。

（4）Delta 逆变器同时完成了对输入端的功率因数校正功能，使输入功率因数等于1，输入谐波电流降到3%以下。在市电存在时，由于两个逆变器承担的最大功率仅为输出功率的1/5，所以整机效率据称在很大的功率范围内都可达到96%。

（5）无法对频率和相位进行补偿，因此严格说来该型UPS不是VFI型（电压频率独立）供电设备。

（6）无法完全隔离市电，从而无法从根本上解决市电上的谐波污染，如频率异常、浪涌和噪声等，将直接输入到重要负载。

（7）该型UPS对稳态的市电异常补偿十分精确，但对偶发的市电异常（比如“瞬态过压”或“频率突变”）可能会出现严重的工作异常。

（8）电路和控制系统复杂，工况众多，可靠性一般。

（三）飞轮UPS

飞轮UPS（见图3-53）利用飞轮转子旋转储存能量，可在需要时将动能转化成电能输出，提供电力供应。主要特点如下：

（1）以机械储能代替化学储能。

（2）市电正常时，逆变器随时监视控制输出状态，逆变器参与主回路的电压调整，随时向负载提供高质量的电源。

（3）逆变器对输入功率因数进行校正，使功率因数接近于1。

（4）后备时间短（通常不大于1 min），建

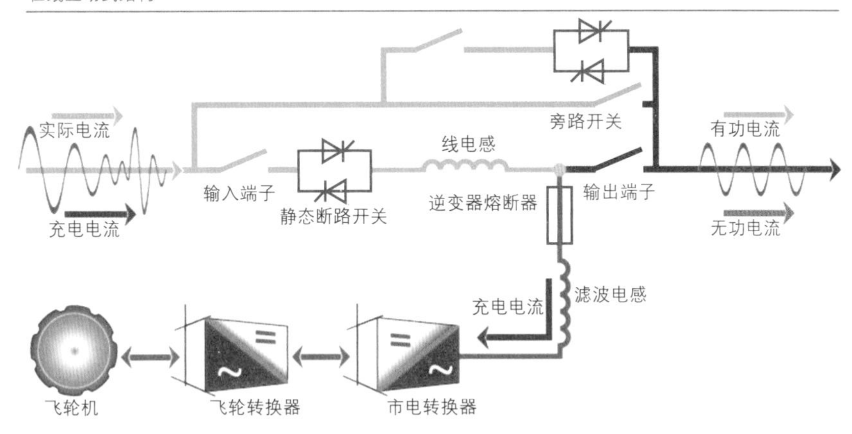

图3-53 飞轮UPS原理图

设及维护成本高。

通过分析上述两种类型的UPS可以发现，如果严格按照GB 07260.3—2003/ IEC 62040-3—1999对UPS类型的定义，双向变换器式UPS应该划入后备式UPS一类，而Dalta变换式UPS及飞轮UPS才是互动式UPS。

（四）双变换式UPS

在图3-54中，市电正常供电时，交流输入经AC-DC变换100%转换成直流，一方面给蓄电池充电，另一方面给逆变器供电；逆变器自始至终都处于工作状态，将直流电压经DC-AC逆变成交流电压给用电设备供电。

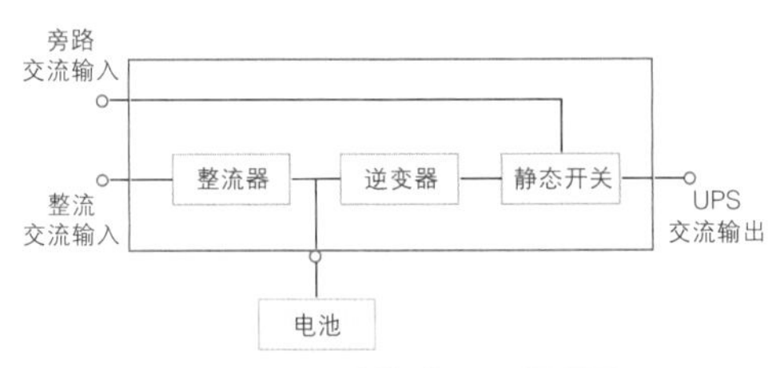

图3-54 双变换式UPS原理图

（1）整流器。交流市电输入经过整流器转换为直流电，给电池的充电，并通过逆变器向负载供电。

（2）逆变器。该逆变器为DC-AC单向逆变，当市电存在时，它由整流器取得功率后再送到输出端，并保证向负载提供高质量的电源；当市电掉电时，由电池通过该逆变器向负载供电。

（3）静态开关。正常时处在“旁路侧断开，逆变侧导通”状态；当逆变电路发生故障，或者当负载受冲击或故障过载时，逆变器停止输出，静态开关逆变侧关闭，旁路侧接通，由电网直接向负载供电。

双变换式UPS的性能特点如下：

（1）双变换式UPS具有优越的电气特性。由于采用了AC-DC、DC-AC双变换设计，可完全消除来自于市电电网的任何电压波动、波形畸变、频率波动及干扰产生的任何影响。

（2）同其他类型UPS相比，由于该型UPS可以实现对负载的稳频、稳压供电，供电质量有明显优势。

（3）市电掉电时，输出电压不受任何影响，没有转换时间。

（4）器件、电气设计成熟，应用广泛。

（5）效率同其他类型UPS相比不占优势。

（6）整流器在工作时会引起输入电源质量变差，因此需要采取谐波治理方案。

3.5.3 数据中心UPS供电方案

UPS应用中，通常有①单机供电方案；②

热备份供电方案；③并机供电方案；④双汇流排（2N）或三汇流排（3N）供电方案等四种供电方式。本节方案系统图中UPS内部的开关省略示出。

一、单机供电方案

单机供电方案就是单台UPS电源输出直接承担100%负载的UPS供电系统，这是UPS供电方案中结构最简单的一种。

优点是结构简单、经济性好，系统仅由一台UPS主机和电池系统组成；缺点是不能解决由于UPS自身故障所带来的负载断电问题，供电可靠性较低。一般仅使用于小型网络、单独服务器和办公区等重要程度较低的场合。

二、热备份供电方案

热备份供电方案是由两台或多台UPS通过一定的拓扑结构连接在一起，实现主、备机切换工作的UPS冗余供电系统，该系统在UPS系统正常时，由主机承担100%的负载，备机始终空载备用——即热备份；当主机故障退出工作时，有间断地（通常为小于5 ms）切换到备机工作，由备机承担100%的负载。其英文表述为The Hot Standby Redundant Configuration of UPS。

与单机相比，热备份供电方案的共同的优点是可以解决由于UPS自身故障所引发的供电中断问题；缺点是至少需要增加一台UPS，主、备机的切换有一定的供电间隙。热备份技术是一种简单的技术，在并机系统技术成熟以前，它被广泛地应用于各个领域来提高单机UPS的可靠性。

从当前的应用范围看，热备份供电方案主要可分为串联热备份、借助于静态转换开关STS（Static Transfer Switch）的并联热备份（又称“隔离冗余”）两种方案。

（一）串联热备份

串联热备份系统就是将备机UPS的输出端串接到主机UPS旁路输入端构成的冗余供电系统，如图3-55所示。在正常运行时，主机承担100%的负载供电，从机的负载为零；在主机故障时，主机自动切换到旁路工作，由备机的逆变器通过主机的旁路向负载供电；如果备机的逆变器再次出现故障，切换到市电通过备机、主机旁路向负载供电。

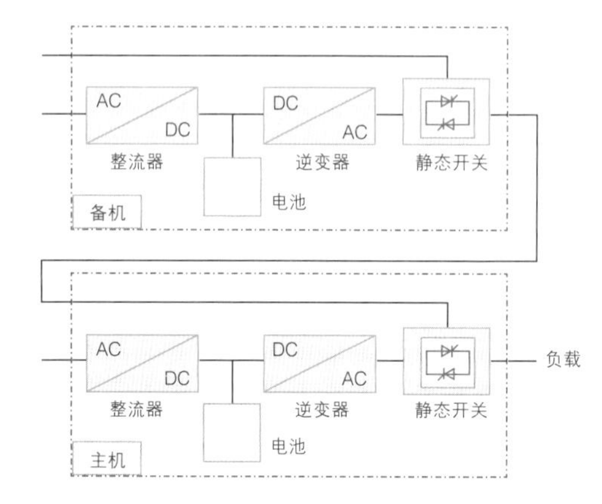

图3-55 串联热备份方案

主要优点。与单机相比，多了一重主机逆变器故障时的供电保障；除了两台UPS以外，不需要其他额外的设备；两台UPS除了电源线的连接外不需要其他信号的连接，相互之间没有控制，可以实现不同品牌、不同系列、不同功率UPS的串联备份。但要注意，不同功率UPS串联时，要确保功率小的UPS系统也能够完全承担负载的功率需求。

主要缺点。主机故障时如果其旁路也故障，将导致输出中断，具有“备份级”单点瓶颈故障；主备机老化状态不一致，从机电池寿命降低；切换瞬间，备机将承受全部负载突加的冲击；当负载有短路故障时，从机逆变器容易损坏。目前也可以通过人工定期设置主备机的状态来尽量弥补主备机老化状态不一致的现象。

（二）借助于STS的并联热备份，又称隔离冗余

在正常运行时，主机承担100%的负载供

电，从机的负载为零；在主机故障时，主机切断输出并退出运行，备机的逆变器输出承担100%的负载供电；主、备机UPS的连接与切换是通过外部的静态转换开关——STS设备来实现，切换有小于5 ms的切换间隙等，如图3-56所示。每台UPS还需要具有状态及同步跟踪通信部件。

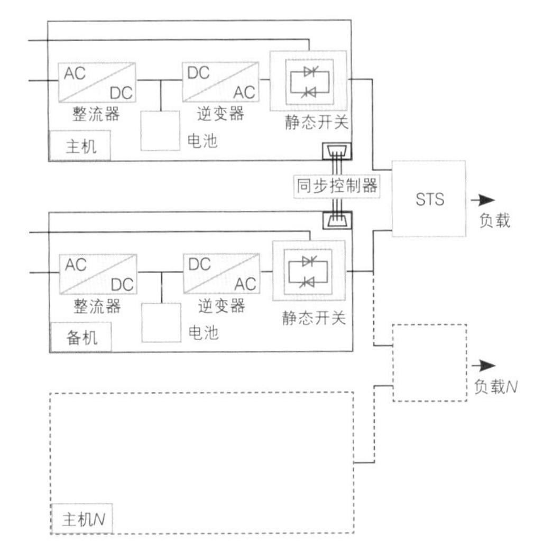

图3-56 借助STS的并机热备份方案

静态切换开关（Static Transfer Switch，STS）是实现二选一的自动电源切换装置。它能够自动或手动地将负载以很短的时间从一路电源（第1路电源）切换到另一路电源（第2路电源）以及返回切换。

正常工作状态下，负载由主电源供电。在主电源发生故障时，STS将负载自动切换到备用电源。STS静态切换开关采用先断后通（Break Before Make）的快速切换方式，实现IT负载在两个供电电源之间不中断运行的切换。通常单相工作且容量小于32 A以下的STS产品典型切换时间为6～12 ms，一般可以安装在标准机柜之内。而容量较大（通常32 A以上）且三相工作的STS产品典型切换时间小于5 ms，一般是独立柜体安装。

要保证主机故障时的快速切换，主、备机

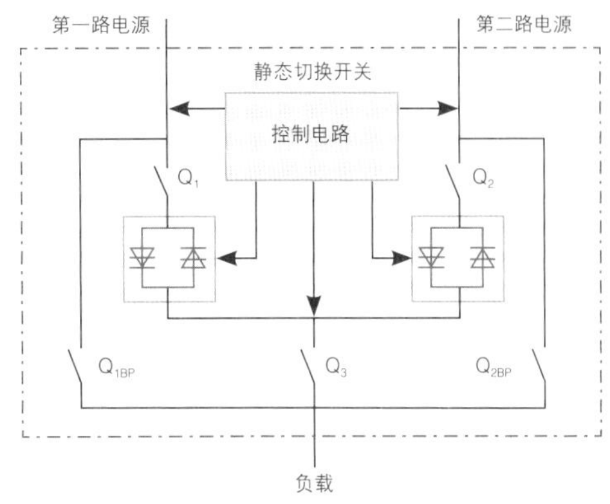

图3-57 典型大容量STS原理图

之间还需要外加同步控制器来实现输出的同步控制。同步控制器的作用是用来保证两套UPS系统输出电压波形的同步，以实现STS能在小于5 ms的间断内实现切换。同步控制器的工作方式为：同步控制器可以允许将两套UPS中的任意一套设定为主系统（Master），另一套自动成为从系统（Non-Master）；同步控制器同时持续监视两套UPS系统输出汇流排上的频率及相位，一旦发现它们超出同步跟踪范围（例如0.1 Hz或10 °，该参数可调）时，同步控制器将主系统输出汇流排的频率与相位信号传递给从系统作为跟踪参考源，使从系统始终保持与主系统输出汇流排的同步。

对于双电源负载，由于其输入端的两个电源模块是变换后的直流并机，因此不存在同步问题，使用同步控制器没有意义。但是，单电源/三电源负载为了确保在两路电源切换时不发生掉电的情况，就须采用STS及同步控制器。

与串联热备份和并机热备份相比，这一方案的优点是可以实现“一备机，多主机”的热备份；缺点是主、备机的供电与切换都是通过STS来实现的，增加了单点瓶颈故障。

三、并机供电方案

并机供电方案是由两台或多台同品牌、同型号与同功率的UPS，在输出端并联连接在一起而构成的UPS冗余供电系统。通过并机通信及控制功能，该系统在正常情况下，所有UPS输出实现严格的锁相同步（同电压、同频率、同相位），各台UPS的逆变器均分负载；当其中一台UPS故障时，该台UPS从并联系统中自动脱机，剩下的UPS继续保持锁相同步并重新均分全部负载。

与热备份供电方案相比，并机供电方案具有下列技术优势：根据负载对可靠性的不同要求，可以实现$N+1$（N台工作，一台冗余）或者$M+N$（M台工作，N台冗余）的冗余配置，可以实现更高和更灵活的冗余度配置；热备份系统中的主、备机的负载率为100%和空载，并机供电方案中所有UPS的负载完全均分，设备的老化程度与寿命基本一致；热备份系统中的主、备机切换具有小于5 ms的负载供电间断，并机供电方案中的故障脱机对负载供电是无间断的，提高了供电可靠性；热备份系统无法实现系统带载总容量的扩展，并机供电方案可以通过增加并机UPS的台数实现系统的扩容，也可以有计划地退出并机的UPS进行维护，可维护性大幅度提高。

存在的缺点。①热备份系统中的备机输出仅需脱机跟踪主机输出，技术实现简单，而并机供电方案中所有UPS的输出必须严格保持锁相同步，技术复杂度大幅度提高；②需要增加并机控制部件等额外部件；③并机板、通信线故障和并机信号可能受到外部干扰等，可能导致并机系统故障。

并机供电方案根据并联UPS的装配结构和维护方式，分为直接并机供电方案和模块机并机方案。

（一）直接并机方案

直接并机方案指的是两台或多台独立的UPS直接按图3-58连接构成的UPS并机供电系统，系统中的每台UPS是最小的并机单位，自行安装在机房地面上。通常每台UPS的容量较大，组成的系统容量可高达数兆伏安。

直接并机方案又可细分为公共静态旁路和分散静态旁路并机两种细分方案，如图3-58所示。

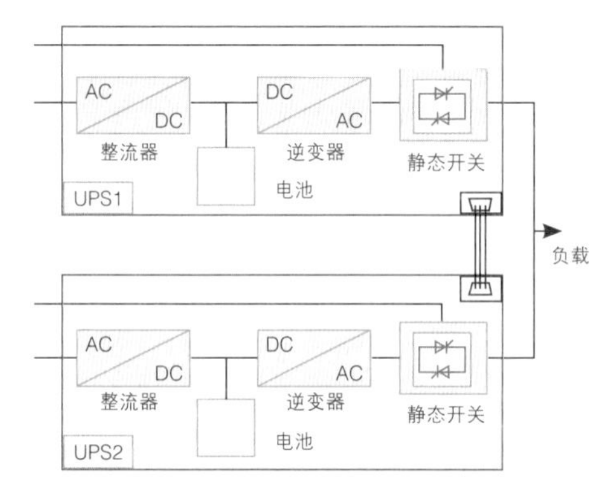

（a）分散静态旁路供电方案

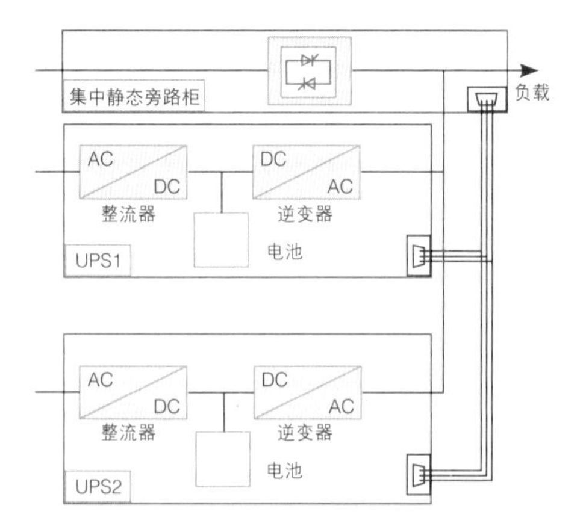

（b）集中静态旁路供电方案

图3-58 并联供电方案

（二）模块机并机联供电方案

模块机并机方案是将两个或多个模块化的可并联UPS功率模块（包含整流、逆变、旁路）、充电模块、监控模块和电池模块等安装在标准的机柜内，通过内部并机汇流排将输入、输出端分别连在一起的UPS并机供电系统，如图3-59所示。每个模块通常可进行热插拔维护，机柜内还可集成配电模块等。该系统中，每个UPS模块是机柜内部最小装配单位，而机柜是外部最小装配单位。

与直接并机一样，UPS模块并联方案也有

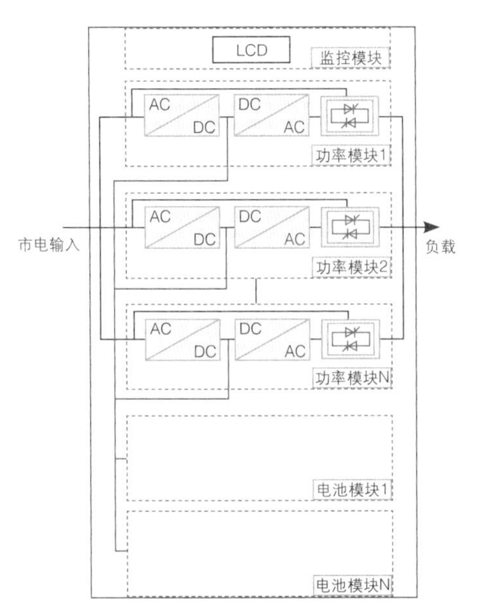

图3-59 模块并联UPS供电方案

分散静态旁路和集中静态旁路并联之分。

直接并机与模块机并机各有优势。同等容量的冗余系统，直接并机的UPS数量较少，可靠性更高，价格也更便宜，但工程量较大，主要应用在系统容量较大的场合；模块式并机可以进行热插拔扩容与维护，维护简单便利，还可与机房IT机柜融为一体，系统整齐美观，较多应用在中小规模的场地。

四、双汇流排或三汇流排供电方案

尽管前面介绍的热备份供电方案和并机供电方案可以提高UPS自身故障时的供电可靠性，但是随着数据中心负载规模的扩大和重要性的不断提高，这种单系统供电方案存在的固有故障风险，如输出汇流排或支路短路、开关跳闸、保险烧毁、UPS冗余并机或热备份系统宕机等极端故障情况，仍然威胁着数据中心重要负载的供电安全。

（一）双汇流排供电方案

为保证机房UPS供电系统的可靠性，以两套独立的UPS系统构成的2N或2（N+1）系统开始在大中型数据中心中得到了规模化的应用，这就是业界经常称之为双总线或者双汇流排的供电系统。

与单机、热备份和并机等单系统供电方案相比，双汇流排供电方案的优点是显而易见的，它可以在一条汇流排完全故障或检修的情况下，无间断地继续保证双电源负载的正常供电，在提高供电可靠性和“容错”等级的同时，为在线维护、在线扩容、在线改造与升级带来了极大的便利。缺点是需要两套UPS系统，电源系统的投资成本成倍增加。

双汇流排供电方案由两套独立工作的UPS系统、同步控制器、静态切换开关、输入和输出配电屏组成，如图3-60a所示。

该方案的工作原理。系统正常时，所有的双电源负载或三电源负载中的两个输入，通过列头柜直接接入两套UPS系统的输出汇流排，由两套UPS系统均分承担所有的负载，这里双电源负载的主用供电设定为汇流排A或B取决于用户的人工设定，设定的原则是使两套UPS供电系统的负载率尽可能相等；单电源负载则通过STS接入两套UPS系统的输出汇流排，STS主用供电源的设定方式与原则与双电源负载相同；因此，系统正常时，两套汇流排系统应该各自带50%的负载。当2N或2（N+1）系统中的任意一台UPS故障时，负载依然维持初始的双汇流排供电系统不变，但是当其中一条汇流排系统出现断电事故时或需要维护检修时，双电源负载将由余下的一条汇流排供电，不受影响地继续正常工作，而单电源负载则会通过STS切换到余下正常的输出汇流排上继续工作。

若是负载均为双电源负载，或者另有技术手段确保两套UPS系统的输出汇流排同步，则同步控制器和STS均为可选器件，如图3-60b所示。

（二）三汇流排供电方案

三汇流排系统是双汇流排供电系统的一种变异形式，其同步关联和无同步关联的三汇流排供电方案如图3-61所示。三汇流排系统基本

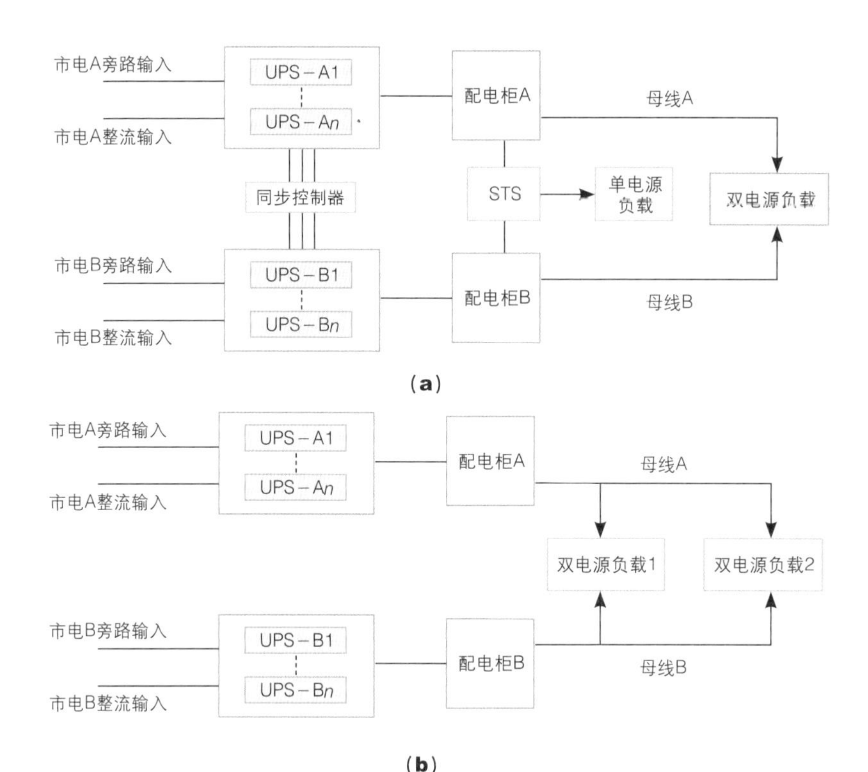

图3-60 双汇流排供电方案

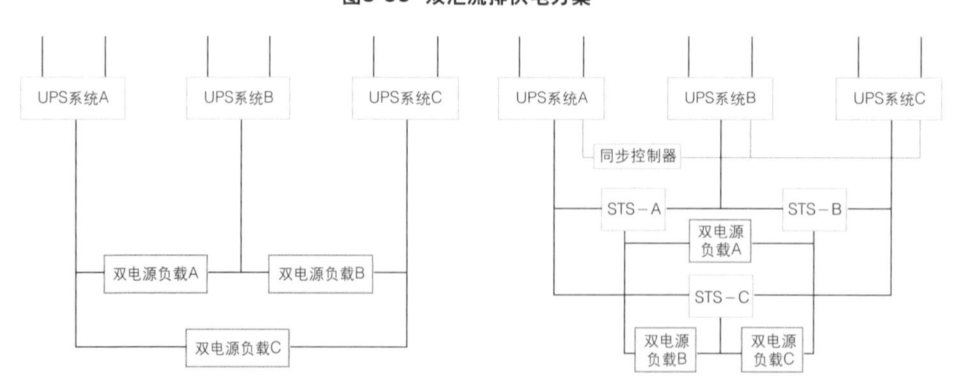

图3-61 三汇流排供电方案

继承了双汇流排系统的特点，且可以使单条汇流排最大安全带载率由双总线系统的50%提升至66%，但也使供电系统、负载分配等变得更加复杂。

3.5.4 数据中心高压直流HVDC系统

一、 概述

直流UPS按照输出电压的不同大致可以分为48 V、240 V和380 V的直流UPS。由于48 V直流UPS很难适应于数据中心单机架高功率密度的发展，所以在数据中心领域应用有限，而240 V直流UPS和380 V高压直流UPS近年来发展较为迅速。

传统UPS和理想的高压直流UPS供电结构如图3-62所示。

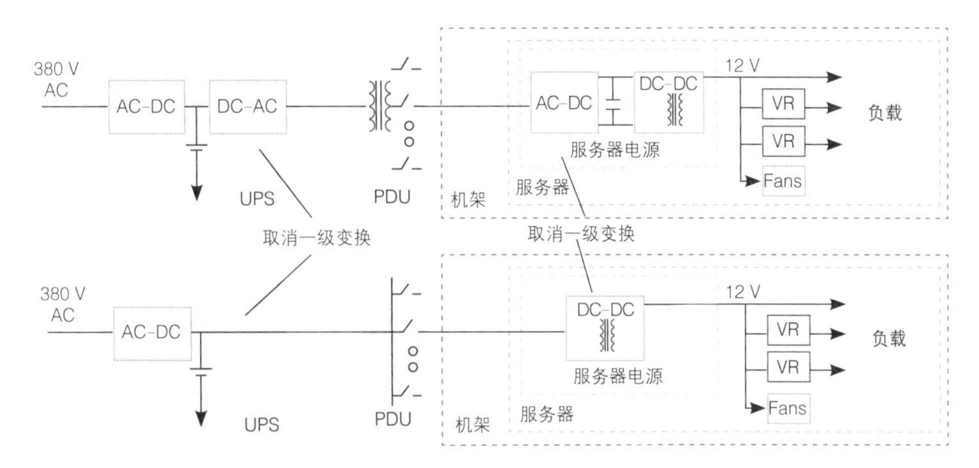

图3-62 传统UPS供电和理想高压直流UPS供电结构对比

理论上，高压直流UPS可以带来效率提高，成本降低，可维护性高等诸多好处。多年以来，数据机房中采用UPS供电，以满足不间断供电需求。随着数据设备、通信设备和计算机设备技术的不断发展，这些设备本身都采用高频开关电源低压直流输出供电，其基本工作原理就是将UPS的交流输出作为这些设备的输入，再通过设备内部的高频开关电源先整流成脉动的直流，然后再通过高频隔离变换得到设备所需要的12 V、5 V或3.3 V低压直流电，给设备直接使用。

由于服务器、通信设备和计算机不仅需要在UPS供电的情况下能够正常使用，在交流市电直接输入时也要能正常使用，因此其交流输入的电压范围应该满足AC 176～264 V，对应图3-63中*ab*点的直流脉动电压为DC 217～374 V，

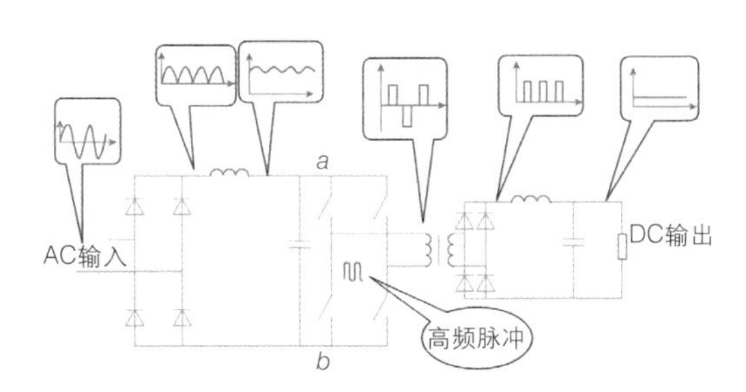

图3-63 数据机房设备内部高频开关电源原理

也就是说如果将交流输入改成直流输入，只要直流输入电压在这个范围内，这些开关电源都能同样正常工作。根据中国电信和腾讯等用户的实际使用状况，也的确未发现电源不匹配的情况，但是服务器供应商对于高压直流工况下的维保政策依然需要随个案去谈判。

二、HVDC整流模块工作原理

整流模块是HVDC核心部件，HVDC整流模块原理框图如图3-64所示。

整流模块由三相有源PFC和DC-DC两个功率部分组成。在两个功率部分之外还有辅助电源、输入/输出检测保护电路、驱动控制电路和通信电路等。前级三相有源PFC电路由输入EMI和有源PFC组成，用以实现交流输入的整流滤波和输入电流的校正，使输入电路的功率因数大于0.99，THDI＜5%。后级的DC-DC电路由DC-DC变换器及其控制电路、整流滤波与输出EMI等部分组成，用以实现将前级整流电压转换成通信电源要求的稳定的直流电压。辅助电源在输入有源PFC之后，DC-DC变换器之前，利用三相有源PFC的直流输出，产生控制电路所需的各路电源。输入检测电路实现输入过欠电压、缺相等检测功能。DC-DC的检测保护电路包括输出电压电流的检测、散热器温度的检

测等，所有这些信号用以实现DC-DC的控制和保护。PFC和DC-DC之间由SCI通信进行数据和指令传送，再由DC-DC部分的DSP通过CAN通信与监控建立联系。

三、HVDC系统工作原理及系统组成

（一）系统工作原理

HVDC高压直流电源系统由交流配电、整流模块、直流配电、列头柜、电池组、配电监控、电池巡检和绝缘监测单元等部分组成，HVDC系统框图如图3-65所示。电池组在HVDC系统的输出端，与HVDC输出并联一起给负载供电。

（二）系统的组成部件

HVDC系统各组成单元功能如下：

（1）交流配电单元。将两路或一路市电，分配给整流模块以及其他交流设备，并配有防雷保护系统。

（2）整流模块。将交流电整流成直流电（AC-DC），给负载供电，并对电池提供进行充电功能。

（3）直流配电单元。对AC-DC输出的直流进行路数分配，通过直流低压断路器或熔断器

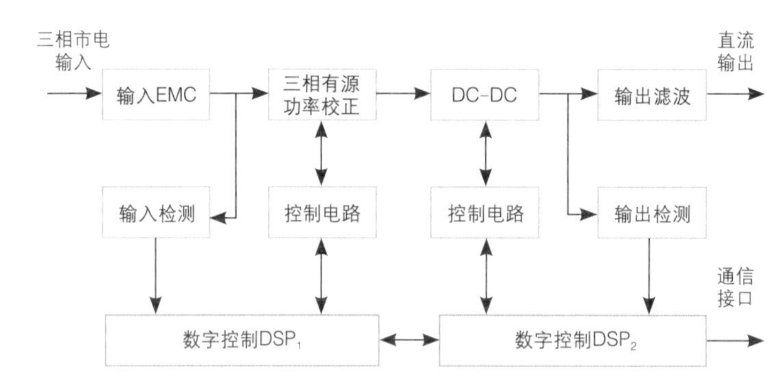

图3-64 整流模块原理框图

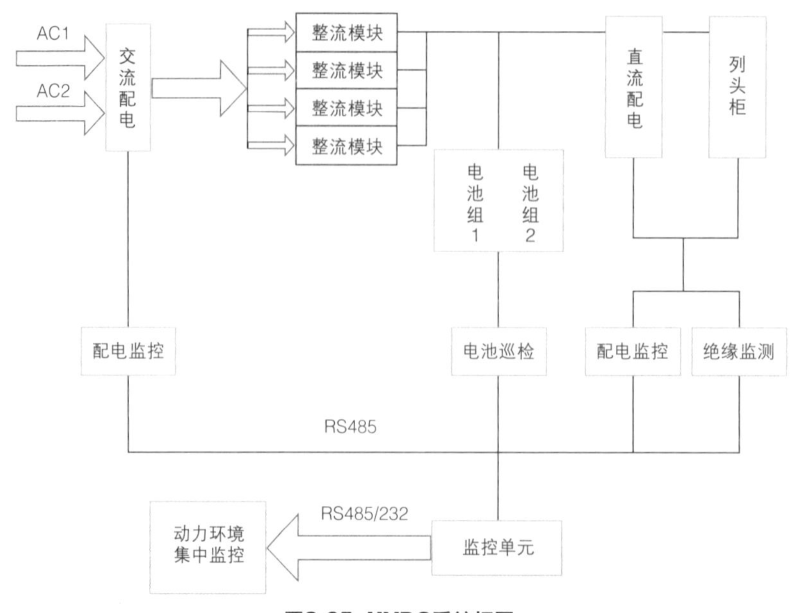

图3-65 HVDC系统框图

转换为多路输出到列头柜，再由列头柜分配输出到各服务器机柜，给服务器提供直流电源。

(4) 电池组。作为后备能源，保证交流停电时，提供不间断直流供电。电池组标称电压为240 V或者336 V。单个电池电压一般选2 V或12 V，240 V系统的电池数量为120节（2 V）或者20节（12 V），336 V系统的电池组为数量为168节（2 V）或者28节（12 V）。

(5) 监控器。是整个系统的控制中心，担负着“上传”和“下达”的任务。下层系列配电监控盒担负交、直流电检测及故障信号上送的任务。

(6) 电池巡检单元。实时检测每节电池的关键物理参数，并上送给监控单元。

(7) 绝缘监测单元。对直流汇流排、输出分路对大地的绝缘状况进行监测。汇流排绝缘监测只能检测正、负汇流排对地绝缘是否不良；支路绝缘监测不仅可以检测正、负支路对地绝缘是否不良，还能检测出绝缘接地电阻值的大小。

四、HVDC系统工程设计与配置

（一）系统组成

(1) 系统至少应由交流配电、整流模块、直流配电、蓄电池组、监控单元、绝缘监察以及接地部分等组成。

(2) 系统设备的结构可选用分立式系统或组合式系统。

(3) 分立式系统的交流配电、整流模块和直流配电可以分别设置在不同的机架内，电池组单独安装；监控单元以及绝缘监察可安装在其中某一机架内。

(4) 组合式系统的交流配电、整流模块、直流配电、监控单元、绝缘监察以及接地部分等应同机架设置，电池组可单独安装。

(5) 当系统远期容量大于500 A或要求具有较好扩展性时，应选用分立式系统，组合式系统的容量不宜超过500 A。

（二）市电和备用发电机组

(1) 系统宜利用市电作为主用电源，应为三相引入，并采用TN－S或TN－C－S接线方式。

(2) 市电的类别划分应符合YD/T 5040《通信电源设备安装工程设计规范》中2.0.2的规定。系统宜采用二类以上市电，不应低于三类市电要求。

(3) 系统所在通信局（站）宜配置D，yn11结线组别的专用变压器，变压器容量应满足本期扩容需求，包括各种交、直流电源的浮充功率、蓄电池组的充电功率、交流直供的通信设备功率、空调功率、照明功率、生活用电及其他用电设备的功率等。

(4) 系统宜配置备用发电机组作为备用电源，其基本容量应满足本期扩容需求，按以下原则核实：

1）一、二类市电供电的局（站）。应满足各种交、直流电源的浮充功率、蓄电池组的充电功率、交流直供的通信设备功率、保证空调功率、保证照明功率及其他必须保证设备等的功率需求。

2）三类市电供电的局（站）。除满足本条1款各项设备的功率需求外，尚应包括部分生活用电设备的功率。

（三）安全规定

(1) 系统输出必须采用悬浮方式，系统交流输入应与直流输出电气隔离，系统直流输出回路应全程与地、机架和外壳电气隔离。

(2) 整流机架、直流配电设备内部的经常性操作区域与非经常性操作区域应设置隔离装置。

(3) 设备内交流或直流裸露带电部件，应设置适当的外壳、防护挡板、防护门和增加绝缘包裹等措施；用外壳作防护时，防护等级应不低于GB 4208中的外壳防护等级IP20的规定。

(4) 系统直流汇流排处应套上热塑套管，

并在醒目处设置警告标志。

（5）设备内的器件和材料必须采用阻燃材料。

（6）机房预留孔洞的防火封堵材料和装修材料必须为不燃性材料。

（四）整流设备配置

（1）整流设备的容量应按近期负载配置，远期负载增加不大时，可按远期配置。

（2）组合式系统的满架容量应考虑远期负载发展。

（3）系统的整流模块数量应按$N+1$冗余方式配置，$N \leqslant 10$时，1只备用；$N>10$时，每10只备用1只。

（4）主用整流模块的总容量应按负载电流和电池的均流充电（宜按10 h率充电电流）之和确定。

（5）系统中的整流模块数量为3～64只。

（五）配置建议

1. 交流配电设备的配置建议

（1）由市电和备用发电机组电源组成的交流供电系统在满足局（站）用电负载要求的前提下，应做到接线简单，操作安全，调度灵活，检修方便。

（2）配电系统中的谐波电压允许限值宜符合现行国家标准规定，不满足规定的应进行治理，经治理后总的电压谐波含量应不大于5%。

（3）交流配电设备应可接入两路交流输入，且应具备切换功能。

（4）系统的交流总输入应采用交流断路器进行保护，每一台整流模块交流输入应有独立的断路器。

（5）交流输入配电设备容量、线缆线径应按远期负载考虑。

2. 直流配电设备的配置建议

（1）对于大型通信枢纽、数据中心、大型或重要的通信局（站）或有两个及以上交换系统的交换局，宜采用分散供电方式。

（2）系统的直流配电设备宜按远期负载配置。

（3）分立式系统的直流配电环节宜为三级，组合式系统直流配电环节宜为两级。

（4）根据负载重要程度的不同，直流配电回路可采用单路或双路配电方式。

（5）直流配电全程电压降应根据蓄电池的放电终止电压与设备工作额定电压计算确定。

（6）新建系统直流配电全程应采用双极过电流保护器件。过电流保护器件应采用熔断器、直流断路器或交直流两用断路器，其耐压范围应与系统电压相适应。

（7）当熔断器、直流断路器或交直流两用断路器串级保护时，上一级保护装置的额定电流应不小于下一级保护装置额定电流的1.5倍以上。

（8）机房直流分配屏、电源列柜采用双汇流排供电方式时，应设独立两路输入总开关，正极和负极应分别采用过电流保护器件。双路输入的机房直流分配屏、电源列柜可配备可改成单路输入的连接端子，能够灵活调整供电方式。

（9）无论是直流配电总屏、机房配电屏和电源列柜，如采用熔断器进行过电流保护，正极、负极的端子不宜相邻并列布放。正负极熔断器宜错开一定距离，按上下分层或水平分组或前后分开布放。

（10）网络机柜内直流配电单元应采用断路器保护，输入侧应采用双极断路器；输出侧宜采用双极断路器。为负载设备接电有接线端子和插座两种方式，宜采用接线端子。

（11）蓄电池组正极、负极宜采用熔断器作为过电流保护装置，组合式系统应设在组合机架内，分立式系统应设在直流配电屏内。

（12）蓄电池组过电流保护器的容量应满足系统远期负载需求，不得采用带电磁脱扣功能的断路器。

（13）便于蓄电池组日常维护测试和安全，在蓄电池与总屏之间连接电缆上靠近蓄电池一侧宜设置一组负载开关或不带电磁脱扣功能的直流断路器，即电池开关盒。

（14）若网络设备允许，可在网络机架内将高压直流电源变换为12 V或48 V直流电源后为网络设备进行供电。

3. 蓄电池组配置建议

（1）系统的蓄电池宜配置2组，最多不宜超过4组。

（2）不同厂家、不同容量、不同型号、不同时期的蓄电池组严禁并联使用。

（3）蓄电池单体电压可选2 V、6 V和12 V；200 A·h以上的大容量蓄电池宜选用2 V单体，见表3-15。

表3-15　蓄电池单体数量

系统标称电压/V	240			336		
单体电压/V	2	6	12	2	6	12
蓄电池个数/只	120	40	20	168	56	28

（4）蓄电池容量设计应根据负载及要求的放电时间查最低要求工作温度下的恒功率放电曲线，并留有25%左右的余量。重要系统可设置蓄电池单体监测设备。

（5）重要系统可设置蓄电池单体监测设备。

4. 绝缘监测配置建议

（1）系统应具备绝缘监察功能，对总汇流排的对地绝缘状况进行在线监测，可对每个分路（包括总配电屏、机房配电屏、电源列柜的分支路等）的绝缘状况进行在线或非在线监测。

（2）绝缘监察装置应具备与监控模块通信功能，当系统发生接地故障或绝缘电阻下降到设定值时，应能显示接地极性并及时、可靠地发出告警信息。

（3）对人工坐席用IT设备采用高压直流供电时，宜增加针对分支路正负极对地绝缘下降监测的绝缘监察装置。

（4）绝缘电阻告警设定值应在15～50 kΩ，缺省值为28 kΩ。

（5）绝缘监察装置本身出现异常时不得影响直流回路正常输出带载。

5. 机房与设备布置要求

（1）机房应尽量靠近负载中心，在条件允许的通信局（站），机房宜与通信机房合设。

（2）机房总体工艺要求应符合YD/T 5003—2011《通信建筑工程设计规范》规定。

（3）机房内应无爆炸、导电、电磁的尘埃，无腐蚀金属、破坏绝缘的气体，无霉菌。

（4）蓄电池室应选择在无高温，无潮湿，无振动，少灰尘，避免阳光直射的场所。

（5）机房防火要求应符合GB 50016《建筑设计防火规范》和GB 50045《高层民用建筑设计防火规范》中相关规定。重要的通信局（站）机房应安装火灾自动检测和告警装置，并配备与机房相适应的灭火装置。

（6）机房应采取防水措施。

（7）机房楼面的等效均布活荷载，应根据工艺提供的设备重量、底面尺寸、安装排列方式以及建筑结构梁板布置等条件，按内力等值的原则计算确定。机房楼面均布活荷载应满足YD/T 5003《通信建筑工程设计规范》第8.2节的相关规定。

（8）机房应采取防止小动物进入机房内的措施。

6. 设备布置要求

（1）直流电源设备前后应留有检修通道，通道最小宽度应符合表3-16规定。

（2）蓄电池组的布置要求。

立放蓄电池组之间的走道净宽不应小于单体电池宽度1.5倍，最小不应小于0.8 m；立放双层布置的蓄电池组，其上下两层之间的净空距离一般为电池总高度的1.2～1.5倍。

立放双列布置的蓄电池组，一组电池的两

表3-16 设备安装走道宽度表 （单位：dm）

距离名称	最小宽度
正面与正面主走道	20
正面与背面维护走道	15
背面与背面维护走道	10
正面与侧面维护走道	12
正面与墙间主走道	15
背面与墙间主走道	8
侧面与墙间主走道	10
侧面与墙间次走道	8

列之间净宽应满足电池抗震架的结构要求。

立放蓄电池组侧面与墙之间的次要走道净宽不应小于0.8 m；如为主要走道时，其净宽不宜小于电池宽度的1.5倍，最小不应小于1 m；立放单层单列布置的蓄电池组可沿墙设置，其侧面与墙之间的净宽一般为0.1 m。

立放蓄电池组一端靠墙设置时，列端电池与墙之间的净宽一般不小于0.2 m。

立放蓄电池组一端靠近机房出入口时，应留有主要走道，其净宽一般为1.2～1.5 m，最小不应小于1 m。

卧放阀控式蓄电池组的侧面之间的净宽不应小于0.2 m。

卧放阀控式蓄电池组的正面与墙之间，或正面与侧面或背面之间的走道净宽不应小于电池总高度的1.5倍，最小不应小于1.2 m。

卧放阀控式蓄电池组的正面与墙之间的走道净宽不应小于电池总高度的1.5倍，最小不应小于1.2 m。

卧放阀控式蓄电池组可靠墙设置，其背面与墙之间的净宽一般为0.1 m。

卧放阀控式蓄电池组的侧面与墙之间的净宽不应小于0.2 m。

（2）阀控式蓄电池组可与通信设备、配电屏及各种换流设备同机房安装，采用电池柜时还可以与设备同列布置；布置应满足如下要求：

立放阀控式蓄电池组的侧面或列端电池与通信设备、配电屏及各种换流设备的正面之间的主要走道净宽不应小于2 m；

立放阀控式蓄电池组的侧面与通信设备、配电屏及各种换流设备的侧面或背面之间的维护走道净宽不应小于0.8 m；

卧放阀控式蓄电池组的正面与通信设备、配电屏及各种换流设备的正面之间的主要走道净宽不应小于2 m；

卧放阀控式蓄电池组的侧面或背面与通信设备、配电屏及各种换流设备之间的维护走道净宽不应小于0.8 m，同列安装时可以靠紧。

（3）在要求抗震设防的通信局（站），加固措施应按YD 5059—2005《电信设备安装抗震设计规范》设计。

3.5.5 数据中心UPS关注热点

数据中心UPS的技术和应用热点都和UPS的电气性能指标直接相关，UPS的性能指标总体情况如下：

一、UPS电气性能指标

在线式UPS电气性能要求见表3-17。

综合当前的应用实践来看，绿色技术、高频化等是当前UPS设计与应用主要的热点问题。

二、数据中心UPS关注热点之绿色电源技术

UPS绿色技术在电气指标上首先体现为UPS的输入指标“输入电流谐波成分”和“输入功率因数”，上述指标主要体现了UPS和电网之间的相互影响。业界的措施主要是围绕着如何改善UPS整流器的输入特性而展开的。其次体现为UPS的输出指标“输出有功功率”，表征了UPS和负载之间的相互匹配。业界的主要措施是围绕着如何改善UPS逆变器的输出特性而展开的。

（一）UPS谐波分析与治理

数据中心UPS系统在从低压电网获取能量的同时，也会对低压电网造成不同程度的污

表3-17 在线式UPS电气性能要求

序号	指标项目	技术要求 I	技术要求 II	技术要求 III	备注
1	输入电压可变范围/V	165～275	176～264	187～242	相电压
		285～475	304～456	323 ～418	线电压
2	输入功率因数	≥0.95	≥0.90	–	
3	输入电流谐波成分（%）	<5	<15	–	规定3～39次THDA
4	输入频率		50 Hz±4%		
5	频率跟踪范围		50 Hz±4%可调		
6	频率跟踪速率/（Hz/s）		0.5～2		
7	输入电压稳压精度（%）	±1	±2	±3	
8	输出频率/Hz		50±0.5		电池逆变工作方式
9	输出波形失真度（%）	≤2	≤3	≤5	组性负载
		≤4	≤6	≤8	非线性负载
10	输出电压不平衡度（%）		≤5		
11	动态电压瞬变范围		±5		
12	瞬变响应恢复时间/ms	≤20	≤40	≤60	电池逆变工作方式
13	输出电压相位偏差（°）		≤2		
14	市电电池切换时间/ms		0		
15	旁路逆变切换时间/ms	<1	<2	<4	>3 kV·A
		<1	<4	<8	≤3 kV·A
16	电源效率		≤10 kV·A ≥82%；>10 kV·A ≥90%；		额定输出功率
			≥60 kV·A ≥88%		50%输出功率
17	输出有功功率		≥额定容量×0.7 kW/kV·A		
18	输出电流峰值系数		≥3		
19	过载能力（125%）	10 min	1 min	30 s	
20	音频噪声	<55 dB（A）	<60 dB（A）	<70 dB（A）	
21	并机负载电流不均衡度（%）		≤5		对有并机功能的UPS

数据来源：YD/T 1095—2008 通信用不间断电源—UPS

染。污染的严重程度取决于UPS整流器的实现和治理方式。

图3-66所示的传统6脉冲整流器会引起很严重的谐波污染。所谓6脉冲整流器是指以6个晶闸管组成的全桥整流，由于有6个开关脉冲对6个晶闸管分别控制。

以某型200 kV·A UPS（满载）为实例，通过图3-67可得出谐波具体数据，见表3-18。

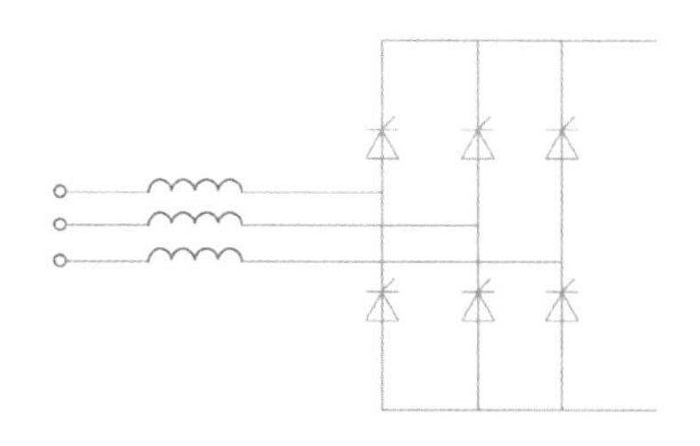

图3-66 脉冲整流器

考虑到计算为理想状态，忽略了很多因数，如换相过程、直流侧电流脉动、触发延迟角和交流侧电抗，因此实测值与计算值有一定

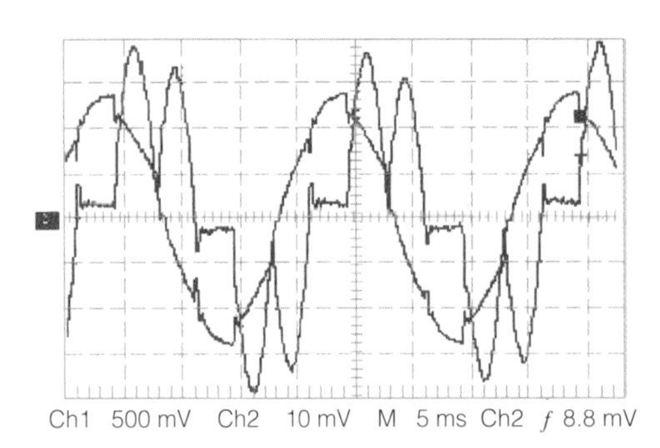

图3-67 脉冲整流器的输入电流与电压畸变

表3-18 某型6脉冲UPS理论和实际谐波成分

谐波次数	理论谐波含量（%）	实测谐波含量（%）
5	20	32
7	14	3
11	9	8
13	8	3
17	6	4
19	5	2
23	4	2

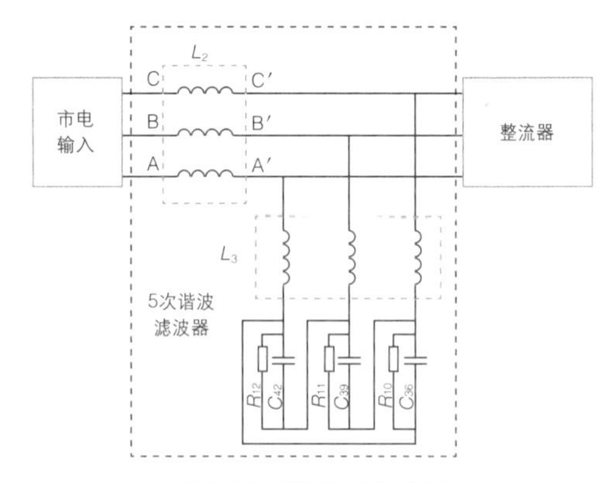

图3-68 5次谐波滤波器

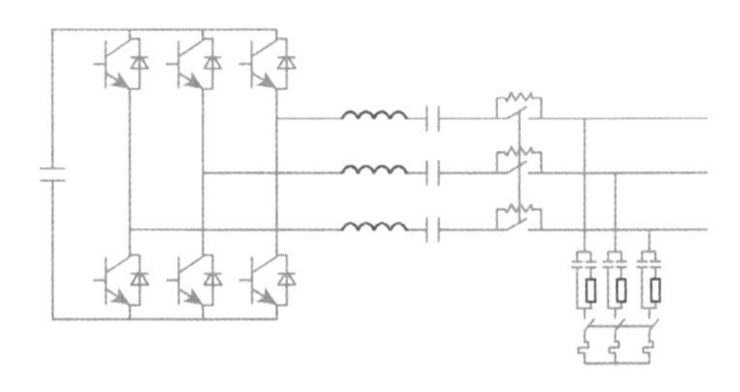

图3-69 有源滤波器

出入。

对数据中心UPS谐波的治理主要有以下两种方式：

（1）无源滤波器。电感和电容形成谐振电路，主要针对5次谐波形成低阻通道，如图3-68所示。

（2）有源滤波器。图3-69所示的有源滤波器实质上是电流发生器。系统侦测负载电流，由DSP分析谐波形状，再提供给电流发生器，在下一个周波精确补偿。

上述办法都是先默认UPS整流先产生谐波而后治理的思路，更好的处理谐波的思路是通过改善UPS的整流器架构使严重的谐波无从产生。

三、UPS 输出有功功率

在YD/T 1095－2000《通信行业标准通信用不间断电源——UPS》标准中，表3-17第17项提出“输出功率因数”项目，技术要求不大于0.8；第5部分试验方法中第5.16项中提出了输出功率因数的试验方法及测试电路，但是YD/T1095—2008对该部分的要求重新做出了修订，改成了“输出有功功率不小于额定容量0.7 kW/kV·A”。实际上业界是想用合适的指标表征UPS输出带有功功率的能力。

根据IEC 62040—3的UPS性能标准（UPS Performance）和IEC 60146—4的UPS设计标准，其输出的功率因数PF＝有功功率/无功功率。在UPS设计时是以线性负载cosφ＝0.8作为设计标准的，所以一般会看到数据中心主流UPS厂商以输出功率因数0.8界定视在功率和有功功率的关系（例如200 kV·A/160 kW）。但其他功率因数下UPS不得不降额使用，如图3-70所示。

问题在于数据中心UPS后挂的用电负载（服务器、交换机等IT设备）大都是开关电源型的非线性负载设备，在IEC 62040—3标准中称之为“RCD型负载”，表现为低额定电流、

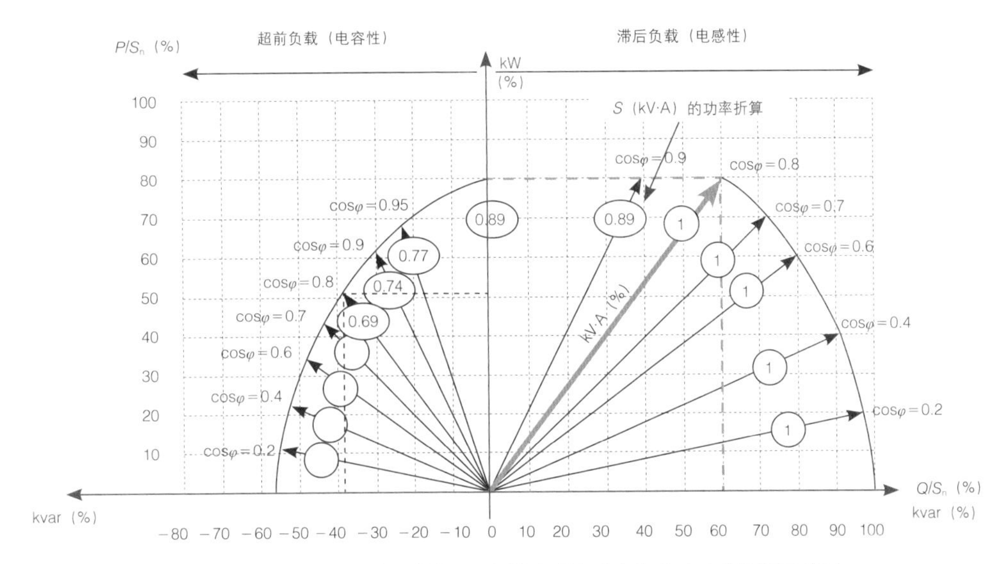

图3-70　不同负荷功率因数与UPS 输出视在功率和有功功率的折算关系

高峰值因数、低输入功率因数、2～4 I_n的起动电流。负载功率因数大多数为0.6～0.7。2001年以后，随着技术的发展，对于1997年制定的IEC 61000—3—2标准进行了修订，即IEC 61000—3—2AMD1—2001标准的出台，该标准对单相输入电流不大于16 A的专业设备规定了谐波电流发射的限值，从此对IT设备的输入特性有了明确的规定。大量的IT设备制造商开始着手修正自己产品的输入特性，他们为这些专业设备增加了升压线路（Boost），功率因数由0.7提高至0.9以上，并改善了其THDI（<20%）。

假定所有的负载功率因数是0.9容性，对于某型300 kV·A UPS，其视在功率降额到221 kV·A，有功功率降额到199 kW，也就是说，超过这两个降额后的功率阀值，UPS就会发出过载报警。若按标称，其有功功率报警阀值应为300 kV·A/240 kW（但标称情况是带功率因数0.8感性负载）。这是数据中心运营者经常碰到的UPS未到满载却发出过载报警的现象。这就要求UPS的输出特性必须要相应地作出改变，简单而言，就是UPS的输出能够较好地适应容性负载的输入特性。具体而言，UPS输出的有功功率至少可以在负载cosφ＝0.8滞后到cosφ为0.8～0.9超前的整个范围内保持恒定不变（因为在实际的负载测量中，大部分负载其超前的cosφ一般在0.9～0.95），如图3-71所示。

四、数据中心UPS 高频机

近年来数据中心大容量UPS高频化的趋势越来越明显，各大厂家纷纷推出了自己的UPS高频机（无变压器UPS，业界称为高频机），有变压器UPS（工频机），如图3-72和图3-73所示。

带变压器UPS通常由晶闸管SCR整流器、IGBT高频逆变器、旁路和工频升压隔离变压器组成。典型的有变压器UPS拓扑如图3-74所示。

主路三相交流输入，经过换相电感接到三个SCR桥臂组成的整流器之后变换成直流电压。通过控制整流桥SCR的导通角来调节输出直流电压值。由于SCR属于半控器件，控制系统只能够控制开通点，一旦SCR导通之后，即使撤销门极驱动，也无法关断，只有等到其电流为零之后才能自然关断，所以其开通和关断均是基于一个工频周期，无法实现高频的开通和关断控制，所以其THDI通常高达33%，功率

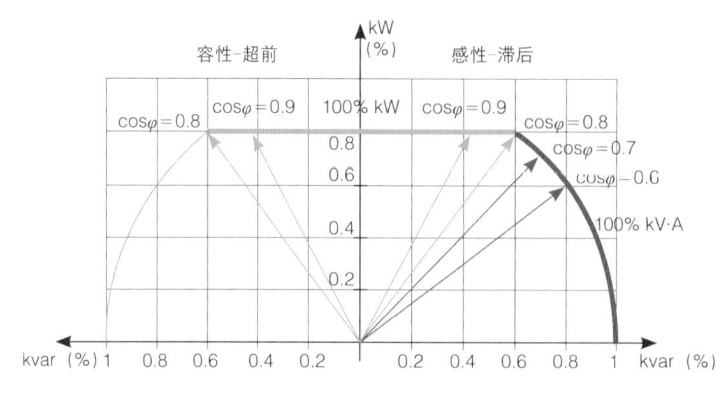

图3-71 某型UPS不同负荷功率因数与UPS功率的折算关系

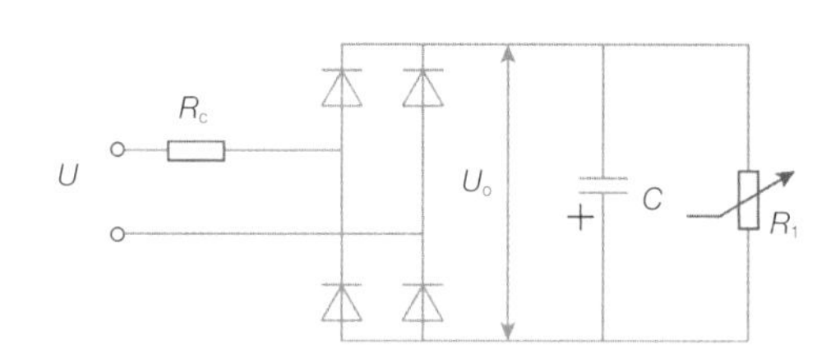

图3-72 传统IT设备电源框架

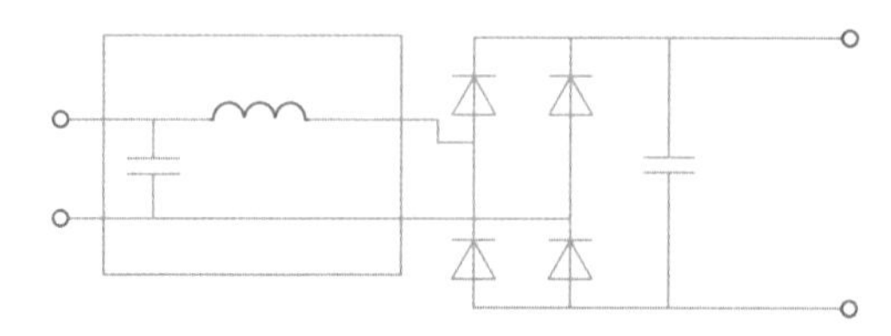

图3-73 新一代IT设备电源框架

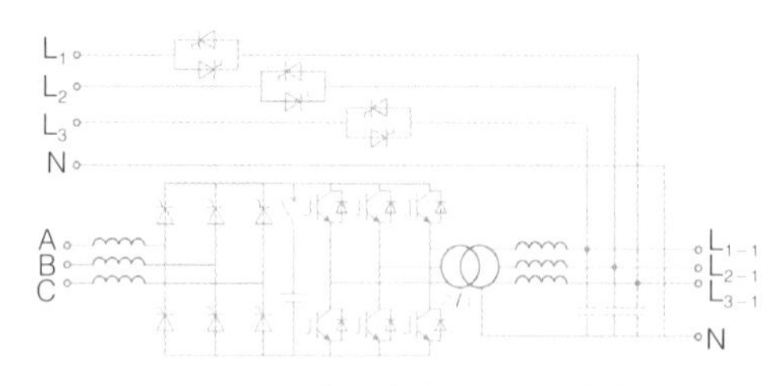

图3-74 典型有变压器UPS拓扑

因数较低，约为0.8。

由于SCR整流器属于降压整流，所以直流汇流排电压经逆变输出的交流电压比输入电压低，要使输出相电压能够得到恒定的220 V电压，就必须在逆变输出增加升压隔离变压器。同时，有变压器UPS由于其汇流排电压较低，通常为300～500 V，可直接挂接电池（业界32节电池的方案很常见），不需要另外增加电池充电器。

按整流器晶闸管数量的不同，有变压器UPS通常分为6脉冲和12脉冲两种类型。

图3-75所示的无变压器UPS通常由IGBT高频整流器、电池变换器、高频逆变器和旁路组成，IGBT可以通过控制加在其门极的驱动来控制IGBT的开通与关断，IGBT整流器开关频率通常在几千赫到几十千赫，目前其开关频率几乎多设定在20 kHz以下。无变压器UPS整流属于升压整流模式，其输出直流汇流排的电压比输入线电压的峰值高，一般典型值为600 V或800 V左右。由于电压较高，更主要的是其汇流排电压是恒定的，一般无法将电池直接挂接汇流排，因此一般无变压器UPS会单独配置一个

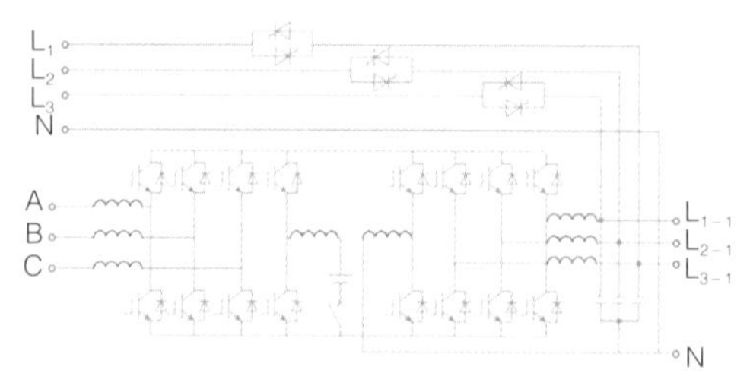

图3-75 无变压器UPS拓扑图

电池变换器。市电正常的时候电池变换器把汇流排电压降压到电池组电压；市电故障或超限时，电池变换器把电池组电压升压到汇流排电压，从而实现电池的充放电管理。由于无变压器UPS的汇流排电压较高，所以逆变器输出相电压可以直接达到220 V，逆变器之后就不再需要升压变压器。

3.6 数据中心供配电发展趋势

3.6.1 数据中心发展历程

随着通信、计算机和网络技术的发展和应用及人们对信息化认识的深入，数据中心的内涵已经发生了巨大的变化。从功能的内涵可将数据中心可以分为四个大的阶段：数据存储中心阶段、数据处理中心的阶段、数据应用中心和数据运营服务中心阶段。

在数据存储中心阶段，数据中心主要承担的功能是数据存储和管理，在信息化建设早期，用来作为办公自动化（Office Application，OA）机房或电子文档的集中管理场所。

在数据处理中心阶段，基于局域网的制造资源计划（Manufacturing Resource Planning，MRP－Ⅱ）、企业资源计划（Enterprise Resource Planning，ERP）以及其他的行业应用系统开始普遍应用，数据中心开始承担核心计算的功能。

随着广域网和全球互联网的应用开始普及，信息资源日益丰富，开始关注挖掘和利用信息资源。组件化技术及平台化技术广泛应用，数据中心承担着核心计算和核心的业务运营支撑功能，需求的变化和满足成为数据中心的核心特征之一。这一阶段典型数据中心叫法为“信息中心”。

基于互联网技术的组件化、平台化的技术将在各组织更加广泛的应用，以及数据中心基础设施的智能化，使得组织运营借助IT技术实现高度自动化，组织对IT系统依赖性加强。数据中心将承担着组织的核心运营支撑、信息资源服务、核心计算、数据存储和备份，并确保业务可持续性计划实施等功能。业务运营对数据中心的要求将不仅仅是支持，而是提供持续可靠的服务。在这个阶段，数据中心演进成为机构的数据运营服务中心。

3.6.2 从技术的角度看数据中心供配电系统的发展

系统和产品的发展趋势往往决定于以下两个因素：①系统产品的使用者（用户）需要的不断发展；②系统和产品自身技术的发展。数据中心供配电系统也基本遵从这样的规律。因为数据中心供配电系统的服务对象是IT设备（比如服务器、路由器、网络交换机和存储器等等），所以IT设备的不断发展和供配电系统自身不断的演进，决定了数据中心供配电系统的发展速度和方向。下面从器件、电源设备、标准和系统等多个角度分别加以阐述。

一、电力电子技术的发展

供配电系统的组成要素中UPS系统和IT设备自身的电源设备等演进的过程，基本上就是电力电子基本器件的演进的过程。

现代电力电子技术的发展方向，是从以低频技术处理问题为主的传统电力电子学，向以高频技术处理问题为主的现代电力电子学方向转变。电力电子技术起始于20世纪50年代末60年代初的硅整流器件，其发展先后经历了整流器时代、逆变器时代和变频器时代，并促进了电力电子技术在许多新领域的应用。80年代末期和90年代初期发展起来的集高频、高压和大电流于一身的功率半导体复合器件表明传统电力电子技术已经进入现代电力电子时代。

（1）整流器时代。大功率的工业用电由工频（50 Hz）交流发电机提供，但是大约20%的电能是以直流形式消费的，其中最典型的是电解（有色金属和化工原料需要直流电解）、牵引（矿井电气机车、电传动的内燃机车、地铁机车与城市无轨电车等）和直流传动（轧钢及造纸等）三大领域。大功率硅整流器能够高效率地把工频交流电转变为直流电，因此在六七十年代，大功率硅整流管和晶闸管的开发与应用得到很大发展。

（2）逆变器时代。70年代出现了世界范围的能源危机，交流电机变频调速节能效果显著因而迅速发展。变频调速的关键技术是将直流电逆变为0～100 Hz的交流电。随着变频调速装置的普及，大功率逆变用的晶闸管、巨型功率晶体管（GTR）和门极可关断晶闸管（GTO）成为当时电力电子器件的主角。类似的应用还包括高压直流输出，静止式无功功率动态补偿等。这时的电力电子技术已经能够实现整流和逆变，但工作频率较低，仅局限在中低频范围内。

（3）变频器时代。将集成电路技术的精细加工技术和高压大电流技术有机结合，出现了一批全新的全控型功率器件。首先是金属氧化物半导体场效应管（MOSFET）的问世，导致了中小功率电源向高频化发展，而后绝缘门极双极晶体管（IGBT）的出现，又为大中型功率电源向高频发展带来机遇。MOSFET和IGBT的相继问世，是传统的电力电子向现代电力电子转化的标志。用IGBT代替GTR在电力电子领域已成定论。为了使电力电子装置的结构紧凑，体积减小，常常把若干个电力电子器件及必要的辅助器件做成模块的形式，后来又把驱动、控制、保护电路和功率器件集成在一起，构成功率集成电路（PIC），代表了电力电子技术发展的一个重要方向。新型器件的发展使现代电子技术不断向高频化发展，为用电设备的高效节材节能、实现小型轻量化、机电一体化和智能化提供了重要的技术基础。

除了器件技术的革命之外，各种新型线路拓扑技术、开关变换器技术、谐振开关技术、新型软开关技术、功率因数校正技术、环路控制技术和均流技术等都在不断迅速发展并在产品中得到广泛应用，从而使得包括UPS、IT设备电源在内的电源朝着更低的成本、更高的可靠性的方向上不断前进。

二、数据中心IT设备电源的发展

数据中心的IT设备主要包括服务器、交换机、网络路由器和存储器等，构成本书前面章节提到的IT平台。这些设备本身的电源系统主要是在晶体管兴起后发展起来，目前主要是以AC-DC型开关电源的形式存在。如图3-76所示。

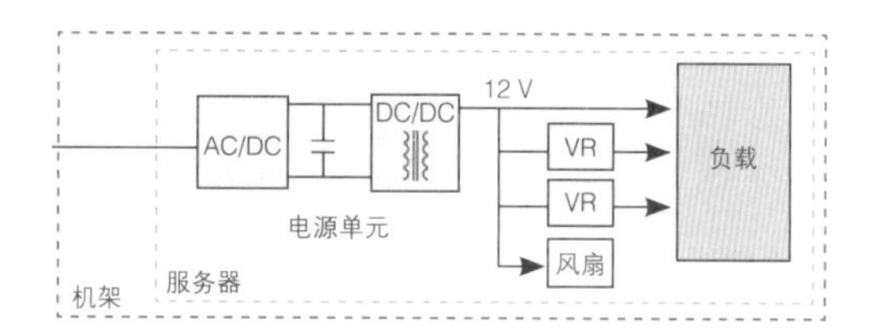

图3-76　IT设备电源拓扑示意图

近年来，IT设备的基本电路结构没有发生大的变革，而仅在细节上不断有改良。总的来说，IT设备电源朝着功率密度越来越高、效率越来越高、成本越来越低、应用方式越来越灵活、齐全的保护功能、智能化的监控与管理等方向上不断发展。

其中可靠性的提升始终是电源设计者最为关注的问题之一，为了提升可靠性，IT设备电源做出了冗余的设计，如图3-77所示。

图3-77　IT设备冗余电源实例图

这种冗余的电源设计极大地提高了IT设备用电的可靠性，而且从根本上对传统的供电方式提出了新的要求，为数据中心采取双路供电（2N）提供了最为重要的基础。

三、从标准的角度看供配电系统的发展

如前所述，器件及设备的发展已经为供配电系统的优化提供了坚实的物质基础，但IT设备要得到可靠的用电保护，还极大程度上取决于供配电系统的设计。设计必须依照标准，从以下几个关键标准在供电系统内容界定的演进状况，就能从另外一个角度观察供配电系统在最近十几年的发展。

GB 50174—1993《电子计算机房设计规范》中在其“第六章 电气技术”阐述供配电系统。从“第6.1.4条到第6.1.14条”涉及的供配电系统要件包括电力变压器、UPS、动力配电箱、柴油发电机和插座等。但是对于上述器件的组网和运行方式都未做详细的界定。此外，还有一些组件（比如自动转换开关）也未提及。这都客观地反映了在1993年或者以前的机房设计与建设相对初级的历史状况。

但在GB 50174—2008《电子信息系统机房设计规范》中，其在“8 电气技术”中对中压变配电做出了型号的规定“干式变压器”；对UPS的基本容量、旁路方式和回路配电方式等都做了明确的界定；对柴油发电的负载范围、运行方式和照明方式等都做了明确界定：要求市电和柴油机切换必须采用自动转换开关等等。除了这些，最为重要的是在其《附录A 各级电子信息系统机房技术要求》中按照机房的A、B、C三级对各子系统的建设和供电电源质量做出了详细的要求，从标准源头上厘清了供配电系统的设计和建设方式。

JGJ/T 16—2008《民用建筑电气设计规范》相比较其1992版，新增加了“23 电子信息设备机房”来专门阐述机房系统的建设，同时关于供配电系统的建设指导在其他相关章节也有大量叙述。

四、从系统的角度看供配电系统的发展

数据中心供配电系统在随着数据中心的大规模兴起的过程中，基本完成了从设备到系统、从单系统到冗余系统建设的阶段。随之而来的供配电系统的安全性、可用性、可维护及可管理的特性也都得到了极大的提高。

（一）从电源设备到电源系统的演变

对于以往的计算机或通信等重要设备，为了保证其运行的连续性和可靠性，都安装有净化电源、调压器直到UPS等电源保障设备。在计算中心、数据中心出现之后，电源保障性的要求有了大幅度的提高，单机的UPS电源已经不能满足可靠性的要求，于是引入了“冗余”的概念，产生了并联结构，包括“热备份”、“公共旁路”和“模块化”等，这种变化表现了从单一的电源设备向综合供电系统的演变。电源系统包含了从供电电源到UPS、再到负载之间的每一个供电环节，如图3-78所示。

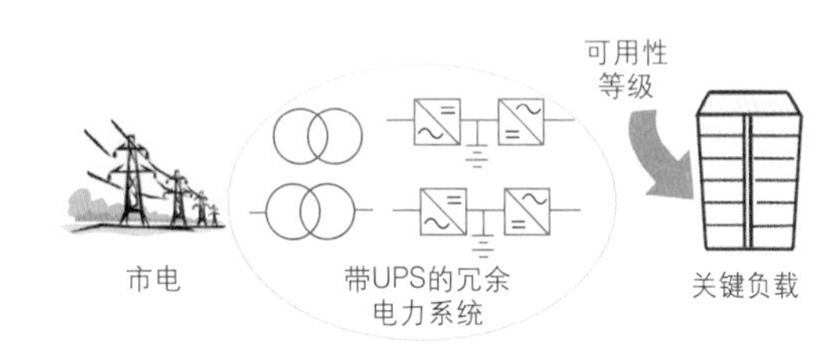

图3-78 供电系统示意图

（二）从单电源体系到多电源体系的演变

随着网络时代的到来，出现了大型的因特网数据中心、大型的网络通信中心，这些中心连续地读取数据、组成数据结构、备份数据并使数据传输保持完整性。数据处理量的增大，基础设施的规模也增大，需要更高的电源保障，即对可靠性又提出了新的要求。

以更高可靠性为目标的电源系统，要求不会出现供电的“瓶颈”现象或单点故障的可能性，即从供电电源到负载之间必须具有两条或以上的供电通路。以往的单一供电电路已经不能满足可靠性的要求，因此出现了以多路供电方式向负载供电的多电源体系，如图3-79所示。多电源供电体系的兴起是直接对应于IT设备冗余电源的大规模商用。多电源的供电体系是在GB 50174—2008中要求A级系统或者TIA－942中所述的等级3或等级4系统。

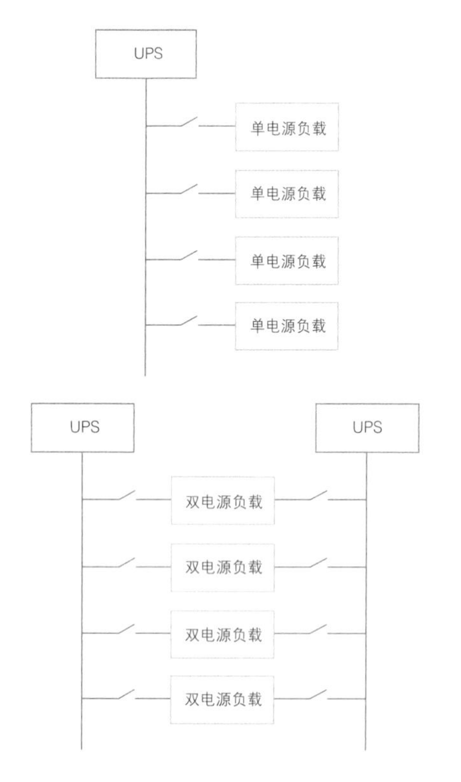

图3-79　两种电源体系

单电源体系。所有负载都由一套供配电系统供电。

多电源体系。负载由多套冗余供配电系统供电。

（三）从可靠性到可用性的演变

对于单独的电源设备，为了保证其供电的有效性，生产厂家总是力求提高电源设备的可靠性，即提高标志着设备自身可靠性的量化指标平均无故障工作时间（MTBF）。但对于一个供配电系统来说，单一的可靠性指标MTBF已经不足以描述电源系统正常工作的时间。

可用性定义。系统在使用过程中，可以正常使用的时间与总时间之比。它由可靠性指标MTBF和可修复性指标平均修复时间（MTTR）表示，可用性A＝MTBF/（MTBF＋MTTR），在概念上“可用性”是考虑从公用电网直到负载设备之间的所有供电环节的有效性。

“可用性”概念包含了多种关键因素：

（1）故障容错。延长负载输入端之前的电源系统MTBF的一种方法就是采用“故障容错”的结构。这种结构能够在出现各种突发问题所造成的非运行状态时（例如，市电停电、设备故障等等）允许电力系统以降级方式为负载供电，继续运行并产生效益。例如，备用发电机组供电是供电系统故障容错的一种形式，N＋1冗余结构就是UPS系统故障容错的一种形式，而静态旁路、维修旁路等是设备故障容错的一种形式。

（2）可维护性和可增容性。这是在考虑可用性的同时，必须考虑的使用要求。一个典型的数据中心可能是一个封闭的、高度安全的基础设施，至少由机械、电力、环境、消防和保安等10个以上的主要系统组成，它们之间相对独立而又相互联系，人为地干预某一个至关重要的设备都必须经过预先计划、受到控制、限定时间并需要高度的安全性（任何人为的错误都将导致灾难性的停机）。由于负载系统始终处于不断变化之中，例如设备的搬移或增加、电源系统的增容等，必须在这些变化发生时不会危及整个供电过程的连续性和可用性；同时对各种带电部件的维护，包括电缆和连接、电源到负载之间的供电路径等，必须是灵活且安全的。

（3）防止故障扩散。由于大多数的故障都发生在UPS的下线端，必须采用一种特殊的结构，以便能够消除故障扩散到各路电源上线的任何风险，否则可能会危及整个系统的安全；物理上将故障限制在电源系统的一个最小范围内，以便能够容易隔离故障并允许精确和快速的服务（减小MTTR）且更加容易地为其他负载提供一条冗余的供电路径。

（4）可管理性。有效的管理包括对电源系统提供运行的实时信息，对设备进行有效的监控（状态、报警等等），并通过先进的电源配电系统对各种电气参数进行测量，实现对负载的管理，甚至提供非常重要的信息来防止故障和预期可能需要的变化（如某个断路器可能具有过载的风险，某些支路存在着供电不平衡需要调整等等）。

3.6.3 从应用的角度看数据中心供配电系统的发展

数据中心供配电系统的发展和数据中心的发展直接正向关联。当前数据中心供配电系统建设的规模越来越大、对可靠性/安全性的要求越来越高、对于绿色节能的追求越来越迫切。为了提升管理水平，配电自动化的水平也越来越高。

一、功率密度也越来越高

数据中心中大量使用服务器等IT设备，其核心器件为半导体器件，发热量很大。以主要的计算芯片CPU为例，其发展速度遵循著名的“摩尔定律”，即半导体芯片上的晶体管数（密度）大约每18个月就翻一番。

以服务器为例，其功率密度在过去的10年中增长了10倍。这个数据基本意味着在单位面积的发热量也提高了近10倍。

与此同时，同等计算能力下，计算机集成度大大提高了。

二、供配电系统规模越来越大

正是由于数据中心业务的加速发展和数据中心功率密度的不断提升，数据中心供配电系统的规模也越来越大。规模增加主要有两层含义：

（一）用电规模越来越大

首先，数据中心的建设面积越来越大，上万平方米的数据中心在如今已不鲜见，而面积达数十万平方米的超大型数据中心也已经出现。

其次，数据中心设备机柜用电负载由以前的1～2 kV·A/柜，提高到3～6 kV·A/柜，对于超

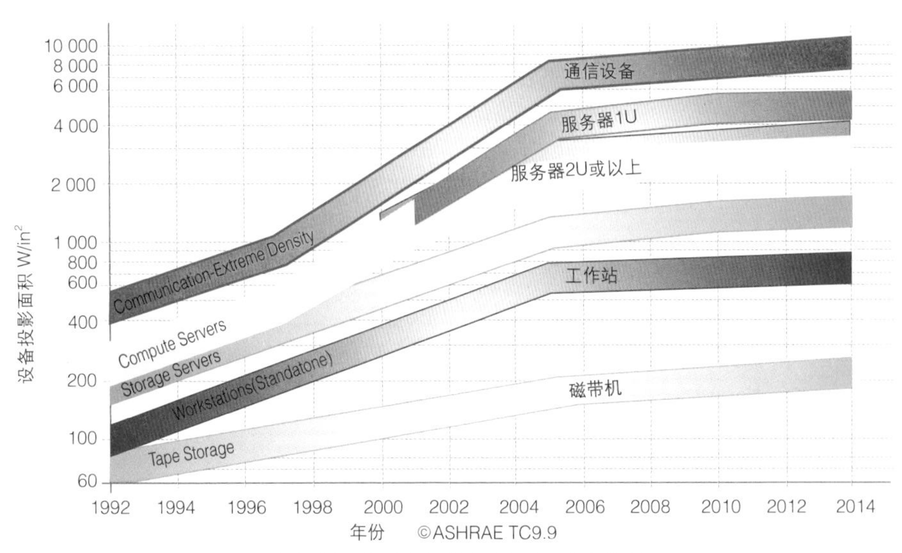

图3-80 数据中心各设备热密度发展趋势

资料来源：数据电信设备功率趋势和散热应用，ASHRAE，2005年美国采暖、制冷和空调工程师协会（American Society of Heating，Refrigerating，and Air-Conditioning Engineers，ASHARE）

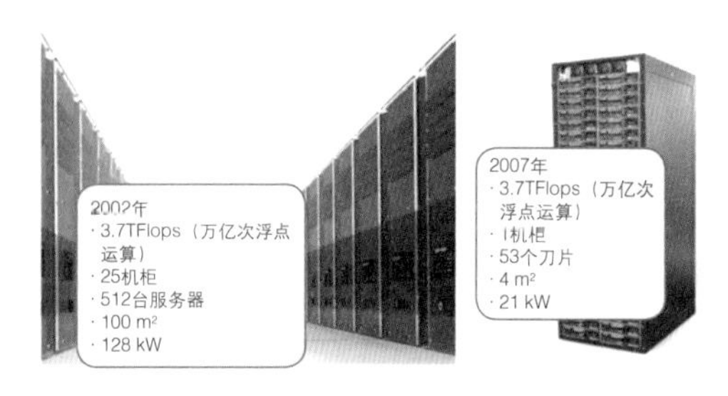

图3-81 同等计算能力下消耗的机柜，服务器数量，占地和耗电对比

过20 kV·A/柜的应用也经常遇到。同时，随着数据中心规模的不断扩大，对供电总容量的要求也从数千kV·A提高到数万kV·A。对于中压用电的需求正在从10 kV走向35 kV，甚至对于一些数十万平方米的数据中心已经提出了110 kV变电站的规划需求。

（二）供配电系统涉及具体的用电设备种类越来越多

数据中心供配电系统包含绝大多数民用建筑的供配电设备。由于数据中心是为数据及承载这些数据的IT设备服务的，因此，还必须提供专门为IT设备配套的供配电系统与产品（列头配电/机架配电等）。

三、数据中心供配电系统可靠性要求越来越高

系统的可用性是与共承载的价值成正比的。在通信技术、计算机与网络组成的IT基础设施中，数据中心（Data Center）则成为“集大成者”，其价值不言而喻。

具体到数据中心供配电系统，可以GB 50174—2008中最为基本的C级机房为例：C级数据中心供电系统（基本配置N）如图3-83所示，包括单路市电电源、低压配电系统、无冗余UPS系统和机柜专用配电系统组成了最简单的数据中心供电系统。

供电系统可用度为

$$A=[1-(1-A_1A_2)\times(1-A_3)]\times A_4A_5$$

上述分析表明如果要提高供配电系统的可用性，需要在哪些环节作出改进。

四、数据中心供配电系统的绿色节能

数据中心供配电系统的节能可以从配电节

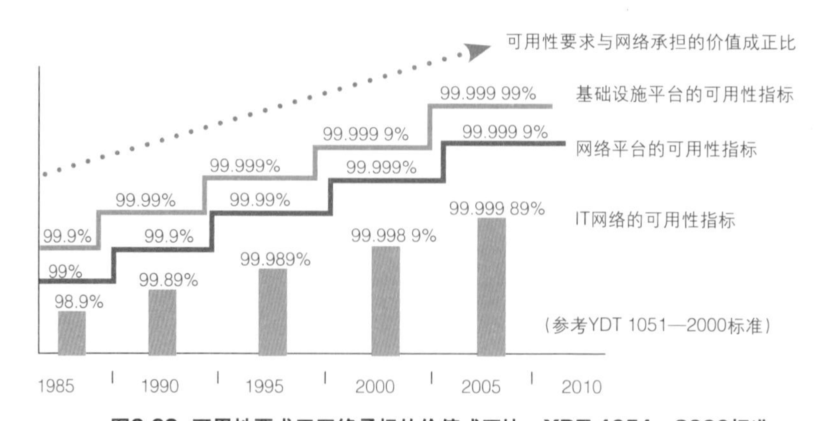

图3-82 可用性要求于网络承担的价值成正比，YDT 1051—2000标准

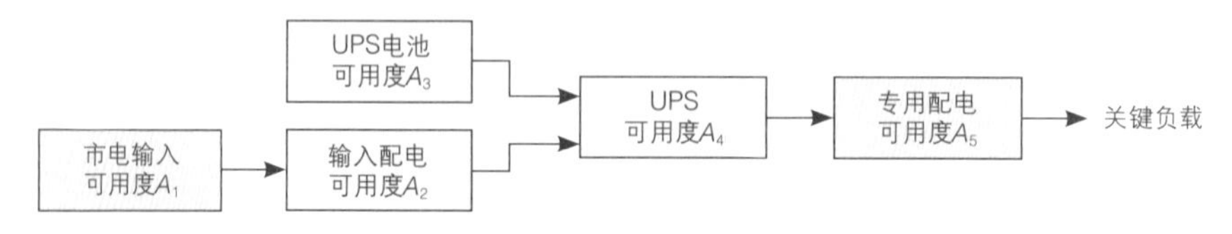

图3-83 国标C级数据中心供电系统可用度框图

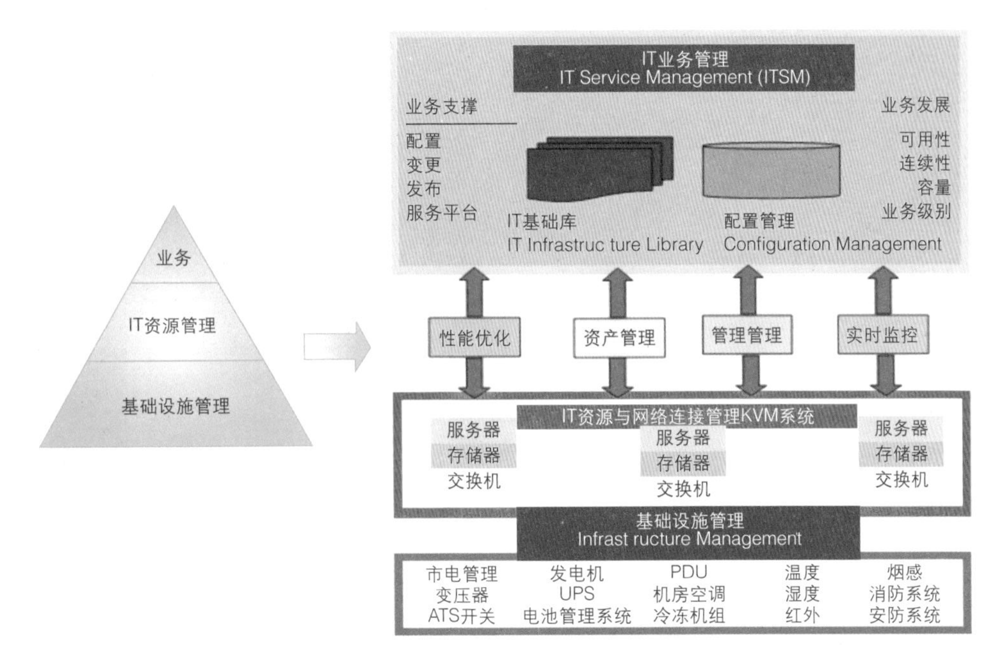

图3-84 数据中心的监控与管理系统的构成

能和供电节能两个方面进行：

（一）配电节能

供配电系统节能主要体现在提高供配电设备效率和输送效率，除了采用供电线路合理布局和变压器容量合理选择确保经济运行等有效措施外，选用高效变压器，采用无功补偿装置等节能产品和装置也是减少输配电损失的重要手段。照明节能设计也有较好的效果。

（二）供电节能

数据中心供配电系统中的UPS系统，既接受从市电电网供给的能量，又输出能量。在市电失效时，还可以通过化学能或机械能的方式给负载不间断地供给能量。供电节能主要是指UPS的节能，可以通过UPS自身效率的提升，提升UPS输入特性，合理地供电方案选择等方法实现绿色节能。

（三）配电自动化

数据中心供配电系统规模越来越大，也越来越复杂，已经很难再以人工的方式进行监控和管理，需要一种可以使用户在本地或远方以实时方式监视、协调和操作供配电设备的自动化系统。

数据中心的配电自动化大致可能会通过动力环境监控系统或者楼宇自控系统来实现。由于数据中心供配电系统对可用性和安全性有着极高的要求，所以“只监不控”的方式会被普遍采用。

高密度液冷解决方案-LCP

从单个机柜的冷却到整个数据中心的冷却，得力于带有智控制和灵活配置的EC风机技术，高效液冷系统能够保证温度的恒定，节能效率高达50%，优化运营成本，能够精确，快速消除单机柜10 kW～55 kW的散热，用于机柜级、机柜列级和房间级冷却。

图片由威图电子机械技术（上海）有限公司 提供

数据中心空调系统

Data Center Air Conditioning System

新一代数据中心基础设施的建设越来越重视关键设备产品和新技术应用，如何解决现代机房的散热难题，如何最大程度地做到节能降耗，是与此相关的每一个行业和厂商都要关注的问题。IT硬件产生不寻常的集中热负载，同时对温度或湿度的变化又非常敏感，温度或湿度的波动可能会产生一些问题，例如处理时出现乱码，严重时甚至系统彻底停机。这会给数据用户带来巨大的损失。空调系统可以对房间进行降温、减湿、加热、加湿、通风和净化等调节过程。机房空调机组性能需满足机房温度、湿度、气流与洁净度的要求，是数据中心空调系统的核心设备。数据中心对温湿度和洁净的要求比民用场合高，发热设备的功率密度大，热负载高，需要专门的空调系统保证。所以空调系统也有别于常见的民用空调系统，数据中心使用的空调习惯上称为机房空调。

第四章 数据中心空调系统

空调设备是一种人为的空气调节装置，它可以对房间进行降温、减湿、加热、加湿、通风与净化等调节过程，利用它可以调节室内的温度、湿度、气流速度和洁净度等参数指标，从而使人们获得新鲜而舒适的空气环境。随着应用领域的不同，空气参数的设定也会有所不同。

数据中心对温湿度和洁净的要求比民用场合高，发热设备的功率密度大，热负载高，需要专门的空调系统保证。所以空调系统也有别于常见的民用空调系统，数据中心使用的空调习惯上称为机房空调。

4.1 空调及其布置

4.1.1 机房空调概述

机房空调机组性能需满足机房温度、湿度、气流与洁净度的要求，是数据中心空调系统的核心设备，提供制冷、加热、加湿、除湿、送风和过滤等功能。

一、机房温度控制

空调系统的温度调节功能主要靠制冷循环系统实现。制冷循环系统有四个基本部件组成，即压缩机、冷凝器、膨胀阀和蒸发器。由管道将四部件连接成密闭系统，制冷剂在这个密闭的系统中不断循环流动，发生相态的变化，与周围环境通过气流循环进行热交换，从而达到制冷的目的。

（1）压缩机。制冷循环的核心，是制冷剂在系统内循环的动力装置，使蒸发器中的制冷剂保持低压，冷凝器中制冷剂维持高温高压。

（2）冷凝器。在冷凝介质的作用下，使压缩机排出的过热饱和蒸气冷凝为液态。

（3）膨胀阀。制冷剂循环流量的调节装置，它对高压液态制冷剂节流降压，使进入蒸发器的制冷剂在要求的低压下吸热蒸发。同时根据被冷却介质的热负载变化自动调节进入蒸发器的制冷剂的流量。

（4）蒸发器。经节流后的液态制冷剂在蒸发器中吸热汽化，使被冷却物质降温，实现制冷的目的。

（5）制冷剂。在制冷系统中不断循环并通过其本身的状态变化以实现制冷的流体介质。制冷剂在蒸发器内吸收被冷却介质（水或空气等）的热量而汽化，经压缩机压缩而变为高温高压的气体，在冷凝器中将热量传递给周围空气或水而冷凝。目前空调机组最常用的制冷剂为R22，可以在同样的制冷系统中取代R22的更环保的制冷剂是R407C。R407C对臭氧层没有破坏作用，但仍然是温室气体，仅仅是一种过渡型制冷剂。目前还没有完美替代R22的制冷剂。当采用R407C制冷剂时需要注意室外机配置，由于R407C的特性和R22有所不同，一般需要重新匹配较大散热量的室外机。

空调设备制冷具体过程如图4-1所示。液态制冷剂在蒸发器吸收房间空气中的热量由液态变成气态，其温度、压力均不变化，而房间内的空气由于热量被带走，温度下降。液态制冷

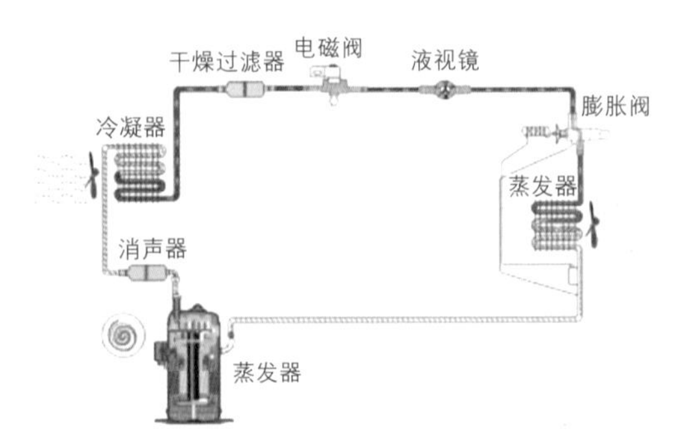

图4-1 空调设备制冷系统原理

剂在室内被汽化后，被压缩机吸入压缩成高压高温的蒸气，然后进入冷凝器，高温高压的气体制冷剂在冷凝器中与室外空气进行热交换，被冷却成中温高压的液体。此中温高压液体在经节流装置节流以后变为低压低温的液态制冷剂，再次进入蒸发器吸热汽化，从而起到循环的目的。

当需要加热时，机房空调一般采用电加热器，使房间的空气升温。从加热方式来看，主要为电加热，采用不锈钢加热器或正温度系数（PTC）加热器。

二、机房湿度控制

机房内的除湿也依靠制冷循环来实现，在制冷过程中，可以控制蒸发器表面的温度低于被冷却的室内空气露点温度，凝结水不断从蒸发器表面流出，达到除湿的目的。

机房内湿度过低时依靠加湿器加湿，加湿器把水汽化为纯净的水蒸气，通过送风系统把水蒸气送入机房，达到加湿的目的。

目前机房常用的加湿方式主要有红外线加湿和电极式加湿。

三、机房洁净度控制

机房洁净度的控制要从保持机房正压和空气过滤两个方面着手。机房正压通过送入新风和机房密封，使漏风量小于新风量来实现。通过空调机组回风口设置的过滤器以及选配不同过滤等级的过滤器达到控制房间内空气洁净度的目的。为保证机房的洁净度，过滤器一般为初效或中效过滤器。新风系统需要采用多级过滤（最后一级为亚高效），使处理后的新风洁净度优于机房的洁净度。

以上各部分组合起来，通过控制系统组成一个有机的整体，就构成了空调系统。

机房空调机组按送风方式分为下送风机组、上送风机组和水平送风机组；按是否自带冷源方式分为直接膨胀（DX）式机组和通冷水型（CW）机组：DX机组自身具有制冷冷源，CW机组自身不带制冷冷源，需要利用冷水机组提供的低温冷冻水作为冷源。DX组按冷凝器冷却方式不同又分为风冷机组、水冷机组和乙二醇冷机组等。近年来随着机房对空调要求等级逐渐提高，还出现了双冷源机组，即一台空调机组内包括DX和CW两种制冷单元，可以互为备份自动切换。

4.1.2 机房空调机组布置

机房空调机组需要根据机房形状、设备布局、送风方式和热密度等确定布置方式，下面介绍几种常见的布局方式。

图4-2所示为机房空调单侧布置方式，在数据中心中非常普遍，机房空调设备仅仅占用单侧地板面积，占用空间少。单侧布置适用于送风距离适中、中低热密度的数据中心。

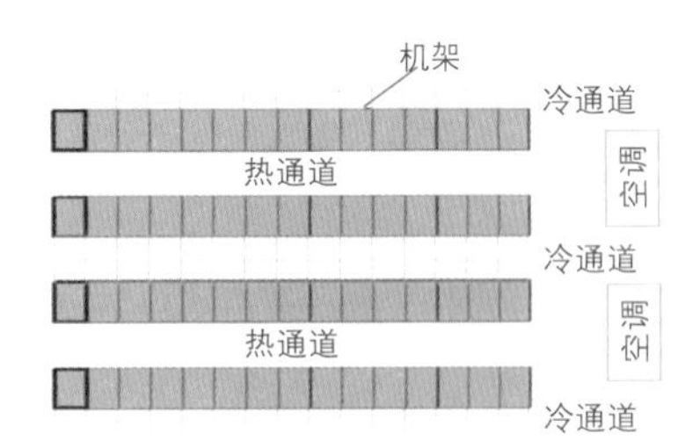

图4-2 空调单侧布置示意

机房空调双侧布置在目前数据中心向大型化、高热密度化发展的情况下有逐渐增多的趋势，如图4-3所示，双侧布置可以解决高热密度对冷量和风量的需求，在机房面积较大、送风距离较远时可以满足送风的需求。

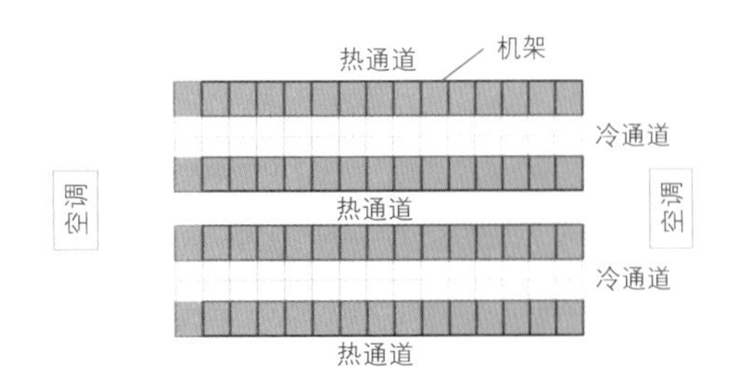

图4-3 空调双侧布置示意

在高热密度数据中心，经常采用机房空调

靠近热源布置，如图4-4所示，适应高热密度设备对冷量和风量的集中需求，并降低送风能耗，提高制冷效率。

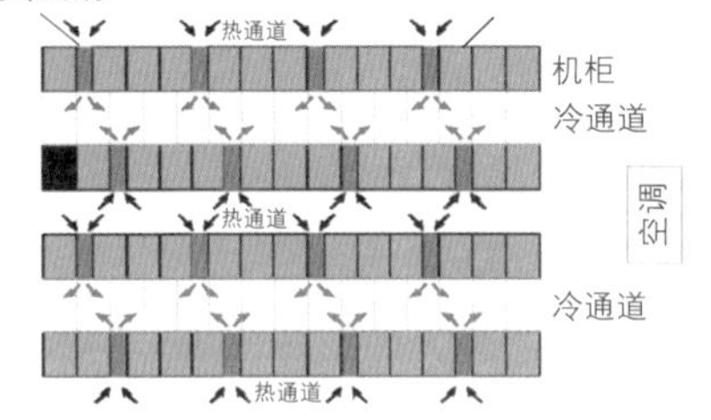

图4-4 空调靠近热源布置示意

4.2 数据中心的制冷量需求确定

在某一时刻为保持房间具有稳定的温度、湿度，需要向房间空气中供应的冷量称为冷负载；相反，为补偿房间失热量而需向房间供应的热量称为热负载。为维持室内相对湿度所需由房间除去或增加的湿量称为湿负载。

数据中心的冷负载可按照GB 50174—2008《电子信息系统机房设计规范》7.2节进行设计。根据7.2.2节规定，机房空调系统夏季的冷负载应包括：①机房内设备的散热；②建筑围护结构的传热；③通过外窗进入的太阳辐射热；④人体散热；⑤照明装置散热；⑥新风负载；⑦伴随各种散湿过程产生的潜热。其中电子信息设备和其他设备的散热量应按产品的技术数据进行计算。

根据7.2.3节规定，空调系统湿负载应包括人体散湿、新风负载、渗漏空气和维护结构散湿量。

（1）设备散热冷负载。机房内设备散热形成的冷负载占到总冷负载的主要部分，机房内设备主要包括服务器、路由器和网络设备等电子设备和供配电设备，均属于稳定散热源。大多数设备生产厂商均能提供计算机设备的电功率及散热量，设备电功率基本全部转换为散热量，一般在97%以上。

已知设备电功率为

$$P_s = k_1 k_2 P$$

式中，P_s为电子设备冷负载，单位为kW；k_1为负载系数，一般取值0.7～1.0；k_2为同时使用系数，一般取值为0.8～1.0；P为电子设备电功率，单位为kW。

每台服务器在出厂时均附有一个标称额定功率，它标明了该服务器的最大使用功率，但这并不代表实际使用功率，例如曾有标称功率700 W的服务器，实测正常运行时的功耗才为300 W。为了掌握服务器实际使用功率，往往需要利用厂商提供的功率计算器计算设备在当前配置时的功率需求。例如有服务器厂家提供在线功率计算，在输入了服务器所配置的处理器的频率、处理器数量、内存卡容量规模与数量、PCI卡数量、硬盘容量规模与数量之后，能够自动计算出该服务器有关功耗与发热量的参考值。

如果不知道设备的电功率，可以通过机房分期规划的设备功耗来估算设备的散热冷负载。

UPS设备本身也有发热量，一般大容量的UPS布置在一个独立的房间，它对室内环境的温湿度及洁净度也有一定的要求，UPS设备一般有风扇等散热装置。它的发热与其实际功率和功率因数有关，可参照厂商提供的数据。如没有给定数值时，可按下式计算

$$Q = P_o(1 - \eta)$$

式中 Q——散热量，单位为kW；

P_o——实耗功率（与安装功率不同），单位为kW；

η——效率，一般取0.85～0.95。

（2）围护结构的得热量及其形成的冷负载。围护结构形成的冷负载主要包括两方面：外围护结构（外墙、屋顶和架空楼板）的传热冷负载和内维护结构（内墙、内窗和楼板）的传热冷负载。

（3）通过外窗进入的太阳辐射热及其传热

形成的冷负载，通过外窗进入室内的热量有温差传热和日照辐射两部分。传热得热形成冷负载由室内外温差引起。日照辐射得热形成的冷负载，因太阳辐射到窗户上时，除了一部分辐射量反射回大气之外，其中一部分能量透过玻璃以短波辐射的形式直接进入室内；另一部分被玻璃吸收，提高了玻璃温度，然后再以对流和长波辐射的方式向室内外散热。

（4）人体散热形成的冷负载。人体散热与性别、年龄、劳动强度、衣着及进入房间的时间有关，包括显热冷负载和潜热冷负载。机房内人员较少或无人值守，常常可以忽略。

（5）照明散热形成的冷负载。照明设备的散热也分为对流和辐射部分，其中对流部分形成瞬时冷负载，辐射部分先由室内表面物体吸收，再通过对流的方式形成冷负载。

（6）新风形成的冷负载。机房内要保证正压，需要不断向机房内补充新风，新风全冷负载中分别包括显热和潜热形成的冷负载。新风冷负载最好设计专门的预处理新风处理机组来处理。

以上各部分冷负载中，第（2）～第（6）项形成的热湿负载占比较小，为5%～20%，部分设备发热量小的机房可能占到30%。大部分冷负载为机房内设备的发热造成的显热冷负载。第（2）～第（6）项冷负载的具体算法可以参考空气调节相关的规范和设计手册，或者计算软件，有比较成熟的计算方法。

4.3 数据中心的气流系统

为了对电子信息设备进行有效冷却，不但需要足够的制冷量，而且机房空调系统空气分布必须与机房冷负载相匹配。空调系统的气流分布应能满足发热设备本身的散热方式、设备布置方式、布置密度、设备散热量以及室内风速、防尘和噪声等要求，结合建筑条件综合确定。

数据中心机房空调系统的气流系统，简单地说就是送风口回风口的位置设计布置以及采用相应的风口形式。气流系统确定要考虑以下几个方面：

（1）设备冷却方式和安装方式，如目前较常见的设备和机柜的冷却方式都是从前面进风，后面或上部出风。

（2）冷量的高效利用。使散热设备的进风口在冷空气的射流范围内。

（3）机房建筑结构和平面布局。机房各个系统的建设要依托于建筑环境中，也受到这些因素的制约，如建筑层高、形状和面积等。

4.3.1 机柜的进出风方式

根据GB/T 15395—1994《电子设备机柜通用技术条件》、ANSI/EIA－RS 310－C和EIA/TIA 568的要求，服务器等主设备标准尺寸：宽度分别为19 in（1 in＝0.025 4 m）、23 in；高度以U为单位（1 U＝44.4 mm）。因而目前应用最多的是19 in服务器机柜，内部安装高度为42 U。最常见的深度为9～12 dm，如图4-5所示。

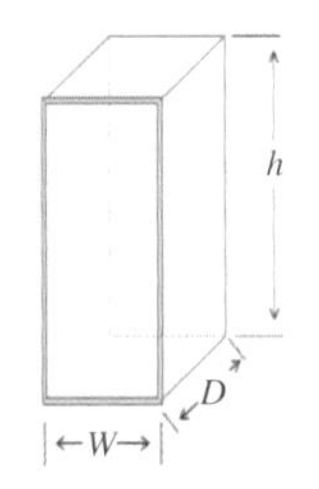

宽度W：19 in/23 in

深度D：600～1 200 mm

高度h：常见2 000/2 200/2 600 mm

42 U/46 U/50 U

图4-5 服务器机柜尺寸规格

服务器等IT设备功率密度的持续提高带来了机柜散热的问题。大部分机柜采用和服务器气流一致的前进风方式，出风方式以后出风为主，也有顶出风的方式。图4-6给出了几种常见的机柜进出风方式。

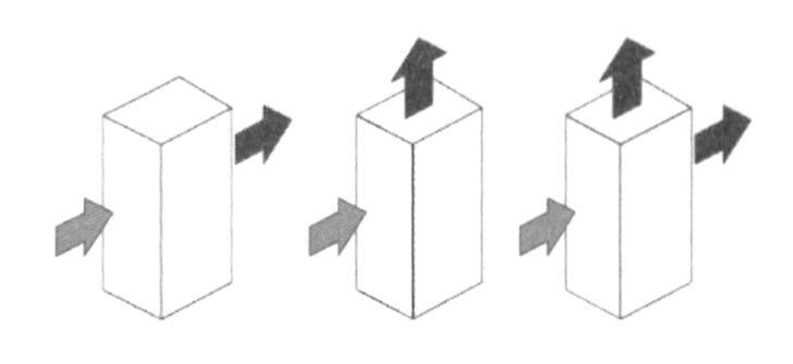

图4-6 常见的机柜进出风方式

由于采用了高热密度的设备，机柜内发热量大大提高，需要提高通风量以利于机柜内设备的散热，所以机柜多采用高通孔率的网孔门，基本采用前后网孔门，网孔门的通孔率取决于设备的发热量和通风量的要求。

机柜内的交换机、服务器等IT设备有大量的数据线缆和电力电缆，需要对这些线缆和电缆分别管理和配置。

在机柜内可加装气流隔离、导流附件装置，如盲板（假面板）、导流罩等附件，隔离冷热气流，减少气流阻碍，利于进出气流流动，利于机柜内发热量较大设备的散热。特别是在冷热通道布局中，需要使用盲板，将服务器机柜上空余的U空间封堵，减少冷空气与热空气的有害热交换。

机柜内电子设备发热量不同，所需的风量也不同，此外风量的大小还和机柜内电子设备进出风温差有关，电子设备设定的进出风温差越大，所需的风量也就越小。每千瓦设备散热量、进出风温差与进风量的关系，可参考表4-1。

表4-1　在不同进出风温差时的风量需求

温差ΔT/K	1 kW热量对应风量L/（m^3/h）
6	498
7	426
8	373
9	332
10	299
11	271
12	249
13	230
14	213
15	199
16	187
17	176
18	166
19	157
20	149

（续）

注：计算公式为$L=3\,600Q/(\rho P\Delta T)$，其中，$L$为风量，$m^3$/h；$Q$为发热量，kW；$\rho$为空气密度，$\rho=1.2\ kg/m^3$；$P$为空气比热容，$P=1.005$ kJ/（kg·K）；ΔT为进出风温差，℃。以上数据均为在标准大气压取值。

4.3.2 下送上回气流系统

数据中心机房内通常设架空的防静电活动地板，活动地板下的空间用作空调送风的通道。空气通过在活动地板上装设的送风口进入机房或机柜内。下送上回气流系统如图4-7所示。回风通过空调机回风口直接回风或通过在机房顶棚上装设的风口回至空调装置。对于中高热密度数据中心，宜采用下送上回的气流系统。

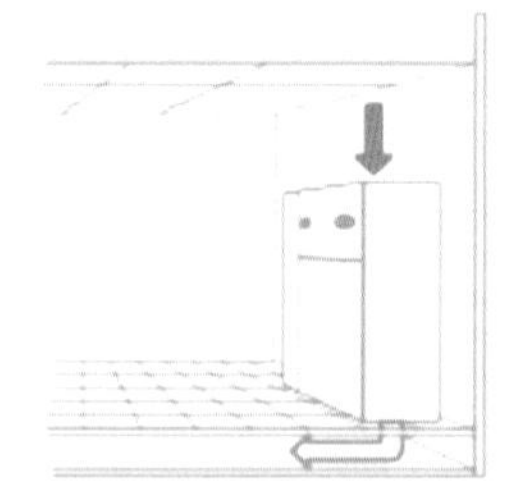
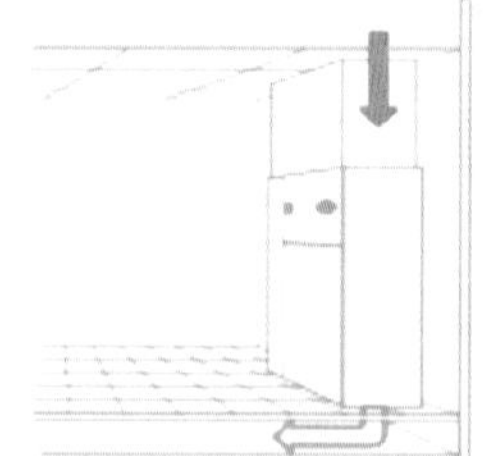

图4-7　下送上回示意

下送上回方式是大中型数据中心机房常用的方式，空调机组送出的冷气迅速冷却设备，利用热力环流能有效利用冷空气冷却效率，因为热空气密度小而往上升；冷空气密度大而往下降，形成气流的循环运动，这就是热力环流。热力环流不同于水平流动的风，它是空气上下的对流运动，冷热交换形成气流缓慢的运动。热力环流是气流运动的原始动力。

送风口安装在高架活动地板上，地板下的空间作为空调送风静压箱。静压箱可以稳定气流和减少气流波动，可使送风效果更加理想。空气经过地板上安装的风口向设备和机柜送风。下送风机房活动地板的空调送风风口一般布置在机柜进风口侧或机柜底部。送出的低温空气从机柜的进风口进入机柜，有效地提高了送入机柜冷却空气的质量，提高了机柜的冷却效果。

如果采用吊顶天花板回风，回风口可安装在天花板上，也可以利用微孔的铝材天花板回风。回风同样也是利用天花板与楼板之间的空间构成的静压箱回风。

下送上回风具有以下显著优点：有效利用冷源，减少能耗；机房内整齐、美观；便于设备扩容和移位。活动地板下用作送风静压箱，当计算机设备进行增减或更新时．可方便地调动或新增地板送风口。

采用地板下送风上回风，在设计中需要注意以下问题：

1. 保持活动地板下静压值

机房内活动地板下的空间用作送风风道，空气在地板下流动过程中有气压损失。如果送风距离较长，送风方向上的压差较大，不利于地板下保持均匀的静压值。如果地板下布设有电缆及通信线缆线槽，将会进一步增大送风气压损失，造成地板下的送风气压不均匀，所以尽量不要在地板下敷设各种通信线缆，同时要适当控制地板下送风的距离。

在送风通畅的地板下，静压分布也并不是完全均匀的。如图4-8所示，在空调近端A点，送风风速较高，动压较大，静压较小，在风量过大或地板高度较小的极端情况下，甚至会出现静压为负值的情况。地板下静压在距离空调设备一定距离的B点，地板下送风速度逐渐下降，静压达到最大值；B点后，静压和动压均逐渐减小。图4-8仅示意常见的机房地板下的静压分布，有的机房由于送风距离较短或者送风阻力较小，静压最大值可能出现在送风的最远端C点；有的机房由于地板高度较高或风速较低，在A点并不会出现负压的情况；有的机房地板和送风量匹配的非常理想，A点、B点和C点的静压会相差非常小。

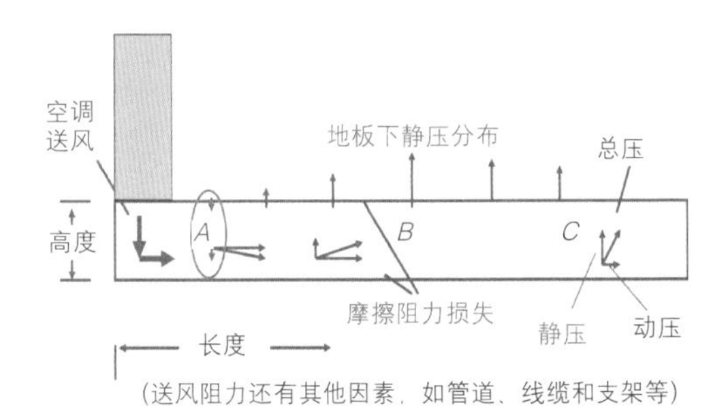

图4-8　地板下静压分布规律示意

2. 保证高架地板架空高度

地板高度的确定需要根据功率密度、机房形状和空调机组的送风量及摆放位置、送风距离和备份方式等确定。一般数据中心机房高架地板敷设高度宜在4 dm以上，有条件时应该尽量增加静压箱高度，这样可以保证不影响气流。在高热密度机房，地板高度一般需要在6 dm以上，有的机房地板高度甚至超过1 m。

3. 控制活动地板下送风风速

在图4-8中，如果地板下送风风速过大，A点送风口有可能会变成吸风口。为避免这种现象发生，一方面要尽量提高地板高度，降低风速；同时在风口板上宜安装调节阀，来调整局部的静压、动压值，以达到最佳送风效果。

机房内有多台专用空调机时，适当间隔一定距离布置，以利于活动地板下的气流分布均匀。

4. 核算确定机房空调的机外余压

在确定机房空调的风量、位置和架空地板高度等条件后，建议采用风管水力计算空调气流循环的阻力损失，已核算确定机房所需的机外余压值。

5. 送回风风道净化处理

为保证机房的洁净度，地板下和天花板上的送回风空间需做净化处理，装饰材料宜选择不起尘、不吸尘的材料。

4.3.3 上送下（侧）回气流系统

上送下回气流系统是空调送回风的基本方式。上送还可分为上送风风道送风或上送风风帽送风两种形式。图4-9所示为机房的上送风风道送风形式。

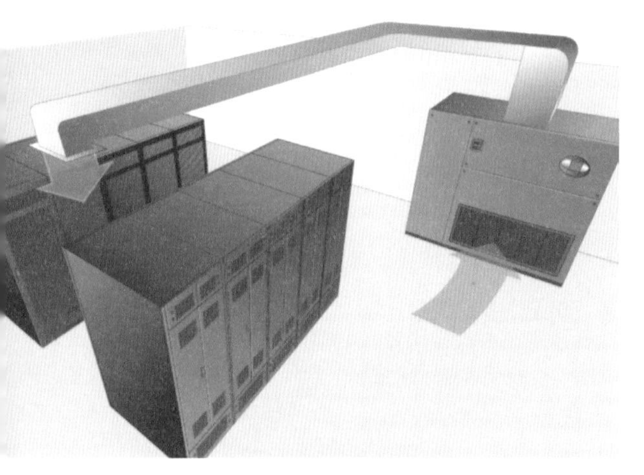

图4-9 上送风风道送风示意

空调送风经过风道送风到机柜上部，并在通道上方往下送冷空气，风道安装百叶送风口或散流器。如果风口送出的冷空气与机柜顶上排出的热空气，两股气流逆向混合，会导致进入机柜的空气温度偏高，从而影响了对机柜的冷却效果，笔者曾在调查中发现这类情况。由于机柜进风温度偏高，机柜内得不到良好的冷却效果，导致计算机不能进行有效的正常工作。所以建议在采用冷热通道布局的机房中向冷通道送风，回风可通过室内直接回风或风管回风。风道送风由于受风道尺寸和机房层高的影响，送风风量受到限制，而且现场调整比较困难，所以在高热密度场合应用受到限制。

风管上送风需要对送回风风管进行设计，风管设计的主要内容为风管的整体布局选定、确定风管的形状和选择风管的尺寸、计算风管的压力损失等。

（1）风管的整体布局选定。机房精密空调的风管系统不宜设计过大，一般最远风口到主机的风管距离最好控制在40 m以内。较大面积的机房最好将其分成几个空调区域，由空调风管子系统进行温湿度调节。一般根据机房的面积及形状大致有三种风管布置方法，如图4-10所示。其中图4-10a风管布局最为简洁，设计中只需考虑好风管的变径即可，工程安装最简单，工程造价最低，但各送风口的管道阻力很难设计均匀，空调效果很难控制均匀，较为适合机房面积在60 m^{2}以下，形状较为规则的机房；图4-10b风管布局最为常见，性价比最高，风管的设计及安装也较为简单，工程造价一般会比图4-10a高，其空调效果也比图4-10a好，设计时不仅需要考虑合理的风管变径，还要考虑好各支管的风量平衡，常见的机房一般推荐使用此种风管布局；图4-10c风管布局也使用得较为普遍，设计及安装较为复杂，工程造价最高，但各送风口的阻力平衡最好，容易调控各送风区域的送风量，空调效果最佳。设计时也只需考虑好合理的风管变径及各支管的风量平衡即可，非常适合机房环境控制精度较高的重要场所。

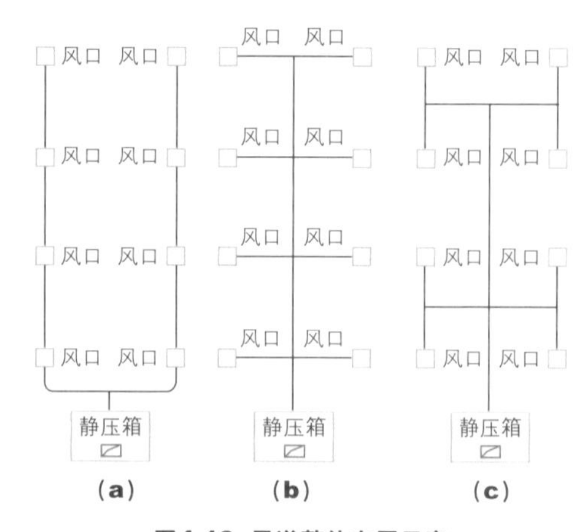

图4-10 风道整体布局示意

（2）确定风管的形状和选择风管的尺寸。常用的风管形式一般采用圆形或矩形风管。圆形风管的强度大，耗材料少，加工工艺复杂，占用空间大，不易布置得美观，常用于暗装；

矩形风管易布置，弯头及三通等部件的尺寸较圆形风管的部件小，容易加工，因而使用较为普遍。风管的尺寸主要由风管的风量及流速确定，而风管的风速又要根据机房的静音要求、风管的材料等来确定。

送风的风管可分为主风管和支风管。主风管一般从空调机组或静压箱直接引出，支风管引自主风管。根据相关空调设计规范，机房内的风管系统采用低速送风系统，风管风速选择见表4-2，推荐主管风速6～9 m/s，支管风速3～5 m/s。风管尺寸宽和高的比一般小于4。机房内的静压箱一般安装在空调上部，由空调送风口从下面送入静压箱。静压箱的尺寸可以根据具体需求设计，但是建议每个截面风速一般为3～5 m/s，条件允许的情况下，增加送风导流弯头或者导流，以减少送风阻力，实现送风量按照设计要求分配，满足机房内各区域机均匀散热的需求。

表4-2 空调风管风速选择

风管内的风速与噪声要求

室内允许噪声声级/dB	主管风速/（m/s）	支管风速/（m/s）
25～35	3～4	≤2
35～50	4～7	2～3
50～65	6～9	3～5
65～85	8～12	5～8

GB 2887—1989建议送风风口不大于3 m/s。送风风口主要有散流器、条缝风口和百叶风口等形式。在主设备机房及功率较大的机房内，常用条缝风口或者百叶风口，可以实现送风口终端风量和风向的局部调整，保证重点区域送风气流的有效性。在电池室以及监控室等负载不大的区域及工作人员区域，可以采用散流器风口，保证工作区域人员的舒适性或者电池室等大空间环境的均匀温湿度。常用风口与风速选择数据见表4-3。

（3）计算风管的压力损失。风管设计时，应尽量使风管系统中各并联环路之间的风管阻力相当，以达到各送风口风量均匀的目的，设计要求规定各并联环路之间的压力损失的差值应保持在小于15%的范围内。管道的阻力主要包括管道沿程阻力和管道局部阻力。

上送风风帽送风下回风通常可在建筑层高较低时，机房面积不大时采用，如图4-11所示，但要保证送回风气流畅通，不被设备阻挡。上送风风帽送风安装最为简便、整体造价较低，对用户房间的要求也较低，在机房室内净空较低以及计算机设备热密度较低时可采用此送风方式。

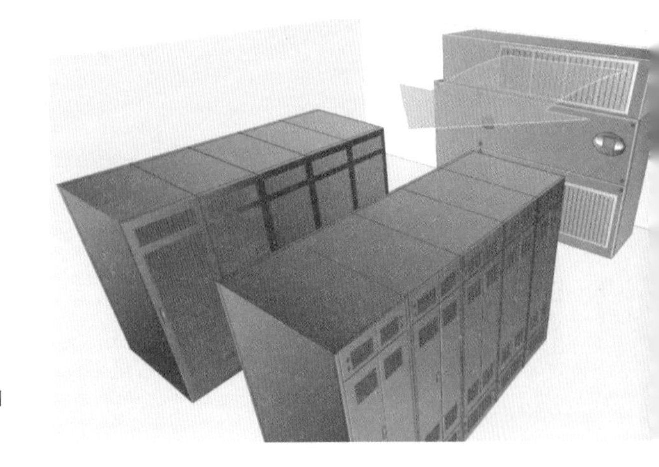

图4-11 上送风风帽送风示意

表4-3 风口与风速选择

使用区域	送风口形式	最大送风速度/（m/s）
主设备机房、负荷大区域	条缝口、百叶风口下送风	2～4
电池室、工艺间等	孔板下送	3～5
电池室、监控机房	散流器	2～4

上送风风帽送风机房温度场均匀性较差，同时风帽送风气流容易被机柜阻挡，不能形成一个通畅的气流回路，造成局部滞流或出现小区的涡流。机房内出现的不均匀温度场，影响着部分机柜散热的冷却效果。此种送风方式还要求设计考虑机组回风通畅，回风口前1.5 m以内无遮挡物。

上送下回气流系统宜用在机房热密度较小的数据中心，这种方式用在大型的IDC机房，冷却效果不如地板下送风。

4.3.4 局部区域送回风方式

随着高功率电子设备的逐渐应用，传统的送风方式常常会力不从心，如下送风地板高度越来越高，上送风常常会造成局部过热等。数据中心就有了针对高热密度的方案，此类方案其中的一个理念就是把空调设备安装在靠近局部高热密度的机柜附近，如安装在机柜侧面、上部或背部等，并从机柜出风口吸热风，向机柜进风口吹冷风。如图4-12、图4-13所示形成局部的送回风，提高冷却效率，降低风机功耗。

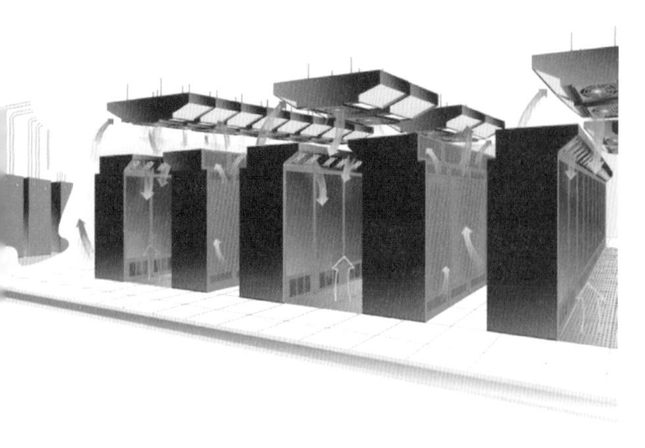

图4-12 局部区域送回风－吊顶式送回风

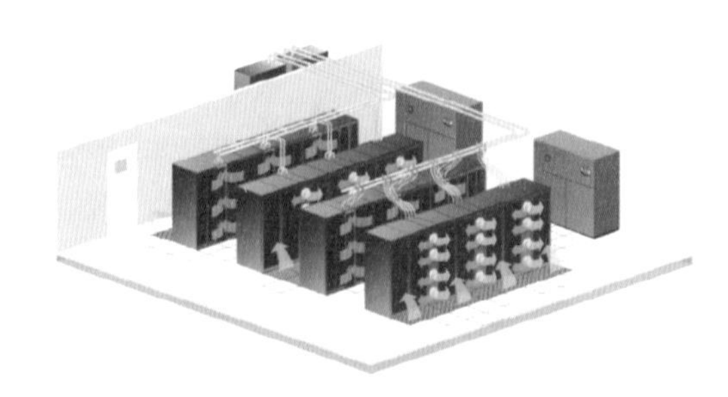

图4-13 局部区域送回风－水平前送风后回风

4.4 空调系统的冷却方式选择

空调系统需要不停运行将机房内的热量转移到机房外扩散到大气中，才能保持机房的环境，热量向大气散热的方式多种多样，这决定了机房专用空调设备制冷系统形式的多样化，可以根据数据中心的特点，选用不同的空调系统：直接膨胀（DX）式机房空调机组主要冷却形式有风冷式、水冷或乙二醇水冷式；冷水（CW）式空调系统由风冷（水冷）冷水机组、冷水式机房空调、冷却塔（配合水冷/冷水机组使用）和水泵等组成，还有直接膨胀式＋冷水式的双冷源空调方案。

4.4.1 风冷式系统

一、风冷式机组的组成及工作原理

风冷式直接蒸发系统使用制冷剂作为传热媒介。机组内的制冷系统由蒸发盘管、压缩机和冷凝器等制冷管路组成，如图4-14所示，将远端的风冷冷凝器与室内机相连接，整个制冷循环在一个封闭的系统内，从而吸收房间内的热负载并排放到大气中去。风冷冷凝器要根据安装地的夏季环境温度、室内外机高差、管路

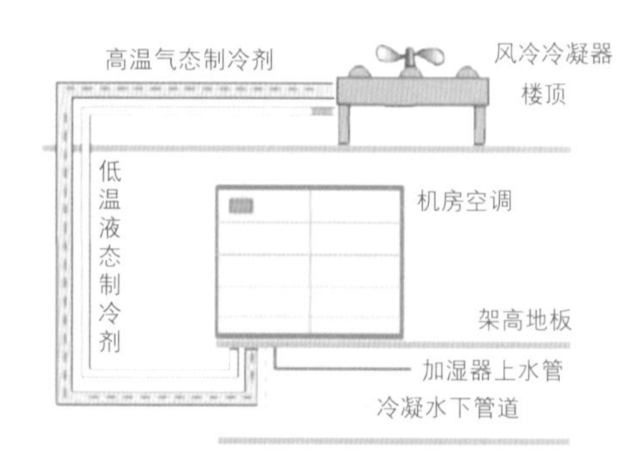

图4-14 风冷式系统原理图

距离及室外机安装散热条件等因素综合考虑，配置合适的冷凝器，避免冷凝器散热不足，造成夏季高压报警等故障。当多台风冷冷凝器集中安装时，需要注意避免换热不足及冷凝器排出的热空气返流到冷凝器的进风口，冷凝器的间距和进风通路需要经过仔细核算。

二、风冷式机组的应用特点

风冷式机组在数据中心机房的应用广泛，它具有以下特点。

（1）优点：①每个机组都有自带的压缩机，可以在每个机房内实现$N+X$的备份方式，没有单点故障；②系统建设灵活，可以分期分批建设，初投资低；③室外机安装分散，不需太多考虑室外机承重问题；④没有水系统，机房内水的潜在威胁小；⑤日常维护相对简单，不需考虑水系统。

（2）缺点：①室内机、室外机距离和高差受到限制，室内外管路长度过长时无法使用；②室外机由于过于分散，需占用大量的面积；③多台室外机过密安装易造成过热。

4.4.2 水冷式系统

一、水冷式系统的组成及工作原理

水冷式系统与风冷式系统的不同之处是增加了一个水冷冷凝器，整个压缩机制冷循环均在室内机组进行，其吸收的热量通过水冷冷凝器传递给水，然后通过水循环散到室外。室外部分主要有开式循环和闭式循环两种方式。

开式循环系统原理如图4-15所示，由室内机、开式冷却塔、泵及相关的管路组成，室内吸热后的高温水经过冷却塔冷却回到水冷冷凝器，开式冷却塔内的水和空气直接接触换热，效率较高，但循环水有蒸发损耗而且比较脏，需要定期补水和水处理。在寒冷地区采用开式冷却塔系统需要有防冻措施，冷却塔关闭时需要把水放出。

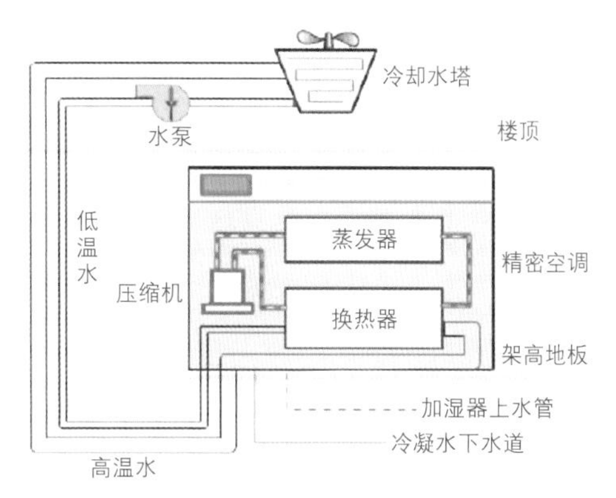

图4-15 开式系统原理图

闭式循环系统原理如图4-16所示，由室内机、闭式冷却塔（干冷器）、泵及相关的管路组成。闭式冷却塔或者干冷器内的液体并不与空气直接接触，换热效率较低，占地面积大于开式冷却塔，水处理比较简单，水损耗也非常少。如果在冬季采用闭式循环系统，可以采用一定比例的乙二醇水溶液。

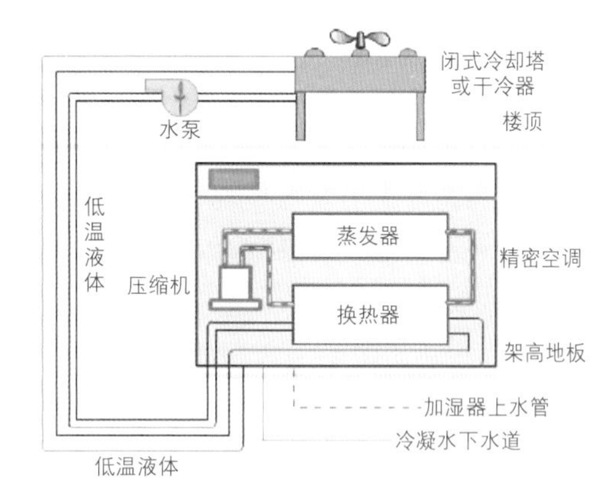

图4-16 闭式系统原理图

对于水冷式系统，整个数据中心可以采用一个冷却水循环系统，成本较低，但冷却水系统就成为整个空调系统的单点故障点，所以在对安全性要求较高的A级机房，需要采用双路冷却水系统设计。

从节能方面考虑，有的专用空调机组在水冷或乙二醇冷却系统的蒸发器上增加自然冷却用的盘管。在较低的室外环境温度下，通过中央控制器精确地控制阀门，自然冷却盘管将吸收室内全部的传热量。在换季期间，环境温度将降至机房所需的温度以下，自然冷却盘管将提供部分冷量以减少压缩机的运行时间，压缩机一般只需80%的输入功率，因此可以显著地节能。详细内容参见本书自然冷却内容部分。

二、水冷式系统的应用特点

（1）优点：①采用水系统，室内、室外机距离基本没有限制；②室外机组占地面积相对较小；③空调机组在工厂内就配好制冷系统，现场接好水管后即可投入使用，现场安装质量一般不会影响制冷系统的稳定性，而且水冷冷凝器有利于压缩机的稳定运行；④水冷式机房空调可以灵活分期建设，但冷却水需要一次性投资。

（2）缺点：①数据中心内部带有水循环系统，对数据中心安全运行形成潜在威胁，需要设置防漏水检测系统和防护措施；②施工工程相对复杂，需要有压力管道施工资质的工程队完成；③日常维护的工作比风冷型复杂；④冷却水系统存在单点故障问题，在对可用性要求较高的场合，需要采用冗余设计，如双回路冷却水系统。

4.4.3 冷水式系统

冷水式空调系统主要有风冷（水冷）冷水机组、冷水式机房空调、水泵和冷却塔（配合水冷冷水机组使用）等组成，其中冷水机组提供冷源，冷却塔在室外散热，冷水式机房空调利用冷水机组提供的冷冻水冷却机房，机房热空气通过冷水式机房空调的换热盘管时被冷却，冷冻水流量通过两通阀或三通阀进行调节，精确地保持机房内的环境，如图4-17所示。

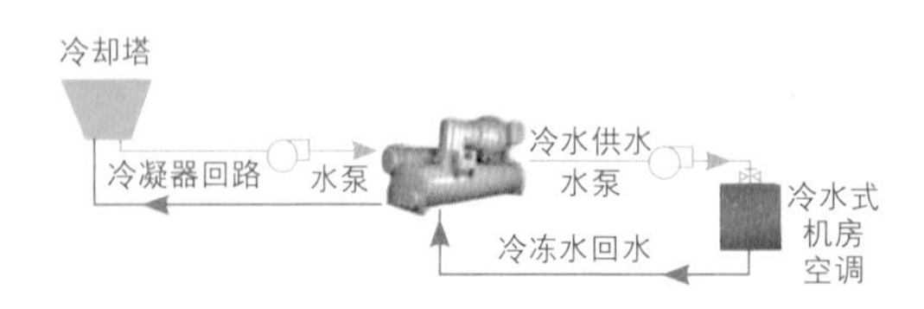

图4-17 冷水式系统原理图

冷水机组是中央空调系统的冷源，主要是指产生冷水的冷机。冷水机组按工作原理不同分为蒸气吸收式、蒸气压缩式等，其中压缩式制冷用途最为广泛；按压缩机类型又可以分为活塞式、涡旋式、螺杆式和离心式等；按冷却方式主要分为风冷式和水冷式。离心式冷水机组制冷量较大，通常在500 t以上；螺杆式制冷量一般在100～600 t；涡旋式冷水机组制冷量通常在100 t以下。

蒸气吸收式制冷在空调系统中大部分采用溴化锂吸收式制冷，用溴化锂水溶液为工质，其中水为制冷剂，溴化锂为吸收剂。吸收式制冷适合应用在有余热废热的场合，或者缺电的情况，它采用热量驱动系统运行，可以减少对电力的消耗。

由于空调系统冷源统一由冷水机组提供，如果出现故障影响整个数据中心的运行，所以在数据中心设计时冷水系统通常采用冗余设计，即采用两套冷水管路和冷水机组，提高系统的可靠性。近年模块化数据中心受到越来越多人的关注，如果采用模块化数据中心设计，就可以采用多套中小制冷量的冷水系统，避免了制冷系统过于集中造成的潜在风险。另外，建议设立蓄冷装置，能够在冷水系统故障时短时间提供冷源，给解决故障和IT系统备份提供宝贵的时间。为提高数据中心内机房空调机组的安全性和备份能力，可以采用双盘管冷水式机房空调，即在一台机房空调内安装两套独立的制冷盘管和控制阀门，能够控制来自两个独立系统的冷水来源，当其中一套冷水系统故障时，还能继续保证冷量的供应，提高数据中心冷却的可靠性。

在设计中央空调方案时，应尽量选取能效比较高的冷水机组，并在条件合适的区域考虑采用自然冷却方案。

冷水机组的能效比与其负载率有关，而且并非100%负载时能效比最高，图4-18所示是某厂家2 100 kW的冷水机组能效比和制冷量的关系。可以看出负载率在40%～80%时冷水机组能效比较高（不同冷水机组的高效区间不同，具体项目请查阅相关资料）。所以在选择冷水机组数量、制冷量和备份方案时应了解冷水机组的高效运行负载率范围，使冷水机组尽可能多的时间运行在高效区间。

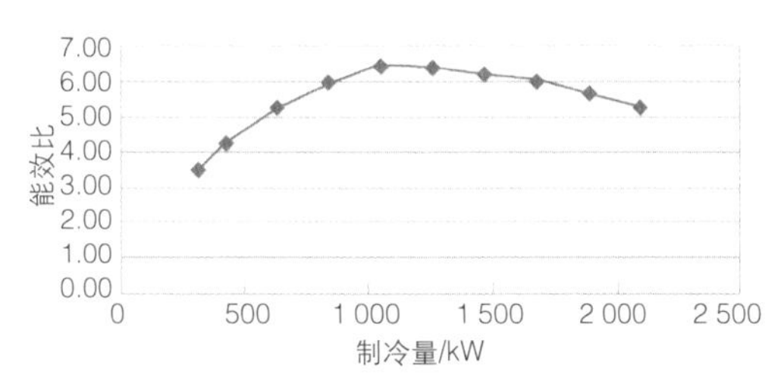

图4-18 某2 100 kW冷水机组能效比和制冷量的关系

（1）优点：①中央冷水机组能效比较高，但系统能效比需根据具体设计评估；②便于集中管理；③室外冷却塔占地面积较小；④可以较容易采用自然冷却方案，降低运行费用。

（2）缺点：①中央空调系统存在单点故障隐患，在可用性要求较高的场合需要采用冗余设计，费用较高，系统较复杂；②整体投资较大，且冷水系统需要一次性完成投资；③低负载运行时的能效较低；④数据中心内部有水循环系统，需要设置防漏水检测系统和防护措施；⑤日常维护的工作复杂，需要冷水机组的维护人员。

4.4.4 双冷源系统

由上述三种基本的冷却方式可组成不同类型的双冷源系统，如风冷＋冷水系统、水冷＋冷水系统。

一、风冷＋冷水系统

风冷＋冷水机房空调由风冷系统和冷水系统两套冷却系统组成，如图4-19所示，通过控制器控制系统运行，通常将风冷系统作为冷水系统的备用系统，增加了机房的安全性和附加备份。

二、水冷＋冷水系统

水冷＋冷水空调系统分别由水冷和冷水系统的两套冷源组成。

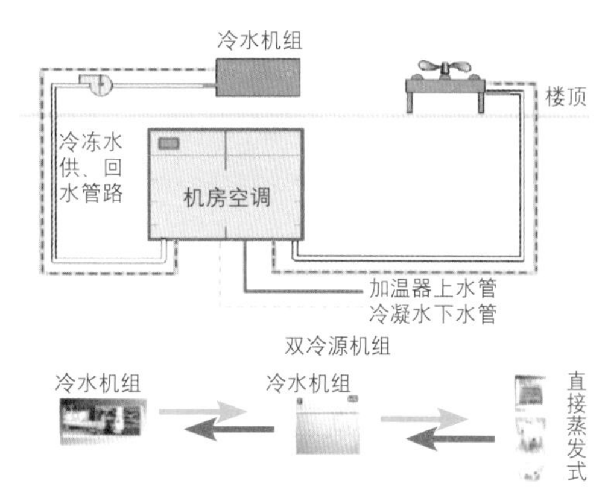

图4-19 风冷双冷源式系列原理图

三、双冷源系统的应用特点

（1）优点：双系统互为备份，安全，可靠性高。

（2）缺点：①初投资较大；②管线较多，占用空间大，给安装带来麻烦；③维护工作量大，费用高。

4.4.5 自然冷却方案

数据中心内设备发热量大，空调设备能耗很大，其节能方案也就被各方广为重视。从冷却方案上看，数据中心比常规的商业建筑有一个得天独厚的条件，即数据中心需要全年制冷，室外温度低于数据中心内部温度时，仍然需要空调提供冷量，如果把室外自然界的低温冷源直接用来冷却机房，就可以节省大量的能耗，这类方案统称为自然冷却方案。此类方案可以有多种方式，下面对几种重要的方案分别予以介绍。

（一）新风自然冷却方案

在室外温度低于室内温度时，直接引入室外新风冷却机房是最容易想到的自然冷却方案。直接新风自然冷却方案由于其鲜明的优缺点一直受到大家的关注，也产生了巨大的争议；其优点是初投资低，实现方案简单，而且选对地理位置和季节时节能率非常高；但其缺点也同样突出，新风引入机房内会污染机房，主要包括灰尘、湿度和二氧化硫等成分，如果使用这种新风，会威胁到设备的安全运行，造成IT设备故障和寿命下降，总成本上升。最早期的直接新风自然冷却就使用了这种类似于“门窗大开”的方式，该类数据中心常见于运营商基站的机房、少部分具备合适的环境和区域的通局机房。改进的新风直接自然冷却方案可以将符合温度条件的室外冷空气通过化学过滤、湿度等综合控制手段后变成达到数据中心空气环境标准的冷空气送入数据中心，但这种方案会提高湿度控制和化学过滤等方面的成本，所以需要认真核算投资回报率。

为避免传统的直接新风自然冷却的缺点，也有少数数据中心采用间接新风自然冷却方案。这类方案采用一个空气-空气换热器，使室外低温空气的冷量通过换热器传递给室内高温空气，室内外空气完全隔离，避免外部新风进入机房内造成的污染等问题。但此方案也有比较明显的缺点，由于空气-空气换热效率的问题，换热设备尺寸非常大，占用巨大的空间，而且节能率也大受影响，所以在数据中心领域的应用也较少见。

（二）冷水系统自然冷却方案

目前越来越多的冷水系统应用于数据中心，在冷水系统上如何高效安全的应用自然冷却是近来关注的热点。数据中心冷水系统分为风冷系统和水冷系统。风冷型的自然冷却方案一般集成在冷水机组上，由厂家直接提供带自然冷却功能的风冷冷水机组。在北方寒冷地区（历年最低温度低于0 ℃）采用自然冷却时需要注意冷水系统的防冻问题，或者选择采用防冻剂。

水冷系统的自然冷却一般是在冷却水和冷水回路之间增加换热器，如图4-20所示。在室外温度较低时部分开起冷水机组或者关闭冷水机组，直接用低温冷却水作为冷源。水冷系统的自然冷却方案一般由设计单位设计，可以有多种设计方案和控制逻辑，并由相关的厂商提供相应的设备。同样在北方寒冷地区（历年最低温度低于0 ℃）采用自然冷却时需要注意室外冷却水管道及冷却塔的防冻问题。

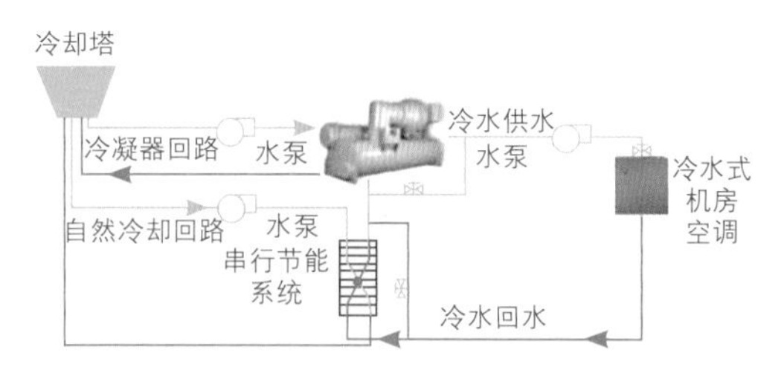

图4-20 冷水系统自然冷却方案示意图

水自然冷却一般应用于大中型数据中心，可以根据具体情况选择不同的自然冷却方案，但需要充分考虑切换时的逻辑设计，并考虑出现意外时的应急方案，避免风险。

（三）风冷机房空调自然冷却方案

目前风冷机房空调的应用仍然占据了主流地位，在风冷机房空调机组上实现自然冷却方案将会给行业带来最大的节能效果。在室外低温时采用制冷剂泵代替压缩机循环制冷剂，在室外机吸收室外冷量，在室内换热器吸收机房热量冷却机房，可以实现自然换热冷却，泵的功耗仅仅是压缩机的1/10到几十分之一，节能效果非常显著。由于循环的制冷剂在室内外换热器会有蒸发和冷凝过程，所以所需的流量小于水，泵的功率小，效率较高。

以前受制于各种技术因素，在风冷机房空调上采用自然冷却的方案均没有成熟的产品，但近几年已经有厂家推出了相关的产品。应用领域可以覆盖到秦岭以北的广大北方区域。如果随着机房冷热气流的隔离，回风温度的升高，甚至能在长江流域使用。

此方案的优势在于可以在采用风冷机房空调的任何大小和种类的机房使用，应用面极广，较好地利用原有风冷机房空调的投资，共用了风机、散热器的部件。而且既可在新建机房使用，也可在老机房进行改造。其节能率较高，据某公司的实测数据，在内蒙古某机房室外0 ℃时，制冷运行工况节能率达到了40%。由于没有新风进入机房，也就不存在新风冷却存在的种种问题。

（四）乙二醇自然冷却方案

乙二醇机房空调室外采用干冷器散热，冷却液为乙二醇的水溶液，在冷凝器中与制冷剂交换热量。如果在室内机组上增加一节能换热盘管可实现自然冷却，如图4-21所示。当室外温度低于室内合适温度时，可以直接把经过室外冷却的乙二醇溶液通入增加的换热盘管，直接冷却机房，可以减少压缩机的运行时间，降低能耗。

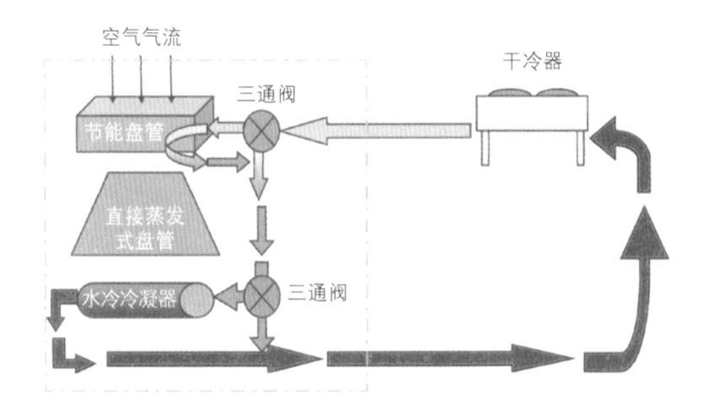

图4-21 乙二醇自然冷却方案示意图

此方案的优势在于室内外机组的距离基本不受限制，但节能率低于上述方案（二）和方案（三），而且必须是在用乙二醇冷却的机组上进行，应用的范围较窄。

4.4.6 各种冷却方式对比

针对上述介绍的几种空调系统形式，从系统组成、优劣势和适应环境范围等方面进行综合性的比较，具体的内容可参见表4-4。

4.5 空调设备的选择

数据中心空调设备的选择需要考虑机房等级、制冷量需求、气流系统方式、冷却方式、机房形状和设备布局等因素，同时应符合运行可靠、经济适用、节能和环保的要求。

4.5.1 空调设备选择原则

数据中心主机房和不间断电源室应选用机房专用空调机组，满足机房大风量、大发热量和连续运转等需求。空调机组的制冷量需要有15%～20%的备份。

为保证数据中心的可靠性，A级和B级机房内空调设备应设置备份机组，超过5台空调机组的机房建议至少采用2台备用机组。

选用机房专用空调机时，空调机宜带有通信接口，通信协议应满足机房监控系统的要求。空调设备的空气过滤器和加湿器应便于清洗和更换，设备安装应留有相应的维修空间。空调设备需要和消防进行联动。

为保证机房正压和人员需求，需选配新风机组。如果是无人值守的密闭机房，尽可能减少新风量，降低运行费用。

4.5.2 空调设备性能要求

对于空调设备规格，按方案提出的制冷量、送风方式和冷却方式确定后，还需要关注空调设备性能要求。

（1）可靠性。设备的可靠性是最基本的要求，主要的衡量指标为平均无故障时间（MTBF）。但更重要的还是要了解厂商的实力、口碑与运行情况等。

（2）高效性。衡量空调设备效率的指标是能效比，能效比指的是设备在额定工况下静态的能效比，为反映数据中心全年制冷运行的特点，采用全年能效比（AEER）来评估机房空调能效，更接近数据中心空调设备实际运行的能效指标。

（3）智能控制。空调设备的控制系统要有良好的交互界面，一般为中文显示，可以显示室内当前的温度和湿度、温湿度设定值、运行状态及报警情况。还应从显示屏的主菜单上进入浏览各设定点、事件记录、图形数据和传感器数据以及报警设置等更详细的信息。为防止非法操作，宜有多级密码保护，同时具有掉电

表4-4 各种冷却方式对比

项目	风冷系统	开放式水冷系统	闭式水冷系统	冷水系统	双冷源系统
系统组成	主要由室内机和室外冷凝器组成	由室内机和室外冷却塔以及水泵等组成	由室内机和室外闭式冷却塔（干冷器）以及水泵等组成	由冷水机房空调和冷水机组、冷却塔及水泵等组成	由室内机、冷水机组、冷却塔及水泵、第二冷源的散热系统（风冷冷凝器、冷却塔和乙二醇干冷器等）组成
系统优势	系统简单，可靠性高；易于冗余和容错配置；具有自然冷却功能可选	室外部分占用面积小，室内外机不受距离和高差限制；夏季换热效率高	无水飘洒问题；无需水处理装置；选用乙二醇系统可适应低温运行，并具有自然冷却功能可选；室内外机不受距离和高差限制	冷量由冷水机组统一提供；室外机占地面积小；在大型数据中心有优势，具有自然冷却功能可选；室内外机不受距离和高差限制	系统的运行可靠性高；具有自然冷却功能可选；室内外机不受距离和高差限制
系统劣势	管道的长度及高差受到严格限制；需要合适的位置安装风冷冷凝器	系统组成复杂；需要进行水系统的清理和维护，有飘水问题；解决容错问题时成本较高	系统组成复杂；需选择合适的水泵和管路；成本较高	系统组成复杂；需要进行水系统的清理和维护，有飘水问题；解决容错问题时成本较高	系统复杂，由两套系统所组成；维护量大；成本非常高
适应环境	适应环境温度宽	适应温度环境窄，适合冬天不结冻的南方地区使用；在低温环境下需要采取防冻措施	适应温度环境宽，适合各种地区、各种位置使用	在低温环境下需要采取防冻措施	可根据不同的环境，选择不同的冷却方式
适应范围	适用的范围面宽；有适合安装风冷冷凝器的机房	适合室外机安装受限制机房；适合机房面积大，使用台数多的机房采用	适合在室外机安装距离较远的机房使用；在不同机房面积下均可采用	适合大型数据中心具有集中制冷系统的机房使用；制冷系统有备份和全年运行	适合配有冷水系统的机房使用；适合对机房可靠性要求极高的机房采用
维护和维修特性	维护简单	维护复杂，需定时清理水系统及机组	密闭系统维护相对简单	维护复杂，需要专门的人员对制冷系统进行专门的维护	两套系统维护复杂

自恢复功能和存储历史事件记录。

在一个场地有多台空调设备时，空调设备还需要有群控功能，控制系统可以根据现场情况将空调设备联动与群控，实现备份、轮巡以及避免竞争运行等功能，保证空调系统的可靠性和高效性，如果对空调设备能耗特别关注，还需要有能源管理功能的空调设备，采用智能的控制策略，来降低空调设备的能耗。

（4）可维护性。空调设备可维护性非常重要，空调过滤器、加湿器及室外机等需要定期更换和清洗，制冷系统、控制系统和风机系统等也需要定期进行检查，到厂家推荐年限还需要进行大修。为节省数据中心空间，空调设备最好为正面维护。

根据不同的数据中心，有时还会关注设备尺寸、可变容量等个性化的需求。

4.6 数据中心中高热密度解决方案

为了避免由于机房面积过快扩大以及随之而剧增的各种运行维护费用，用户要求大幅度缩小服务器以及存储设备和网络通信设备的占地面积并提高计算密度。随着机架式、刀片式服务器的应用，单机柜内设备数量、功率密度和发热密度都有巨大提高。例如42U高机柜内放置满机架式或刀片式服务器满负载运行，功率密度可超过30 kW，发热密度也相应达到30 kW左右。这一方面要求采用新的服务器设计和器件实现更高的计算密度；另一方面要求建设能够支持高密度计算机系统安全稳定运行的数据中心，即高密度计算数据中心。随着应用技术，如虚拟技术、云计算等技术的广泛应用，更是提高了服务器等IT设备的利用效率。

机房内常见的上送风、下送风等方案一般只能解决3～5 kW/机柜发热量的机房，其无法满足更高热密度设备的原因主要有以下几点：

（1）相对于固定的机房面积，增加数倍的空调设备及送风区域面积，数据机房的利用率及经济性将大大降低。

（2）沿用传统方式，风量无法满足，制冷量不足。

（3）制冷量无法合理送到设备进风口，无法针对不同的高发热量设备按需送风，冷量利用率低。

（4）发热密度超过5 kW/机柜，采用常规的机房空调地板下送风形式，会在机柜的顶部产生局部热点，容易导致设备过热保护。

高密度数据中心虽然可以提高能效，但同时在供电和散热两方面都对机房基础设施的容量规划、电源和制冷设施建设提出了更高的要求。为解决数据中心高热密度设备散热制冷问题，目前主要有高热密度区域解决方式、局部热点解决方式和高热密度机柜等方式。

4.6.1 区域高热密度解决方案

高热密度区域解决方式是将高热密度设备在机房内集中布置，形成高热密度区域或高热密度机房，在此区域采用相应的高热密度制冷方案。其核心理念是合理加大冷量供应、提高冷量利用率。具体方案为提高地板高度，使更大的风量和冷量能合理送到高热密度区域；减少冷热风的混合，提高制冷量的利用率。

地板高度根据单机柜热密度、机房尺寸及合理风速等因素综合考虑，一般高热密度机房地板高度应大于600 mm。

隔离冷热气流，防止冷热气流混合从而降低制冷效率的混合有多种方案，最常见的有冷热通道密封、地板下直接向机柜内送风、上送风风道精确送风等，但采用盲板密封机柜是基本的措施。图4-22所示为高热密度区域封闭冷风通道空间应用。

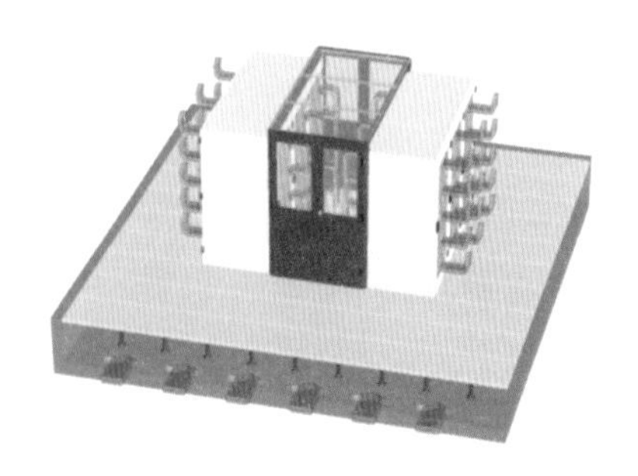

图4-22 高热密度区域封闭冷风通道空间应用

这些方案可以确保机房中冷热气流基本完全隔离，冷热气流不再有机会出现如图4-23所示的混合方式，机房空调送出的冷风全部用于设备制冷，将静压箱延伸到了机柜的正面空间，充分利用了机房空调的制冷量，提高了制冷效率，解决了设备的高热密度散热问题。这种方式需要将高热密度设备集中布置，进行集中统一的制冷、供电等管理。因而要求数据中心设计阶段作好规划，将高热密度设备与普通发热密度设备分开，集中布置与管理。

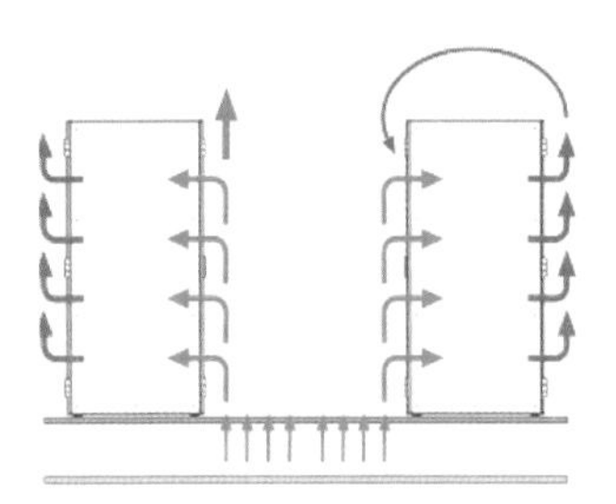

（a）高热密度区域冷风通道不封闭

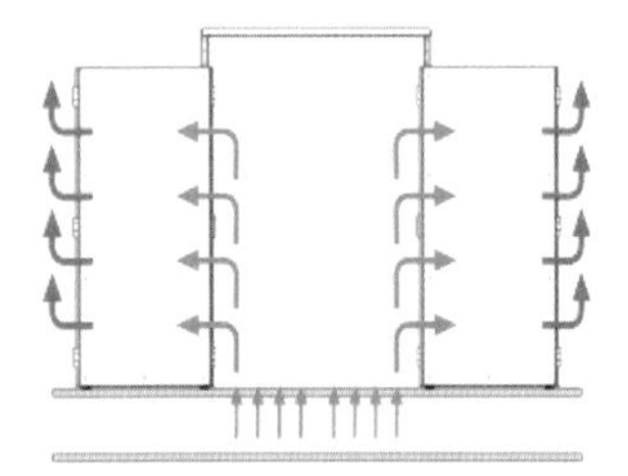

（b）高热密度区域冷风通道封闭

图4-23 高热密度区域通道气流对比

高热密度区域解决方案简单易行，在方案设计和实施良好的情况下，确保高热密度机柜内设备正常散热和工作，同时也能实现较一般机房空调送风方式更高的制冷效率，但这种方案可解决的高热密度范围不如下文介绍的其他几种高热密度制冷方式。

4.6.2 局部热点解决方式

局部热点解决方式是在机房空调对机房整体空气调节的基础上，针对高热密度设备发热量大而导致机房空调送风无法冷却的局部热点区域采取加强制冷处理。即在容易形成局部热点的区域，放置相应制冷终端，加强局部热点区域的制冷循环，确保机柜内设备正常散热和工作。

业界目前常用的方式有高热密度机柜侧面、顶部和背部加装制冷终端方式，冷却介质有氟利昂和冷水等。通过制冷终端内的冷却盘管冷却机柜背面排出的热风，直接向会产生局部热点机柜进风口送冷风，消除局部热点。制冷主机系统通过管道，为机房内各个制冷终端提供氟利昂或冷水，并带走制冷终端冷却高热密度设备排出的热空气产生的热量。采用这种方式，单机柜的制冷量可达到30 kW。这些制冷方式配合机房空调制冷系统，加强局部热点区域制冷的解决方式。

图4-24所示为在机柜列间增加空调制冷终端的方案，这种冷却方案占用了部分机柜空间，需提前进行规划。图4-25所示为机房顶部加装空调制冷终端的解决形式。这种方式不占用机房面积，但机房层高需满足设备安装要求，布置较为灵活，可根据机房设备布置情况，加装制冷终端。并可以根据扩容规划，在数据中心建设初期铺设管道，随着数据中心应用扩容，增加相应制冷终端和主机。

但这种在局部热点区域加强制冷的形式需要加装制冷终端，需要占用机房相关空间，因而要求数据中心设计阶段作好规划，以便加装相关设备和铺设管道。

通过采取冷热通道密封方案来更进一步提高应对高热密度的能力，同时进一步提高系统的效率，通道密封方案如图4-26所示。此类方案也可以在机房内单独使用，作为整个高热密度机房的解决方案。

4.6.3 高热密度封闭机柜

高热密度封闭机柜采用柜内冷却的方式如图4-27所示，机柜内设备运行发出的热量通过机柜内空气循环，经机柜内热交换器，通过水冷循环回路，传递到机柜外的冷水系统或机房空调系统中。封闭式水冷机柜在国内超级计算机中心有大规模应用。

高热密度机柜为封闭机柜，机柜内空气独立循环（见图4-27）。机柜内由风扇排出服务器排出的热风，送入机柜底部的空气－冷却水热交换器，将空气冷却，再送回服务器正面，完成机柜内空气循环，实现高热密度服务器的散热。

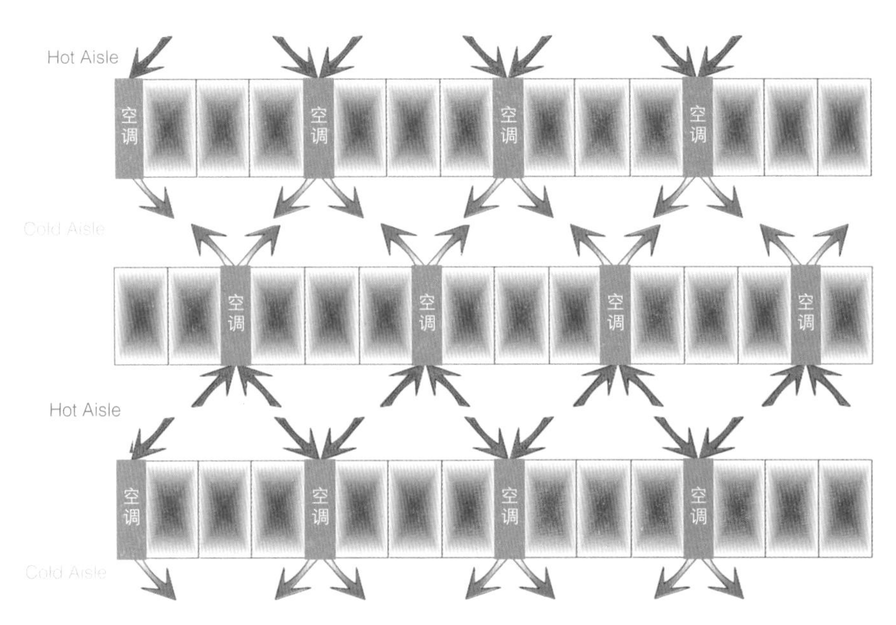

图4-24 机柜侧面安装空调终端形式

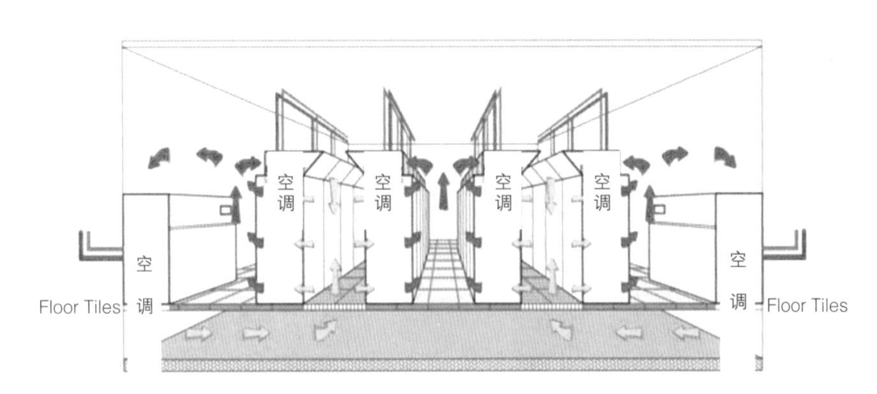

图4-25 机柜顶部加制冷终端形式

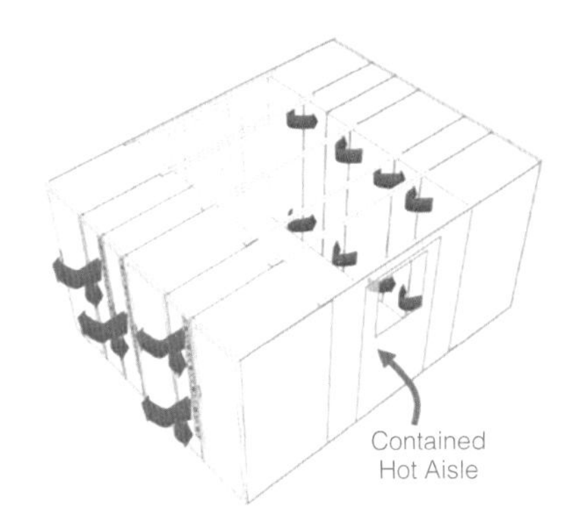

图4-26 高热密度区域封闭热风通道空间应用

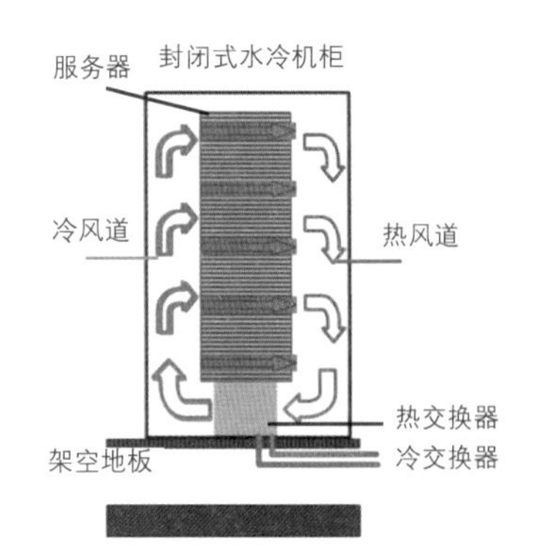

图4-27 封闭式水冷机柜工作原理示意图

采用冷水系统与高热密度机柜连接，带走机柜内热量，可满足单机柜高达35 kW的制冷量。机柜内空气循环，回路气流量小，温差大，环流路径短，热交换效率高。机柜风扇可根据机柜内温度高低调速，调节风量，并可充分利用服务器风扇，系统效率高。

另一种高密度制冷形式采用机柜级空调来实现，如图4-28所示。

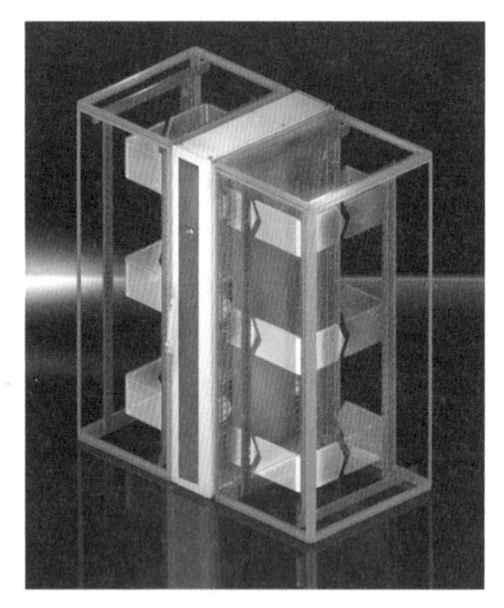

（a）3D视图

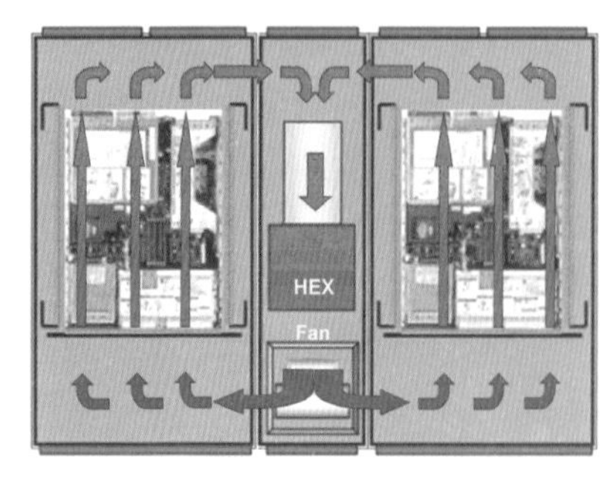

（b）俯视图

图4-28 机柜级空调的高密度冷却

机柜级空调与标准19 in机柜严密并柜形成封闭的整体，气流组织描述如下：

（1）从空调换热器（见图4-28中HEX）出来的冷气（见图4-28中蓝色箭头）被风扇直接送至IT设备前端。

（2）冷空气经过IT设备后，吸收IT设备的散热变成热空气（见图4-28中红色箭头），并被排至IT设备后端。

（3）在负压作用下，热空气被吸入机柜级空调，经过空调换热器后被冷却为冷空气，然后被空调风扇再次送出，进入下一轮循环。

相比图4-27封闭式水冷机柜“垂直＋水平”的送回风方式，图4-28的机柜级空调采用完全水平送回风的气流方式，因此，无论IT设备安装在机柜42U高度上的哪个位置，都能均匀获得相应的冷空气。得益于更短的环流路径，更高的换热效率，以及全封闭的制冷结构，冷冻水型机柜级空调能够满足单机柜高达55 kW的制冷量需求。

上述两种高密度冷却形式机柜完全封闭，制冷循环在机柜内完成。机柜与机房环境基本独立，利于迅速、准确控制每个机柜内环境，减少制冷能量在机房内的浪费，并可减少机房内大量的噪声。

由于封闭式机柜需要冷水将热量带出机柜，将冷水引入机房，带来了漏水和结露的隐患。因而有的设计方案设计一个中间热交换单元，确保机房内的冷水的温度高于机房的露点温度，防止结露的危险，同时保证冷水的流量稳定，确保终端机柜内空气温度的精确控制。在机房工程和机房管理上，必须做好防漏水措施和预警管理。

除在机柜底部安装热交换器，业界还有在机柜的侧面放置热交换器的方式，同时热交换器可采用模块化设计，可根据机柜内发热设备的增加，增加热交换器模块，实现机柜制冷能力的灵活配置。

还有一种半封闭的机柜冷却系统，在服务器的排风口安装带冷却装置的门，冷却液体可以采用制冷剂或水。通过安装在机柜背部的冷却终端，吸收服务器排出的热量，降低机柜排风的温度，消除局部热点，解决局部高热密度的问题。冷却终端通过与其连接的制冷剂管道或水管把热量带走。液冷柜门系统可以为每个机柜提供30 kW的冷量。

4.6.4 其他高热密度制冷方式

除了上述方案外，还有其他一些高热密度的冷却方式，如对芯片直接冷却，将冷媒（如氟利昂、水和二氧化碳等）送到发热的芯片上，直接吸收芯片发出的热量。如AMC（Active Micro-Channel Cooling）技术通过制冷液体直接吸收CPU芯片发出的热量，可实现芯片上1 kW/cm^{2}的散热量（传统CPU风冷形式可实现芯片上250 W/cm^{2}的散热量）。

由于直接对芯片冷却，冷却效率高，系统制冷容量大，充分满足高性能计算机的高密度散热要求。但系统较复杂，管理维护复杂，应用较少。

4.7 数据中心空调系统发展趋势

随着业务的发展，数据中心的问题与日俱增，数据中心管理者所面临的压力和挑战也越来越大，企业业务的不断调整和改变让数据中心总体架构面临极大的压力，有限的物理空间让数据中心扩展性和灵活性有所限制，虚拟化的欠缺让数据中心资源调配能力有限，复杂多变的异构环境让数据中心管理效率异常低下，高居不下的耗电量让数据中心能源成本迅速上升，数据中心的建设无法满足业务发展的需求，这些都要求数据中心管理者通过有限的预算使数据中心运行更加高效、可靠。所以数据中心未来的发展牵动着业界的神经，大家都试图把握未来的发展趋势。

4.7.1 数据中心发展趋势

（一）绿色数据潮流不可阻挡

在数据中心的快速扩张中，众多难题逐渐露出水面。最突出的就是高耗能，电费成本居高不下，导致很多数据中心建得起，用不起。2011年我国数据中心总耗电量达700亿kW·h，已经占到全社会用电量的1.5%（数据来源：工业和信息化部电信研究院）。中国现在的数据中心跟国外的相比，其能源综合利用效能更低，其中有50%以上的能源消耗在IT设备以外的配套设施上。数据中心的能耗，一方面是利用效率低；另一方面是增长非常快。因此，建设具备节能环保特点的绿色数据中心，已经成为数据中心建设和使用方，以及设备供应商的共识。

（二）虚拟化技术将得到广泛应用

虚拟化技术近年来在数据中心已经得到了广泛的应用，虚拟化提高了设备的利用率，降低了用户的投资成本和能耗。虚拟化技术已经从服务器扩展到了网络设备和存储设备。虚拟化技术发展的重点将更多地集中在如何提供必需的智能和弹性以提高虚拟数据中心的效率和灵活性。虚拟化已经渗透到数据中心的方方面面，虚拟化也直接提高了数据中心的功率密度。

（三）云计算数据中心

近年来云计算的高速发展成为了IT技术创新的重要特征。根据调研机构预测，云计算将在未来几年达到26%的年增长率，这种超越传统IT市场增长速度5倍的发展速度充分体现了云产业焕发的活力。信息化社会的今日，无论是政府、企业和个人用户，各行各业都看好了云计算中蕴藏的无尽潜力，一场以云计算为主导的信息化革命进程正在全球范围内如火如荼地进行着。云计算也直接导致了数据中心建设模式的显著改变。

（四）模块化数据中心将逐渐流行

数据中心的建设对建设成本、建设周期和低运行费用的要求越来越高，而模块化数据中心的概念正迎合了这种需求。模块化数据中心采用将大型数据中心分割成多个标准设计的模块。由于采用大量可以复制的标准设计模块，意味着可以按需逐步建设，并可以降低成本，在需求的时候又可以快速投入使用。通过模块数据中心的精心设计，并和需求进行定制化的匹配，可以得到更高效的方案。

（五）低碳数据中心的潮流

在低碳的潮流下，数据中心也会在相关的领域有所作为。有许多数据中心在采用新能源，如太阳能、风能等，降低数据中心的碳消耗；还有的数据中心采用了热回收装置，产生热水，作为生活、洗澡和游泳池等用途，降低整个系统的碳消耗。类似的方案应用有着广阔的空间，如果商业模式成熟，就能有效驱动低碳数据中心的发展。

4.7.2 数据中心空调系统发展趋势

数据中心的发展趋势决定了制冷系统的发展将向以下方向发展。

（一）节能方案和节能机房空调设备将大行其道

随着绿色数据中心概念的深入人心，制冷系统的节能受到了前所未有的关注。制冷系统在数据中心是耗电大户，约占整个能耗的30%～45%。

在节能方案方面，也呈现百花齐放的现象，如优化送风方式，采用冷热通道布局，冷热通道隔离，智能群控，利用室外自然冷源等多种方案。

在节能机房空调设备方面，变容量压缩机、高效EC风机、节能智能控制和利用自然冷源等技术的应用使得机房空调机组的能效和适应性越来越强。

在温湿度设定方面，ASHRAE在2011版本中推荐的温度范围为18～27 ℃，推荐的湿度范围为大于5.5 ℃的露点温度的相对湿度，小于60%的相对湿度和15 ℃的露点温度。放宽的要求在保证机房设备正常运行的时候，可以减少机房制冷、加热、加湿和除湿的耗能，降低机房空调系统的能耗，提高PUE。

（二）动态制冷更能适应虚拟化的需求

数据中心虚拟化的发展使得服务器等设备的发热量会有更大的波动，包括不同时间的变化、不同空间上的变化。这就相应地要求制冷系统适应这种趋势，要能提供动态的制冷方案，满足不同时间和不同空间的需求。目前主要应用的技术有变容量压缩机、风量智能调节技术（温度控制或风压控制）和列间制冷等。

（三）高热密度制冷将成为数据中心发展的必然之路

伴随着数据中心和服务器的发展，高热密度冷却的需求已经越来越强烈，并将在未来几年逐渐渗透到各类型的数据中心。高热密度冷却在方案和设备上均与传统的方案有较大的区别，冷却终端越来越靠近热源，以便提供更大的散热能力和降低运行成本。

（四）灵活适应模块化数据中心的冷却系统

模块化数据中心需要冷却系统能完全匹配其需求，这就使得现有产品很难满足要求，在现有产品上进行升级改造或定制化的产品是其发展的方向。

4.8 机房环境评估和优化

4.8.1 机房评估目的

数据中心在建设完成运行后，还需要根据机房运行情况定期进行机房环境评估和优化。评估和优化的主要目的是：

（1）了解机房环境状况是否正常，是否有隐患。如机房温度场、空气品质是否满足要求，是否有局部过热等。

（2）机房运行情况是否达到设计要求。机房是否还需要扩容或建设，是否能满足需求，是否需要进行方案调整等。

（3）机房空调系统运行状态评估和功耗测量。空调系统的运行状况是否最佳，有没有故障隐患，运行效率是高还是低。

（4）评估环境是否有优化措施，空调系统是否有降能耗的措施，措施的可实施性和收益。根据测试和评估情况，结合业界的现状，提出是否需要优化，如改善机房温度、优化气流系统、解决局部过热、降低空调系统能耗和去除室内污染。

4.8.2 机房评估方法

机房评估一般需要专业的评估团队来实施。一般可以遵循以下流程：

（1）首先要明确评估希望达到的目标，可以是上述某些部分或其他目标。

（2）然后确定评估团队的成员和分工，并由相关人员根据机房的情况提出具体的评估方案，并组织评审确定最终方案。

（3）进入实施环节后由相关人员进行现场数据的测试。

（4）得到充分的数据后，由相关专家对机房的环境、设备的运行状态进行评估，并给出结论，是否需要优化和整改。

（5）如果需要优化，提出具体的措施，并评估可行性，甚至提出具体的实施方案。

（6）最后进行方案的实施。

机房测试的内容一般包括机房尺寸及气密性检测、机房温度场分布、机架具体设备配置及温度测量、服务器等发热设备耗电量、空调系统耗电量、空调设备制冷系统测试（包括空调机组的送回风温湿度、高低压压力、压缩机运行状况、风机、蒸发器和冷凝器等）和气流系统测量（空调送风量、送风口风速）等。常用的测试设备有卷尺、温湿度计、压力表、风速仪、电量表、万用表和远红外摄像机等。

评估的标准可以依据相关标准看温湿度是否满足要求，局部是否有过热，空调系统是否运行正常。

评估空调系统效率的常用指标是能效比，能效比是在额定工况和规定条件下，空调器进行制冷运行时，制冷量与有效输入功率之比，其值用W/W表示。能效比测试可以表明在测试工况下空调机组的效率，全年能效比可以表明在一年内空调系统的效率，更接近于实际情况。但能效比数据在现场非常难以测试，而且测试误差非常大，一般需要在实验室测试。在数据中心现场建议采用能量使用效率（Power Usage Effectiveness，PUE）来评估机房空调系统效率的高低。

在机房的评估完成后，需要进行整改时，还可以通过CFD软件模拟措施来验证和改进整改方案如图4-29所示。CFD（Computational Fluid Dynamics）即计算流体动力学，它可以通过建模，模拟数据中心气流和温度场的分布情况，预评估空调方案的合理性，尽可能避免在方案实施后才发现问题。

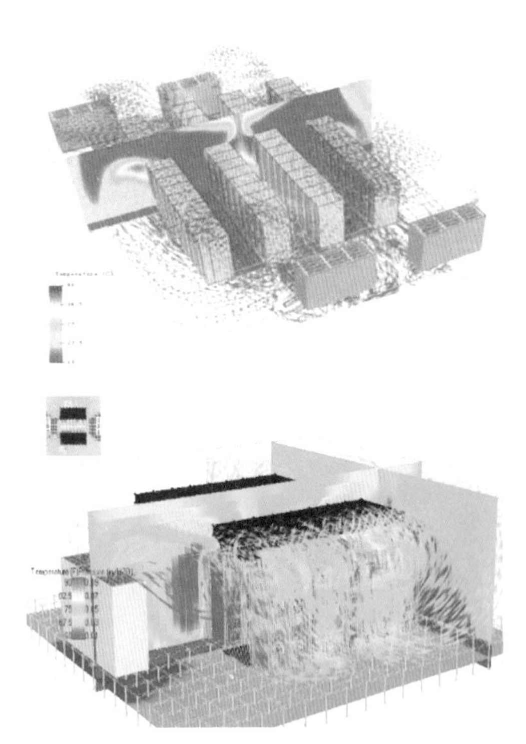

图4-29 CFD模拟示意图

摄影：于勇（中广映画）
摄于：中国农业银行河北省分行数据中心

5 数据中心机柜系统

Data Center Enclosure System

随着计算机与网络技术的发展，数据中心的服务器和网络通信设备等IT设备，正在向着小型化、网络化与机架化的方向发展。这都给数据中心的构建模式带来了新的变化，而机柜系统正在逐渐成为这个变化中的主角之一。机柜系统承担了数据中心中的设备的物理承载，决定了设备堆放密度在物理上的可能性，结合布线系统、配电系统、照明系统和安防监控系统为设备的供电，互联互通提供了结构通道和维护上的便利性。本章首先对机柜系统的认知、设计、使用进行思路上的梳理，其次对涉及的概念，指标和规范进行厘定。最后对机柜系统的未来进行了展望，让读者既能够了解原来机柜系统的构成，概念和各类专业知识，又能够跳出机柜传统的框框，从数据中心基础物理结构的视角来理解机柜系统；从数据中心集成化、产品化和智能化的新背景下来理解机柜系统。

第五章　数据中心机柜系统

随着通信、云计算、互联网、物联网，大数据时代的来临，各类数据中心（IDC互联网数据中心、EDC企业数据中心和CDC托管数据中心）替代了过去分散的小型计算机机房，供配电系统和空调系统的可靠性得到提高，机柜和机架成为IT设备的载体，网络技术得到快速发展，信息资源整合在加速，数据中心的需求在快速增长；机柜作为数据中心重要的组成部分，对于满足数据中心安全、效率和可靠性的要求起到重要的作用。

机柜一般是冷轧钢板或合金制作的用来存放服务器、计算机和相关控制设备的物件，可以提供对存放设备的保护，屏蔽电磁干扰，有序、整齐地排列设备，并方便设备维护。机柜系统是数据中心重要的组成部分之一。

5.1 用途

机柜是柜子，但并不仅仅如此。

从数据中心的功能角度看，机柜承担了数据中心中的设备的物理承载，为IT设备提供电力、冷却、安装空间、智能管理以及综合布线的直接接口，可以系统性地解决了数据中心应用中的高密度散热、大量线缆铺设和管理、大容量供配电以及全面兼容不同厂商机架式设备的难题，从而使数据中心能够在高稳定性的环境下运行。

从数据中心的外观角度看，机柜系统又是数据中心内部外观的主要组成部分。机柜系统的整体性，美观性直接影响机房的整体外观。

从数据中心的建设角度看，机柜系统自身的完整性，全面性和产品化可以较大程度上影响机房的建设速度。

5.2 机柜系统的分类与结构

5.2.1 机柜的分类

随着计算机与网络技术的发展，机柜正成为其重要的组成部分。数据中心的服务器、网络通信设备等IT设施，正在向着小型化、网络化和机架化的方向发展。而机柜，正在逐渐成为这个变化中的主角之一。数据中心的机柜一般分为服务器机柜、网络综合布线机柜、开放式机架等。

5.2.2 机柜的组成结构

机柜一般由柜体和附件组成，其中柜体由框架、安装角规、前后门、侧板、顶板、底板及相关紧固件组成，附件包括底座、承板和配电单元、网络接口、走线槽、导流罩、密封组件、风扇、接地、水平调节脚和脚轮等。

（一）机柜框架

（1）框架是整个机柜核心部件，机柜其他部件需要安装在框架上。

框架结构形式分独立式框架结构和组合式框架结构，如图5-1和图5-2所示。

图5-1　独立式框架示意图

图5-2　组合式框架示意图

目前框架结构主要为一次滚压成型型材（如9折，16折）和非一次滚压成型（如钣金折弯，铝型材等），框架可为焊接式架构和组合式架构。

一次滚压成型焊接式架构（封闭式机构，采用电泳底漆处理，显著增强涂装结合力和耐腐蚀能力），对称的双层结构具有高强度与抗压性能，使内部空间得到最有效的利用，以及内部安装空间最大化，自重轻结构稳定，承重性能好，方便安装，推荐使用此种结构。

组合式架构（非封闭式机构，通常采用直接喷涂，防腐蚀性能差）现场安装方便，运输成本较低，但结构稳定性与承重性能差，不推荐使用此种结构。

（2）安装角规的结构形式。每个机柜前后各配标准安装角规两对（图5-3内部扩装固定尺寸示意图），用于安装服务器、计算机和相关控制设备，分为框架和安装角规各自独立式、框架和安装角规一体式和混合式，如图5-4～图5-7所示。

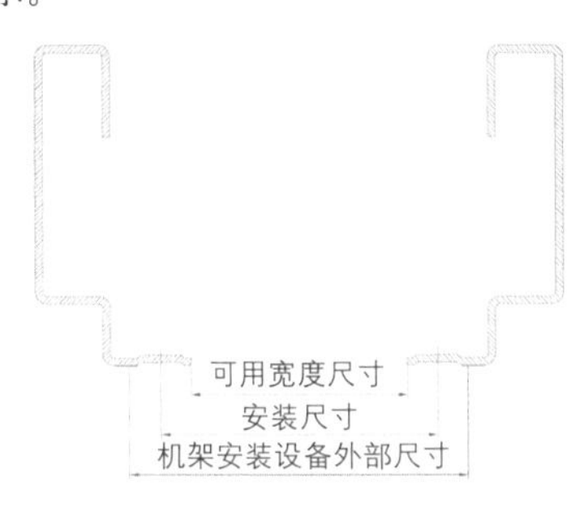

安装宽度/in	可用宽度尺寸/mm	安装尺寸/mm	机架安装设备外部尺寸/mm
19	450	465	482.6
21	500	515	533.4
23	552	567	584.2
24	577	592	609.6

图5-3 内部扩装固定尺寸示意图

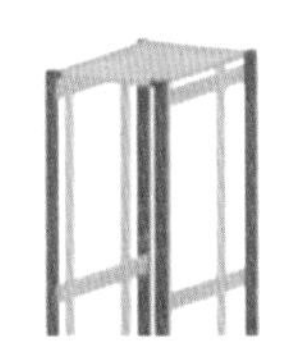

图5-4 框架立柱和安装角规独立式

图5-5 框架立柱和安装角规一体式

图5-6 框架立柱和安装角规混合式

框架和安装角轨独立式简化了产品结构，具有良好的互换性，可调性和扩展性，在宽度方向上，可以调整内部安装尺寸（19 in、21 in、23 in、24 in）；在深度方向上，使用免工具卡扣可以轻松调节前后安装面的尺寸，节省安装时间，提高效率；可以0U免工具安装PDU，理线器等附件，推荐使用此种结构。

框架和安装角规一体式和混合式适用于一些特殊的需求，可调性与互换性差，不可以0U免工具安装PDU，理线器等附件，不推荐使用此种结构。

（3）门结构形式。根据数据中心制冷的方式前门一般采用单开玻璃门与单开网孔门，门板与框架接触处，粘贴PU发泡密封胶条，可以起到防震与减少噪音的作用，后门方便后续设备维护与优化机柜所需的空间，通常采用双开结构。

玻璃门。采用4 mm优质钢化玻璃，保证良好的安全性、通透性、美观性。

网孔门。采用蜂窝设计原理，使用8 mm六角网孔，在保证门应力的基础上，保持最大的通风（目前业界能达到78%、85%的通风率），给服务器设备提供良好的散热环境，大大提高空调的制冷效率。

（4）网孔门通风率定义和计算方法。通风率是指网孔门开孔的面积占整个开孔区的百分比。计算方法如下：在开孔区任取A（mm）×B（mm）的区域，通风率=单个开孔面积（mm^2）×开孔数量/（A mm×B mm）×100%，如图5-7所示。

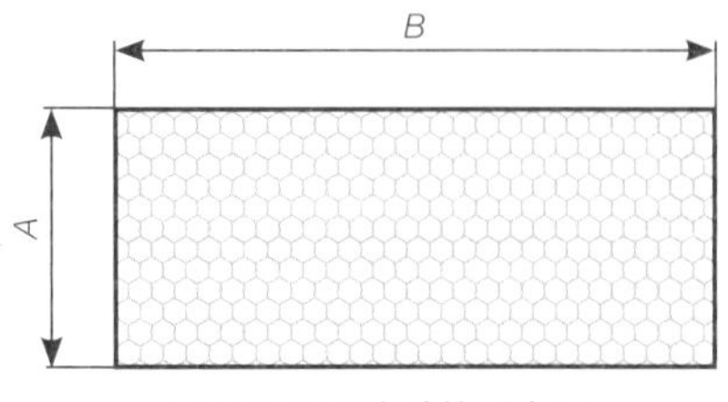

图5-7 通风率计算示意图

（5）顶盖。通常采用平顶结构，保证良好的气密性并预留开孔方便顶部走线，顶板与框架接触处，粘贴PU发泡密封胶条，可以起到防震与减少噪音的作用，尽量让强电线缆与弱电线缆分开，预留顶部桥架安装孔位。

（6）侧板。安装在机柜左右两侧，一般分为单片式，两段式，三段式结构，侧板与框架接触处，粘贴PU发泡密封胶条，可以起到防震与减少噪音的作用，使用快拆侧门锁，可以免工具安装，无需螺丝固定，侧板锁可以从内部锁紧，提供安全性与组装效率。

5.2.3 机柜的尺寸

机柜外观尺寸与机架尺寸U是相关的，机架单位是美国电子工业联盟（EIA）用来标定服务器、网络交换机等机房设备的单位。一个机架单位实际上为高度44.45 mm，合1.75 in，宽度19 in。

一个机架单位一般叫做“1U”， 2个机架单位则称之为“2U”，如此类推U是一种表示服务器外部尺寸的单位，是Unit的缩略语,机架角规上每三个孔表示一个U，在每个U 中间位置对应一个阿拉伯数字，表示此处设备高度，经过编号的U空间位置 通过给每个垂直安装导轨标,记实际的U高度位置，避免了错误机架安装设备，节省安装时间。

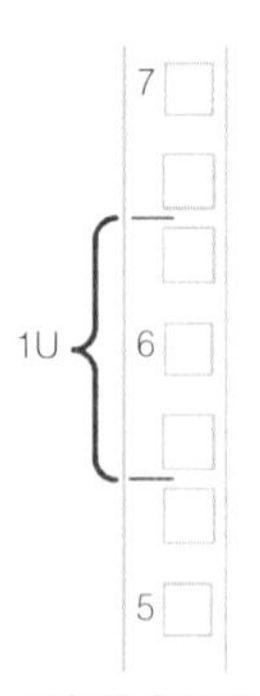

图5-8 机架设备高度示意图

机柜外观高度和安装U数的一般对应关系，见表5-1。

表5-1 机柜外观高度和安装U数的一般对应关系表

机柜外观高度/mm	机柜最小安装（U数）	机柜最小安装高度/mm
2 600	54	2 401
2 400	50	2 223
2 200	47	2 090
2 000	42	1 867
1 800	38	1 691
1 750	33	1 602
1 200	24	1 068

注：表中高度不含机柜底轮和水平调节脚。

5.2.4 一般常用附件

机柜的一般常用附件包括：键盘抽屉、显示器托架、显示器面板、1U键鼠显示器TFT套件、承板、支架、盲板、底轮和水平调节脚、机柜底座、风扇套件等。

（1）键盘抽屉。在机柜或机架中，用于承载键盘，使用时可被抽出，以便操作。现在通常和显示器托架做成一体，以节省空间。

（2）显示器托架。用于承载显示器。

（3）1U键鼠显示器TFT套件。它是一种紧凑型的装置，在1U空间中集成了LCD屏，键盘，轨迹球或触摸板。也有些厂商在此套件后部集成KVM。

（4）承板。在机柜和机架中，用于承载各种设备，根据承重不同，分轻载和重载。

（5）L形承重支架。左右各一件，在机柜和机架中，主要用于承载各种机架式设备,起类似承板的作用，是一种经济的承载方式，由于左右支架互不连接，所以一般用2.0 mm以上的冷轧钢板以保证强度。

（6）盲板。安装于机柜前左右安装角轨上，用于遮蔽未上架的部分。一般盲板的高度为U的高度的倍数。在冷、热池隔离的环境中，盲板还起到阻隔冷、热气流的重要作用。

（7）机柜底部轮和水平调节脚。可以安装

底轮和水平调节脚用于机柜的移动和定位，如果只安装底轮而不安装水平调节脚，会造成机柜不受控的移动，非常不安全，故一般要安装水平调节脚。由于，数据中心的机柜很少需要移动，所以一般不需要安装底轮。另外，由于底轮和水平调节脚是点着地，与机柜底板着地相比，压强要大几十倍，所以容易损坏地板。故一般不推荐使用底轮和水平调节脚。

（8）机柜底座。是用来连接机柜底框和机房水泥地板的连接结构，其具体尺寸，要根据机房的实际情况来设计生产，主要和两个因素有关：一是水泥地板的实际情况；二是水泥地板离静电地板的距离。常常由施工单位来生产。

（9）风扇套件。一般装在机柜的顶部，供高热密度机柜作顶部补充出风用。另外也常用于非网孔后门补充出风用。常规热密度机柜由于散热路径主要为前进风后出风，一般已无需配此套件。风扇是机柜系统中有机械磨损的部件，故选择此套件时要明确保用时间，要求高的业主一般需要保用4万～10万h的风扇。垂直风扇套件：装在机柜的前后门，供补充机柜冷却用。装在前门内侧，一般是向机柜内侧补充送风；装在后门内侧，一般是向机柜外侧补充排风。在选用垂直风扇套件时，要考虑以下两点：①垂直风扇套件的标称风量和设备的标称风量是否匹配，一般前者要大于后者；②垂直风扇套件的风扇最好是冗余设置，以便有个别风扇出现故障时，套件还能正常工作。

（10）理线槽。通过每U相关线缆布线实现的高密度布局，可以安装在800 mm宽机柜左右两侧，每侧可以容纳150～200根规格为1×2.5 mm^2的线缆，通过无工具快速固定从而实现了简易安装；配备两侧铰接式、可拆卸的通道盖板。

（11）空气导流板。分离机柜内热空气与冷空气，带有全方位无碰撞密封的毛刷条，利用附带的安装支架安装在外侧角规平面上，可以在不影响线缆部署的前提下有效隔绝机柜内的冷热空气，改善机柜内的气流组织。

（12）机柜内分隔侧板。可以在机柜并柜后轻松插入机柜两侧，并在机柜并柜后可以灵活取下。

5.2.4 开放式机架

开放式机架特指一类框架式承载体，无前后门和侧板，相较于机柜呈一种开放式的结构，一般分为二立柱和四立柱两种，由于其开放的结构，为IT环境中的机架安装式设备提供了简单、低成本的安装方法。对于单个机架层面不需要考虑安全性的机架安装式服务器、网络设备和电信设备是理想的安装方式，开放式框架机架能够使气流畅通无阻，能够快速、方便地访问所安装的设备，给安装和维护管理带来良好的便捷性，尤其是并排布局的开放式机架，可较大提高机房的美观程度。开放式机架，尤其是二柱式机架占用空间较小，空间利用率较高。开放式机架宜配备理线套件来管理线缆和跳线的固定和穿越，理线套件宜根据线缆的不同密度而具备多种规格，包括垂直线缆管理器、水平线缆管理器、水平过线槽、绕线轴和顶部桥架等等。

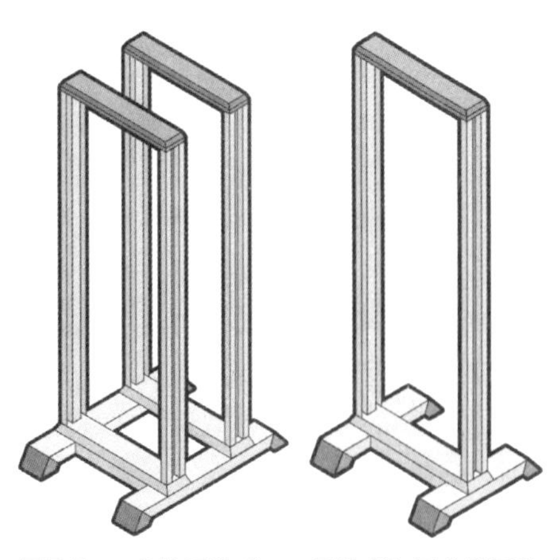

图5-9 二立柱开放式机架示意图　　**图5-10 四立柱开放式机架示意图**

优点：既经济又方便设备的进出和理线，安装与维护的便捷性。

缺点：①由于没有前后门的阻隔和遮蔽，安全性和美观性比机柜稍低；②由于结构较为简单，承重性能比机柜稍低。

5.3 机柜布线

5.3.1 柜内前后布线

服务器机柜布线，主要考虑在机柜两侧的垂直理线通道或水平理线器的背板上，应具有合适的开口，以方便少量跳线在机柜内的前后布线。

网络布线机柜布线与服务器机柜相同。建议通过垂直理线器的前后布线通道，尽量不要通过水平理线器的背板进行前后布线，这主要是考虑到对跳线弯曲半径的控制。

水平线缆管理器主要用于管理本机架机柜配线架与设备之间的连接跳线，可分为1U和2U，金属和非金属，单面和双面，有盖和无盖，双向开启和单向开启等不同结构组合，线缆应可以从左右、上下和前后出入并加以管理。水平线缆管理器可分为一般密度管理和高密度管理；按铜缆和光纤不同系统可分为铜缆管理器和光纤管理器。

5.3.2 柜内垂直布线系统

特指机柜内部的左右两侧和开放式机架的两侧，用于线缆通过、整理、分配、固定和隐藏的套件，也可以安装0U配线架。由于服务器及存储设备的数据线和电源线绝大部分都是从设备的后部出线，所以服务器机柜的垂直布线系统一般置于机柜的后部，同时由于服务器机柜内的双电源有源设备的密度较高，电源线缆比较多，所以服务器机柜在强调弱电垂直布线的同时，还强调强电布线。对于网络和布线机柜，一般其中摆放的网络、布线设备的数据出线大部分是在机柜的前侧，所以网络、布线机柜的垂直布线槽一般前置，左右对称设立，皆使用弱电线缆。又由于机柜内的有源设备的密度较低，布线机柜后部又有大量线缆，故一般不设立强电线槽。

服务器机柜弱电垂直布线系统是机柜系统中逐渐被重视的一个子模块。一个好的弱电布线系统应达到便于线缆的维护和更换，便于线缆的分配和标识，节省机柜空间，美观。一个独立的垂直线槽是最基本的配置，好的系统还设计有丰富的附件用于线缆的遮蔽、分配、标识、缠绕、固定和保护。更高级系统还可结合布线系统的模块，做成0U配线架的形式。

服务器机柜强电垂直布线系统设计中，一个好的强电布线系统与好的弱电布线系统完全相同。更高级系统还可以和PDU设计成一个整体。

网络、布线机柜弱电垂直布线系统中两个独立的垂直线槽是最基本的配置。好的系统通常还设计有丰富的附件用于线缆的遮蔽、分配、标识、缠绕、固定和保护。网络和布线机柜前部的弱电垂直布线系统建议包含垂直分布的梳状理线板，理线板的高度应接近或等于机柜安装U数，理线板的开口或分叉应在1U之内，并能满足至少12根铜缆的出入。如用户使用48线/U的高密度配线架，则理线板的开口或分叉应能满足至少24根铜缆的出入。无论是服务器机柜弱电垂直布线系统还是网络、布线机柜弱电垂直布线系统，在垂直方向都应分布一些扎线的附件或开孔，一般与垂直布线捆扎或固定。

5.3.3 柜间水平布线系统

柜间水平布线系统主要用于机柜间的强电布线和弱电布线的互连互通，一般分成机柜内部布线系统、同排机柜间的布线系统和机柜不同排间的布线系统。同排机柜间的布线系统常常做成和机柜等宽实现模块化，相邻模块之间用连接件相互连接，并接地线。也可做成完整一体的，但会给以后的机柜变更带来不便。

此系统赋予了机柜水平布线的功能，是机柜变成机柜系统的重要特征，此系统再加同排机柜的布线列头柜和配电列头柜，可以让机房建设走向模块化，让机柜系统以排为单位来建设；相较于传统的下布线，此系统的运用更方便工作人员日后的线缆的维护和变更，也更方便机房建设人员控制施工质量和施工进度。是机房建设向集成化、预制化和产品化方向发展的重要进步之一。

柜间布线要注意两个问题：一是平行的强弱电线槽之间的距离；二是要线缆从机柜垂直向上，到柜间线槽改成水平方向布线。中间过渡的*R*角的大小，一般推荐要达到弱电线缆直径的8～10倍。要保证此*R*角、*R*角的过渡区要和水平布线分开，也可以通过安装*R*角过渡附件来保证。这一点对保护光纤布线中的尾纤特别重要。

水平过线槽主要用于容纳本机架机柜的单边布线需求和并排机架机柜之间的线缆穿越管理，可分别安装在机架机柜的上部、中部或下部，设计时视不同安装设备和不同线缆密度确定其安装位置和安装规格。当采用角型配线架时应配备水平过线槽管理线缆。

5.4 机柜接地

机柜系统接地是整个机柜内所有接地装置的汇流点，为机柜内所有需要接地保护的设备、屏蔽布线系统和人员操作安全等提供了电荷释放的途径。

机柜系统接地包括独立的接地汇流铜排或接地点和连接到机房接地网的接地导线。机柜内汇流铜排可采用垂直42U接地汇流铜排，或水平19 in接地汇流铜排；接地点可采用M8的接地螺栓，也有采用M5或M6的接地螺栓，机柜至接地网的接地导线应是两端带铜鼻子的可靠接地连接线，也可以是单端带铜鼻子并且对端在接地网并联的方式。机柜至地板下接地网络的连接，建议采用接地并联器，做到对接地网母线免破坏安装，并做到对机房地面的免破坏安装。地板下接地网的安装，建议利用静电地板立柱的固定方式，尽量做到不破坏机房地面。机柜系统的接地，还应做到机柜前后门、机柜的侧板、机柜的安装角轨、机柜的框架和机柜的接地点或机柜的母线用2.5 mm^{2}的接地线连接，接地线的两端需用接线端子。考虑到前后门、侧板和安装角轨都是可移动或可拆卸的组件，这一侧的接线端子需用可快速插拔的接线端子。如果接地点是直接焊接在框架上的，那么接地点和框架就无需再用接地线连接。

5.4.1 设备接地

设备接地是指机柜内的有源设备金属外壳与机柜内接地汇流铜排的可靠连接。设备接地应采用两端带铜鼻子的专用接地导线，可由设备自带，或由机柜系统提供。

5.4.2 综合布线屏蔽接地

综合布线屏蔽接地是指铜缆布线链路的屏蔽层与机柜接地系统的可靠连接，通常需要先与金属配线架接地，然后金属配线架通过两端带铜鼻子的接地导线与机柜内的接地汇流铜排进行可靠连接。屏蔽铜缆布线链路的接地是为了有效地将电缆屏蔽层感应电荷快速地通过机柜接地系统进行释放，从而保障链路的性能。因此对于屏蔽布线系统，要求机柜必须具备完整接地。为了保证机柜导轨的电气连续性，建议使用跳线将机柜的前后角轨相连。在机柜后部左右两侧各安装与机柜安装高度相同的接地条，以方便机架上设备的接地连接。通常安装在机柜后部立柱角轨的一侧。应当安装等电位接地排，以充当至共用等电位接地网络的汇集点。接地排根据共用等电位接地网络的位置，可安装在机架的顶部或底部。接地排和共用等电位接地网络的连接使用6 AWG的接地线缆。线缆一端为带双孔铜接地端子，通过螺钉固定在接地排；另一端则用压接装置与共用等电位接地网络压接在一起。在机柜正面立柱和背面立柱距离地板1.21 m高度分别安装静电释放保护端口。静电释放保护端口正上方安装相应标识。背面立柱的ESD保护端口直接安装在接地排上。

5.5 终端配电系统

通常情况下，数据中心的终端供配电系统主要使用PDU（Power Distribution Unit）来实现，PDU是将来自UPS的输出电流分配到各个IT设备的终端配电设备，是连接供电等基础设施与IT系统、关联机房内所有设备正常运转的关键设备。作为机房用电安全的重要保障，PDU设备的稳定与安全直接关系到IT设备乃至整个机房的用电安全。

PDU通用技术规范如下。

• PDU配电的整体设计和试验应符合IEC 884、GB 17465、GB 1002和GB 2099.1等相关标准，PDU能够根据用户的要求进行订制，要求PDU各种功能模块化，以便于用户选型。

• 供电方式。机柜内要符合主、备2条PDU要求进行双路供电，主路与备路PDU可用不同颜色进行区分。

• 外壳尺寸。符合电器连接规范和工艺要求下的最小外形尺寸，以节省机柜横向和纵向空间，方便布线和散热。

• 安装方式。对于插口不多于8口的PDU，通常采用水平机架式安装，对于插口大于8口的PDU，通常采用零U竖直安装的PDU。

• 工作范围。AC 220 V/380 V、50/60 Hz，环境温度为0～+75 ℃，相对湿度为10%～95%。

• 外壳选材。外壳要求采用特殊绝缘高强度电泳铝合金材质或者钣金材质，产品在实际应用环境中能有效防止电磁波干扰；在配合机柜垂直或水平安装时可保证有效的强度。

• 输出插座制式。可满足于IEC320 C13、C19和GB1002 10 A/16 A等标准，输出插座最好达到插头防脱落要求，以防止机房运维人员误动作。

• 输出插座拔插力。要求电源线插头插入插座时，感觉力度较紧，单极或多极拔插可达50～80N。

• 插座模块选材。所有插座模块、功能模块需符合ROHS要求、耐压、耐热、耐磨、耐潮湿、高强度、抗冲击、高绝缘性和高阻燃的进口PC－ABS合金工程塑料（聚碳酸酯）以及PC/ABS塑胶材料，热变型温度要求达到120 ℃以上，阻燃特性符合UL1994－V0标准。

• 插座内部铜片材质。所有插座的插套组件要求全部采用独具良好弹性、耐磨性、抗磁性与耐蚀性的磷青铜材料，铜片选材需达0.6 mm厚度，要求精细加工，整体冲压成型，高可靠接触，单极拔插寿命试验达到5 000次以上，安全耐用无松动和打火现象，保证输出高可靠的电气导通性和连接性。

• PDU内部连接方式。内部插座模块之间、各种功能模块之间采用单股多蕊电子线连接，采用主、支路一体化无断点连接，避免长期通电过热产生脱焊现象，主线与支线的连接部分不可采用切断主线或焊接方式，主线应完整，主线与支线的压接，使用两条铜线紧密接触，不会因高温分离，且采用阻燃材料将该结点密封保护。

• PDU内部连接线选材。主线采用单股多芯线≥4 mm^2，支线采用单股多芯≥2.5 mm^2，保证每位输出插座足够的电流容量和电气安全。

• 连接端子排。要求选用阻燃性好、耐高温、连接可靠的接线端子排。

• 输入电缆线选择。要求根据PDU电流的负载要求选用等于或高于PDU额定电流的ZA－RVV电缆线，材料完全符合抗阻燃特性、遇明火不燃烧。

• 输入接头。应采用工业连接耦合器，要求防不、防脱落，保证接入的可靠性。

• 机柜内监测要求。每路PDU要求带有总的电流、电压、功能与电能监测，电流表可满足于热插拔功能，并具备网口或窜口通信功能。在电流表发生故障时，机房管理人员可在不断电的状态下，对模块进行带电插拔更换，避免因产品故障进行断电维修。

随着云计算和物联网技术的迅速发展，数据机房建设也迎来了新的发展机遇，对PDU产品有了更新、更高的要求，这推动着PDU产品在演进中呈现出以下三个明显的特性。

（1）安全性。PDU产品作为数据中心终端供配电系统的重要组成部分，其安全性是最为重要的属性。根据相关的研究组织统计，80%的电气设备事故产生的原因来自于电气接口问题。因此，作为机房设备的电源接口，PDU在未来的发展中，其安全可靠性将是客户最为关注的特性之一。这也正是原来采用普通插座的数据中心客户转向使用PDU产品的最重要原因，因为PDU产品的安全可靠性要远高于普通的电源插座。由于机柜内的环境特殊，为了提升用电设备的安全性，PDU不仅要能够承受IT机房设计负载的总功率，还要具有优异的过载保护机制，防止因为过载产生电路过热而引发的失火事故。

（2）智能化。在强调安全、可靠和便捷性的同时，高端PDU产品更加关注产品的智能化。产品的智能化可以更好地满足数据中心客户的要求，使得PDU产品更具竞争力。目前，可编程、可远程控制的PDU产品已经获得了市场的认可。智能化PDU的首要特征是通过以太网接口或RS232接口对其工作状态进行监测，甚至能够进行控制。监测的对象包括了PDU的总电流、端口输出电流、电压、功率因素以及端口开关状态等；控制是指能够对PDU输出端口进行远程开关操作。除此之外，智能化PDU可通过智能保护措施实现更为强化的IT设备用电安全，因此在安全性方面比普通型PDU有显著的提升。

（3）绿色化。PDU的智能化的特性也体现出了其另一个发展趋势，即绿色化。绿色化的PDU产品不仅自身通过良好的产品设计达到更低的能耗，同时通过智能化控制能够使整个数据中心达到节能减排的效果。作为机房绿色节能过程中IT设备能耗监测这一重要环节，智能PDU起到了不可替代的作用。智能PDU，特别是具有端口级电流、电压和功率因数等监测功能的PDU，实现了IT设备输入端的能耗监测。

总之，安全、智能和绿色是未来PDU产品所应具有的三大特性，未来PDU技术的发展目标就是具备稳定可靠的性能，更加精细化的智能管理，为PUE系数的改善提供丰富的数据信息。

5.6 气流再分配系统

能耗是数据中心最大的成本所在，因此数据中心的节能降耗是企业节能减排、降低运营成本的关键所在，采用合理的气流再分配是有效降低耗能的技术手段之一。

机柜系统的气流再分配系统，主要达成以下目的：

（1）采用冷（热）通道封闭方式，通过隔离冷热气流的混合，优化气流组织，提高冷/热空气利用率，提高空调制冷效率。

（2）采用气流导向附件调整特定机柜的送风量和送排风方式，来提高冷/热空气利用率，提高空调制冷效率。

（3）机柜系统的气流再分配系统的设计和实施，要注意：

• 是否符合消防要求。

• 是否给人身安全带来额外的隐患。

• 是否和影响原先的机房空间分布，给设备的进出带来不利。

• 对于冷（热）通道封闭通道，是否便于清洗和维护。

• 与机柜系统的整体性如何，美观性如何。

5.6.1 冷（热）通道封闭系统

一、冷（热）通道封闭系统描述

图5-11的冷（热）通道封闭系统是一个包括机柜、通道封闭门、通道顶盖、通道抬高组件、温湿度传感器与消防联动装置等的组合体，可将数据中心内的热空气与冷空气完全分隔开来，通过此种方案可形成一个空间上的蓄冷（热）池，最大限度的提高冷空气利用率，提高空调制冷效率，解决机房散热难题， 构建一个优化的IT运行微环境，提升应用的可靠性。

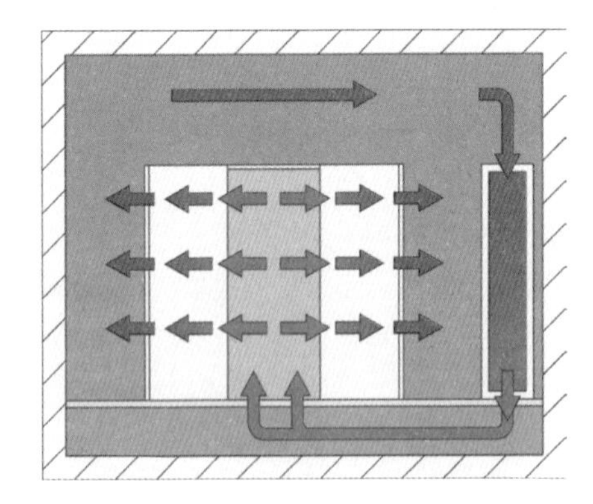

图5-11 冷通道气流示意图

二、冷（热）通道封闭系统特点

（1）机柜采用面对面布置，采用冷（热）通道封闭方式，通道两端入口用双开门封闭冷（热）通道两端入口采用封闭推拉门或者移门，通道上方用顶板封闭，由此形成的相对密封的通道空间。

（2）冷（热）通道封闭通道的尺寸，如图5-12所示。

高度＝机柜高度＋机柜抬高组件。

宽度＝面对面机柜前门之间的距离，一般为1 200 mm。

长度＝单面机柜宽度×机柜数量。

三、模块化

冷（热）通道封闭要采用模块化设计，

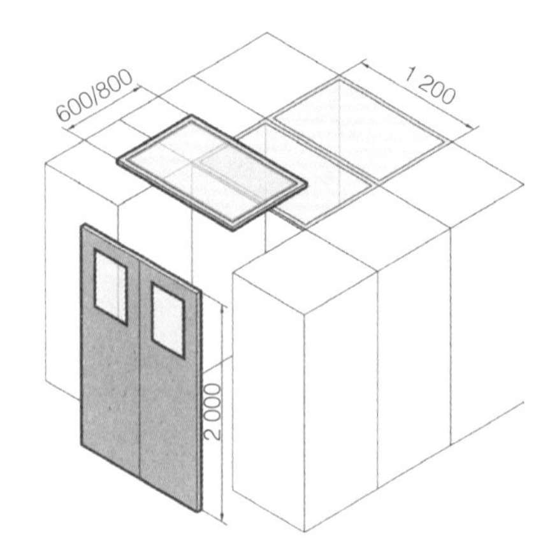

图5-12 冷（热）通道尺寸示意图

冷（热）通道两侧相对应的两台机柜为一个模块，每个模块均能独立安装与拆卸，方便用户增加、减少或者移动机柜。

四、安全性

整个结构应符合国家消防规范的要求。在通道上方安装离心式可翻转顶盖，在出现火灾时，可自动翻开，以保证消防顺便进行。

部分不具备消防自动打开的顶盖需使用透光性良好，轻便，可加工，防火的材质，推荐使用符合上述特性的PC板。

通道门在条件允许的情况下推荐采用双层中空覆膜钢化玻璃，有更好的隔热性能与安全性，门、机柜，与地面的接触的地方采用毛刷封闭，保证良好的密封性。

五、便捷性

无门槛设计，方便小推车等运输工具无阻碍进出。

六、定制化要求

根据现场机柜高度和机房顶部空间高度，可灵活调整封闭方案对于楼层高的数据中心和楼层低的中心有不同的方案，如图5-13和图5-14所示。

七、美观性

通道封闭窗口材料为透明玻璃，外观为与机柜同材质的冷轧钢板，机械强度高，通透性

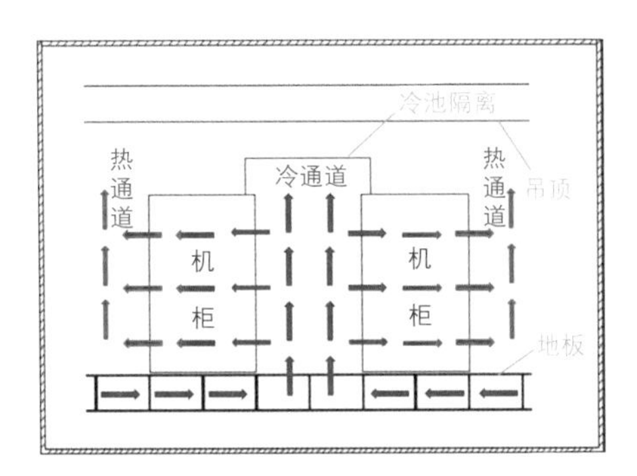

图5-13 冷池隔离示意图（楼层高）

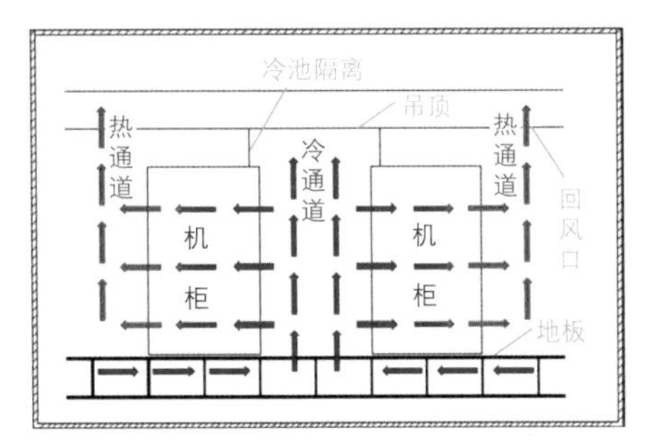

图5-14 冷池隔离示意图（楼层低）

好，整体美观，与机柜风格一致，和机房环境比较协调。

八、安全可靠性

通道封闭各部件均安装固定在机柜承重框架上；固定点主要分布在机柜承重框架的顶面、正面和侧面；安装简单，整体协调美观，不会破坏机房现有装修。

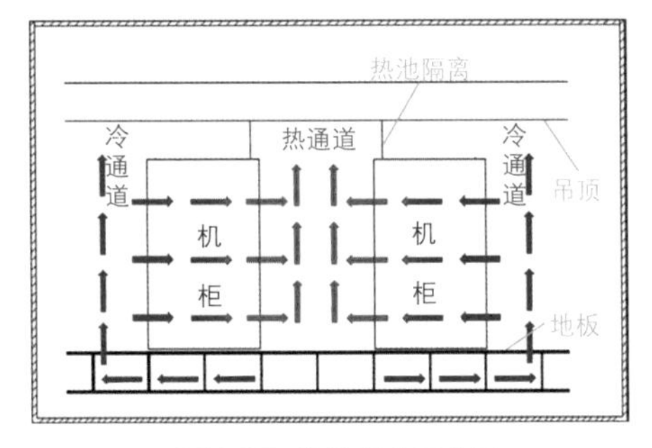

图5-15 热池隔离示意图

5.6.2 其他机柜进出风方式

机柜侧送风系统是在机柜左右两侧设置二级静压箱，通过机柜前部的两侧给机柜送风，此类机柜一般使用密闭单开前门和网孔双开后门，前门和前安装角轨保持250 mm以上的空间，给侧送风系统留出空间。此系统加上温度传感器、风量控制器和控制单元后可组成带自适应的风量调节系统，起到类似VAV空调系统终端调节的作用。机柜侧送风系统解决了如下问题：①机柜送风在垂直方向上的均匀度；②在机柜内设备的前部，形成一个正压区，突破了原来地板的极限送风风速；③加强了机房送风控制，使机柜送风更精准。

机柜后部加强排风系统是在机柜后部加装排风装置，一种是加装在后门，作用是加快机柜后部热通道的热空气向上排出的速度；另一种是加装在柜顶的后部，一般要求安装位置的垂直投影在设备的后部，作用是在设备后部形成局部的负压区，以利设备向后部排热。

冷水背板是在机柜后门上加装的制冷装置，可以使机柜后部的热风得到初步的制冷，适合于局部有高密度机柜需求的机房，但需要和服务器风扇匹配。

机柜前下送风系统是通过机柜前部的下侧给机柜降温，此类机柜一般使用密闭单开前门和网孔双开后门，前门和前安装角轨保持250 mm以上的空间，给下送风系统留出空间。此系统加上温度传感器、风量控制器和控制单元后可组成带自适应的风量调节系统，起到类似VAV空调系统终端调节的作用。机柜前下送风系统较之于机柜侧送风系统的优势是机柜占用的机房空间较普通机柜增加不多，成本也较经济。缺点是使机柜送风在垂直方向变得更为不平衡。由于送风截面比普通机柜更小，如欲保持和同类型网孔门机柜相同的送风量，则必须增加风扇单元；此类系统可用于网络机柜和布线机柜，尤其可供冷池解决方案中最后奇数排的机柜配套。

5.7 物理安全系统

（一） 柜级门禁系统

柜级门禁系统是把门禁系统运用于机柜系统，提高机柜系统的管理性。一般有仅做前门门禁和前后门用独立门禁两种做法。

此系统有助于机房管理者更方便地授权工作人员或客户开关机柜，减轻了机械锁机柜、分配机柜钥匙的工作；更重要的是，门禁系统能记载机柜被开关的历史和细节过程，结合视频监控，能在机房出状况时，帮助工作人员更有效地分析人为的原因。

（二） 微环境监控

微环境监控是指在机柜内部内置传感器对机柜内部的物理情况进行监控，如温湿度、电流、电量和柜门的开合状态，这有助于机房管理者更详细、更贴近地了解设备所处的物理环境，有助于更及时、更针对性地发现隐患，提供更准确的机房安全与经济的运行信息。

（三） 柜内补充照明

柜内补充照明是指在机柜内部或附近提供机柜级的照明，控制机房的部位和时间照明，提高机房中机柜及机柜内设备照明的有效性和经济性。

5.8 机柜资产管理系统

机柜资产管理系统，是机房资产管理系统的最重要的支撑，通过在机柜中预置必要的设备定位和标识系统来支持机房资产管理系统，对机柜内的设备进行定位，物流的授权和追踪，操作的提醒。该系统是大型机房提高管理有效性和时效性的必然配备，也为机房工作流管理系统提供了重要的基础。

机柜资产管理系统如能使用一些物联网的构件，如动态机柜控制系统的电子标签（RFID）和条形码等，可以轻松获取如下信息：

（1）机柜元件的自动识别。

（2）提供实时状态变化信号。

（3）机柜的每个U 都有位置识别。

（4）集成进现有监控系统。

（5）机柜每个元件用电功率和损耗功率的管理。

（6）可以推断制冷功率和机柜电源的未用容量。

（7）可以集成进数据中心的管理软件,可以极大地减少管理强度和降低失误率。

5.9 机架机柜标识系统

应在机架机柜显眼部位采用永久性标记。机柜机架标识系统需包括机柜机架标识，内部前后角规高度标识，每个机柜正面及背面各一个机柜标识。标识的大小适度、显眼，位置在机柜上部。常用的标签类型为激光、喷墨打印机标签和热敏打印机标签。也有提供可移动的标识系统，便于用户根据实际情况更改。

5.10 机柜系统设计

机柜系统区布局是机房布局的重要组成部分，机柜系统区的布局对机房前期的建设、空间利用率和美观度及日后机房的管理、维护、扩充及节能起决定作用。

5.10.1 功能区设置

一般机柜系统区首先分成2大功能区，如图6-16所示。

（1）计算和存储区。此区域是机柜系统区最主要的部分，一般以服务器机柜为主，结合一些配电列头柜和布线列头柜，来解决每排的区域供配电和网络布线的局部汇聚。对于有自带机柜的机房在此区域一般要再分成2个子区域，分别为标准19 in机柜区和自带机柜的设备区。

（2）网络、布线区。网络、布线区是机房的交通中枢，一般以网络机柜为主，结合一些配电列头柜，共同为每排的区域供配电。一些

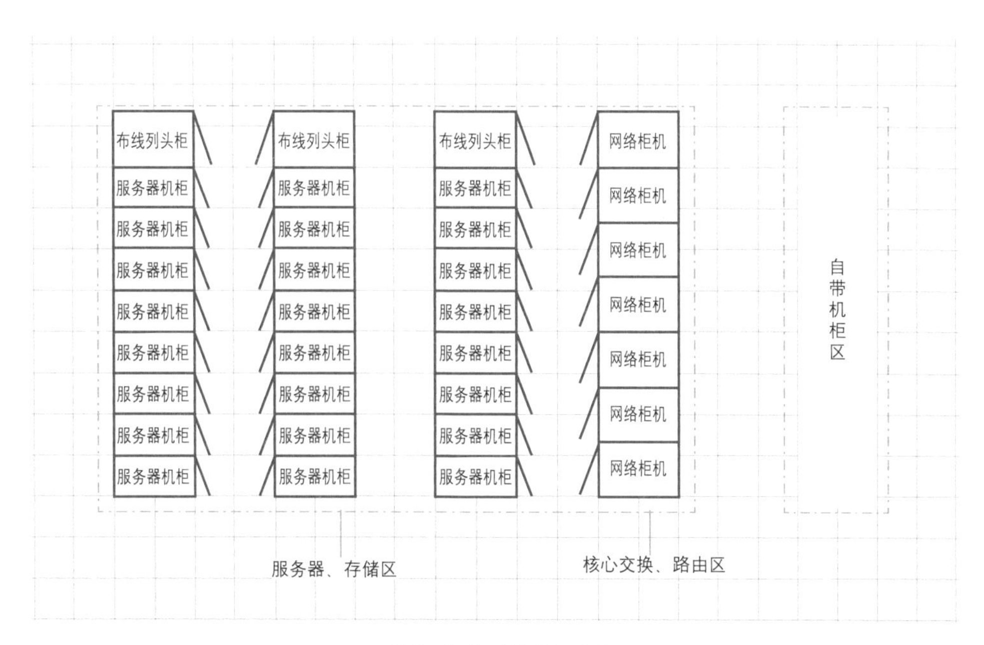

图5-16 机房格局示意图

中小型的机房由于机柜数量较少，机柜系统在空间上并无必要形成分区，可以考虑在机柜的分配上做到分机柜集中摆放上述两大功能区的设备，相同功能的机柜相邻摆放。

5.10.2 机柜排的长短、方向和机房形状的关系

机柜每排的距离首先应符合GB 50174—2008《电子信息系统机房设计规范》的要求，即"成行排列的机柜，其长度超过6 m时，两端应设有出口通道；当两个出口通道之间的距离超过15 m时，在两个出口通道之间还应增加出口通道；出口通道的宽度不应小于1 m，局部可为0.8 m"，在此基础上，建议能长的就不能短，能集合相邻的就不分散布置。机柜排的方向应符合降温通风要求，即前门对前门，后门对后门如图5-17、图5-18所示。机柜排一般以沿着机房长度方向摆放，如图5-19、图5-20所示。

5.10.3 机柜间的相互距离和周围的通道宽度

机柜间的相互距离和周围的通道宽度首先应符合GB 50174—2008《电子信息系统机房设计规范》的要求，即主机房内和设备间的距离应符合下列规定：

（1）用于搬运设备的通道净宽不应小于1.5 m。

（2）面对面布置的机柜或机架正面之间的距离不应小于1.2 m。

（3）背对背布置的机柜或机架背面之间的距离不应小于1 m。

（4）需要在机柜侧面维修测试时，机柜与机柜、机柜与墙之间的距离不应小于1.2 m，如图5-21所示。

在此基础上，可根据业主的要求具体来定。机柜排布以紧凑为佳。当机房场地富裕时，可以适当放宽。其中，需要特别注意的是空调侧的列头柜和空调出风口的距离应符合GB 50174—2008《电子信息系统机房设计规范》的要求，距离过近时会明显影响列头柜附近冷空气的流动。

5.10.4 机柜并柜及注意事项

（1）数据中心中的机柜成排建设时，推荐

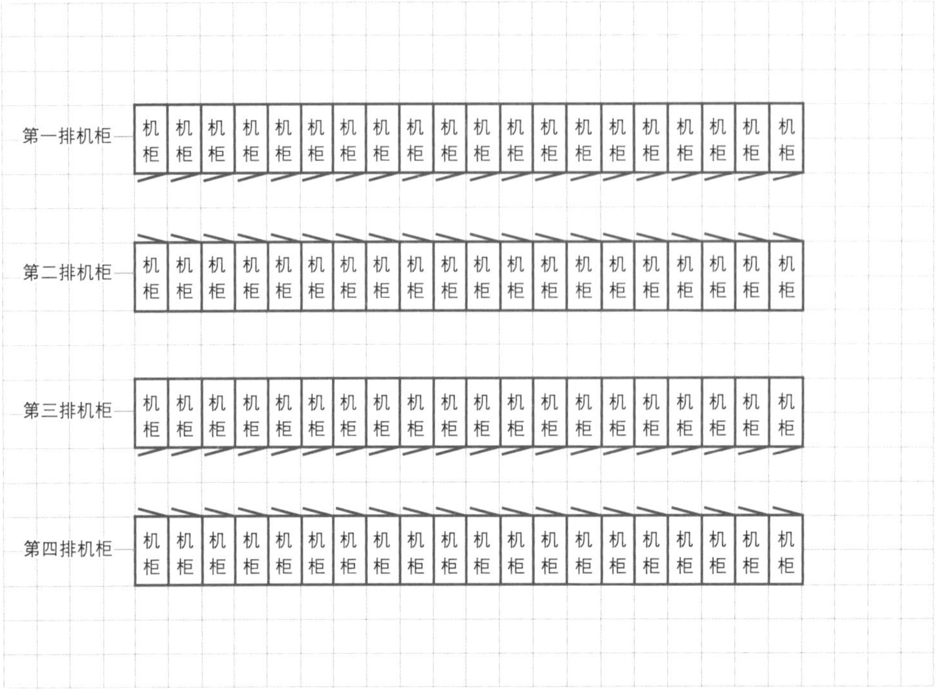

图5-17 机柜排的长短，方向和机房形状的关系1

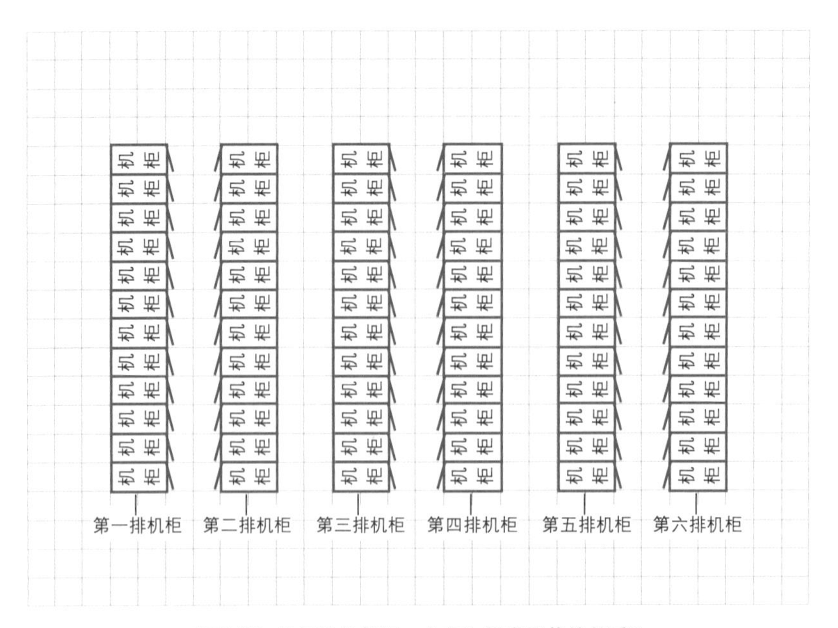

图5-18 机柜排的长短，方向和机房形状的关系2

对相邻机柜进行并柜。

（2）没有特别的安全要求时，不要选择相临机柜间的侧板；如有特别的安全需要，则相邻机柜间推荐安装不影响机柜并柜的分隔板。

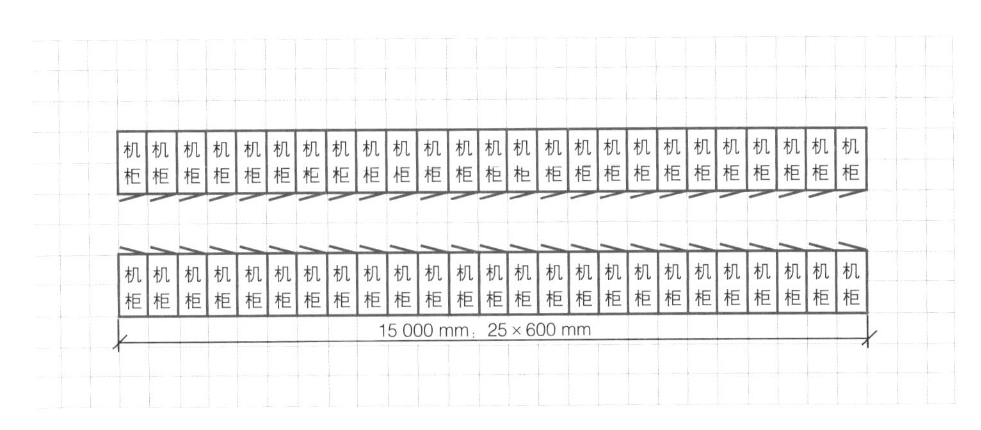

图5-19 机柜排15 m长要求

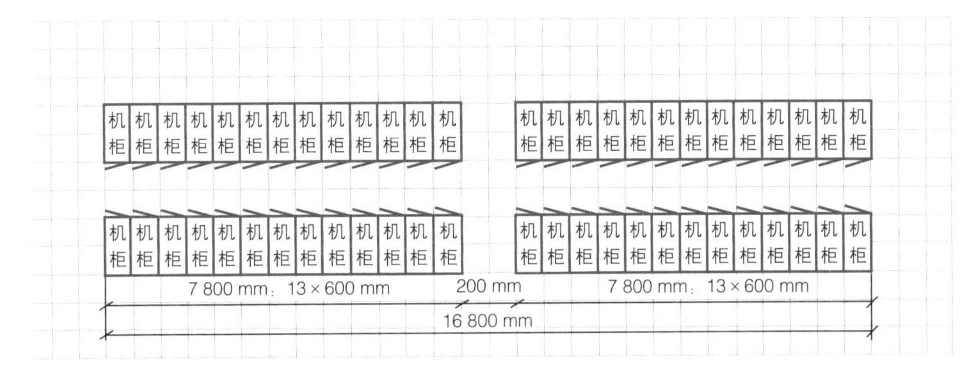

图5-20 机柜排15 m长以上要求

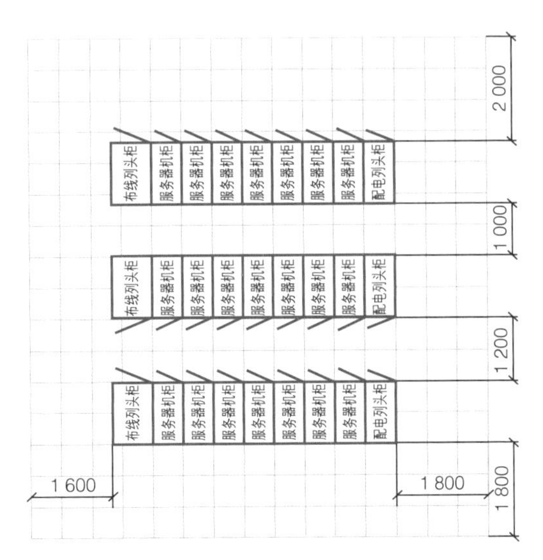

图5-21 机柜间的相互距离和周围的通道宽度规范

在机柜安装上侧板时，并柜是较难进行的，所以不推荐用侧板，而要使用专门设计的在并柜时使用的分隔板。

（3）机柜并柜时，不用安装底轮和水平调节脚，这样通过增大着地面积来减少压强从而保护地板。

（4）机柜并柜时，尤其在做冷热池隔离时，建议做无拼缝的并柜方式，以防止冷热空气窜扰。当机柜设计热密度达到8 kW以上时，建议相邻机柜之间加装不影响并柜的分隔板以防止机柜间的气流窜扰。

5.10.5 机柜维护和扩容

日后维护是很容易被忽视的细节，使用一两年后，机柜或线槽内的线非常零乱，相互缠绕，难以查找，机柜内的设备和线缆的标识常常被遮挡。这使得线缆变更、设备替换变得非常困难。在线工作系统周围替换其他设备是一个风险很高的操作，因为这一操作很可能会影响那些设备的供电或数据通信。易于维护主要是强调机柜系统的设计必须要考虑布线系统的合理性。

（1）柜内垂直布线。服务器机柜主要着眼于机柜后部的弱电布线和强电布线的设计，做到强弱分离，即电源线和弱电线都有独立的布线槽和一些配套的功能附件。网络和布线机柜主要着眼于机柜前部弱电布线的设计，要有布线槽和必要的附件；并要考虑布线槽的有效布线截面。传统网络柜，尤其是框架和安装角轨分离的机柜，在此方面比较弱；对于布线机柜的后部，由于后部两侧都有大量弱电布线，故不建议使用0U安装方式的PDU安装在机柜后部某侧，宜采用机架式PDU水平安装较为适宜。

（2）柜内水平布线。服务器机柜主要是考虑在服务器、存储等设备的后部安装水平理线机构，有些设备厂商是随设备一起供应的，也有些不提供，这就需要与机柜厂商协商提供。没有水平理线机构的配合，光靠垂直理线是很难使机柜易于维护的；对于网络布线机柜，主要是要考虑设备或配线架前部有跨机柜直接互联互通的需要，所以有一些跳线是跨机柜的。在这种情况下，就要借用柜顶额外的布线槽的帮助。

机柜系统中包含柜间布线系统是首次赋予了机柜间水平布线功能，是机柜走向机柜系统的重要一步。以机柜为支撑的柜顶水平布线系统，可以明显提高机柜线缆的可维护性并减少桥架在机房内施工的难度。模块化、贴顶式的设计是连排标准机柜系统的优势选择。从易于维护的角度看，不建议机柜顶部使用网格状或线槽两侧全开放的设计，这种全暴露的设计使理线的瑕疵一览无余，而机柜顶上的线缆在数据中心的使用寿命中经常要变更，开放式线槽完全失去了遮蔽理线瑕疵的作用，用户在进行这种变更时，在耗时和美观上出现两难的选择。柜顶布线系统的可维护性是其应具有的最基本功能之一，因此就要求该系统能够与机柜顶部进线通道高度吻合，并对线缆的弯曲半径有较好的保护。一套合理的、安全的且可维护的柜顶布线系统应充分考虑将光纤与铜缆分离，防止大量过重的铜缆对光纤造成压迫而造成损伤。对于铜缆，建议采用贴顶式布线系统；对于光纤，建议采用与铜缆分区的方式，可以是水平分区或柜顶支撑方式的独立光纤线槽，并做到平坦和有效的弯曲半径保护。

易于扩容牵涉到两大方面：①机房建设能否做到部分模块化建设，即需要多少建多少；②当设备发生变更、增减时能否支撑。

在图5-22所示的机柜布局中，其柜顶布线和冷池封闭相结合对扩容有明显或决定性的影响。此种结合，每排机柜一侧是布线列头柜，另一侧是配电列头柜，中间是服务器机柜。柜顶是机柜水平布线，两排机柜的前门对前门形成冷通道，并进行封闭；机柜区按此一组一组建设，可做到按组建设。配电每排列头的强电线槽上置，在设备发生变更用电需求时，相对易于扩容；一种更方便的做法是每排不做配电列头，而是在机柜顶上架设三相母线系统，终端配电有PDU控制：即PDU是单相输入16 A时，单相配电是16 A；PDU是三相输入32 A时，三相配电是32 A，这样更容易扩容，也更容易实现三相和单相之间的变更，见图5-23～图5-25。

5.10.6 机柜节能

机柜系统在节能方面主要途径有调节机房内空气流通的路径，提高回风温度，提高空调的效率等。

（1）机柜的摆放，从原来机柜前门朝向

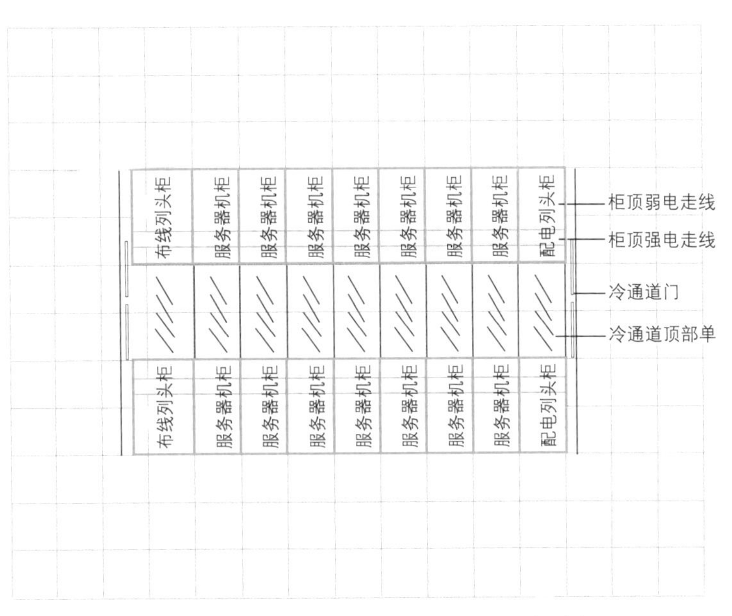

图5-22 机柜的布局，柜顶走线和冷池封闭相结合

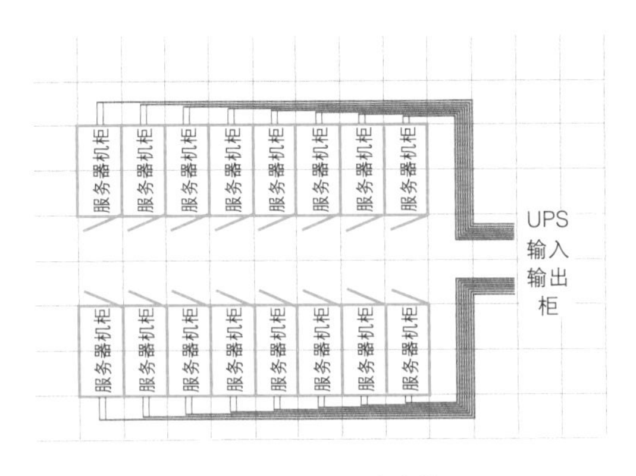

图5-23 传统配电布线

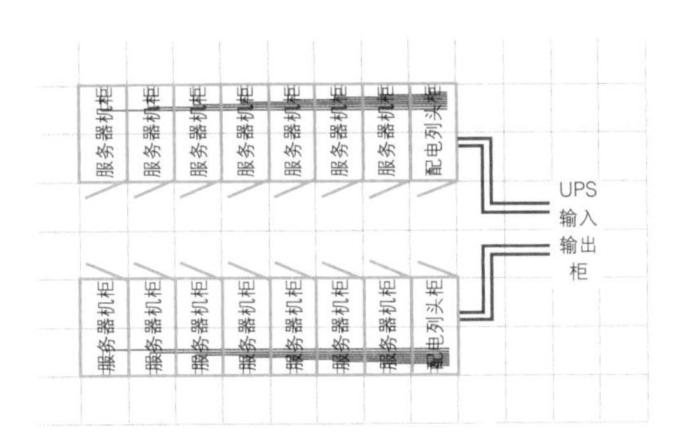

图5-24 优化后的配电布线（带配电列头）

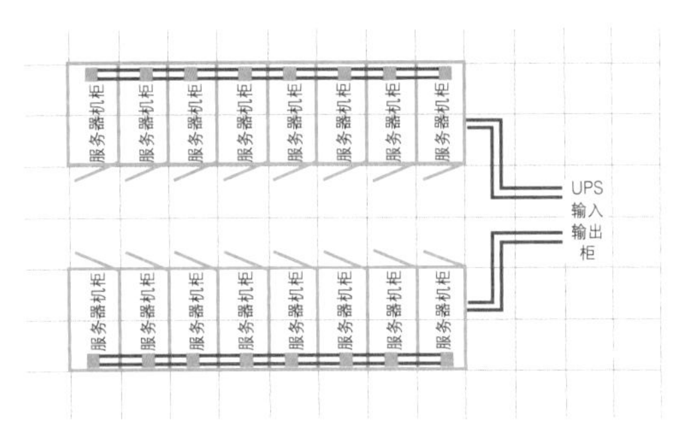

图5-25 优化后的配电布线（带母线系统）

一个方向，逐渐转变为机柜相邻排，前门对前门，后门对后门，以形成冷、热通道的方式摆放，这样会杜绝前排机柜后面热排风对后排机柜前门进风的干扰，以提高空调制冷的效率。

（2）如进一步提高空调制冷的效率，可以对机柜形成的冷热通道进行密封，冷热通道封闭也称之为冷热池封闭；另一种是直接在机柜上进行密封，既可以在前门封闭的冷微通道封闭，也可以在后门封闭的热微通道封闭。无论用哪种隔离，都要给机柜不装设备和配线架的部分配置盲板，防止冷空气泄露。机柜的线缆出入口增加封闭、角轨和机柜，相邻立柱之间都要封闭。

机柜系统在节能方面的次要作用是：①母线系统的引入，可轻微减少电力在机柜系统的输送损耗；②柜内照明和冷、热通道照明的引入，可以显著减少机房的电力在照明方面的损耗。

5.10.7 机柜设计的其他要点

一、提高空间利用率

提高空间利用率是数据中心容纳更多的服务器、存储、交换和路由等设备来提高机房的利用率，是目前数据中心建设所倡导的“更密”。机柜系统合理设计对此项指标有非常重大的影响。

以下方法可以提高机柜系统空间利用率：

（1）使用更窄的高密度机柜，此项可节省5%～7%的空间。

（2）使用更高的机柜并配合贴顶式上布线，此项可提高机柜7%～15%的容量。

（3）用柜顶母线系统替代配电列头柜，在保证机柜系统易于扩容和维护的条件下，节省7%～10%的空间。

（4）冷池封闭的使用，在同样制冷条件下，增加机柜密度。

（5）服务器机柜的弱电和强电布线采用0U安装的设计，可以提高机柜10%～15%的密度。

二、便于建设

便于建设是机房投资者建设更快、更好机房的要求，也是机房建设者用更低的设计成本和施工成本达到更高施工质量的要求。机柜系统本身集成了机柜、柜间布线系统、机柜及机柜排的配电、冷热池的隔离、机柜区的照明、标示和机柜区的环境监控及电参数监控。这使得原本分立的子系统发展成为集成化、预制化和产品化，使这些机房功能子模块、设计时间和施工时间得以降低。子模块之间的互相配合的合理性和可用性得以显著提高，这些子模块的统一产品化和厂商提供统一的现场安装，大大缩短了机房的施工时间，提高了施工的可靠性和质量。

三、美观气派

美观气派是机房投资者对机柜系统的长期诉求。机柜系统作为机房主要形象构成模块，对机房的形象有明显和重要的作用。因此在设计机柜系统时，应从以下方面考虑：

（1）不同机柜的分区或相对集中摆放，尤其对于大型机房，在业务要求允许的情况下，一般分为标准服务器机柜区、核心交换和路由区和自带设备区3个区域。

（2）机柜间和机柜内的布线。对于要经常变更、维护的机柜间布线，建议使用封闭或半封闭线槽或布线机构，以在保证机房美观的前提下，减少机房在变更、布线时的理线工作量和难度；对很少进行布线变更和改变的机柜排与排之间的上布线，可以考虑使用开放式上布线，以减少排间跨接桥架的重量；机柜内布线的美观与否，和选择哪种长宽组合及机柜内的布线附件的专业性有很大关系。

（3）在需要发生线缆变更的区域，避免使用开放式桥架，以降低用户在变更线缆时理线的难度。

（4）在机房层高有限的情况下，可考虑采用机柜顶部布线系统。

（5）机柜本身的外观设计也是值得考虑的一方面。

5.11 机柜热点问题分析

5.11.1 母线系统

母线技术是一种成熟的电力输送技术，但在机柜系统中运用还比较少，它的优点是给单台机柜配电提供更大的灵活性；每列可省去一台配电列头柜，节省了机柜空间；减少传输损耗，更加节能环保；减少线缆冗余量，降低材料使用量。

5.11.2 机柜抗震

在地震发生概率高的地区可以考虑机柜的抗震措施。在考虑机柜的抗震措施前先要调查机柜所在建筑物的抗震措施和抗震等级，以保证楼塌倒之前，机柜保持完好。

机柜抗震执行中华人民共和国通信行业标准，电信设备安装抗震设计规范YD 5059—2005。目前常用的机柜抗震措施是在机柜和机房楼板之间做抗震支架，具体要求可参照YD 5059—2005。如要求更高，可以参考如下方法：

（1）抗震机柜。通过机柜的框架结构设计，提高机柜本身的耐震强度。

（2）免震机柜。在免震台上安装设置机柜，降低震动影响传递至机柜。

（3）减震机柜。除框架结构设计外，在机柜的关键部位安装能吸收震动能量的部件（例如减震阻尼器等），通过吸收震动能量降低震动的传递，确保机柜内设备安全。

5.11.3 机柜的配电

一、机柜的电负载

（1）负载非常低的主要是装有配线架、交换机和集线器的网络布线机柜。

（2）负载在1 kW以内的主要是内装设备较稀疏的服务器机柜。

（3）负载在2～3 kW内的是装有服务器设备，但有明显空间的服务器机柜。

（4）负载在5 kW内的是大量装有服务器设备，空间放满的服务器机柜。

（5）负载在7 kW以上范围的较为少见。随着服务器技术的进步，尤其是近年来刀片服务器的越来越广泛应用，为了保证这一区域的供电和散热，如条件允许建议在数据中心内设置一单独的高密度区，存放这些机柜设备。

二、冗余度要求

在电源系统中实现冗余/容错将可以提高计算系统的可用性。在高可用性环境中，实现冗余的通用方式是对每一个计算设备均提供两条独立的电源路径；而设备相应地通过一个独立的并联电源接受两条电源馈线，并联电源按照仅有一路电源供电时设备也可以连续运行的规格设计。这种系统可以实现以下关键优势：

（1）如果一个电源故障，系统将继续运行。

（2）如果一路馈线由于设备功能失常而故障，系统将继续运行。

（3）如果一路馈线由于用户错误而故障，系统将继续运行。

（4）如果电源的故障使得电源馈线故障并使断路器跳闸，共用该断路器的其他设备将不受影响。

（5）如果有一路馈线需要切断以进行维护或升级，系统将继续运行。

为使此方式有效，必须满足以下要求：

（1）被保护的设备必须支持双电源供电，并可允许一条馈线故障。

（2）正常情况下，每一回路断路器的负载量必须总是小于额定跳闸电流的50%，这样当另一回路故障时就不会因为负载上升而导致断路器跳闸。这也有助于防止另一回路由于线路电压低而跳闸。满足这两项要求可能会非常困难。有些计算设备仅配有1条电源线，也有配3条电源线的设备，但需要其中任意两条正常方可正确运行。这些类型的设备不能在一路馈线缺失的条件下运行。这种情况下，可以采用自动转换开关（ATS），它可以从两路输入中形成一条馈线。这种ATS可以集中部署，也可以在配有保护设备的机柜内安装小型机架安装式ATS进行分布式部署。此外，还必须提供电流监测，确保所有回路的负载均不超过50%的容量，以防止断路器在一条电源路径缺失时跳闸。

三、三相平衡要求

为保证机柜的供电能做到三相平衡，在配电柜的选型、配电柜和机柜中PDU的连接以及

PDU的选型这三个方面建议：①配电柜可以使用含有热插拔功能的母线和断路器系统；②配电柜和机柜连接时，把相邻的3台机柜分别和配电柜的A、B、C三相连接；③选用三相供电的单路PDU，在使用设备插入PDU时，负载会随机的出现在某一相电源上，当有上百台设备投入使用时，整个数据中心的负载会达到三相平衡。

5.11.4 电缆和铜缆间的间隔距离

基于TIA 568标准执行的广泛试验和建模，适用于AC 415 V或更低、且最大为100 A电源的电缆，除非另有说明。假设电源电缆为非铠装，要求的分隔距离大于本文件规定的距离时，应优先遵守适用的本地或国家安全规则。例如：

（1）英国。如果数据电缆与电源电缆之间没有机械分隔器，BS 6701对于低于AC 600 V电源需要的最小分隔距离为50 mm。

（2）美国。NEC版本2002的第800.52条对1级电路有以下规定：通信线和电缆与任何电灯、电源、1级、非电源限制火灾警报或中功率的网络供电宽带通信电路的导体应相隔至少50 mm。

（3）EN 50174－2欧洲标准。分隔要求可能大于或小于本文件规定的距离，这取决于安装条件以及电源电缆的数量。EN 50174－2中规定的最低要求在典型的办公环境中并不可行。就供应商要求的符合性问题，应与终端用户以及顾问进行商讨。对于电缆长度达90 m的SYSTIMAX安装，满足以下条件的分支/辐射状电路要求零分隔距离：限于一条110/240 V、20 A、单相（相位到中性或接地）的电源电缆。电源电缆或跳线的Live（L）、Neutral（N）以及Earth（E）导体必须采用普通护套（即铠装电源电缆）。如果使用松套（个别）导体作为电源电缆，必须把这些导体捆成一束，或使其保持靠拢以使电感耦合最小化，如图5-26所示。一条环形电路可视作与两条分支电路相等，例如40 A的环形电路与两条20 A的分支电路相等。在这种情况下，适用于20 A电路的指南。

馈电线电路（例如，为支电路供电）或大型分组（>30电源电缆）分支电路应与开放式

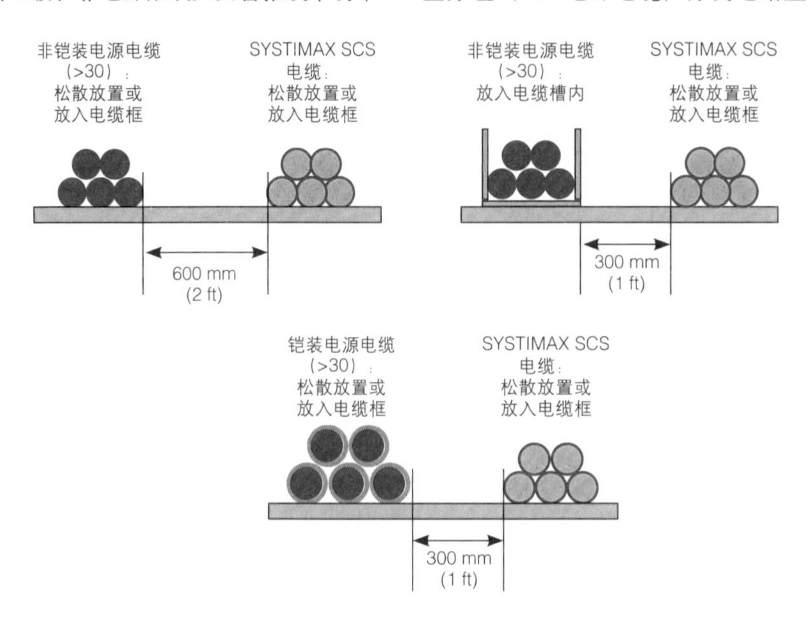

图5-26 电源电缆与数据电缆之间的分隔要求

框架内的数据电缆和配线架保持600 mm的最小分隔距离。该情况通常在电源分配器（PDUs）位于通信室/设备室时出现，如图5-27所示。

（1）600 mm分隔距离可以减半，例如电源电缆铠装，则保持300 mm作为分隔距离。这些电源电缆可以松散地放置或安装在电缆框内。或者如果电源电缆以及/或者数据电缆安装在独立的电缆槽内，300 mm分隔也同样适用，如图5-28所示。

（2）如果所有以上条件以及分隔距离无法实现，当数据电缆以及/或者电源电缆被金属线槽或管道包裹时，允许零分隔距离。所有以下条件适用：

• 金属线槽/管道必须完全包围电缆并连续。

• 金属线槽/管道必须按照适用的本地或国家规定，例如UK的IEE接线规则（BS 7671）或

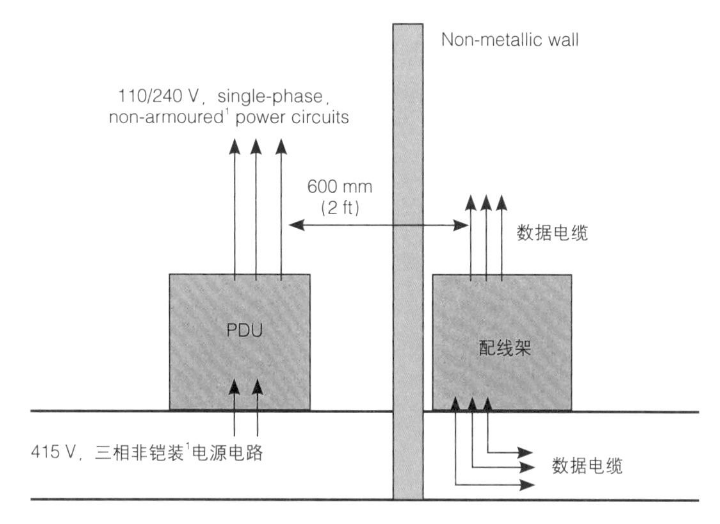

图5-27 PDU电源电缆和数据电缆/配线架之间的分隔要求

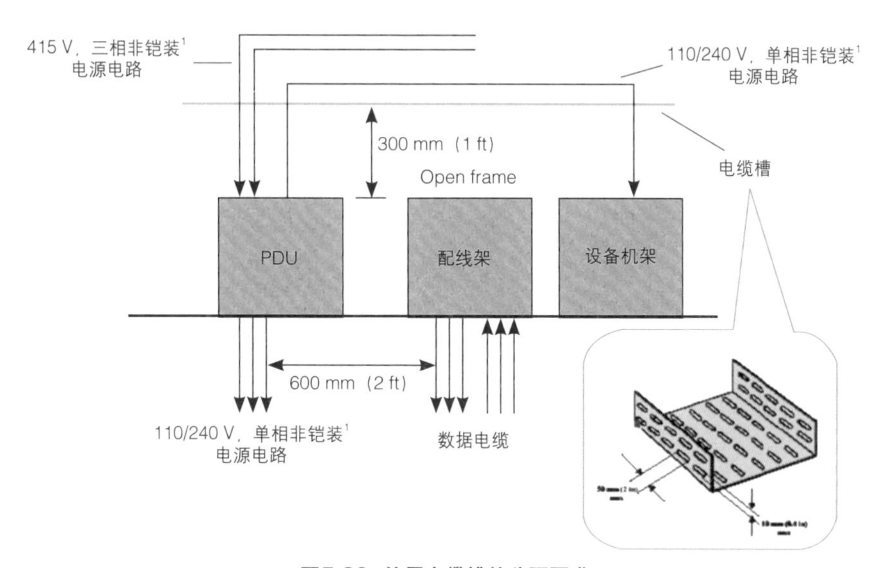

图5-28 使用电缆槽的分隔要求

注：如果使用铠装电源电路，分隔距离可以减少至300 mm（1 ft）。在这种情况下，可以使用电缆框。

USA的NEC正确地连接并接地。

• 线槽/管道如果采用低碳钢制造，其厚度建议至少为1 mm，如用铝制造则建议至少为2 mm。

如果以上条件无法实现，建议采用光缆。

5.11.5 高热密度机柜的散热和节能探讨

应用高热密度机柜和刀片服务器有以下五种策略：

（1）分散负载。为整个机房提供为机柜负载平均值提供电力和散热的能力，同时将负载超过平均值的机柜中的负载分散到多个机柜中。

（2）基于规则的散热能力转借。为整个机房提供为机柜负载平均值提供电力和散热的能力，通过采用一些规则允许高密度机柜借用邻近的利用率不高的冷却能力。

（3）辅助散热。为整个机房提供为机柜负载平均值提供电力和散热的能力，使用辅助散热设备为功率密度超过机柜设计的平均值的机柜提供所需的散热能力。

（4）设定专门的高密度区。为整个机房提供为机柜负载平均值提供电力和散热的能力，在房间内设定一个有限的专门的区域提供强散热能力，将高密度机柜限制在这一区域内。

（5）全房间制冷。为机房内每个机柜提供达到期望功率峰值的散热能力。

对高热密度机柜（主要指刀片服务器，10 kW/柜以上）使用液体做冷媒。冷却单元可以是“风机＋盘管”形式安装在机柜上，如门上、机柜顶部或机柜侧面，以确保有效地冷却机柜，同时减少送风/排风量，降低能耗和气流噪声。对高热密度并需扩容的机架使用液态制冷剂作为冷媒，以最大限度地提高冷却效率，这样就可进一步减少送风或送水的输送能耗，同时排除了漏水对服务器及其他电器元件的损坏的潜在风险。要充分使用热池或冷池，管理好冷却空气回路以及高效率地使用冷却空气。在条件许可的情况下，使用自然免费自然冷却设备。

有些网络设备是一侧进冷风、另一侧出热风，建议在机柜的左右两侧要留100 mm以上的空气流动空间，推荐使用800 mm宽及以上的机柜。如想进一步改善冷却效果，再加装气流路径调节附件，把侧进、侧排的空气流动改成前进后排的空气流动方式。

数据中心网络系统

Data Center Network System

6

近年来，随着虚拟化技术的广泛运用和云计算等新兴应用模式的发展，数据中心网络得到了迅速发展。数据中心网络在组成、结构、功能、规模及运用模式等方面正发生着深刻的变革。 一个现代数据中心通常可达上万乃至上百万台服务器的规模。为了适应数据中心网络发展的新要求，许多新型的网络结构相继涌现，这些新型的网络普遍具有一些新的特点，如采用虚拟化技术，提供多路径连接以及多用户共享使用网络资源等。现代数据中心的系统构成是标准化组件（基础设施、服务器和存储）通过网络组合起来的系统，数据中心网络犹如人体的神经系统，管理和控制着每个组件，也是数据中心管理运行的支撑平台。数据中心系统是数据中心中设备的物理承载，决定了设备堆放密度在物理上的可能性，数据中心网络设计原则目标决定物理架构及逻辑架构设计，从而形成数据中心总体网络拓扑和相应层面的接入拓扑。

第六章 数据中心网络系统

现代数据中心的系统构成是标准化组件（基础设施、服务器和存储）通过网络组合起来的系统，数据中心网络犹如人体的神经系统，管理和控制着每个组件，也是数据中心管理运行的支撑平台。

6.1 数据中心网络趋势及模型

数据中心网络设计体系如图6-1所示，设计原则目标决定物理架构及逻辑架构设计，从而形成数据中心总体网络拓扑和相应层面的接入拓扑。

数据中心网络核心功能模块如下：

（1）通信功能模块。采用高性能数据总线，用于实现整个系统各个组件的信息交换，并保证信息的可靠性、实时性和一致性。

（2）存储功能模块。分布式虚拟化存储系统，支持云计算环境下的结构化和非结构化数据的海量存储。

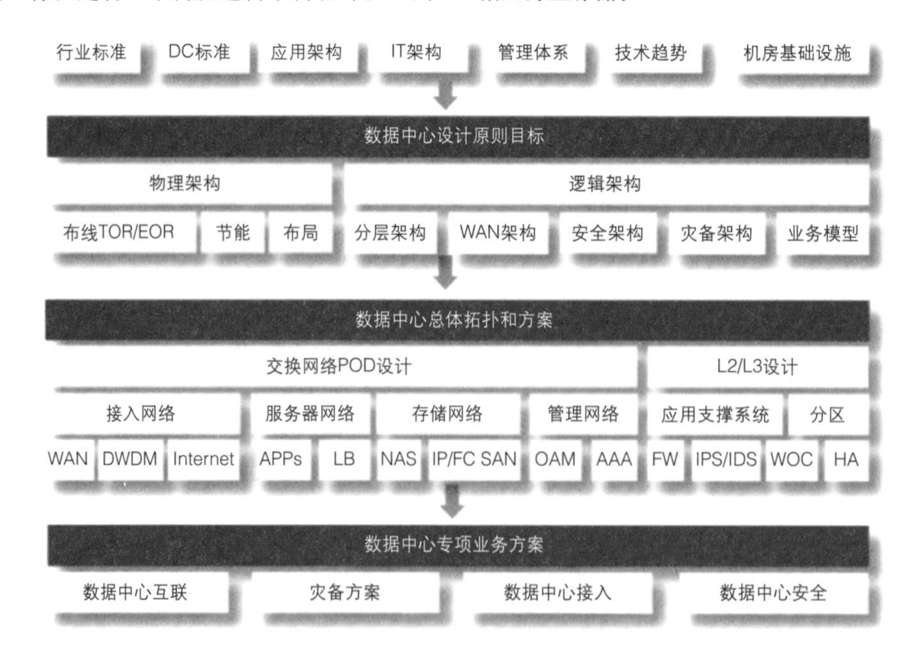

图6-1 数据中心网络架构体系组成

（3）计算功能模块。用于实现计算机集群进行大规模并行计算的运行管理机制。

（4）管理功能模块。管理模块是数据中心运营最核心的部分，涉及数据中心所有硬件资源的管理、配置、监控、调度及对软件平台的资源管理、SLA保障。可以预言，数据中心管理平台的好坏决定了企业数据中心的功能。

从图6-2所示的数据中心集群分类来看，它们存在各不相同的网络接入需求，见表6-1。

下面从数据中心网络的不同层次分别介绍模型及发展趋势，它们分别是：①数据中心内网层（Datacenter Network Fabric），也称为交换矩阵；②存储网络层；③数据中心因特网DCI层（Inter-DC Network）；④应用负载层。

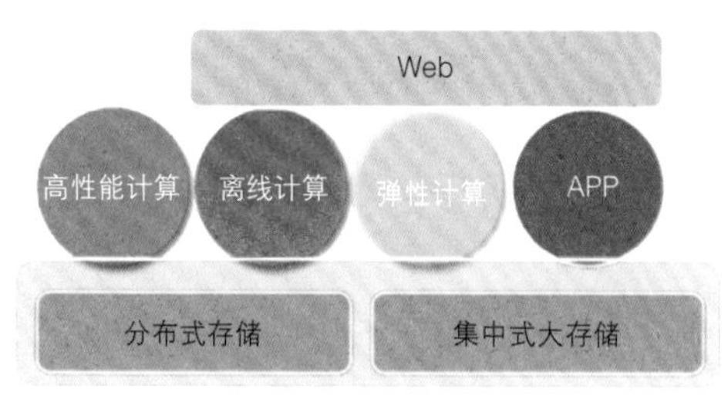

图6-2 数据中心集群分类

6.1.1 网络交换矩阵参考架构模型

明确网络在数据中心IT系统中的核心位置后，可根据实际的IT整体架构构建数据中心网络架构模型。

在过去几年中，长期存在于各类数据中心的网络架构是传统的三级网络拓扑，没有明确的模块化、区域化的理念，设备利用率和能耗效率低，交付时间长，数据中心运营能力差，网络逐渐成为业务发展瓶颈之一。

表6-1 网络接入需求

分类	接入	流向	收敛比	接入可靠性	延时	丢包	漂移	MAC/ARP规模
HPC	10 GE	东西	无	Node不敏感/Master AA	敏感	敏感	无	小（16 K）
离线计算	1~10 GE	东西	无	不敏感	中等	敏感	无	小（16 K）
弹性计算（公有云）	2~10 GE	南北	超实比	中等	不敏感	不敏感	有	大
APP（私有云）	2~10 GE	南北	有（一虚N）	AA	不敏感	中等	部分	中等规模
分布式存储	2~10 GE	南北	无	AA	敏感	敏感	无	小
中离端存储	FC	南北		AA	非常敏感	非常敏感	无	小

注：AA特指双网卡Active-Active。

（一）传统二层（Layer2）以太网络架构

传统数据中心网络组网方式有核心层、汇聚层和接入层三层设备，每个汇聚区各自部署防火墙等安全设备。为实现可靠性需求，冗余链路要通过STP规避以太网环路，冗余链路工作在Standby状态，出口三层网络设备也因VRRP协议本身的限制，双出口存在一台设备工作在Standby状态。之后随着链路捆绑技术的出现，网络利用率有所提高，但随之带来的问题是因Hash产生的流量不均衡，尤其在数据中心数据点对点备份时，此问题尤其突出。图6-3所示为标准传统数据中心的网络架构。

下面介绍的是新一代数据中心网络参考架构模型。

（二）架构一：增强型二层（Enhace-Layer2）以太网架构

如图6-4中的“增强”特指针对Spanning Tree Protocol做的修改，简单理解为“去STP化”。传统企业及数据中心的局域网都采用STP组网，由于传统的STP需要阻塞链路浪费带宽，而新的二层多路径L2MP技术还不够成熟，因此思科（Cisco）、H3C和华为等公司分别推出私有化的网络虚拟化方案，如思科的VSS/VPC/FEX、H3C的IRF2技术以及华为的VS和CSS。

此种网络架构适合于企业、因特网公司和运营商的中小型数据中心。

缺点：网络不能异构，所有网络厂家均采用私有协议，不能互联互通，并存在潜在二层环路、单播泛洪，而且是纯二层网络，ARP和MAC表项成为整网的最大瓶颈，规模扩展能力比较有限。

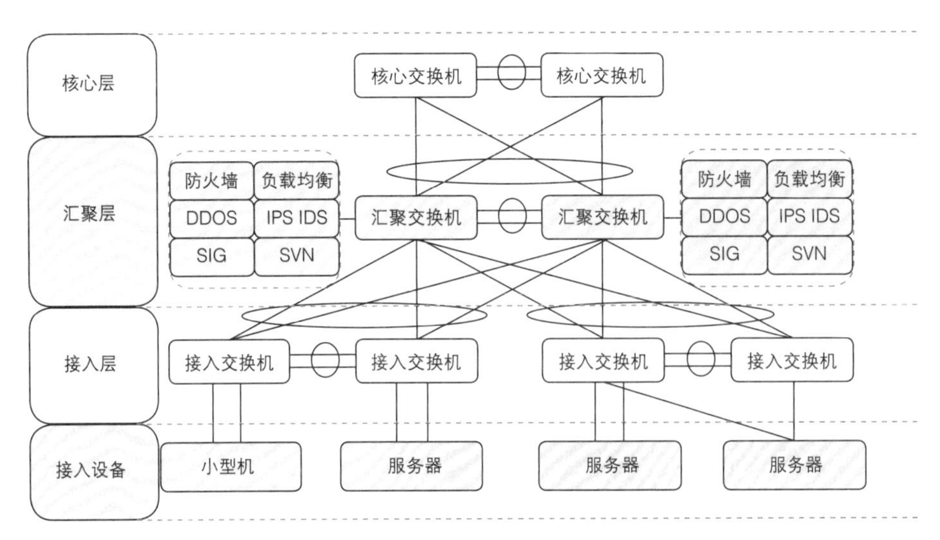

图6-3 核心/汇聚/接入三层方式组网

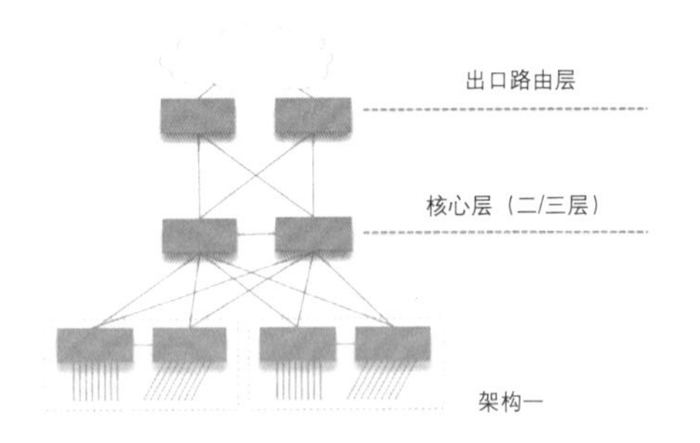

图6-4 增强型二层网络架构

架构使用状况：此架构目前很成熟，在企业、因特网公司及运营商已得到广泛使用，同时支持厂家也较多。

（三）架构二：虚拟交换矩阵架构

虚拟交换矩阵架构也被称为大二层网络架构，如图6-5所示，采用扩展ISIS路由协议实现超大规模的二层组网。目前已标准化的有IEEE 802.1aq（SPB）、IETF RFC 5556（TRILL）。假想TRILL/SPB/FabricPath区域网络是一个大的虚拟交换机，它具备非常高密度的Layer2以太网端口（GE/10GE/40G）及很强的转发能力，其中FP是Cisco的私有协议。

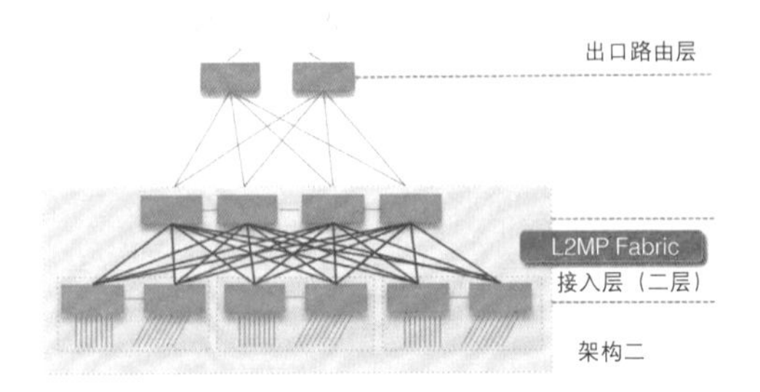

图6-5 虚拟交换矩阵架构

此种网络架构适合于对虚拟化二层移动性非常敏感的业务，以及业务对二层网络有明确需求的企业。对于因特网公司的私有云和普通APP也较适合。

缺点：此架构的水平扩展最大规模受限于南北向的ARP表项，实际部署时应合理规划。

架构使用状况：没有规模应用。厂家都宣称支持，但仍无正式可用版本，互联互通性也无法验证。

（四）架构三：胖树超大型矩阵架构

接入交换机使用三层路由胖树（Fat-tree CLOS）交换矩阵，此架构为Non-Blocking交换矩阵架构，任意两个节点（Server）之间的通信都是对称无拥塞，同时采用标准路由成熟的路由协议，因此整体网络架构每端口成本最低，是性价比最好的网络特大型矩阵，网络规模可达几万台服务器，如图6-6所示。

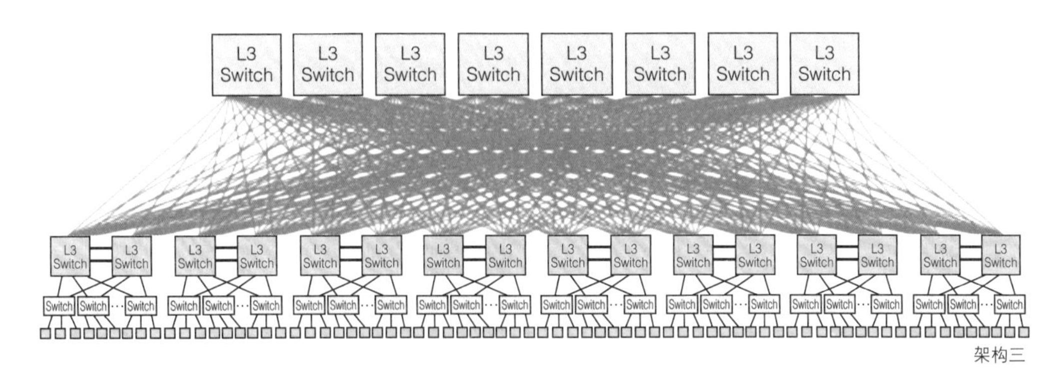

图6-6 Fat-tree CLOS超大矩阵架构

此种网络架构适合企业、因特网公司及运营商的中小型数据中心的高性能计算、离线计算。

缺点：服务器接入是单点。对于应用虚拟化支持能力弱，通过Tunnel方式实现的二层虚拟网比较复杂，需要一定的开发能力。

（五）架构四：模块化交换矩阵架构

图6-7所示为架构一和架构三的混合架构，在每个POD内部是二层的多链路方式，在Spine到核心之间采用CLOS方式。既继承CLOS的无阻塞交换矩阵的特点，又通过小规模的二层POD，提供适当的应用虚拟化的在线迁移的需求。采用的是非常成熟的技术，并通过模块化方式解决MAC和ARP容量不够的缺点。

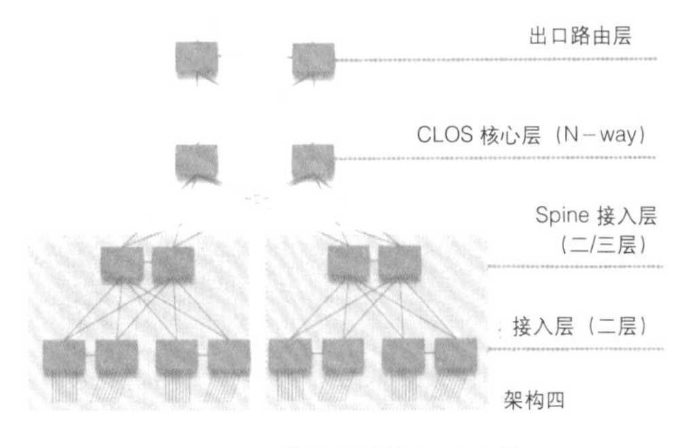

图6-7 模块交换机矩阵架构

此种网络架构适合于企业、因特网公司和运营商的中小型模块化数据中心，具备很好的扩展性及性价比，产业链成熟。缺点是层次略微复杂。

6.1.2 存储网络趋势及架构

从组网方式看，存储经历了DAS、NAS和SAN三个阶段。光纤通道（FC）协议作为存储区域网络的主流，然而厂商在实现FC协议时都或多或少地加入了自己的私有技术，不同厂家的FC交换机、FC HBA卡与FC磁盘阵列之间实现互通困难；兼容性的不足，也造成FC SAN网络部署的规模小，很多大型数据中心部署了各种不同大小和厂家的FC SAN，其应用也分布在不同的SAN上，不同SAN之间的块数据不能互通，形成SAN孤岛。FC协议是典型的二层协议，对于不同数据中心之间的海量传输代价很高。

如图6-8所示，FC的速率现阶段是16 Gbit/s，而以太网的速度已达到10 Gbit/s、40 Gbit/s和

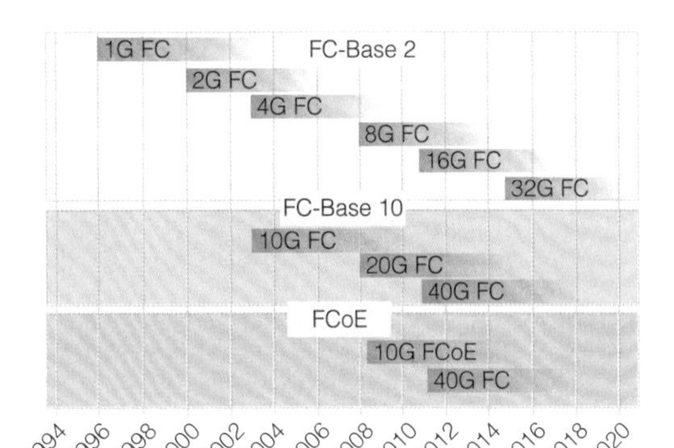

图6-8 FCoE、FC的路标对比

100 Gbit/s，因此在大型运营商和大型数据中心，FCoE被大量采用，双网融合降低成本。

目前，在数据中心里最常见的网络类型是用于IP连接的以太网和用于SAN连接的FC网络。为支持不同类型网络，服务器需要为每种网络配置单独的接口卡，即以太网卡（NIC）和光纤通道术机总线适配器（FC HBA），不但增加了设备成本、管理复杂度，也带来更多不必要的能耗。FCoE可以只部署在网络接入层，实现服务器I/O整合，简化服务器接入的Cable。服务器配置支持FCoE的10GE CAN网卡，并连接到接入层FCoE交换机，接入层交换机再分别通过10GE及FC的不同链路连接到现有的LAN和SAN。FCoE作为数据中心“统一I/O”的未来发展趋势，一定会实现端到端的（接入、核心）、FCoE的部署，如图6-9所示。

FC SAN特点是“流向确定和可靠传输”。FC网络本身可承载多种上层协议，如IP、SCSI等，而以太网诞生第一天就被定义为“尽力服务”的网络模式，当网络拥塞则采用随机丢包或是按某种预先约定的策略丢弃报文，这种方式对于存储网络是绝不容忍的。为此，IEEE和IETF标准组织制定了一系列新的增强型以太网标准CEE（Converged Enhanced Ethernet）和DCB（Datacenter Bridging Bridging），可以将它们理解为“不丢包的增强型以太网”。融合网的实现也不是一蹴而就的，各种新协议的真正使用要经过大量的验证及网络设备厂商在芯片及操作系统层面的支持，因此将融合的过程分成两个阶段。第一阶段：Dual Fabric方式，Hop by Hop FCoE，不同的SAN是在网络上物理分离的，如图6-10所示；第二阶段：Single Fabric方式，不同的SAN在网络层面是逻辑分离的，如图6-11所示。

6.1.3 多数据中心/多机房因特网络

运营商、中大型企业和中大型因特网公司都拥有多个数据中心，它们可以在同一个园区（一栋大楼中）、一个城市、不同城市甚至不同的国家，因此需要将不同的数据中心通过广域网互联起来，共同对外提供服务，相互之间容灾备份，对用户就近提供数据访问。

企业的多中心因特网络，在物理形态上通

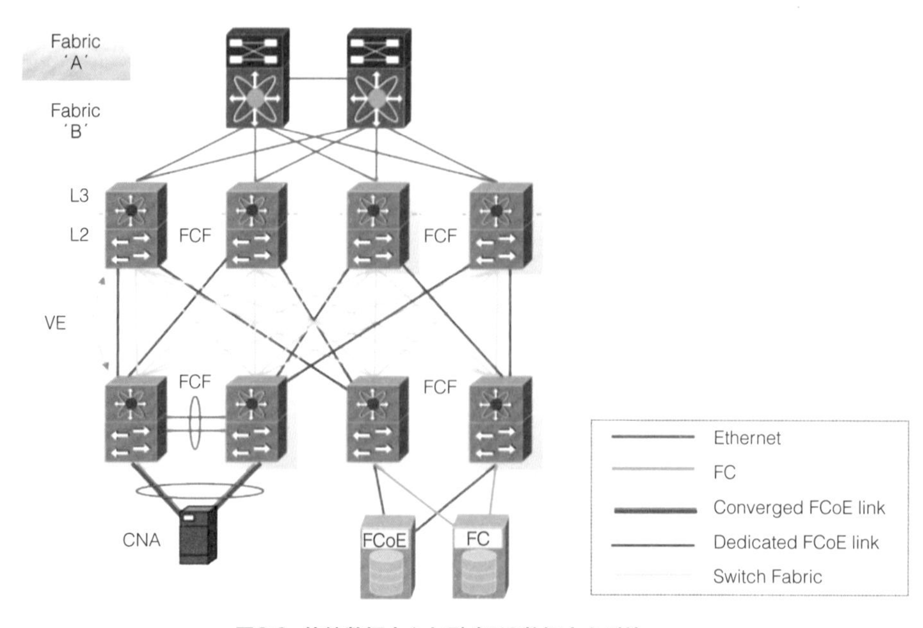

图6-9 传统数据中心与融合I/O数据中心对比

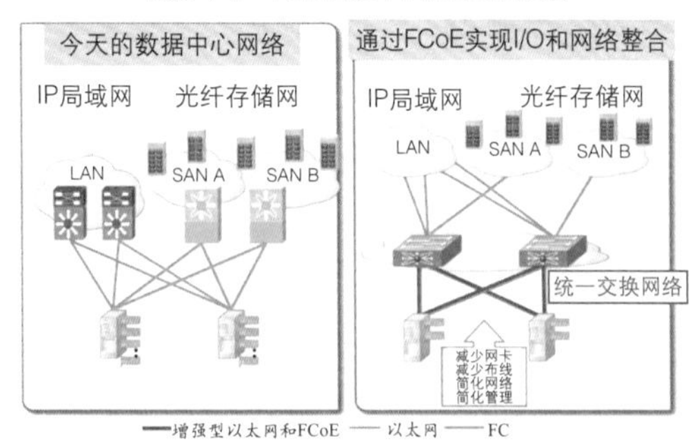

图6-10 融合网络——Dual Fabric

常会选用以下几种形式：

（1）自建传输。企业自建传输系统，通过企业自己铺设的光纤（或者租用运营商的裸光纤），实现数据中心间的互联；这种方式成本高昂，但可靠性很强，对于运营商网络的依赖性很低，便于网络互联的部署、管理和控制。

（2）租用运营商传输资源。企业通过自建的广域网出口连接运营商的传输设备，通过租用运营商的传输资源（例如波分系统中的一个波），实现数据中心间的互联。这种方式成本适中，可靠性较强，网络互联的部署、管理和控制大部分由企业完成，但对于运营商的传输网络有较强依赖性。

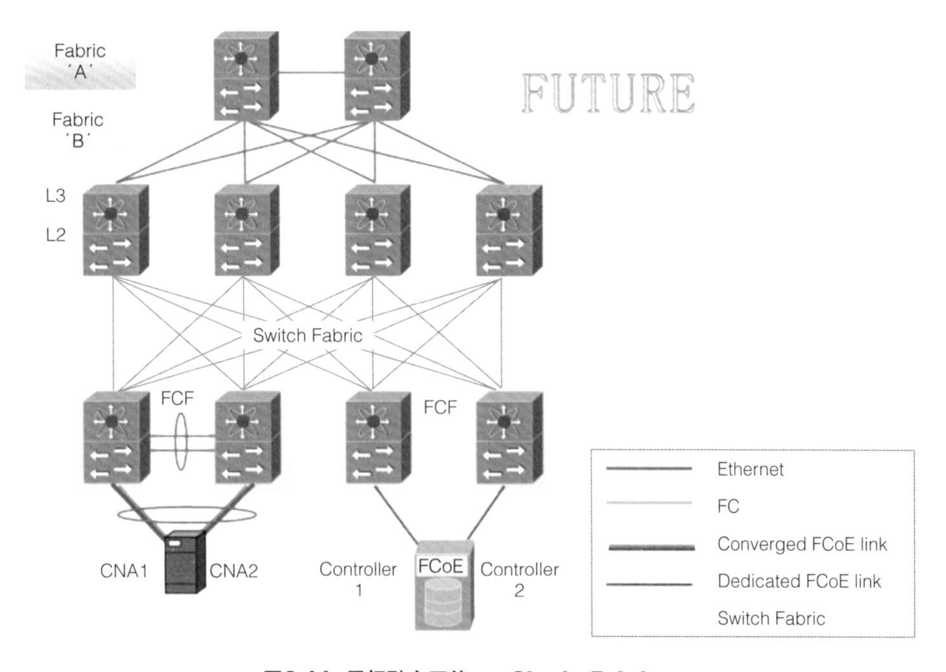

图6-11 目标融合网络——Single Fabric

（3）租用运营商VPN业务。企业通过广域出口接入运营商的IP/MPLS网络，通过租用运营商的VPN业务（例如MPLS L2VPN、MPLS L3VPN和GRE VPN等），实现数据中心间的互联。这种方式成本较低，但可靠性较差，完全依赖于运营商的网络。

基于上述的物理形态，又可将多中心因特网络在逻辑上划分成3个相互独立的网络，如图6-12所示，每个网络将采用不同的互联技术。

一、多中心间三层因特网络

“多中心三层互联”也称为数据中心前端网络互联，所谓“前端”是指数据中心面向企业园区网或企业广域网的出口。不同数据中心（主中心、灾备中心）的前端网络通过IP技术实现互联，园区或分支的客户端通过前端网

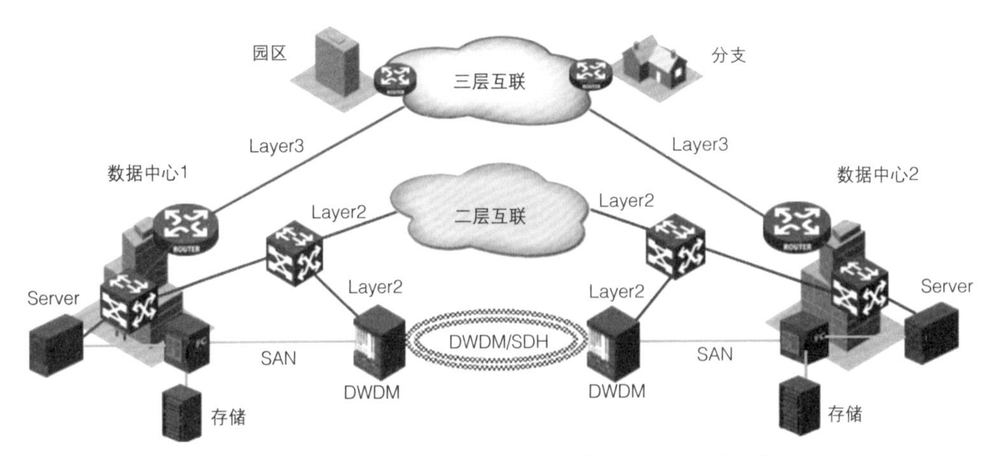

图6-12 多中心因特网络在逻辑上划分成3个相互独立的网络

络访问各数据中心。当主数据中心发生灾难时，前端网络将实现快速收敛，客户端通过访问灾备中心以保障业务连续性。由于数据中心间会出现虚拟机迁移需求或HA集群（如IBM HACMP）的主备切换需求，所以同一个主机IP地址可能会出现在不同数据中心，有以下两种方案解决主机迁移带来的数据路径变化。

（1）GSLB＋SLB。这是一种比较成熟的方案，采用基于DNS技术的全局负载分担设备，并配合采用NAT技术的服务器负载分担设备，以实现客户端到可迁移的主机（IP地址不变）的访问路径的变迁，如图6-13所示。相关说明请参考本书6.1.4 节。

（2）LISP。目前LISP还是IETF的一个草案，它是一种IP in IP技术，允许一个子网的虚拟机成员，当虚拟移动到网络任何地方时，同时保留其IP地址不变，无需在主机上的任何变化，但网络访问可以定位其精确位置并实现最优路

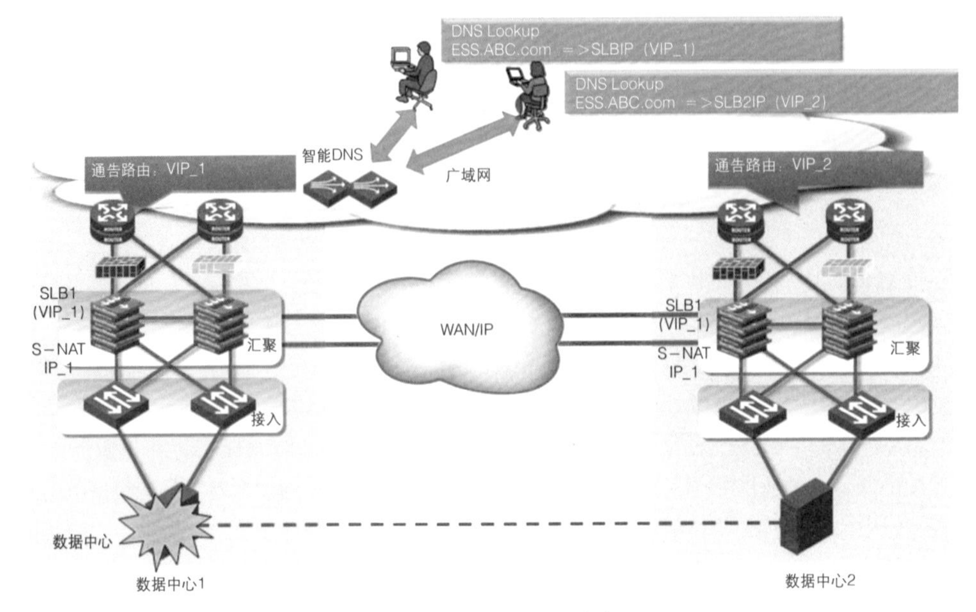

图6-13 GSLB＋SLB方案

由，同时保持网络的稳定性和高可扩展性。

二、多中心二层因特网络

“多中心间二层互联”是在不同的数据中心服务器网络接入层，构建一个跨数据中心的二层网络（VLAN 扩展），以满足服务器集群、虚拟机动态迁移等场景对二层网络互联的需求。通过光纤或波分设备上的子波长，构建跨中心VLAN 扩展是比较成熟的技术。此外，还可通过VPLS或MAC over IP 技术实现跨中心VLAN扩展，但这两种技术的可维护性与光纤或波分技术相比略显复杂。

三、多中心存储因特网络

“多中心存储因特网络”实现了数据中心内存储网络的跨中心扩展，相关说明请参考本书“存储网络”章节。

6.1.4 应用负载层

应用负载层主要包括内外部负载均衡（单机和集群方式）、安全域、SSL Offload（单机和集群方式）和DNS系统（单机和集群方式）等。

均衡负载分为GSLB（Global Server Load Balance）、Server Load Balance两级，同时提供单一访问入口：域名－GSLB、Virtual IP－LB。

在有些场合也将多运营商互联之间的路由调度归在数据中心负载均衡范围，多运营商互联属于软配置类，与企业本身的接入和运营商格局紧密关联，故本书不作阐述。

一、全局负载均衡

多数据中心网络环境下，通过全局负载均衡技术，用户能快速访问“距离最近”的数据中心相对应的业务，提高服务响应速度，提升用户访问体验。需要GSLB的环境往往是多链路或多数据中心，形成多机房业务之间的负载分担和相互之间的机房容灾备份。GSLB有三种实现方式，分别是基于DNS解析的方式、基于应用层协议重定向方式和基于IP路由方式（Routing Proximity技术）。其中，基于DNS解析方式配合IP地址库被广泛应用于因特网公司基于Web/APP的业务，本书只针对DNS方式的GSLB的组网架构进行阐述。

GSLB采用方案主要有两种，见表6-2。

表6-2 GTM与DNS方案对比

方案	性能	运维	功能	DDOS	成本	策略	其他功能
GTM	4 w/s	集中	强大	弱	高	拓扑Ratio Qos	较多
DNS	10＋w/s	分散	简单可扩展	通过平行扩服务器，整体集群能力强	低	拓扑	可扩展

（1）专用硬件GSLB方案，如F5的GTM、Cisco的GSS等。

（2）服务器集群方案，如用普通x86服务器集群，开源的DNS软件提供GSLB服务。服务器集群拓扑如图6-14所示。

二、服务器负载均衡

服务器负载均衡（Server Load Balance，SLB）技术有效降低了单台服务器的压力，由多台服务器共同承担负载，提高业务可靠性，平行扩容用服务器数目提升整站业务能力。服务器集群拓扑如图6-14所示。

可采用的方案主要有两种：

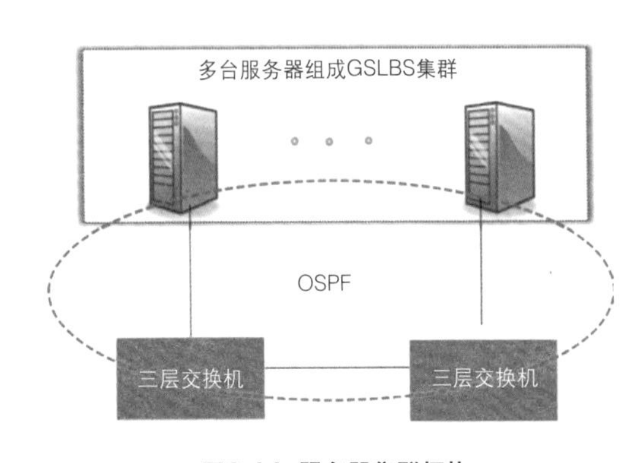

图6-14 服务器集群拓扑

（1）专用硬件SLB方案，如F5的LTM或Netscaler等等。

（2）服务器集群方案，如x86服务器或多核处理器Tilera组成的基于开源软件LB集群。

SLB的功能又可分为：

（1）四层负载，基于五元组流的负载均衡。

（2）七层负载，基于内容的负载均衡，能够对七层数据报内容解析，并根据定义的七层策略进行请求的负载均衡。

传统SLB有两种组网方式如图6-15所示，一种是DR模式，也称为非对称模式；另一种为NAT模式，也称对称模式。这两种模式都有被广泛采用。其中，非对称模式网络进出路径不对称，网络和设备使用效率高，缺点是不支持七层负载均衡和在每台主机上配置环回端口通告VIP，随之带来的影响是运维成本相对较高，而且DR组网要求LB和Real Server必须在同一个VLAN中，所以扩展性不高，更适合于小规模的CDN站点。

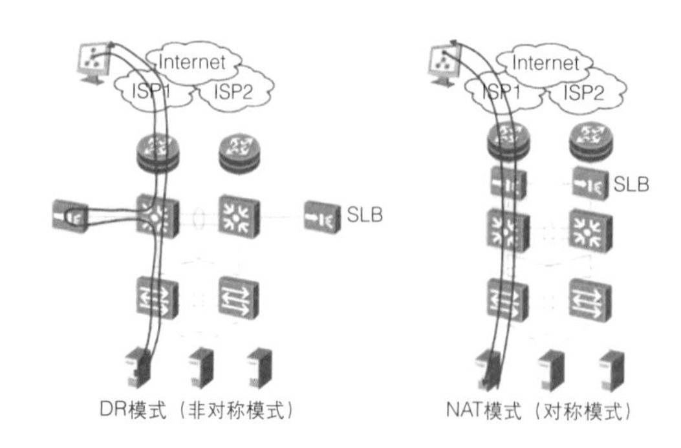

图6-15 专用负载设备两种组网方案

它们共同的缺点是：

（1）两台SLB之间是Active/Standby的工作方式，即使可以通过不同VLAN的划分让两台SLB同时工作，但容量仍只有一半可利用。

（2）业务能力（带宽、QPS和TPS）都受限制于硬件厂家的设备能力，已很难适应超大及大型因特网公司流量的增长需求。

（3）负载设备抵御DDOS的能力弱。

服务器集群是通过多台服务器安装开源LVS实现四层负载均衡，如图6-16所示。

实现四层SLB有DR、NAT和Tunnel三种组网方式。在因特网公司，这三种模式均被采用，只是不同的业务特性相对应的模式不同。DR模式与上面所描述的专用LB的DR方式基本相同，组网要LB集群和RS在同一个VLAN中。NAT和Tunnel模式都支持跨三层的转发，NAT方式流量进出都必须经过LVS集群；Tunnel方式中RS会配置两块网卡：一个口作为Inbound，另一个口作为Outbound。

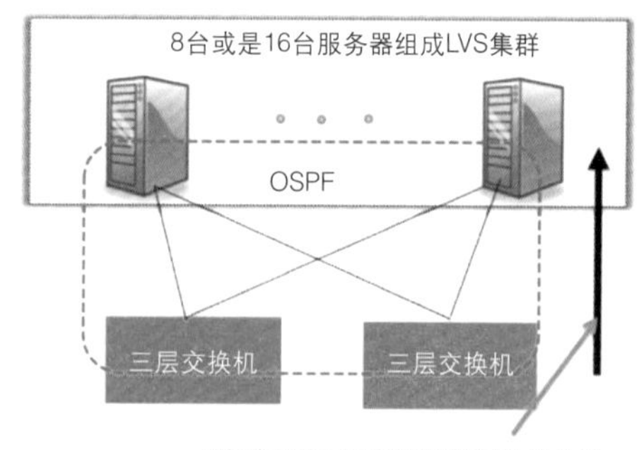

图6-16 LVS集群网络拓扑

表6-3为LVS集群与专用LB的优缺点对比。

三、SSL加速

HTTP协议本身不具备安全机制，采用明文的形式传输数据，不能验证通信双方的身份，无法防止数据传输过程中被篡改，因此HTTP协议本身不适合电子商务和网上银行等应用的

表6-3 LVS集群vs专用LB

	运维	功能	DDOS	成本	多路径	接入方式
专用设备	集中	四、七层	弱	高	不支持	DR/NAT
LVS	分散	四层	Sync proxy及平行多台扩展，抵御DDOS能力极强	低	8/16/32 ECMP	DR/NAT/Tunnel支持Full NAT则不存在拓扑约束

安全性要求。SSL协议利用数据加密、身份验证和消息完整性验证等机制为数据可靠性传输提供安全性保障。用SSL是为HTTP提供安全连接，从而改善因特网传输数据的安全性。

SSL最大缺陷在于消耗服务器性能，数据的加解密加重了对外提供业务服务器的负担。有资料说明，一台双Xeon服务器，约400 次/s非对称加解密就能导致CPU占用率100%。同时对称加密通常采用128 bit，最高256 bit加密的加解密，也会导致服务器CPU占用率居高不下，同样的服务器SSL 流量大约能达到150 Mbit/s。故对于安全性有特殊要求的企业、金融机构和因特网公司都采用专用的SSL加速设备，所有的SSL流量均在SSL加速设备上终结，设备与服务器之间则是HTTP或是弱加密的SSL通信。这样就极大地减少了服务器端对HTTPS处理的压力，可将服务器处理能力释放出来，更加专注地处理业务逻辑。

SSL加速（SSL offload）方案也分为两类：专用硬件方案和服务器集群方案，二者的介绍及特性对比如图6-17、图6-18和表6-4所示。

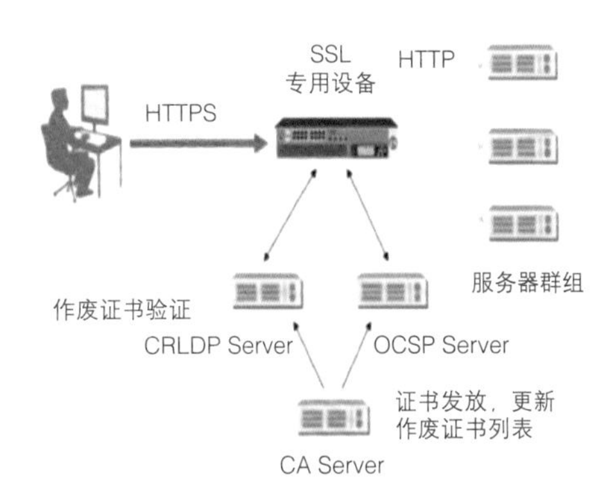

图6-17 专用硬件SSL加速组网方案

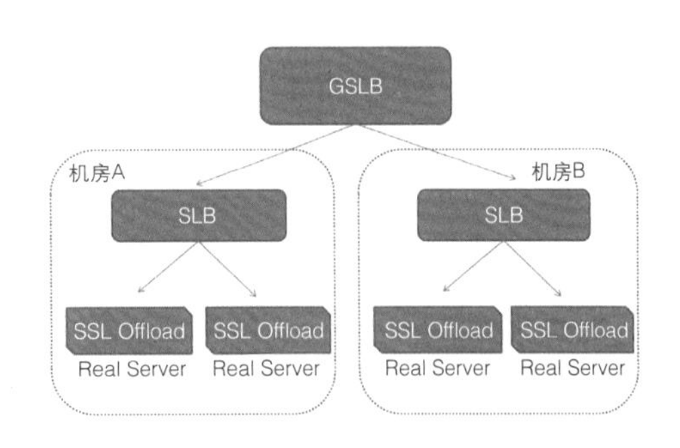

图6-18 服务器SSL集群组网方案

表6-4 专用硬件vs服务器集群

产品	性能RSA2048 TPS	扩展性	DDOS	成本	管理性
专用硬件	单台基本相当	取决于硬件	弱	高	丰富
服务器集群	–	四服务器平行扩展	强	低	一般，依需求开发

6.1.5 容灾技术

数据中心的容灾是指在主数据中心之外，另外建立独立的灾备数据中心，以保证在突发性灾难导致主数据中心停止工作时，迅速接管主数据中心的所有或部分业务，以减少或避免灾难事件发生时所造成的损失，为企业用户提供完善、优质服务的目的。

现在主流的灾难恢复方案主要是采用实时的数据备份的方式。它的主要原理是通过通信线路，实时地将主中心更新数据拷贝至备份中心存储系统中，保证主、备中心数据的实时一致性。当主中心无法工作时，备份中心可以立即接管业务，并且确保数据的最大完整性。

一、分层数据复制技术

根据信息系统中的不同层次，可采用不同的IT技术进行数据同步或者复制。通常将其分为六个层次：

（1）基于存储镜像复制技术。基于存储镜像复制技术的灾备方案的核心是利用存储阵列自身的盘阵对盘阵的数据块复制技术实现对生产数据的远程拷贝，从而实现生产数据的灾难保护。在主数据中心发生灾难时，可以利用灾备中心的数据在灾备中心建立运营支撑环境，为业务继续运营提供IT支持。同时，也可以利用灾备中心的数据恢复主数据中心的业务系统，从而能够让业务运营快速恢复到灾难发生前的正常运营状态。

（2）基于SAN网络复制技术。基于SAN网络复制技术是近年来比较新的一种技术，此技术实质是在SAN网络中增加一个虚拟存储管理设备，根据厂商的不同可以直路部署或旁路部署。基于SAN网络的复制技术支持异构存储设备，并且对于主机端来说是透明的，在数据中心拥有多个厂商的磁盘阵列时比较适合，但缺点是对后端存储I/O速度有影响，成熟度还有待提高。

（3）基于操作系统卷复制技术。基于操作系统卷复制技术工作在主机的卷管理器这一层，通过磁盘卷的镜像或复制，实现数据的容灾。这种方式也不需要在两边采用同样的存储设备，具有一定的灵活性，但复制功能会占用一些主机的CPU资源，对主机的性能有比较大的影响。

（4）基于文件系统复制技术。基于文件系统的灾备复制技术是指通过复制数据文件的方式，从生产中心向容灾中心进行数据容灾；基于文件的数据复制备份需要基于文件的存储系统，这可能表现为多种形式：文件服务器，网络附加存储（NAS），NAS设备，或者使用文件虚拟化形成的组合体。

（5）基于数据库逻辑复制技术。基于数据库的复制技术是一种逻辑复制技术，支持异构存储，甚至是异构操作系统平台，它的工作原理为通过分析生产数据库的重做日志，生成通用或私有的SQL语句，然后传输到备份数据库上进行Apply应用。

（6）基于应用系统技术。基于应用系统的技术，应用系统必须支持交易的分发，利用交易中间件软件，将在线交易同时在生产中心和灾备中心执行；或者通过交易中间件软件将任何主中心的数据改变发送到备份中心，从而保证生产中心和灾备中心数据的一致性。

二、数据备份模式

数据备份可以建立在本地，也可以备份到远程。根据保护要求级别，数据备份可以分为同步模式或异步模式。

（1）同步模式。是指在向磁盘进行下一次写操作之前，本地和远程卷都必须进行上次写操作的更新。这提供了最高级别的保护，但可能会因为在相隔两地的阵列之间传送数据的延迟导致应用性能的降低。

（2）异步模式。是指本地卷可以继续进行写操作，即使远程卷还没有被更新；远程可以延迟一段时间慢慢更新。这种方法提供了比较高的应用性能，但如果灾难发生，就会丢失一些在远程卷上还未更新的数据。

根据设计模式可以分为四种，见表6-5。

（1）冷备模式（Cold Standby）。冷备模式通常是通过定期地对生产系统数据库进行备份，将备份数据备份到远程数据库和磁带等介质上。备份的数据平时处于一种非激活的状态，直到故障发生导致生产数据库系统不可用时才激活。冷备数据的时效性取决于最近一次

表6-5 四种备份的比较

容灾模式	可靠性方案	灾备恢复	数据备份需求	灾备级别
双活	负载均衡	自动	实时同步复制（<100 km）	6
热备份	集群（cluster）	自动	实时同步复制（100 km）	5/6
暖备份	人工干预	手动	异步复制（>100 km）	4/5
冷备份	人工强干预	手动	异步复制（>100 km）	1/2

的数据库备份。数据库冷备的周期一般较长。

（2）暖备模式（Warm Standby）。暖备模式的实现通常需要一个备用的数据库系统。它与冷备相似，只不过当生产数据库发生故障时，可以通过备用数据库的数据进行业务恢复。因此，暖备的恢复时间相比冷备大大缩短。许多暖备都是通过不断将生产数据库的日志加载到备份数据库来实现的。暖备数据的时效性也同样取决于最近一次的数据库备份。暖备和冷备的图示基本相同。

（3）热备模式（Hot Standby）。热备模式是最高级别的数据库备份方式。完全热备需要一个与生产数据库一样处于激活状态的备份数据库系统，并且生产数据库与备份数据库系统处于完全同步的状态，所有对生产数据库的修改也同样实施到备份数据库上。完全热备的实现通常需要复杂的硬件与软件技术，因此，相对于冷备和暖备而言，它的恢复需要更高的代价。但同时，它也具有最短的恢复时间，这对于某些重要的业务系统而言是尤为重要的。

（4）双活模式。采用双活模式的数据中心网络架构时，两个数据中心能同时为用户提供服务。数据中心的应用架构基本上都是多层应用架构，分Web层、应用服务器层和数据库层，在各层上实现双活模式的难度不同。

Web层一般不基于状态而只是HTTP连接，因此应用基本上可以连接到任一个数据中心的Web层。应用服务器层可以在不基于状态的应用上实现双活。数据库的集群不能跨越太远的距离，太远的距离会导致数据库的访问时间、同步策略等难以实现，因此数据库层的双活在数据中心相距较远时较难实现。

6.2 数据中心网络设计

6.2.1 网络架构设计

一、概述

新型数据中心网络建设，通常按照业务和安全等级划分少量几个分区，各个分区连接到业务核心。在分区内部参考模块化（Point of Delivery，POD）设计方法，布局设计参考TIA 942标准。TIA 942标准参考了以往的建设经验，对数据中心的环境建设提出了更加严格的要求，使数据中心更加的标准化。

（一）POD模块化

POD是成熟的设计理念和方法。POD可以是物理的，也可以是逻辑的数据中心功能模块。作为数据中心的基本物理设计单元，通常包含服务器机柜、接入网络机柜和汇聚网络柜，以及相应的空调、UPS等弱电配套基础设施，如图6-19所示。

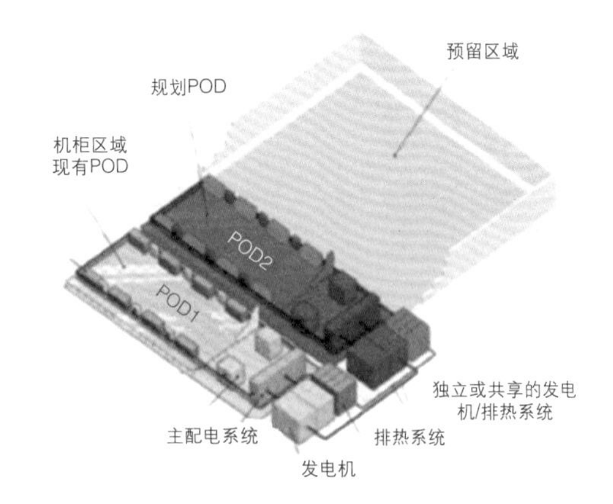

图6-19 POD组成

（1）易扩展。灵活的模块化设计方式，根据业务需求扩展，缩短规划部署周期。

（2）提高投资利用率。避免一次性建设超过业务需求的情况，降低维护成本。

（3）提高能源利用率。冷热通道分离，符合绿色与节能原则要求。

（4）结构化物理架构。适合模块化数据中心建设。

（5）POD容量取决于整体机房整体规模数、交换机端口密度和业务可靠性要求等。

（二）分区

（1）分区定义。根据企业自身特点，依据

业务系统的相关性、安全性、管理和规模等因素，把数据中心的服务器进行分区。

（2）分区组成。分区具备汇聚交换机，以及防火墙、负载均衡等业务设备；分区上行连接数据中心交换核心区设备。图6-20所示为两种分区的示例，一个分区可由多个PoD组成，采用ToR或者EoR的布局方式。

（3）分区方式。典型的分区划分模式包括：按照服务器类型划分，优先考虑综合布线及运维基础设施；根据业务应用层次、业务应用类型进一步划分。

二、网络总貌

典型数据中心网络总貌如图6-21所示。

（一）交换核心区

交换核心区是数据中心网络的核心，连接内部各个服务器区域、企业的内部网络、合作单位的网络、灾备中心和外部用户接入的网络等。

（二）服务器区

部署服务器和应用系统的区域。出于安全和扩展性的考虑，可以根据应用的类型分为生

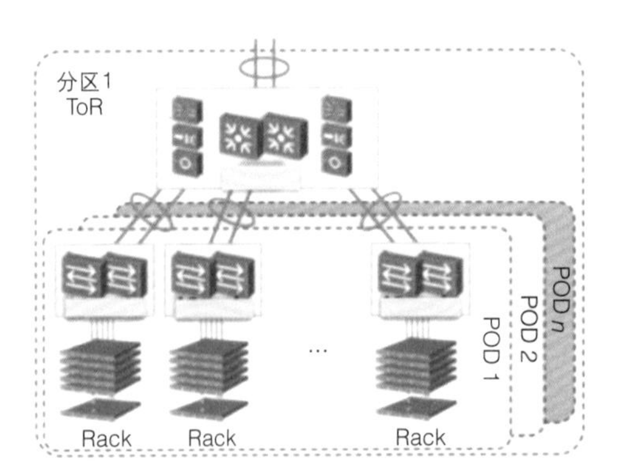

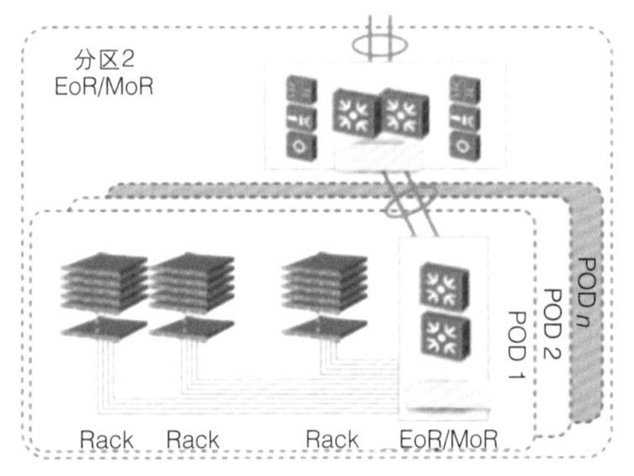

图6-20 ToR/EoR方式的分区布局图

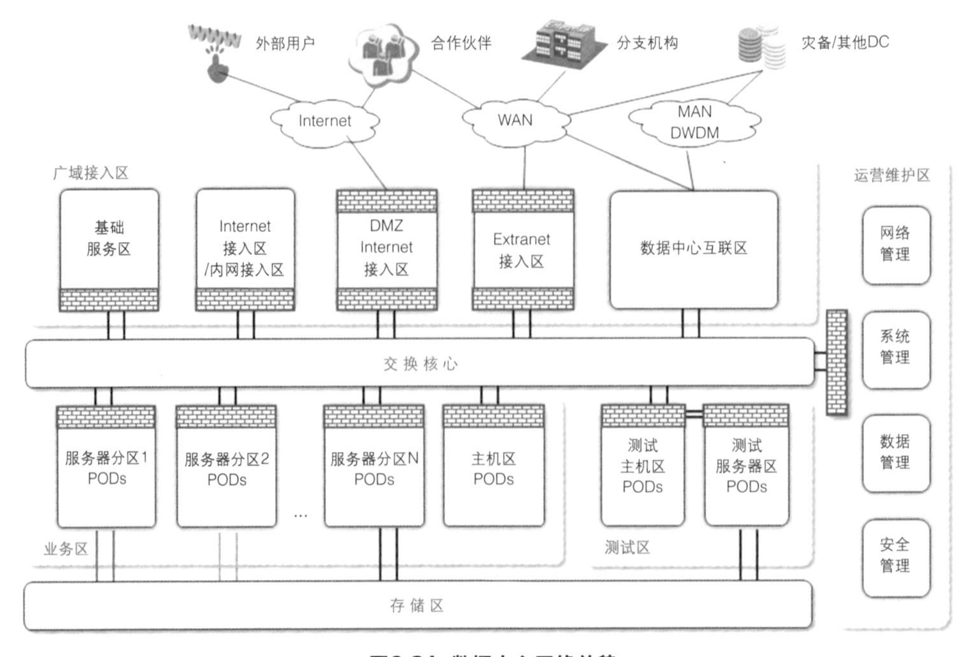

图6-21 数据中心网络总貌

产业务区、办公业务区、测试业务区和DMZ区等。整个服务器区的网络架构是四网分离的架构，即网络可分为业务网络、管理网络、存储网和备份网络，四张网络物理隔离。服务器通过不同的网卡分别接入不同的网络。每张网络通常划分为接入层和汇聚层。

（三）存储区

包括FC SAN和IP SAN的存储设备和网络。

（四）广域接入区

广域接入区根据互联的用户类型分为内部数据中心因特网络、合作单位因特网络、因特网络、多数据中心互联区（Datacenter Interconnect，DCI）和带外管理网。

（1）内部因特网络通过园区网、广域网和企业总部及分支机构的网络互联，因特网公司的数据中心没有园区网。

（2）合作单位因特网络通过城域专线、广域专线和IPSEC VPN与合作单位的网络互联。

（3）因特网络用于运营商网络的接入。

（4）多数据中心互联区是实现灾备数据中心互联的区域，主要是以传输设备实现与同城灾备中心的互联，以广域网专线实现与异地灾备中心的互联。

（5）带外管理网及管理VPN网：带外管理网用于通过单独的线路将不同的数据中心互联，用于日常运行维护。因特网络远程VPN实现因特网公众用户的接入、出差员工通过因特网安全接入以及没有通过广域网的办公点通过因特网安全接入，多数场景是为运维管理之用。

（五）运营维护区

对网络、服务器、应用系统及存储管理的区域，包括故障管理、配置管理、性能管理和安全管理等，管理可以分为带内管理和带外管理，通常提倡使用带外管理。

三、网络规划

数据中心分类可以从两个维度出发：行业与规模。

行业分类为：企业（金融、制造业、电力等）、运营商和因特网公司。规模分类为：

• 小型数据中心：2 000台以内物理服务器；

• 中型数据中心：5 000台以内物理服务器；

• 大中型企业数据中心：5 000～20 000台物理服务器；

• 超大规模数据中心：20 000台以上物理服务器。

数据中心网络架构与应用场景分析见表6-6。数据中心网络架构的选择取决于下面几个重要因素：

• 此数据中心所承载的业务类型；

• 此数据中心在本企业所有数据中心格局的地位；

• 此数据中心的规模；

• 商业网络设备或是定制网络设备的规格、能力等；

• 企业运维能力、自动化管理能力等。

表6-6 数据中心网络架构及应用场景分析

项目		小于2 000台	小于5 000台	小于20 000台	大于20 000台
综合（APP/DB/计算/私有云/公有云）		架构一	架构一/架构二/架构四	架构二/架构四	架构二/架构四
虚拟化	公有云	架构一	架构一/架构二	架构二	架构二
	私有云	架构一	架构一/架构二/架构四	架构二/架构四	架构二/架构四
HPC/离线计算		架构一/架构三	架构三	架构三	架构三
计算类中HA区域		架构一	架构一	架构一	架构一

注：此表是从性价比角度出发，非唯一选择。

四、可靠性规划

网络可靠性规划包括软件、硬件及运营几大部分，网络及路由的高可靠性可参见《Fault－Tolerant IP and MPLS Networks》—Design and deploy high availability IP and MPLS network architectures with this comprehensive guide。该书介绍前沿的数据中心网络虚拟化提供的高可靠性技术。

数据中心网络虚拟化技术分为控制平面虚拟化及数据平面虚拟化，它们之间也是相辅相成的，不能割裂看待。

控制平面虚拟化技术包括：

• Cisco：VSS/vPC/FEX；

• H3C：IRF2；

• 华为：CSS/iStack；

• Juniper：QFabric。

它们都是设备层面的多虚拟技术的私有化实现，其中VSS/vPC/IRF2/CSS/iStack称为横向虚拟化，即将多台设备虚拟化成一台。而FEX（Fabric Extender）称为纵向虚拟化，相当于将机箱式交换机的板卡做成一个独立盒式交换机作为ToR接入设备，但它又不是一台真正的ToR交换机，因为不具备本地转发的能力，即使同一台远端扩展模块下的两台服务器的相互通信流量的转发路径也必须绕转它的归属交换机。

上述控制平面的技术配合二层多链路聚合技术（LACP IEEE 802.3ad）也可以实现8～16条物理链路的无环路多路径负载转发。

接入交换机的虚拟化技术（IRF2、iStack和FEX）对于新一代网络架构的重要影响体现在服务器双网卡Dual－Active，如图6-22所示。传统架构中，为了保障解决服务器单网卡接入而形成的服务器可能脱网的单点问题，采用服务器两个网口分别接到两台接入交换机上，为避免二层环路，网卡的配置采用Active－Standby的方式，两台接入交换机放在用STP Block掉一条链路或是用两台同型号堆叠交换机。

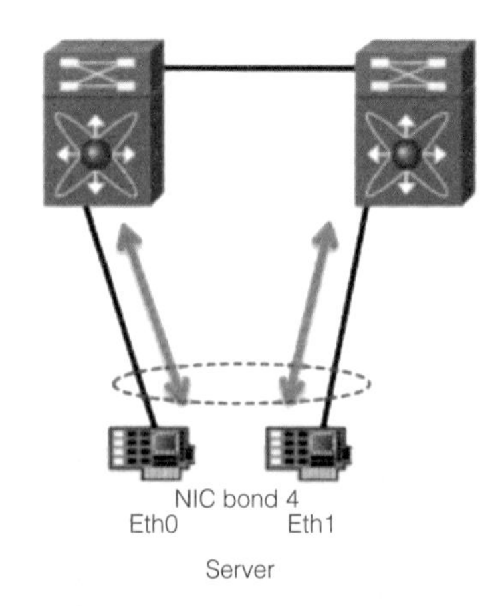

图6-22 服务器双网卡双活拓扑

转发平面虚拟化技术包括：

• IETF：TRILL（RFC5556）；

• IEEE：SPB（802.1aq）；

• Cisco私有技术：Fabric Path、VN－tag；

• Juniper私有技术：QFabric。

它们都是大型Ethernet网络提供多路径转发的方案。由于国际标准组织的标准化工作都要持续两年左右，TRILL仍在Draft的状态，市场尚无互联互通的相关产品。

图6-23所示为华为集群＋堆叠的无环网络方案，此方案对应于前面的架构二。H3C、Cisco的相对应网络拓扑类似，不再一一列举。

核心/汇聚采用两台框式交换机集群。接入层采用盒式交换机，盒式交换机每两台堆叠。接入层交换机和核心/汇聚层交换机间的链路进行链路捆绑。

此方案的四大优势为：

（1）简化管理和配置。首先，集群和堆叠技术将需要管理的设备节点减少1/2以上；其次，组网变得简洁，不需要配置复杂的协议，包括STP、Smart－Link和VRRP等。

（2）快速的故障收敛。链路故障收敛时间可控制在10 ms以内，大大降低了网络链路/节点故障对业务的影响。

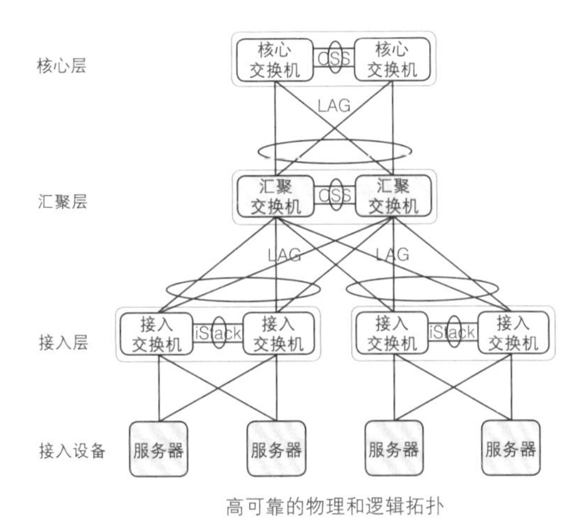

图6-23 增强型二层网络方案

（3）带宽利用率高。采用链路Trunk的方式，带宽利用率可以达到100%。

（4）扩容方便、保护投资。随着业务的增加，当用户进行网络升级时，只需要增加新设备即可，不需要更改网络配置的情况下，平滑扩容，很好地保护了投资。该方案极大地提高了可靠性，以单链路故障率为1 h/kh为例，增加到两条链路，就可以将故障率降低到3.6 s/kh，可靠性从99.999%提高到99.999 999%。

6.2.2 数据中心分区设计

一、服务器分区

接入层交换机部署在服务器机架内或者独立的网络机柜中，部署在服务器机架内的一般称为ToR（Top of Rack），部署在列头柜中的一般称为EoR（End of Row），一般提供二层交换功能。ToR/EoR物理组网如图6-24所示。

ToR的部署模式一般适合高密度的机架服务器的接入，EoR模式一般适合低密度的服务器，如小型机的接入。两者的区别见表6-7。

服务器的接入方式分为下面四种情况：

（1）x86服务器。数量众多，通过接入层交换机接入。

（2）NAS/大型机。数量较少且重要性高，

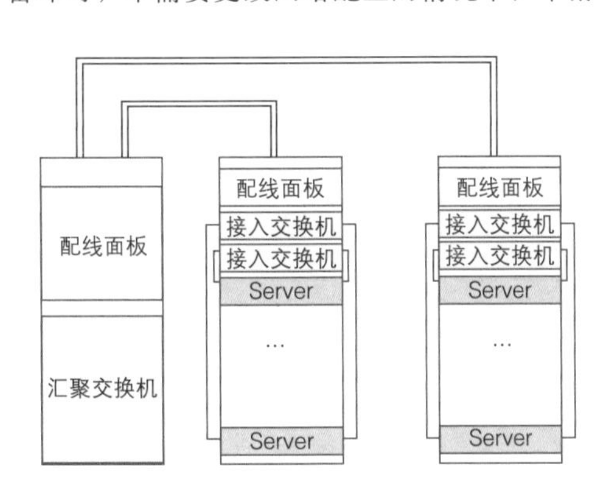

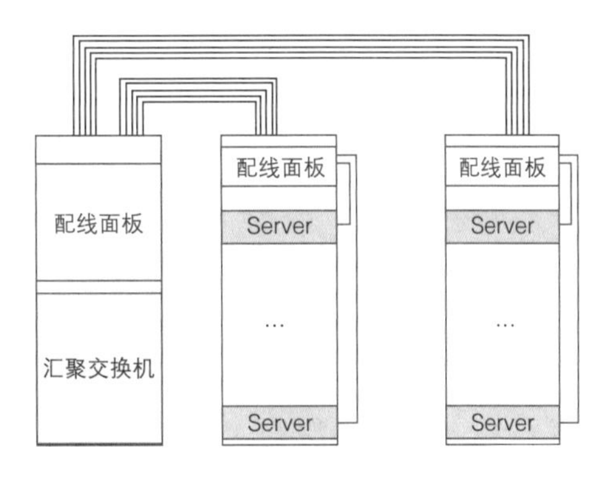

图6-24 ToR/EoR物理组网示意

表6-7 ToR/EoR接入模式的对比

部署方式	ToR	EoR/MoR（Middle of Rack）
服务器类型	1RU机架服务器	1RU机架服务器、刀片服务器和小型机
服务器数量/台	15～40	8～12
适合场景	高密度服务器机柜	低密度服务器机柜，服务器机柜和网络机柜
布线	简化服务器机柜与网络机柜间布线	布线复杂
维护	接入设备多，管理维护复杂 电缆维护简单，扩展性好	接入设备少，维护简单 电缆维护复杂

直接接在核心/汇聚层交换机上，保证带宽。

（3）没有内置交换机的刀片服务器。通过接入层交换机接入。

（4）内置交换机的刀片服务器。直接接在核心/汇聚层交换机上，减少交换网络的层级，提升网络性能。

（5）内外网、存储和带外网（OOB）物理隔离的方案。结构如图6-25所示。

整个服务器区的网络架构是四网分离的架构，即业务网络、管理网络、存储网和备份网络，四张网络物理隔离。服务器通过不同的网卡分别接入不同的网络。

二、存储分区

数据中心普遍采用集中式存储管理模式。存储设备和服务器之间通过直接的高速网络连接，实现存储共享、备份和容灾，如图6-26所示。

存储区依据服务器和操作系统的不同划分为封闭存储区和开放式存储区。封闭存储区主要应用于小型机。

开放式存储区依据网络传输协议分为 NAS IP SAN 和 FC SAN。开放式存储区的集中存储池可以按服务等级分类。

（1）IP存储。如服务器之间的交互数据，可以通过目前运营商的MPLS VPN或者VPLS虚拟专线，实现主备两个数据中心之间的互通。

（2）SAN存储。建议采用裸光纤甚至DWDM，提供主备数据中心之间高速、低时延的互联互通，以满足存储数据的准实时备份需求。

由于虚拟化的需求，极大地增加了服务器与存储的数据交换需求，对于采用NAS方式的IP存储网络，至少要保证接入交换机采用10 Gbit/s的链路接入。

三、广域接入区

根据接入类型及服务类型划分多个不同的互联接入区域：

• 内部（Intranet）接入：企业内部用户通过广域或局域网访问数据中心；

• 因特网接入：企业外部用户通过因特网访问数据中心；

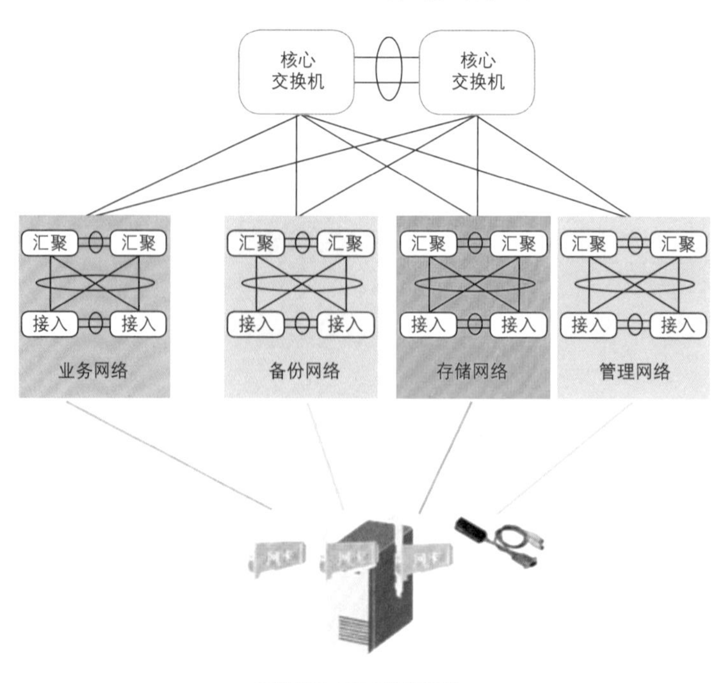

图6-25 四网分离拓扑

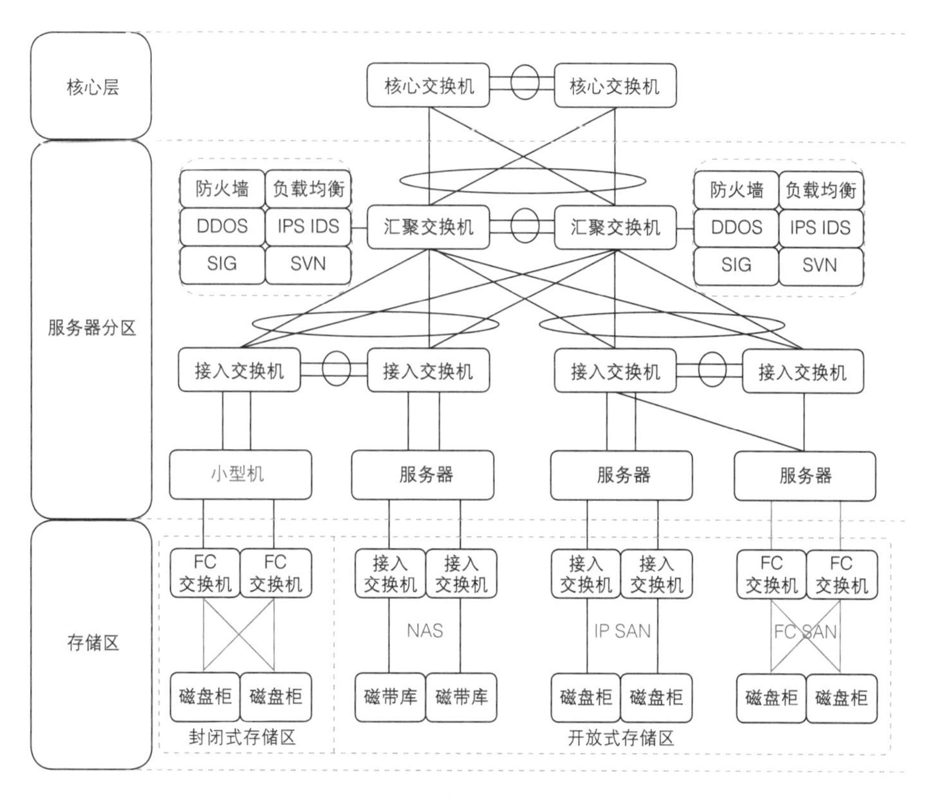

图6-26 存储区网络架构

• 外联（Extranet）接入：合作单位用户通过广域或局域网访问数据中心。

（一）因特网接入分区

防火墙和IPS本身都是重要的网络设备，而且其位置一般都是作为网络的出口。其位置和功能决定了防火墙和IPS设备应该具有非常高的可靠性。

为了保证因特网互联区域的可靠性，所有设备均需要成对部署，即两台路由器、两台LB设备或是LVS集群、SSL加速集群、两台UTM和两台VPN网关设备。这些成对的设备或是集群可以配置成负载分担的方式，也可以配置成主备的方式：当一台设备出现问题的时候，另外一台能单独工作，对业务的影响降到很低的程度。

数据中心多ISP接入因特网时，一般采用负载均衡设备（LB）实现出入流量的负载均衡，也可采用DNS方式。

（二）外联网接入分区

Extranet区的组网如图6-27所示。

由于Extranet区域属于企业外部用户接入的区域，从网络信任关系上讲，安全等级与DMZ相同，都属于非可信网络，不能直接与内部数据中心连接。访问权限应限制在本区域内部及DMZ区域，内网访问应严格控制。

外联网接入分区部署LB，加快业务访问，提升用户体验。

（三）内部接入分区

内部接入分区用于企业内部用户通过广域或局域网访问数据中心。

在内部接入分区的网络中，主要需要考虑线路双归、路由及设备的冗余备份。而对于

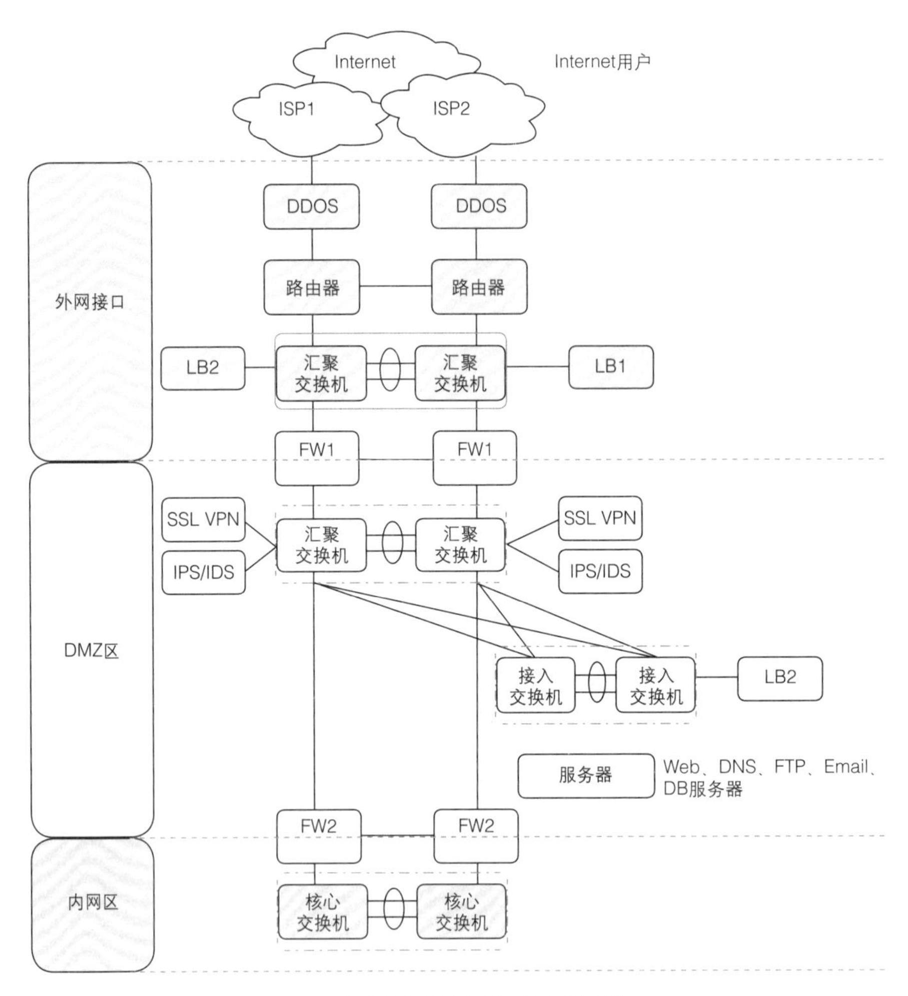

图6-27 因特网分区的网络架构

多分支机构互联，还应考虑多出口线路备份，并在出口考虑路由备份、负载均衡。同时对于WAN链路，还应考虑部署QoS，以保证业务的服务质量。

四、分支接入规划

分支接入是指对于企业的分支机构（例如外研所、办事处等），通过专网或公网方式，接入到企业的总部园区，实现分支与总部的互通，如图6-28所示。

分支接入主要有专网方式、MPLS VPN方式和公网方式。

（1）专网方式通过企业自建的广域专网，实现多分支之间的互联。这种方式一般只适用于拥有自建骨干网的大型或特大型企业。

（2）MPLS VPN方式通过租用运营商的MPLS VPN业务（L3VPN或者L2VPN），实现多分支之间的互联。这种方式经济高效，比较适合有一定数量分支机构，但是没有自建广域网的企业。

（3）公网方式是指不租用运营商的VPN业务，而是直接使用公共网络来实现分支和总部之间的互联互通。公网方式比较适合于只有少量小型分支机构或者SOHO员工的企业。

公网方式是通过不安全的公共网络接入

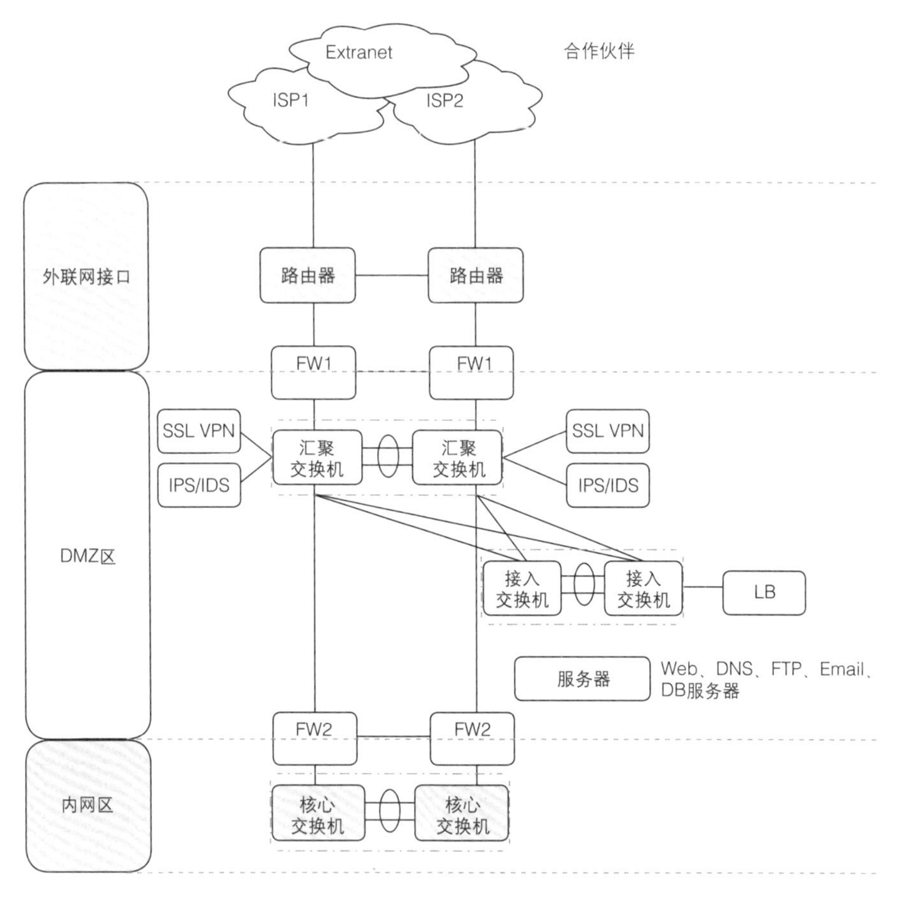

图6-28 Extranet互联区域的网络架构

的，因此关键是要保证数据的安全性。公网方式是依靠在分支和总部园区网关之间构建点对点VPN，通过隧道方式来保证数据的安全可靠传输。

对于分支来说，公网方式所使用的VPN技术是GRE over IPSec。GRE是常用的隧道封装协议，可以很好地实现对于远程访问的数据承载，但是GRE只有简单的密码验证，没有加密功能。通过GRE和IPSec的结合，可以很好地实现对于远程访问的数据流的承载和安全保护。

五、远程接入

远程接入是指出差员工或者合作伙伴在非固定办公地点，例如酒店、机场等场所，通过公网（例如因特网）接入园区网，并访问园区网中的内部资源，如图6-29所示。

由于远程接入是通过不安全的公共网络接入的，因此关键是要保证远程访问的安全性。远程接入是依靠在用户终端和园区网网关之间构建点对点VPN，通过隧道方式来保证数据的安全可靠传输。

远程接入所使用的VPN技术主要有L2TP over IPSec、SSL VPN等方式。

（1）L2TP也是常用的隧道封装协议，并且具有很好的用户认证功能，但是L2TP也没有加密功能。因此，也可以通过L2TP和IPSec的结合，实现对于远程访问数据流的承载和安

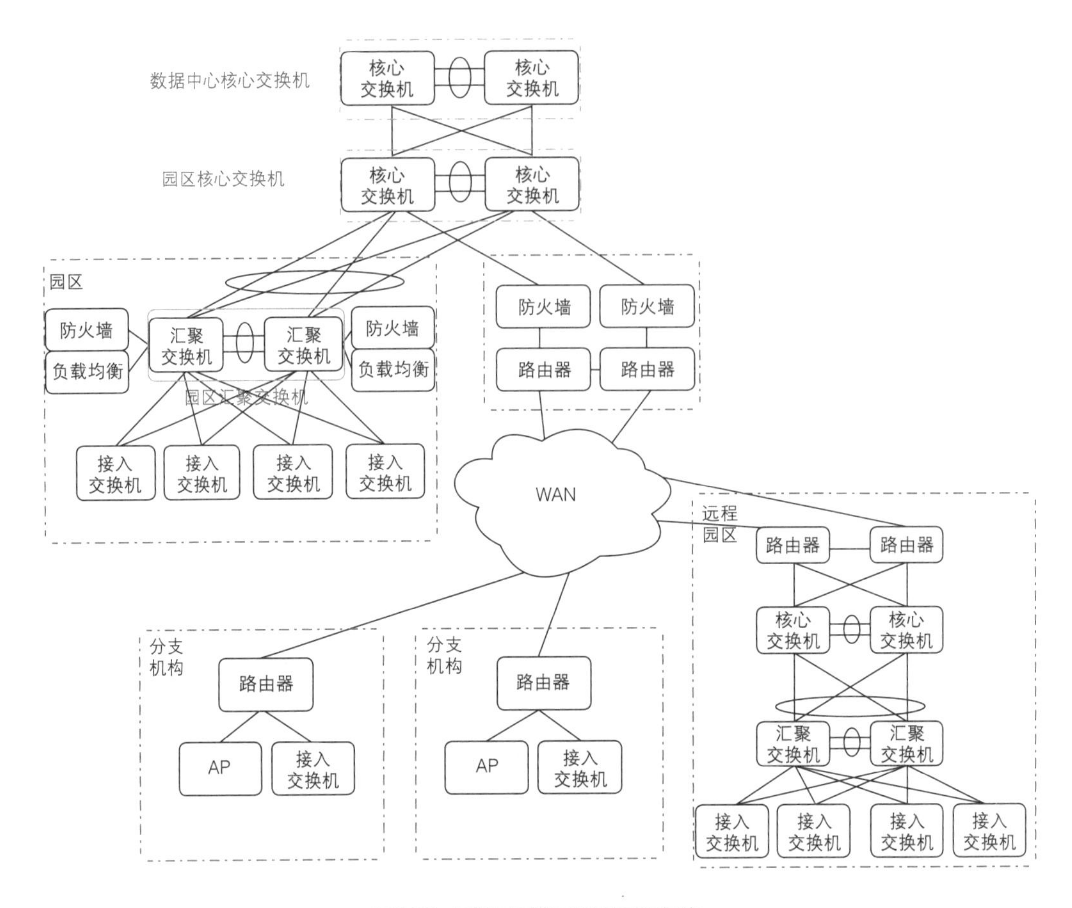

图6-29 因特网互联区域的网络架构

注：防火墙采用Cluster或是主备方式，防火墙之间的连接方式未做专门标记。

全保护。

(2) SSL VPN是以HTTPS（Secure HTTP）为基础的VPN技术，工作在传输层和应用层之间。SSL VPN充分利用了SSL协议提供的基于证书的身份认证、数据加密和消息完整性验证机制，可以为应用层之间的通信建立安全连接。SSL VPN广泛应用于基于Web的远程安全接入，为用户远程访问公司内部网络提供了安全保证。

6.2.3 数据中心安全设计

数据中心是由很多个分区组成的，例如互联区、内联区、外联区、管理分区、服务器分区、核心区、存储区和开发测试区等。其中有多个分区使用因特网接入，而因特网本身给社会发展带来巨大推动力的同时，产生大量的网络安全问题，越来越受到众多机构、众多企业的重视。

数据中心的安全措施包括很多方面：①设置严格的管理制度，实行人员通行证、人员登记、人员操作备案等；②控制人员访问权限的安全，实现最小授权，业务严格划分；③对业务人员进行安全培训，建立严格的安全制度等，减少或避免安全事故的发生；④设置复杂的密码，防止账号密码被盗用等。

而在本章中，主要描述的是数据中心网络安全方面的内容。

（一）网络安全问题分类

网络安全问题主要分为四类：①网络攻击：例如DDoS攻击、扫描类攻击、窥探类攻击和畸形包攻击等；②漏洞入侵：黑客利用操作系统、数据库和Web Server等存在的漏洞进行入侵；③病毒威胁：各种类型的病毒，威胁数据中心服务器的安全；④内部人员威胁：例如内网用户越权访问、非法窃取数据等。

（二）安全风险

数据中心由于进行数据的集中式管理，数据量大而且非常重要，往往更容易成为攻击目标，而采用单一的安全防范技术很难行之有效，所以需要对数据中心进行全方位的防护，针对不同的分区建设有针对性的防护。

数据中心的安全威胁来自于网络的各个层面，从物理层一直到应用层，需要针对各层的安全威胁的特点做出一系列的应对措施，如内容深度防御、二～七层的全方位防范、访问控制、协议栈的安全防范以及二～四层的攻击防范等。

数据中心内各个分区存在的安全威胁不尽相同，如图6-30所示。

（三）安全设计原则

数据中心的安全设计原则见表6-8。

同时，数据中心的安全设计至少需考虑三个方面的功能，见表6-9。

针对数据中心各个分区的安全威胁，制定的不同部署建议以及推荐的产品见表6-10。

6.2.4 数据中心网络维护设计

（一）网络系统概述

随着数据中心网络规模的日益扩大，复杂度的不断增加，网络拓扑结构也随着网络发展逐渐偏离最初的规划，变得错综复杂。如何及时、准确把握网络的动态变化和运行情况，以及网络资源的详细信息，逐渐成为数据中心网络管理人员非常关心的一个问题。

新一代网络管理系统能够实现对企业资源、业务和用户的统一管理以及智能联动，主

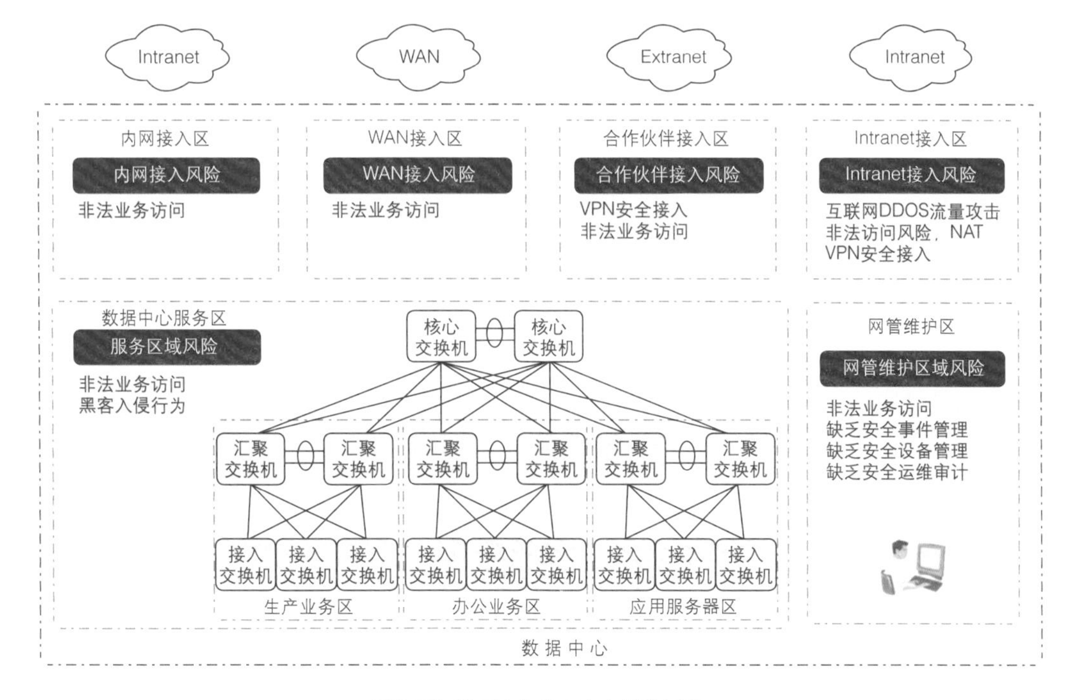

图6-30 数据中心分区安全风险示意

表6-8 数据中心安全设计原则

原则	描述
可靠稳定	安全设备避免单点故障，切实保障网络中的安全以及网络的正常运行
可扩展化	采用模块化体系结构，便于功能的添加和减少
分区管理	不同区域采用不同安全策略，安全措施有针对性，有利于效率的提升
最小授权	依据"缺省拒绝"方式制定防护策略。在身份鉴别的基础上，只授权开放必要的访问权限，并保证数据安全的完整性、机密性、可用性
安全管理	关联事件分析，评估安全状态，便于及时调整安全策略
运维审计	降低资源风险，完善责任认定

表6-9 数据中心安全功能设计

功能	描述
防护	针对外部攻击，需要进行安全域的划分，把整个区域划分为多个不同安全等级的子区域；进行访问控制，对攻击进行防护，并在一些业务上允许用户建立安全隧道
免疫	针对内部威胁，主要是能识别终端风险，对终端进行认证授权，对文档进行安全的管理和控制等
可管理	主要指运维行为管理，对运维终端进行认证和授权，对运维的行为进行升级，对安全事件进行分析

要功能包括：①多厂商的设备管理；②数据中心资源统一管理；③可视化的数据中心统一视图；④全方位的故障监控；⑤机房精细化监控；⑥数据中心网络监控性能管理；⑦分权、分域且分时的用户管理；⑧通过网管系统，用户可以全面直观地查看网络拓扑结构、了解指定网络拓扑状况、配置系统信息和管理网络设备等。

（二）组网方式

网络设备可用带外网口，运行网管协议实现网络管理、数据收集和实时监控功能。系统管理员可远程控制服务器，实现无人机房管理。

通过KVM转换器，客户端与服务器之间只传递键盘、鼠标和荧屏变化等交互信息，客户端看到的只是服务器上应用运行的显示映像，避免跨域传输实体数据，提升跨域访问安全性。KVM认证服务器根据管理员的分工不同，授予其不同的访问权限，从而限制其访问不同的设备。

不同分支机构之间的网管系统互联从安全和节省业务带宽角度建议使用专用的带外电路互联，如图6-31所示。

表6-10 数据中心各分区安全建议及应对

安全区域	存在问题及风险	信任策略	部署建议	部署目的
内网接入区	非法业务访问	信任	部署防火墙	解决内网用户非法访问问题
WAN接入区	非法业务访问	信任	部署防火墙	解决分支接入非法访问问题
因特网接入区	因特网DDoS流量攻击；非法业务访问；NAT VPN安全接入	不信任	部署Anti－DDoS；部署防火墙；部署SSL VPN设备	解决DDoS攻击、非法业务访问和远程用户安全接入问题
合作伙伴接入区	VPN安全接入；非法业务访问	部分信任	双层部署防火墙	解决非法业务访问问题，业务可采用VPN接入
业务服务区	非法业务访问；黑客入侵行为	信任	部署防火墙；部署IPS设备	解决非法业务访问、黑客入侵攻击问题
网管维护区	非法业务访问；缺乏安全事件管理；缺乏安全设备管理；缺乏安全运维审计	信任	部署防火墙；部署SoC系统；部署安全设备管理系统；部署堡垒主机	解决非法业务访问，安全事件关联、安全设备管理与运维审计问题

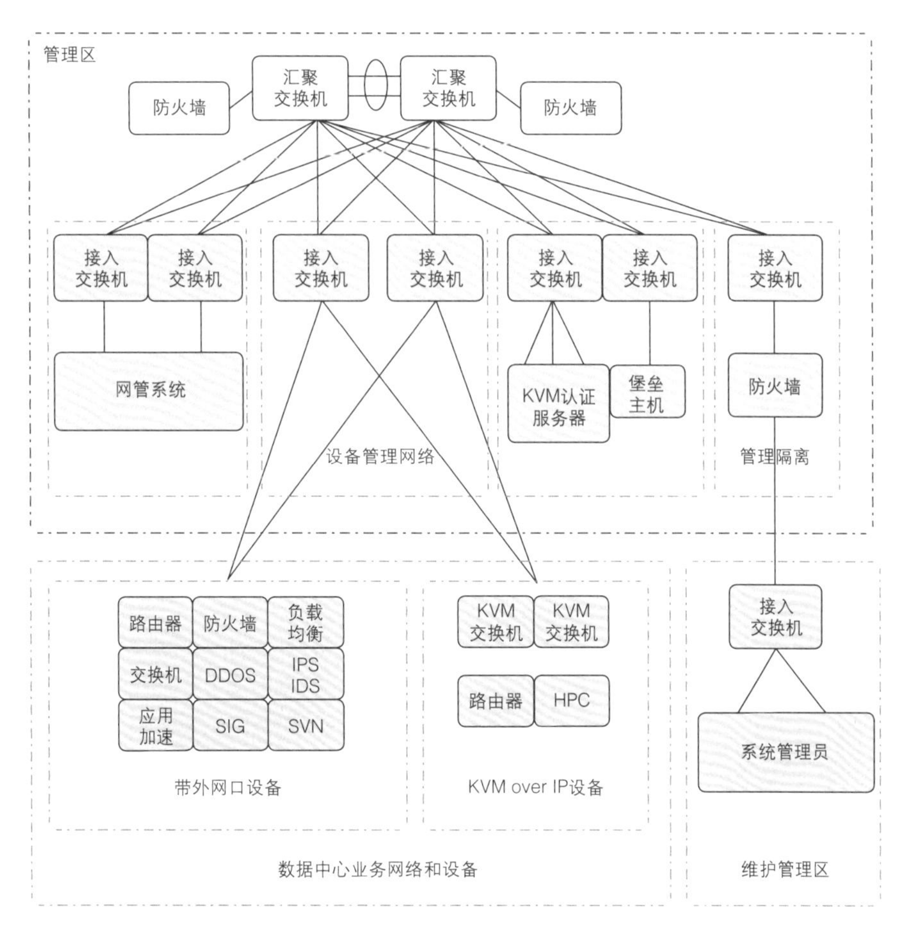

图6-31 网管系统网络设计

6.2.5 多数据中心互联设计

一、典型多中心网络架构

多数据中心的网络架构如图6-32所示。

绝大部分情况下，数据中心容灾系统需要借助广域网进行互联，由于灾备的特殊性和重要性，对广域网的要求比较高。具体要求如下：

（1）超大容量。在数据大集中的趋势下，SAN的容量动辄数十到数百吉比特（Gbit），甚至到太比特（Tbit）级别。

（2）高扩展性。随着企业数据业务量的迅速增加，SAN的容量每年都要高速扩展。

（3）高实时性。容灾系统采用同步复制模式时，传输的低时延尤为重要。

（4）高可靠性。对信息化企业来说，关键业务数据的丢失是难以容忍的。

（5）接口多样性。虽然目前FC－SAN和IP－SAN是主流存储制式，但依然存在多种协议共存的情况，如ESCON/FICON等接口类型。

主数据中心和灾备中心之间的广域方式主要包括WDM光网络和IP WAN两种。容灾距离不超过200 km时，FC－SAN系统通常使用同步复制保证实时性，广域方式采用WDM光网络，不仅具备高带宽和低时延的能力，在扩展性和可靠性方面也是更优选择；当容灾距离超过200 km时，只能采用异步复制模式，此模

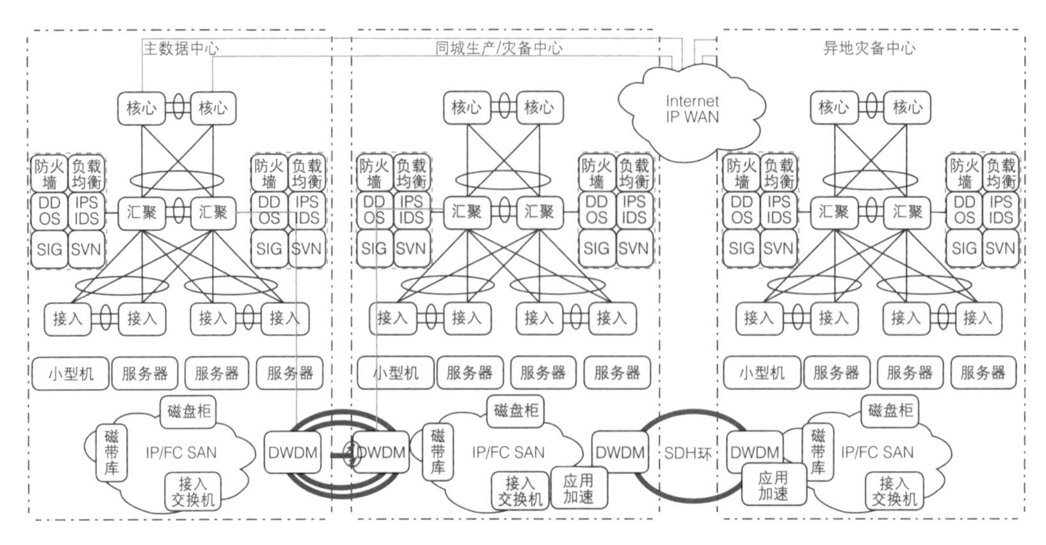

图6-32 两地三中心网络架构

式对网络性能要求不高，广域方式可以采用IP WAN或因特网，从可靠性考虑采用WDM也是很好的选择。

WDM光网络能够实现太比特（Tbit）级别的海量数据传送能力，带宽可灵活调整；支持多种SAN协议接口，具备主流存储厂商的兼容性认证；提供SAN拉远能力，满足长距离异地容灾需求；同时，针对各种容灾组网类型，还提供电信级的50 ms级可靠保护。

图6-33中共有三个节点，两相邻节点间用一对光纤相连，构成环型的网络拓扑。提供物理层保护时，任一处的光纤中断，承载业务的保护倒换时间小于50 ms。

二、网络可靠性设计

（一）区域数据中心和全球数据中心间的可靠性

全球数据中心（DC）的主中心与灾备中心双链路互联，生产业务链路和灾备数据链路独立，安全隔离，带宽保证。区域数据中心同样采用双链路互联，并且主业务链路接入全球数据中心主中心，备业务链路接入全球数据中心灾备中心。

下面介绍企业和金融机构多采用的多中心的网络拓扑设计。因特网公司多中心更灵活，也没有统一参考架构，不做特别介绍。

全球数据中心与地区数据中心形成的网络拓扑如图6-34所示。

四个数据中心作为不同的AS区域，之间采用EBGP发布路由，从区域主DC到全球主DC，在图6-34中有4条路径，规划的优先级如下：

（1）正常访问路径。正常无链路故障情况下，区域主DC直接连接全球主DC，优先级最高。

（2）备选路径1。当区域主DC出口设备故障或出口链路故障情况下，区域主DC经区域备DC到北京中心，优先级第二。

（3）备选路径2。当全球主DC接入设备故障情况下，区域主DC经全球灾备DC到全球主DC，优先级第三。

（4）备选路径3。当上述故障同时出现情况下，区域主DC经区域备DC，再经全球灾备DC到全球主DC，优先级最低。

（5）上述各数据中心间的链路故障切换通过控制EBGP的AS－Path和MED，可以实现4条

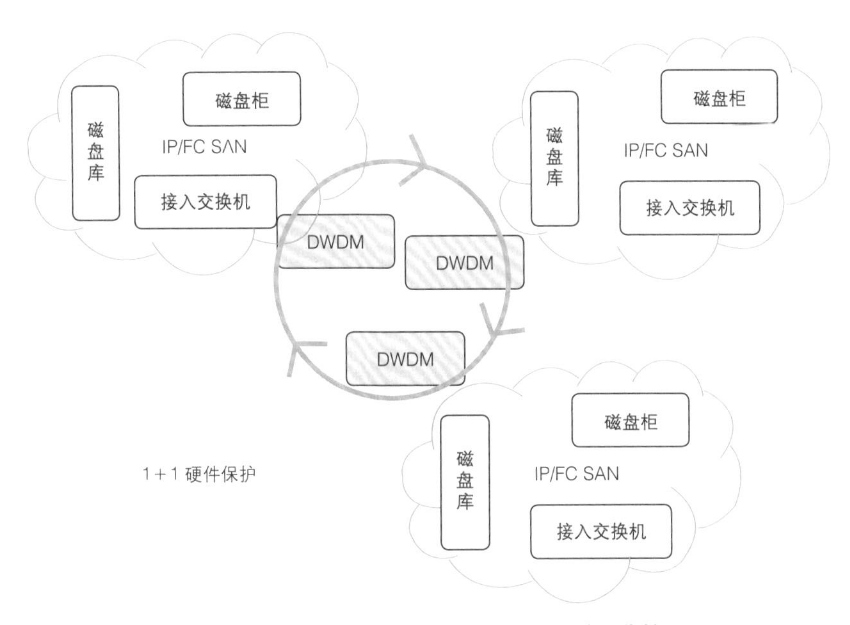

图6-33 WDM 光网络硬件1＋1 保护，提高可靠性

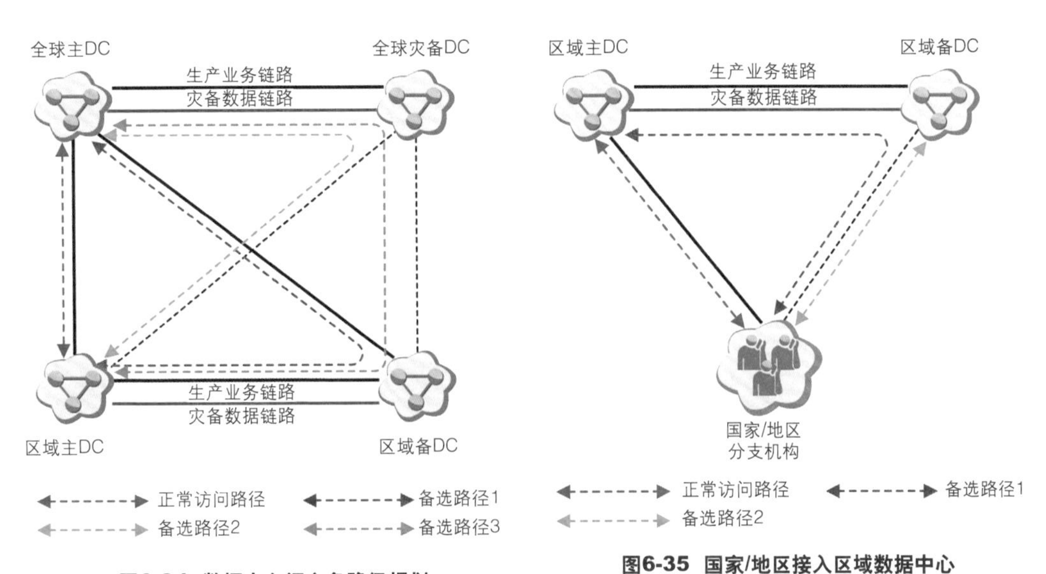

图6-34 数据中心间主备路径规划

图6-35 国家/地区接入区域数据中心

路径的优先级控制。

（二）国家/地区到区域中心的可靠性

国家/地区分支机构选择不同的运营商主备链路接入到区域中心的主备DC上，网络拓扑如图6-35所示。

国家/地区主接入链路连接到区域主DC，备接入链路连接到区域备DC。采用EBGP，区域主DC、区域备DC和国家/地区分别配置不同的AS。

（1）正常访问路径。正常情况下，国家/地区通过主接入链路直接到区域主DC。

（2）备选路径1。当主接入链路故障时，国家/地区通过备选路径1经区域备DC到区域主DC。

（3）备选路径2。当区域主中心整体故障时，通过智能DNS机制，进行应用层次的切换，流量切换到备选路径2上。

三、容灾规划

容灾网络设计可分为同城实时容灾和异地备份容灾两种方式。

（一）同城容灾

在同城容灾方案中，根据灾备地点和目前生产中心之间的物理距离，建议在同城的模式下，对核心业务数据采用同步/异步保护模式。

对于FC SAN存储网络，可以使用DWDM/SDH技术用作远程备份网络，采用同步数据复制方式，可以选择基于存储镜像硬件复制技术。

如果站点距离在100 km之内，而且链路仍然采用光纤链路的话，考虑光纤信号的时延问题，可以对部分核心业务数据采用同步数据模式，其他数据采用异步模式。

如果采用基于IP数据链路，可以利用基于IP的SAN的互联协议，如FCIP、iFCP、Infiniband和iSCSI等，并且最好采用异步方式。

（二）异地容灾

异地容灾出于数据容灾的带宽和时延性能要求，基本采用异步数据复制方式，当备份中心存储的数据量过大时，可利用快照技术将其备份到磁带库或光盘库中。

另外与同步传输方式相比，异步传输方式对带宽和距离的要求低很多，它只要求在某个时间段内能将数据全部复制到异地即可，同时异步传输方式也不会明显影响应用系统的性能。其缺点是在本地生产数据发生灾难时，异地系统上的数据可能会短暂损失（如果广域网速率较低，交易未完整发送的话），但不影响一致性（类似本地数据库主机的异常夯机）。

6.3 数据中心网络技术

6.3.1 数据中心基础网络技术简介

一、交换以太网

以太网是建立在CSMA/CD机制上的广播型网络。冲突的产生是限制以太网性能的重要因素，早期的以太网设备如集线器是物理层设备，不能隔绝冲突扩散，限制了网络性能的提高。而交换机（网桥）作为一种能隔绝冲突的二层网络设备，极大地提高了以太网的性能，已经替代集线器成为主流的以太网设备。然而交换机（网桥）对网络中的广播数据流量则不作任何限制，这也影响了网络的性能。通过在交换机上划分VLAN和采用三层的网络设备－路由器解决了这一问题。

以太网技术在经历了30年的发展，已经成为计算机之间通信的基础标准。数据中心服务器的网络接口以千兆或万兆以太网为标准，通过交换以太网彼此相联。交换以太网的基本网络单元为以太网交换机，基本的组网结构如图6-36所示。

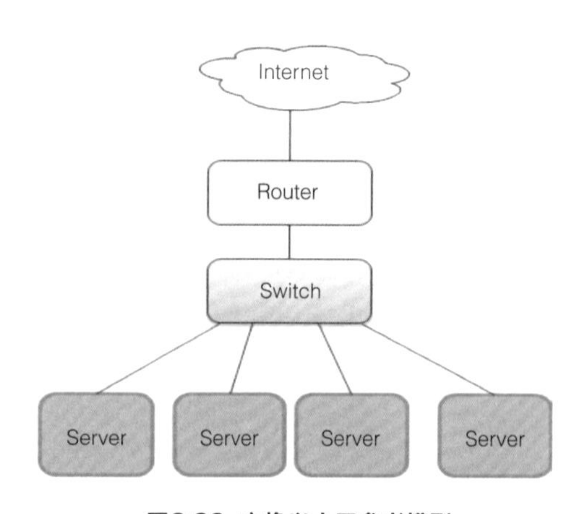

图6-36 交换以太网参考模型

交换以太网通过网线（通常为标准的双绞线电缆或光纤）将交换机和服务器组成一个星形联结。连接电缆的长度依照相应的标准，通常双绞线要小于100 m，光纤根据以太网的带宽和接口模式不同距离也不同，可从30 m到几十公里（参照以太网标准提供的规范）。目前，在大型数据中心网络的规划设计中，10GE 网络被广泛采用；由于10GE 高速以太网接口的类型较多，价格和传输距离限制也大相径庭；规划设计人员需要仔细比较和综合评估以达到最佳性能价格比。具体参数如图6-37所示。

10 GE接服务器接口标准

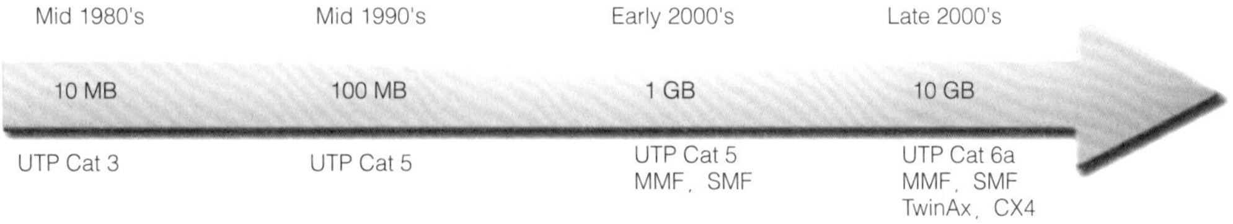

Mid 1980's	Mid 1990's	Early 2000's	Late 2000's
10 MB	100 MB	1 GB	10 GB
UTP Cat 3	UTP Cat 5	UTP Cat 5 MMF, SMF	UTP Cat 6a MMF, SMF TwinAx, CX4

10 G Options

Connector (Media)	Cable	Distance	Power (each side)	Transceiver Latency (link)	Standard
SFP+CU* copper	Twinax	<10 m	~0.1 W	~0.1 μs	SFF 8431**
X2 CX4 copper	Twinax	15 m	4 W	~0.1 μs	IEEE 802.3ak
SFP+USR MMF, ultra short reach	MM OM2 MM OM3	10 m 100 m	1 W	~0	none
SFP+SR MMF, short reach	MM OM2 MM OM3	82 m 300 m	1 W	~0	IEEE 802.3ae
RJ45 10GBASE-T copper	Cat6 Cat6a/7 Cat6a/7	55 m 100 m 30 m	~6 W*** ~6 W*** ~4 W***	2.5 μs 2.5 μs 1.5 μs	IEEE 802.3an

图6-37 10GE 以太网接口线缆参考标准

在交换机之间的网络连接可采用多模或单模光纤连接，网络覆盖的范围也基本不受机房范围的限制。当前交换机之间的互联技术开始支持40 GE/100 GE以太网，相应标准及接口如图6-38所示。

二、IP网络的路由与交换

单纯的以太网交换机工作在网络连接的二层，通常称之为二层交换机。二层交换机的工作方式是采用对服务器网卡的网络地址（MAC）的广播和学习来为服务器提供数据信息的交换。同时，服务器端在寻找建立通信连接的对端时，也会采用广播方式进行，因此在一个二层的交换机以太网网络环境内，会存在大量的广播数据包。

二层的交换网络有以下优点：

（1）二层交换网络不需要配置地址，可做到“即插即用”。

（2）改变服务器的物理位置不影响网络的通信，服务器不需变更。

（3）有些广播型应用不需网络进行额外的配置。

广播的工作方式带来了很多方便的地方，但当网络规模扩大时，这些广播会造成以下问题：

（1）如果网络中存在环路（Loop），会造成广播风暴，导致整个数据中心瘫痪。

（2）服务器网卡在接收广播数据包时，会中断CPU；大量的广播会浪费服务器的计

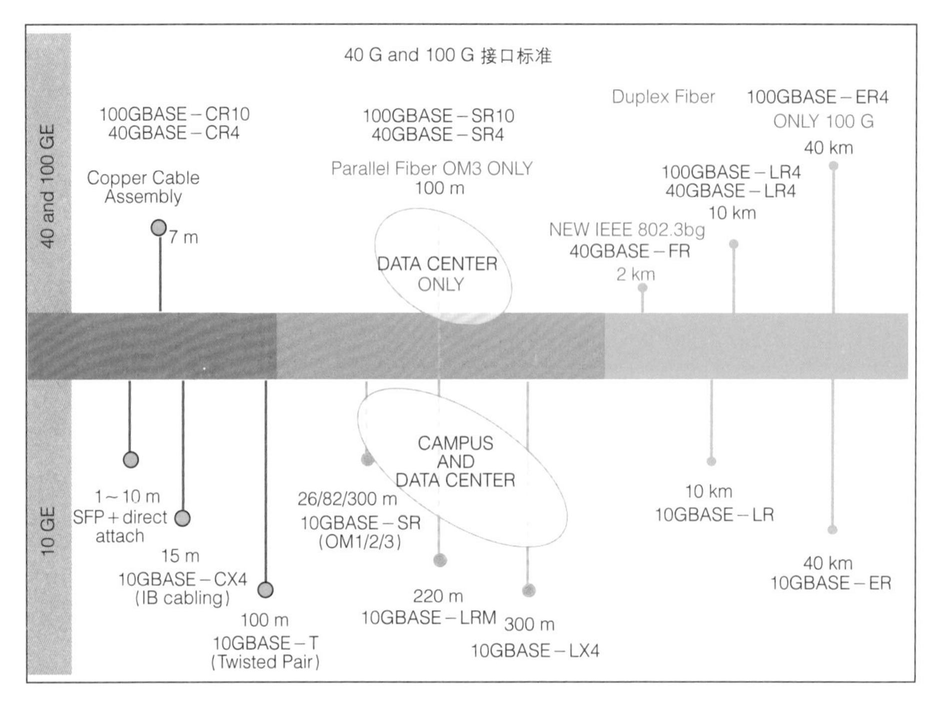

图6-38 40/100GE以太网接口线缆参考标准

算能力。

(3) 广播会降低网络的吞吐量，降低系统的处理速度。

由于因特网等相关的IP技术的发展和实践，人们发现以TCP/IP为基础的网络通信技术具有很好的性能和扩展性，同时标准化的工作最为完善。由于三层路由技术具有非常良好的扩展性，因此人们将IP路由技术与以太网交换技术结合在一起，创造了路由交换机。它是一种结合了三层路由功能的交换机，并同时支持二层的以太网交换功能。目前数据中心的骨干交换机均采用路由交换机。

由于采用了三层的路由功能，二层的广播被限制在一个网络区域内，通常称为网段。网段之间的通信采用IP路由方式，隔离了广播；同时增加网络的扩展性。当然，三层路由需要配置网络地址，同时也限制了跨网段的服务器的迁移。

三、存储网络

在现代数据中心里，为降低成本和提高硬件效率，普遍采用存储网络来为服务器提高磁盘存储空间。存储网络通常分为SAN和NAS两种类型。

存储区域网络（Storage Area Network，SAN）是一种连接外接存储设备和服务器的架构。人们采用包括光纤通道技术、磁盘阵列、磁带柜和光盘柜的各种技术进行实现。该架构的特点是，连接到服务器的存储设备将被操作系统视为直接连接的存储设备（en）。目前在大型企业级数据中心存储方案中广泛应用。

与SAN相比较，网络储存设备（Network Attached Storage，NAS）使用的是基于文件的通信协议，例如NFS或SMB/CIFS通信协议就被明确地定义为远程存储设备，计算机请求访问的是抽象文件的一段内容，而非对磁盘进行的块设备操作。

（一）存储网络类型

大多数存储网络使用SCSI接口进行服务器和磁盘驱动器设备之间的通信。因为它们的总线拓扑结构并不适用于网络环境，所以并没有使用底层物理连接介质（如连接电缆）。相对地，它们采用其他底层通信协议作为镜像层来实现网络连接。

（1）光纤通道协议（Fibre Channel Protocol，FCP），最常见的通过光纤通道来映射SCSI的一种连接方式。

（2）iSCSI，基于TCP/IP的SCSI映射。

（3）HyperSCSI，基于以太网的SCSI映射。

（4）ATA over Ethernet，基于以太网的ATA映射。

（5）使用光纤通道连接的FICON，常见于大型机环境。

（6）Fibre Channel over Ethernet（FCoE），光纤联接的以太网。

（7）iSCSI Extensions for RDMA（iSER），基于InfiniBand（IB）的iSCSI连接。

（8）iFCP［1］或SANoIP［2］，基于IP网络的光纤通道协议（FCP）。

（二）网络与存储共享

出于历史原因，数据中心中最初都是SCSI磁盘阵列的“孤岛”群。每个单独的小“岛屿”都是一个专门的直接连接存储器应用，并且被视作无数个“虚拟硬盘驱动器”（例如LUNs）。本质上来说，SAN就是将一个个存储“孤岛”使用高速网络连接起来，这样使得所有的应用可以访问所有的磁盘，如图6-39所示。

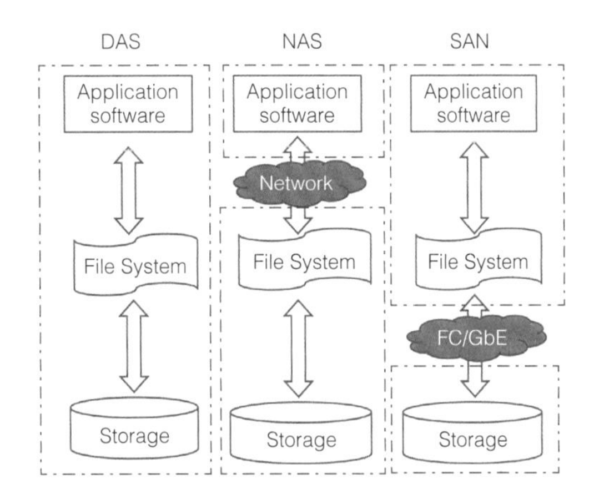

图6-39 存储模式

操作系统会将SAN视为一组LUN，并且在LUN上维护自己的文件系统。这些不能在多个操作系统/主机之间进行共享的本地文件系统，具有非常高的可靠性和十分广泛的应用。如果两个独立的本地文件系统存在于一个共享的LUN上，它们彼此没有任何机制来知道对方的存在，没有类似缓存同步的机制，所以可能发生数据丢失的情况。因此，在主机之间通过SAN共享数据，需要一些复杂的高级解决方案，例如SAN文件系统或者计算机集群。撇开这些问题，SAN对于提高存储能力的应用有很大帮助，因为多个服务器可以共享磁盘阵列上的存储空间。SAN的一项典型应用是需要高速块级别访问的数据操作服务器，如电子邮件服务器、数据库和高利用率的文件服务器等。

相对地，NAS允许多台计算机经过网络访问同一个文件系统，并且会自动同步它们的操作。由于NAS机头的引入使得SAN存储可以被容易地转换为NAS，如图6-40所示。

（三）存储系统组织图

尽管NAS和SAN有所区别，但还是有方法可以提供两项技术均被包括在内的解决方案。图6-41使用了DAS、NAS和SAN技术的混合解决方案。

（四）存储网络化的优势

存储器的共享通常简化了存储器的维护，提高了管理的灵活性，因为连接电缆和存储器设备不需要物理地从一台服务器上搬到另外一台服务器上。

其他优势包括从SAN自身来启动并引导服务器的操作系统。因为SAN可以被重新配置，

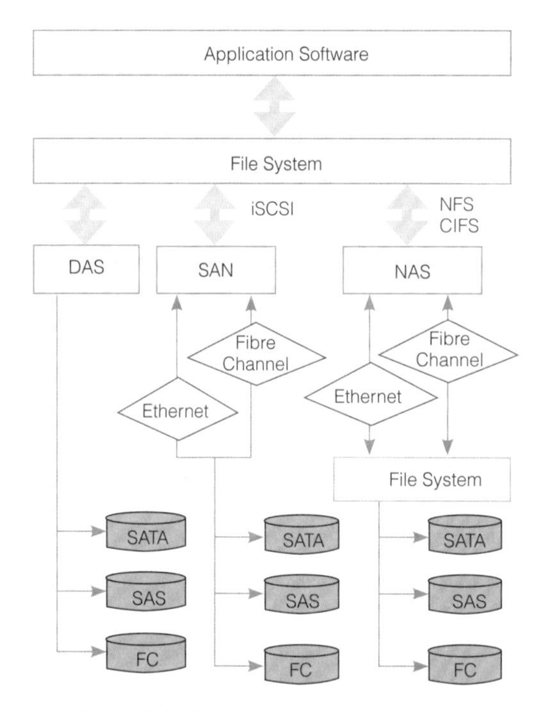

图6-40 三种存储比较 DAS、NAS 和 SAN 的比较

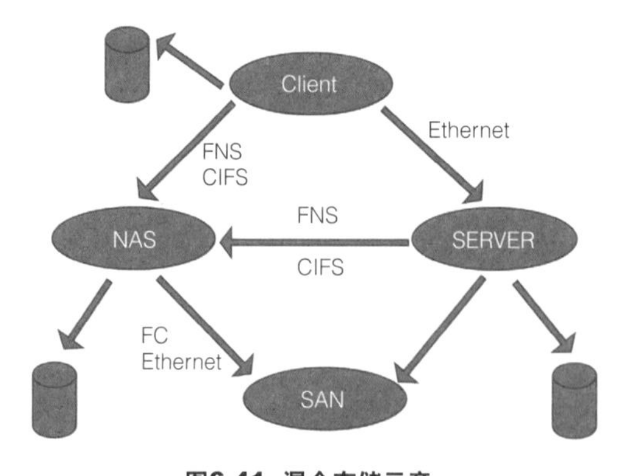

图6-41 混合存储示意

所以使得更换出现故障的服务器变得简单和快速，更换后的服务器可以继续使用先前故障服务器LUN。这个更替服务器的过程可以被压缩到半小时之短，这是目前新建数据中心才使用的办法。现在也出现了很多新产品得益于此，并且在提高更换速度方面不断进步。

SAN也被设计为可以提供更有效的灾难恢复特性。一个SAN可以“携带”距离相对较远的第二个存储阵列。这就使得存储备份可以使用多种实现方式，可能是磁盘阵列控制器、服务器软件或者其他特别SAN设备。因为IP广域网通常是最经济的长距离传输方式，所以基于IP的光纤通道和基于IP的SCSI协议就成为了通过IP网络扩充SAN的最佳方式。使用传统的物理SCSI层连接的SAN仅仅可以提供数米的连接距离，所以这几乎根本不能满足灾难恢复的不间断业务的需求。这项SAN应用的需求在美国“9.11”恐怖袭击事件之后显得尤为突出，并且在萨班斯－奥克斯利法案和类似的法律事务中几乎成了必须特性。

磁盘阵列存储网络化加速了许多功能的发展，包括I/O缓存、存储快照及卷克隆（Business Continuance Volumes，BCV）等。

（五）SAN网络的基础设施

SAN通常利用光纤通道拓扑结构，这种基础构架是专门为存储子系统通信设计的。光纤通道技术提供了比NAS中的上层协议更为可靠和快速的通信指标。光纤是一种在概念上类似局域网中网络段的组建。典型的光纤通道SAN可以由若干个光纤通道交换机组成。

在现今，所有的主流SAN设备提供商也都提供不同形式的光纤通道路由解决方案，以此来为SAN架构带来潜在的扩展性，让不同的光纤网在不需要合并的条件下交换数据。这些技术解决方案各自使用了专有协议元素，并且在顶层的架构体系上有很大的不同。他们经常会采用基于IP或者基于同步光纤网络（SONET/SDH）的光纤通道映射。

常用的SAN 协议接口有：

（1）企业互连协议（Enterprise System Connection，ESCON）。IBM早期推出，目前应用呈下降趋势。在存储系统中用于连接主机和各种控制单元的通道协议，是一种串行比特流传送协议，传送速率200 Mbit/s。其可以通过点对点方式连接主机和控制单元，也可以通过交换单元（又称ESCON Director）使主机和多个控制单元连接。

（2）光纤连接协议（Fiber Connect，FICON）。IBM推出，物理层与Fiber Channel兼容，但上层应用协议使用单字节命令协议，区别于FC所使用的SCSI协议，是比ESCON速率更高、性能更好的传送协议。

（3）光纤通道协议（Fiber Channel，FC）。通常指FCP协议，上层使用SCSI协议，常用速率为1.062 5/2.125/4.25 Gbit/s，目前主流已经过渡到4.25 Gbit/s，8.5 Gbit/s速率也已经有产品出现；此外，还有专用于交换机之间互联的10 Gbit/s速率接口。支持点对点、仲裁环和交换等多种网络拓扑，是当前最主流的SAN接口协议。

（4）ETR/CLO（16 Mbit/s）。IBM GDPS系统用于时钟同步的链路。

（5）ISC 1 G/2 G（STP）。Inter System Channel，IBM GDPS系统用于系统之间耦合的链路，速率为1.062 5Gbit/s或者2.125 Gbit/s。STP（Server Timer Protocol）、IBM GDPS系统时间同步协议。

（6）Infiniband 2.5 G/5 G（GDPS应用）。IBTA组织定义的高性能计算机之间的互联接口。

（六）存储网络的兼容性

光纤通道SAN在早期发展的时候，有一个问题是不同硬件厂商的交换机并不完全兼容。尽管基本的FCP存储协议总是兼容标准的，但是一些上层的功能却无法很好地互操作。与此类似的还有许多主机的操作系统，它们也会在共享某些光纤网络时候产生不良反应。在技术标准最终确定之前，市场上曾经出现了许多解决兼容性的方案，这些创新也都为标准制定提供了帮助。

单节点带宽使用控制，有的地方也称为"服务质量"（Quality of Service，QoS），在视频编辑工作室中是一个尤其重要的特性，它可以在可用带宽不足的条件下确保带宽以一个合理的优先级被分配使用。Avid Unity、苹果公司的Xsan以及Tiger Technology的MetaSAN都向视频工作室特别提供了带有此功能的SAN解决方案。

（七）SAN存储网络的虚拟化

存储虚拟化是指将物理存储器完全抽象为逻辑存储器的过程。物理存储器资源将被整合为存储器池，由此来创建逻辑存储器。此操作可以给用户展现数据存储的逻辑空间，并且透明地操作映射实际物理位置的过程。目前这种机制都是由每个新近生产的磁盘阵列内部提供的，使用的是厂商专有的解决方案。尽管如此，虚拟化多磁盘阵列的目的是在网络上集成不同厂商的磁盘阵列，使之成为一套整体的存储设备，以便于对其进行统一的运行管理操作。这些SAN网络虚拟化技术在数据中心的建设规划中能够有效地解决物理位置与逻辑位置不对应的问题，有利于提供物理空间的利用率，从而实现高效和节能。

6.3.2 新型数据中心网络技术简介

一、网络虚拟化技术

随着虚拟化技术的成熟和CPU性能的发展，越来越多的数据中心开始向虚拟化转型。虚拟化架构能够在以下几方面对传统数据中心进行优化：①提高物理服务器CPU利用率；②提高数据中心能耗效率；③提高数据中心高可用性；④加快业务的部署速度。

正是由于这些不可替代的优点，虚拟化技术正成为数据中心未来发展的方向。

随着越来越多的服务器被改造成虚拟化平台，数据中心内部的物理网口越来越少，以往10台数据库系统就需要10个以太网口，而现在，这10个系统可能是驻留在一台物理服务器内的10个虚拟机，共享一条上联网线。这种模式显然是不合适的，多个虚拟机收发的数据全部挤在一个出口上，单个操作系统和网络端口之间不再是一一对应的关系，从网管人员的角度来说，原来针对端口的策略都无法部署，增加了管理的复杂程度。

边缘虚拟桥（Edge Virtual Bridging，EVB），是当前用于解决虚拟化环境的虚拟机（Virtual Machine，VM）与网络之间的连接与管理边界问题而产生的技术，在标准802.1Qbg定义的框架基础上，可以实现VM生命周期与网络的自动化关联、网络属性的灵活变更。

EVB原来由802.1Qbg和802.1Qbh组成，数据层面的实现一共有四种（见表6-11）：其中802.1Qbg包含了三种，即VEB（Virtual Ethernet Bridging）模式、VEPA（Virtual Ethernet Port Aggregator）模式和Multi Channel模式。802.1Qbh为PE（Port Extender）模式，当前802.1Qbh已经在EVB内取消，Cisco提出了另一个标准802.1BR。

目前在计算虚拟化与网络虚拟化的边界，出现了若干技术体系：802.1Qbg、802.1Qbh、802.1BR和Cisco VN－Tag，其目的均是为了解决虚拟机与外部虚拟化网络对接、关联和感知的问题。表6-11～表6-13简述了这几种技术框架基础上各自异同的对比，以使读者能够了解到不同技术的差异。

从技术模型的比较可看出，802.1BR的功能完全是网络向服务器内的扩展，针对VM的

表6-11 技术对比简要信息

	802.1Qbg			802.1QBh	802.1BR	VN－Tag
	VEB	VEPA	Multi－Channel			
提出方	HP（H3C）/IBM等服务器厂家			Cisco	Cisco	Cisco
模式本质	·vSwitch ·网络功能进入服务器	·简化的vSwitch要求网络hairpin转发支持 ·服务器内支持部分网络功能	·通道 ·网络功能只在服务器外部	·通道 ·部分网络功能回复到服务器内		
性质	标准			标准	标准	私有
标准进展	文稿完成，框架确定/标准流程审议			废除	标准讨论	私有应用

表6-12 转发层面差异对比

	802.1Qbg：VEPA	802.1Qbg：Multi－Channel	802.1Qbh	802.1BR	VN－Tag
单播数据	1.从VM收到的数据向上行网络接口转发 2.要求网络设备支持基于端口的hairpin转发	1.从VM收到的数据经过通道向外转发 2.要求网络设备支持基于通道的hairpin转发	从VM收到的数据经过通道向外转发		
组播/广播	1.从VM收到的数据向上行网络接口转发 2.要求网络设备支持基于端口的hairpin转发 3.报文复制在下行方向	1.从VM收到的数据经过通道向外转发 2.要求网络设备支持基于通道的hairpin转发 3.服务器内Multichnnel部件不具备复制功能，复制在外部网络执行	1.从VM收到的数据经过通道向外转发 2.各级PE/FE对报文进行逐级复制		
通道	无	同时承载单播、组播，不具备复制能力	三者具有相同的通道定义方式具有组播/广播的复制能力（复制通道）		
表项	VEPA部件具备单播、组播转发表项	无转发表项	各级PE/FE需要组播/广播复制表项		

表6-13 控制协议差异对比

	802.1Qbg：VEPA	802.1Qbg：Multi－Channel	802.1Qbh/802.1BR	VN－Tag
外部网络对VM的发现关联协议	VDP（Virtual Station Interface Dis－covery Protocol）	VDP	无	Cisco Virtual Interface Control（VIC） Protocol
网络扩展与ER发现及连接协议	无需	CDCP	PE－CSP（Port Extension Control andStatus Protocol）	Cisco VIC
基础虚拟承载协议	ECP	ECP	ECP	无
网络对VM感知方式	基于VDP协议的关联操作可感知VM的创建与迁移	基于VDP协议的关联操作可感知VM的创建与迁移	不感知	可感知。但需要交换机集成UCS－Manager由管理软件与VIC网卡之间的协议感知VM

连接、感知并没有定义内容，因此如果在此基础上叠加802.1Qbg VDP协议，并进行一些802.1BR的修改，从技术角度上也是可以支持一定的VM关联感知能力；802.1Qbg和VN－Tag具有比较完善的网络扩展与VM关联感知能力，所不同的是802.1Qbg定义了分工明确的协议，并且由网络部件和服务器内ER部件交互完成，标准化互通方式灵活，而VN－Tag的VIC协议并未定义在网络设备与ER之间，而是管理系统与ER之间，具有较大封闭性。

802.1Qbg当前已经获得主流厂家的支持，如IBM、HP、H3C与华为基本可以提供标准化的方案；802.1BR尚没有产品化，并且在802.1BR的基础上实现VM感知，还是需要使用802.1Qbg的控制协议；VN－Tag在Cisco网络产品上已经实现，其服务器需要使用支持VN－Tag的网卡来与网络配套。基于标准化技术实现上，各个厂家也会逐步在产品对接上开始互通性工作，包括在虚拟化系统、网卡、网络等的底层设备级，以及管理系统的上层接口级逐步形成完善交互体系。

二、TRILL

TRILL（Transparent Interconnection of Lots of Links）是在大型Ethernet网络中解决多路径问题的方案。

控制平面上TRILL引入了L2 ISIS作为寻址协议，运行在所有的TRILL RB（Routing Bridge）之间，部署于一个可自定义的独立协议VLAN内，进行建立邻接、绘制拓扑和传递Tag等工作。数据平面在内外层Ethernet报头之间引入了TRILL报头，使用Nickname作为转发标识，用于报文在TRILL网络中的寻址转发。每个RB都具有唯一的Nickname，同时维护其他RB的TRILL公共区域MAC地址、Nickname和私有区域内部MAC地址的对应关系表。因为TRILL封装是MACinMAC方式，因此在TRILL公共区域数据报文可以经过传统Bridge和Hub依靠外部Ethernet报头转发。普通Ethernet报文在首次从TRILL边缘RB设备进入TRILL区域时，作为未知单播还是依照传统以太网传播方式，广播给所有其他的RB节点。但是除了边缘RB外，TRILL区域中间的RB和传统Bridge都不会学习此数据报文中私有区域内部MAC地址信息，有效地降低了中间设备的MAC地址表压力。为了防止环路同时做到多路径负载均衡，TRILL的每个RB在初始建立邻接绘制拓扑时，都会构造出多个多播树，分别以不同的Nickname为根，将不同的未知单播/组播/广播流量Hash到不同的树，分发给其他所有RB。由于全网拓扑唯一且构造树时采用的算法一致，可保证全网RB的组播/广播树一致。在RB发送报文时，通过将报文TRILL头中的M标志位置1来标识此报文为多播，并填充树根Nickname到目的Nickname字段，来确保沿途所有RB采用同一棵树进行广播。组播与广播报文的转发方式与未知单播相同。已知单播报文再发送的时候，会根据目的RB的Nickname进行寻路，如果RB间存在多条路径时，会逐流进行Hash发送，以确保多路径负载分担，如图6-42所示。

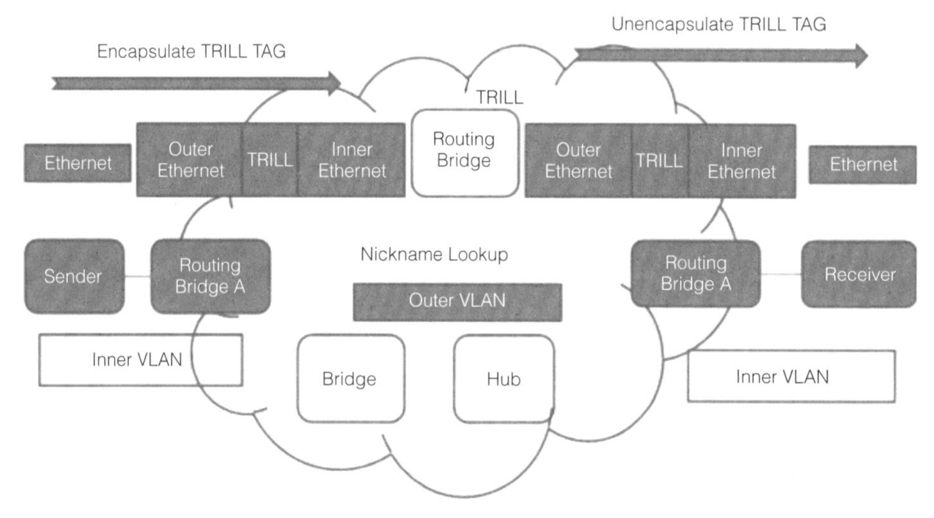

图6-42 TRILL技术原理图

三、FCoE

FCoE（Fibre Channel over Ethernet）即以太网光纤通道。FCoE技术标准可以将光纤通道映射到以太网，将光纤通道信息插入以太网信息包内，从而让服务器－SAN存储设备的光纤通道请求和数据可以通过以太网连接来传输，而无需专门的光纤通道结构，从而可以在以太网上传输SAN数据。FCoE允许在一根通信线缆上传输LAN和FC SAN通信。

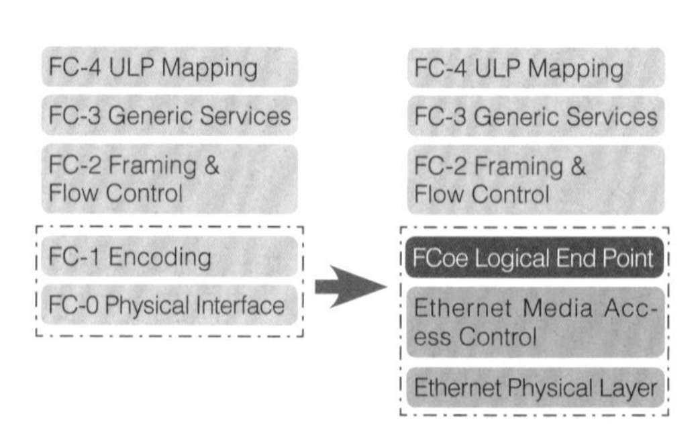

图6-43 FCOE 与FC 对比分析

FCoE基于FC模型而来，仍然使用FSPF和WWN/FC ID等FC的寻址与封装技术，只是在外层新增加了FCoE报头和Ethernet报头封装和相应的寻址动作，如图6-43所示。

FCoE标准定义了数据平面封装与控制平面寻址两个部分。封装示意如图6-44所示。

Enode是指网络中所有以FCoE形式转发报文的节点设备，可以是服务器CAN网卡、FCoE交换机和支持FCoE的存储设备。FCoE外层封装的Ethernet报头中MAC地址在Enode间是逐跳的，而FC ID才是端到端的。

与三层交换机中的VLAN接口一样，每个FCF都会有自己的MAC，由于FC ID是FCF分配给Enode的，继承下来的终端Enode MAC也是由

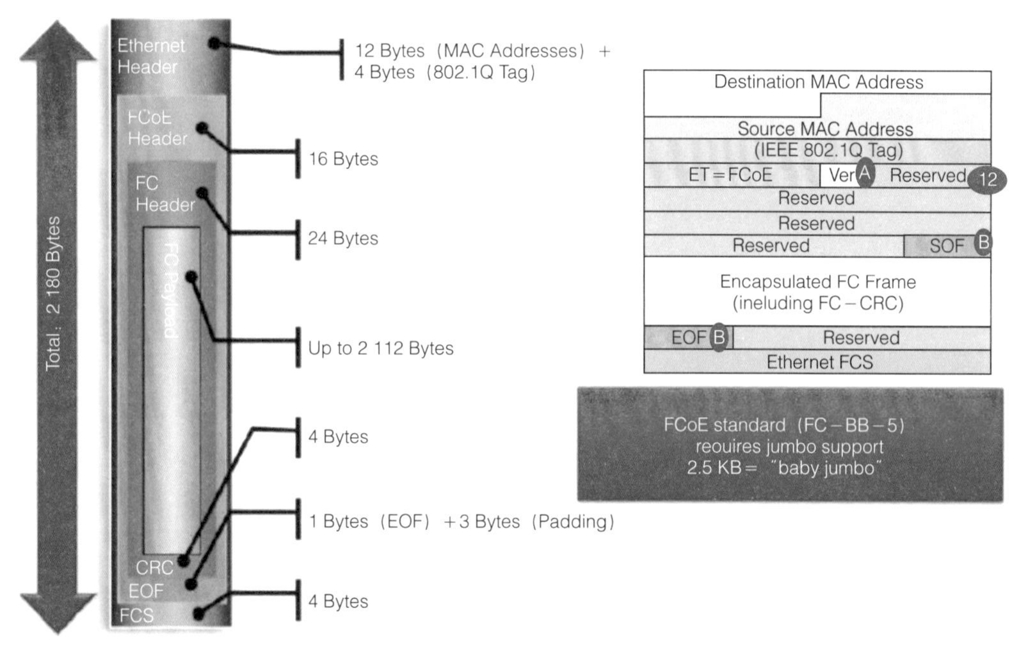

图6-44 FCOE封装示意图

FCF分配的并具有唯一性，这个地址叫作FPMA（Fabric Provided MAC Address），如图6-45所示。FPMA由两部分组成，即FC－MAP与FC ID，这样当FCoE交换机收到此报文后可以根据FC－MAP判断出是FC报文，直接送给FCF，FCF再根据FC ID查表转发，处理起来更简单。

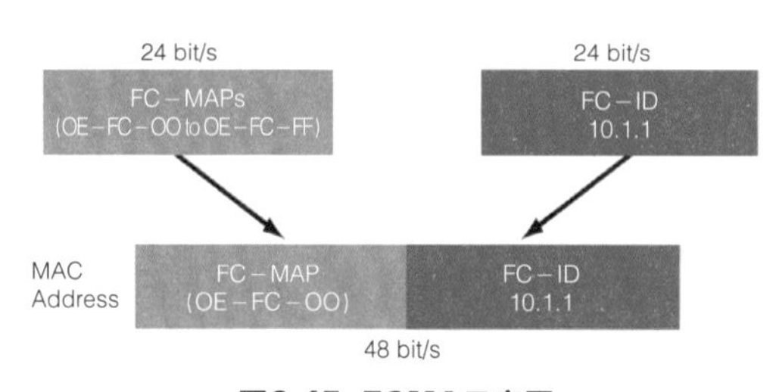

图6-45 FCMA示意图

四、DCB

为了保证FCoE的无丢包，IEEE引入了一系列的无丢包以太网技术（Lossless Ethernet），都定义在802.1Q DCB（Data Centre Bridging）标准系列中。DCB是IEEE为了在数据中心对传统以太网技术进行扩展而制定的系列标准。VM接入技术标准中802.1Qbg和802.1Qbh都是DCB中的一部分，另外还有802.1Qau CN（Congestion Notification）、802.1Qaz ETS（Enhanced Transmission Selection）和802.1Qbb PFC（Priority－based Flow Control）。其中802.1Qau CN定义了拥塞通知过程，只能缓解拥塞情况下的丢包，加上其必须要全局统一部署与FCoE逐跳转发的结构不符，因此不被算成无丢包以太网技术的必要组成部分。常见的无丢包技术主要是PFC和ETS，另外还有个DCBX（Data Center Bridging Exchange Protocol）技术，DCBX也是一起定义在802.1Qaz ETS标准中。

PFC对802.3中规定的以太网Pause机制进行了增强，提供一种基于队列的无丢包技术，实际达到的效果和FC的BB Credits一样。简单理解如图6-46所示。

ETS是带宽管理技术，可以在多种以太网流量共存情况下进行共享带宽的处理，对FCoE的流量报文进行带宽保障。简单理解如图6-47所示。

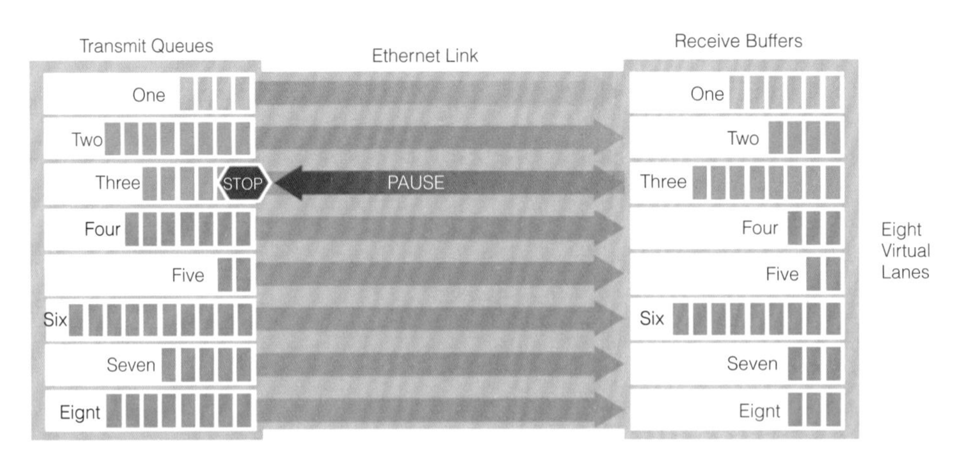

图6-46 DCB 技术原理

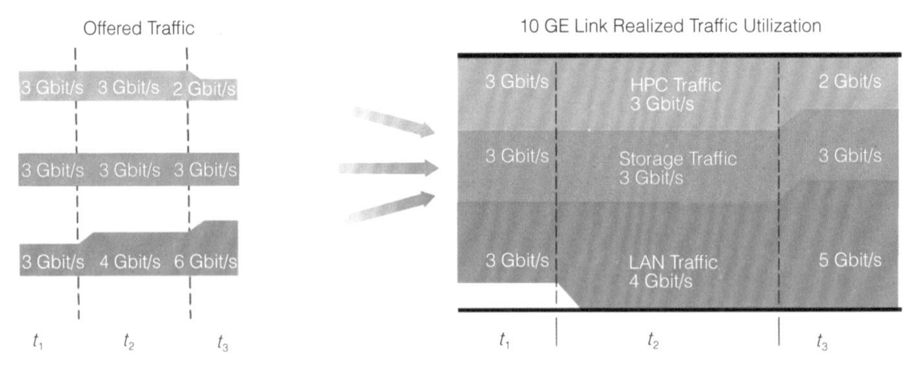

图6-47 ETS 带宽管理技术

DCBX定义了通过LLDP在两个相邻Enode之间进行PFC、ETS等参数自协商交互的过程。

五、VxLAN/NvGRE

VxLAN和NvGRE也是伴随应用虚拟化而诞生的两种支持跨三层网络和跨数据中心之间的虚机漂移的网络虚拟二层技术，见表6-14。

VxLAN（Virtual Extensible LAN）和NvGRE（Network Virutaliztion using Generic Routing Encapsulation）正在IETF讨论的草案，都是支持在IP层封装MAC层报文的层叠方案，突破位置与身份之间的固定绑定关系，即VM可以实现跨三层的移动但IP地址不需要随着网关IP不同而改变。

Cisco FP/OTV/LISP由于仍属于厂家私有协议，故本书不作专门介绍。

六、网络设备1：*N*虚拟化技术

网络设备虚机化技术则可以实现将一台交换机划分为多个虚拟的子交换机，每个交换机拥有独立的配置界面，独立的生成树、路由、SNMP和VRRP等协议进程，甚至独立的资源分配（内存、转发表等）。它与上述的网络设备*N*：1虚拟化技术配合，将实现更加灵活的、与物理设备无关的跨平台资源分配能力，为数据中心这种底层设施资源消耗型网络提供更经济高效的组网方式，也为管理和运营智能化、自动化创造条件。图6-48所示为将物理设备（交换机）虚拟成若干个逻辑上的独立的虚拟设备实例。

网络设备1：*N*虚拟化技术给网络设计带来了很强的灵活性，尤其适用于中小规模的数据

表6-14 VXLAN和NVGRE标准未成熟，简单对比一下VxLAN与NvGRE异同

相同点	异同点
IP Transport（with tunnels）	IEEE Draft authorts： VxLAN：Cisco，VMWARE，Citrix，Red hat，Broadcom Aristra NvGRE：Microsot，Intel，Dell，HP，Broadcom，Aristra，Emulex
IP Multicast（for broadcast and multicast frames）	Encapsulation： VxLAN：UDP with 50 bytes NvGRE：GRE with 42 bytes
24 bit/s Segment ID	Port Channel Load Distribution： UDP：5 tuple hashing 多数交换机不支持GRE header的哈希
	Firewall ACL可以控制VxLAN UDP 端口号，很难控制GRE 协议字段
	转发逻辑： VxLAN：Flooding/Learning NvGRE：Not specfied

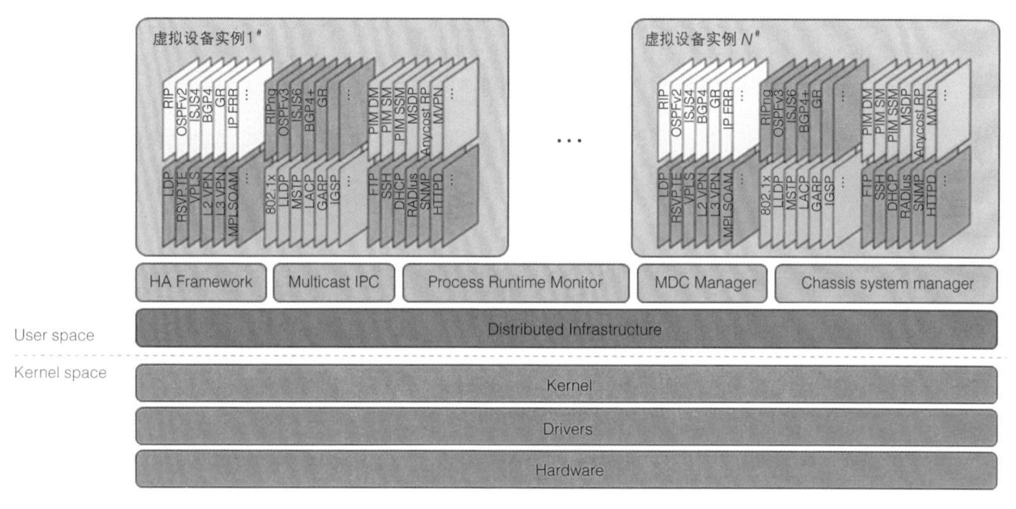

图6-48 网络设备1：N虚拟化技术示意图

中心服务器区的整合，充分利用数据中心网络设备的端口和转发性能，并降低TCO。图6-49为三种应用场景：

（1）水平整合。将分属两个不同业务区的4台汇聚交换机整合为2台采用1：2虚拟化技术的交换机。

（2）垂直整合。将2台汇聚层设备与2台核心层设备整合为2个采用1：2虚拟化技术的交换机。

（3）水平/垂直整合。将分属两个不同业务区的4台汇聚交换机及2台核心交换机，整合为2台采用1：3虚拟化技术的交换机。

图6-50为虚拟化网络的愿景图。

6.3.3 服务器多网卡配置方式

服务器分区的可靠性包括网络可靠性、设备可靠性和服务器可靠性：

（1）网络可靠性通过集群+堆叠的无环网络提供，具体见核心区可靠性规划。

（2）设备可靠性采用接入交换机堆叠。

（3）服务器可靠性是通过服务器双网卡来

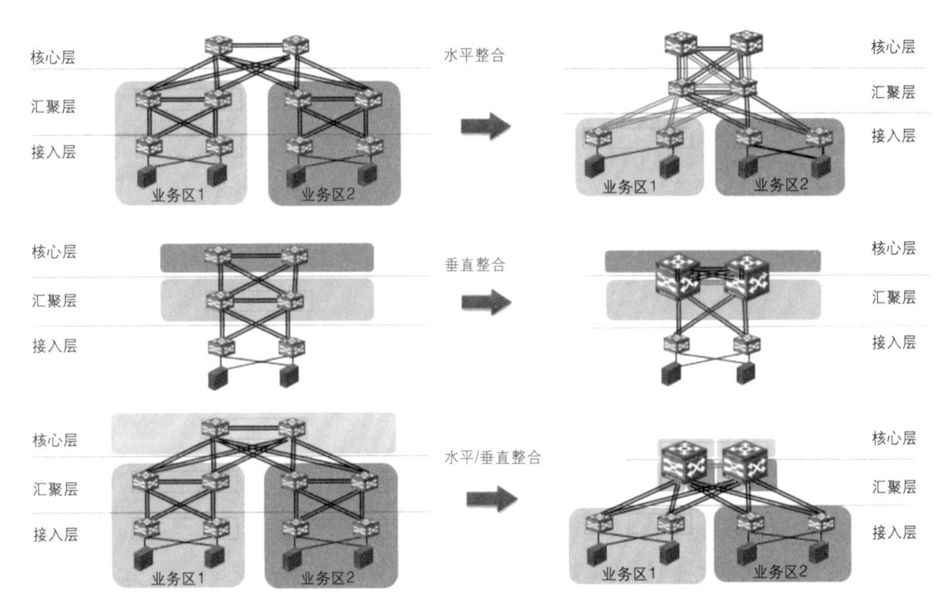

图6-49 网络设备1：N虚拟化技术三种应用场景

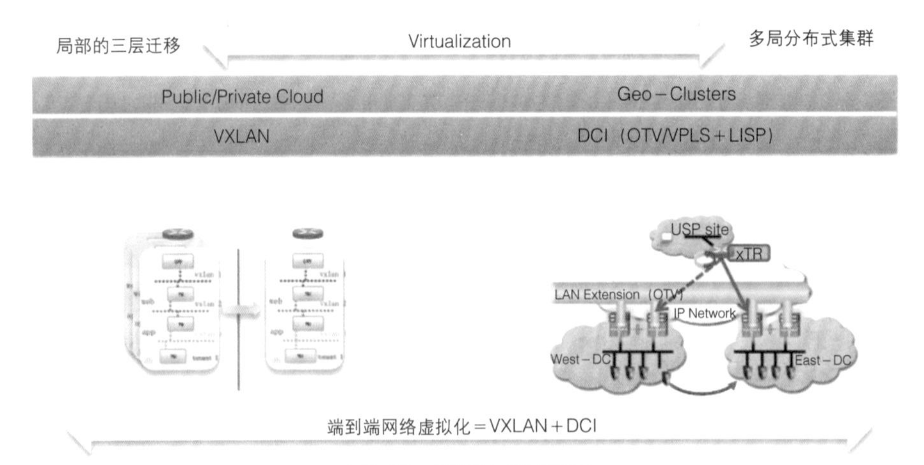

图6-50 虚拟化网络的愿景

支持。

服务器网络驱动程序将两个网卡捆绑成一个虚拟的网卡，对外提供一个唯一的IP地址。需要服务器支持网卡聚合特性（NIC Teaming）：当一个网卡失效，另一个网卡接管它的MAC地址。两个网卡采用主备或者负载分担的方式。

（一）双网卡主备方式

对于主备方式的双网卡，两个网卡的MAC相同，均为MAC1，如图6-51所示。服务器在发现主网卡故障后，切换到备网卡，并通过备网卡发出免费ARP。网络设备必须正确处理这个免费ARP报文，才能将发给服务器的流量切换到新的转发路径上。当主网卡故障后，转发路径需要从绿色曲线切换到紫色曲线。

接入层交换机在处理免费ARP报文时，需要将MAC1的出接口刷新到连接备网卡的链路上，因此要求接入层交换机配置时将对应服务

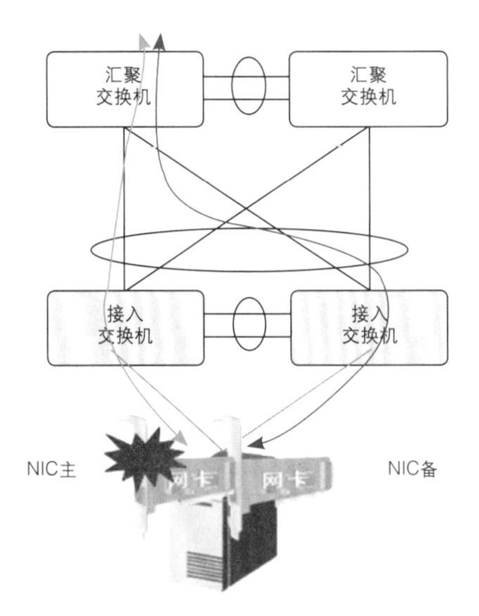

图6-51 主备方式故障切换

器主备网卡的两个端口配置在同一个VLAN，不配置成链路捆绑（否则不会刷新MAC1的出接口）。

核心/汇聚层交换机在处理免费ARP报文时，由于核心/汇聚层交换机和接入层交换机之间的是多条链路捆绑成的Trunk链路，因此核心/汇聚层交换机不会感知到变化。

（二）双网卡负载分担方式

对于负载分担方式的双网卡，两个网卡的

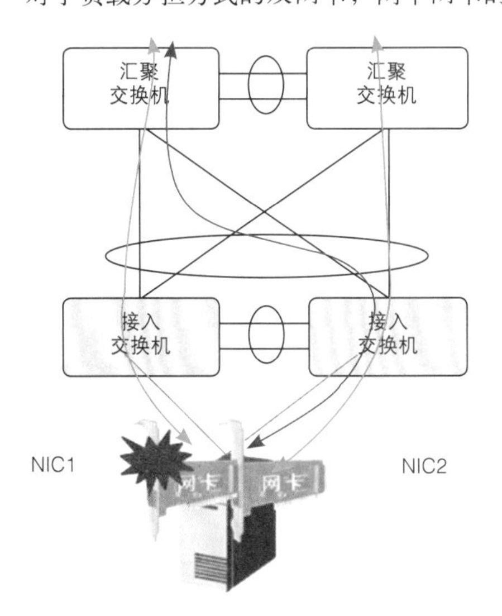

图6-52 负载分担方式故障切换

MAC相同，如图6-52所示，均为MAC2，而且两个网卡都可以发送和接收流量。接入层交换机必须配置成堆叠，并将对应服务器主备网卡的两个端口配置成链路捆绑，才能屏蔽MAC地址在两个交换机端口间不断“跳跃”的处理。

图6-52中，没有故障时转发路径是绿色曲线，两个网卡都有流量。左边网卡故障后，转发路径需要从绿色曲线切换到紫色曲线。

由于汇聚层交换机和接入层交换机之间是多条链路捆绑成的Trunk链路，因此，汇聚层交换机不会感知接入层的变化，仍然会将流量发给左边的接入层交换机。这个流量通过接入层交换机之间的堆叠链路转发给右边的接入层交换机，由右边的接入层交换机转发给服务器。

6.4 附录

6.4.1 数据中心的网络架构对布线的影响

一、摘要

数据中心布线架构基于网络架构，但又有其相对独立性。布线架构支撑网络架构，同时又为用户管理提供便利。毕竟在配线架上进行维护操作，可靠性、灵活性与方便性是远远好于直接到设备端口上进行操作。目前常见的数据中心网络布线架构主要有三种：区域分布式（Zone-Distribution）、直连式（Direct-Connect）和置顶式（Top of Rack，ToR）。以上不同架构主要取决于服务器的种类和大小，并考虑业务和操作等方面，每个架构均有各自的优势和劣势，适用不同的需求。此处将对这些架构进行介绍和对比，进而使读者有一定程度的认知和了解。同时也将对目前新出现的架构作简要介绍。

在数据中心网络的规划设计中，不可避免地会与数据中心的布线系统紧密结合。由于现代数据中心内考虑到空间的高效利用，大量采用了高密的服务器系统，如1U的服务器和刀片服务器系统；同时由于采用集中式的存储系统，单台服务器需要网络提供2个或4个双绞线网络接口，1～2个存储接口，从而大幅度提高了网络的布线需求，也造成了布线系统成本的提高以及日后运行管理的困难。同时大量的电缆还会影响服务器和存储系统的散热，增加数据中心制冷系统的负载，造成能源的浪费和运行成本的提高。因此，数据中心的网络设计必须考虑如何优化和管理布线系统。

在数据中心的网络规划和建设中，目前的网络布线模式有多种。首先需要规划整个数据中心的整体物理位置规划图，如图6-53所示。

在整体的规划下，用户需要考虑采用何种网络技术来优化布线系统。通常在从水平分区到设备分区有三种网络部署模式：

（1）架顶模式（ToR）。将网络接入交换机部署到每个机架的顶部，通常采用24～48口交换机。

（2）列头模式（EoR）。将网络接入交换机部署到每列机架的边上1～2个网络设备机架。

（3）列中模式（MoR）。将网络接入交换机部署到每列机架中间的1～2个网络设备机架。

用户需要根据自己的数据中心服务器和存储配置情况选择部署模式。当采用刀片式服务器机箱时，需要考虑刀片式服务器机箱内的交换机。

二、三种布线方式介绍

（一）区域分布式

区域式布线架构即结构化布线，是TIA－942数据中心标准中所推荐的架构，这种架构的特点是模块化，灵活，在电缆数量成本、管理性和有源设备利用率方面有很好的性价比，适合于中大型数据中心。图6-54为区域分布式的布线架构。

区域分布式架构主要有三种：

（1）端列头交换（End-of-Row/EoR Switching）：列头柜在每列机柜两端的方式。

（2）中间列头交换（Middle-of-Row/MoR Switching）：列头柜在每列机柜的中间位置。

（3）独立网络机柜或机架（Standalone

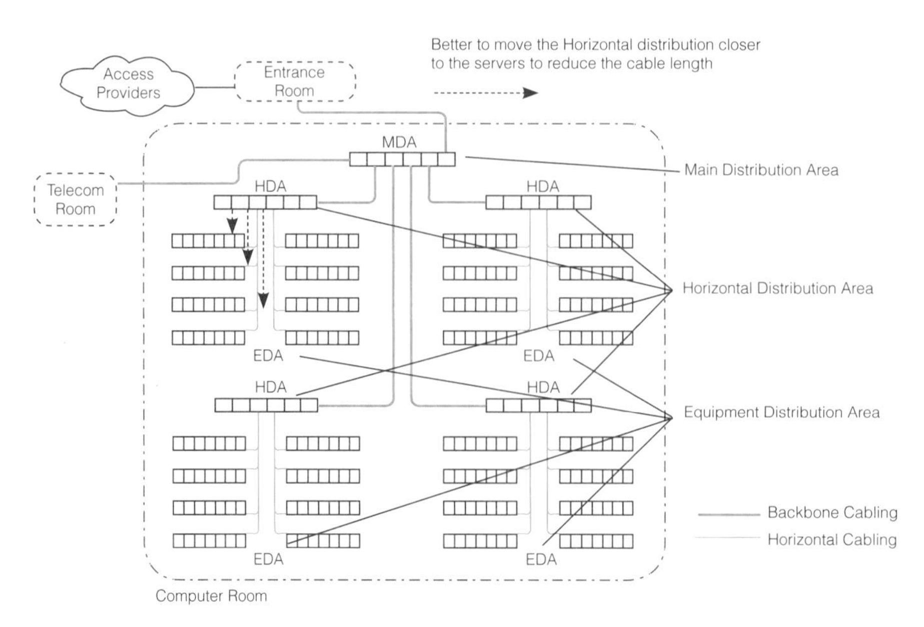

图6-53 数据中心网络布线图

区域分布式Zone-dıstribuıon物理层架构

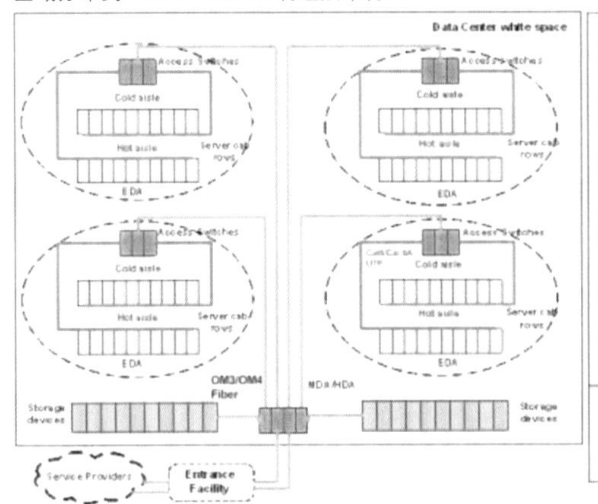

区域分布式Zone-distribuion逻辑架构

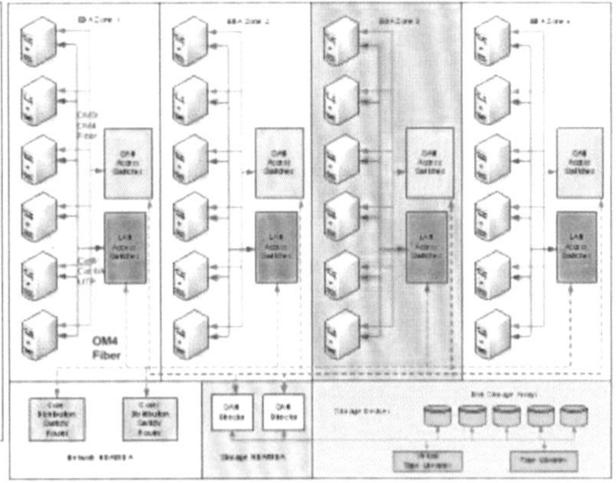

图6-54 区域分布式物理及逻辑架构

Network Cabinets or Racks/Network POD）：在区域中设置独立的区域放置布线和网络设备。

下面分别介绍如下：

（1）EoR（End-of-Row）。EoR是最常用的方法。在列头柜中用一个核心/汇聚交换机，去支持一个或更多机架。因为网口集中，这种方法通常能有较高的性价比。这种方法同时也是最不需要考虑服务器特性的，因此它提供最大的灵活性能同时支持不同的服务器。在某些情况下，EoR更能提高性能的优势，因为需要交换大量信息的两台服务器可以放在同一张交换机板卡上，相对于交换机的板卡到板卡，或者是交换机到交换机的交换方式，会比较快。EoR的主要缺点是需要大量的跳线连到交换机，布线的成本会提高，大量的数据线也会降低冷却的通风量。

（2）MoR（Middle-of-Row）。MoR跟EoR是一样的，如图6-55所示，区别只是摆放头柜的位置不同。EoR是把设备头柜分到两边，而MoR是把设备头柜放在中间。一般来说，MoR对布线的跳线和管理较EoR好，因为跳线是分向两侧管理的。

（3）Network POD。POD简单理解就是区域布线，类似于TIA－942的ZDA区域布线区的概念。对于大型的机房，或者区域机房，选择其中的一列或者独立的几个机柜或机架作为区域的配线管理区。图6-56所示为POD架构。

POD布线方式也是目前比较流行的方式。从目前的规划看，一般8～10台机柜两边要增加走道，所以单列设置列头柜不一定是最佳的选

EoR

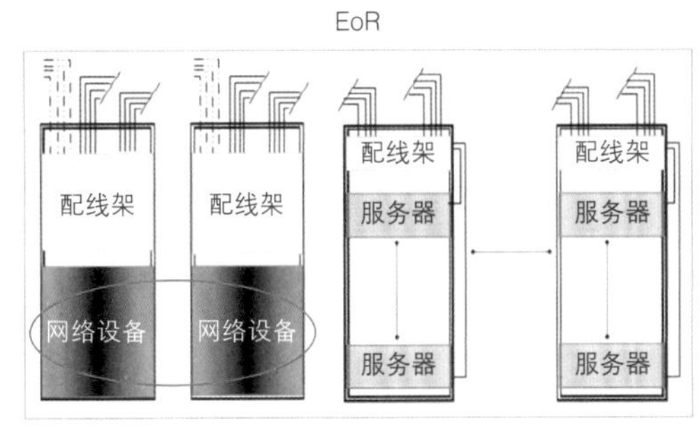

MoR

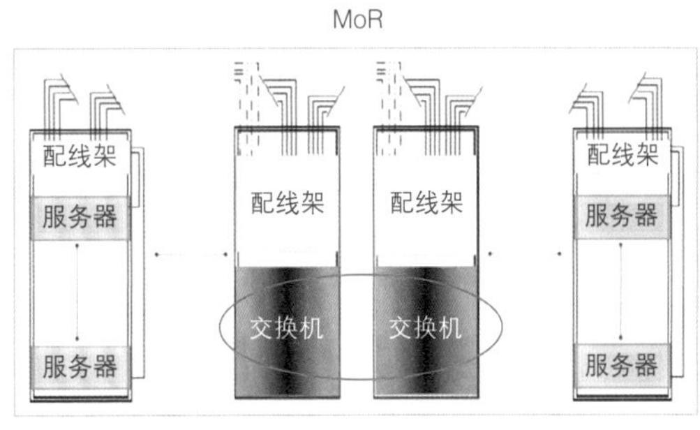

图6-55 EoR和MoR的架构

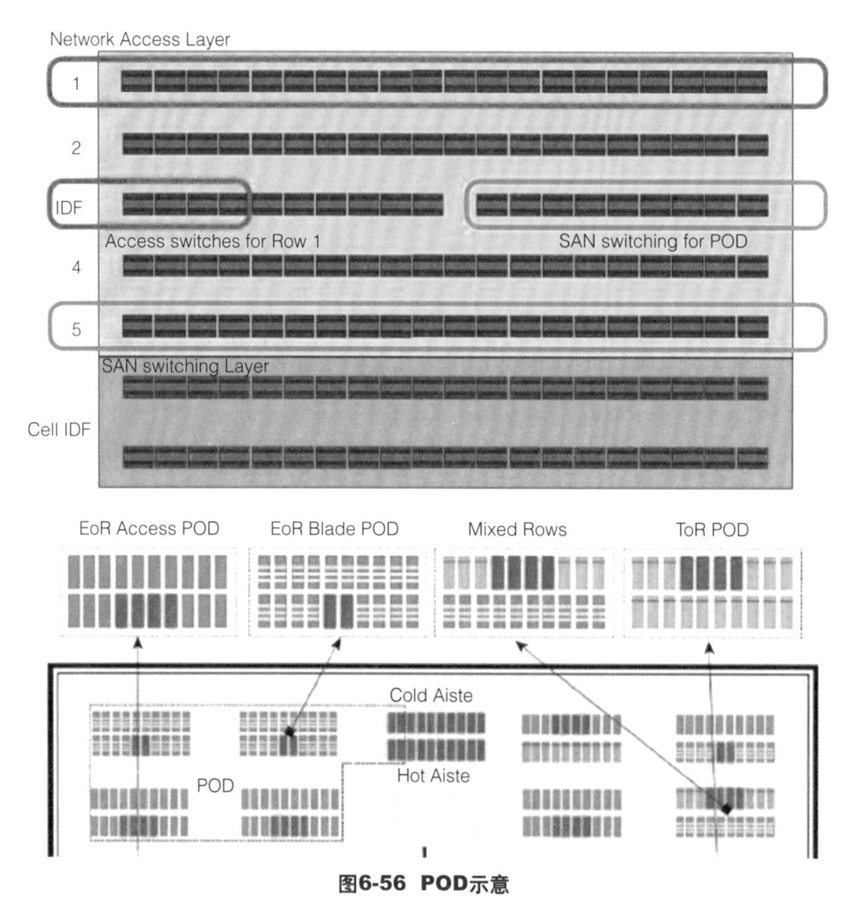

图6-56 POD示意

择，而考虑在几列或者功能区中集中选择一些机柜/机架作为配线区，可增加管理维护的便利性。

（二）直连式

直连式即所有的服务器直接连接到主配线区MDA或头柜HAD，中间不经过配线架转接。图6-57为直连分布式的架构。

对于小型和中型规模的数据中心，管理的设备量和线缆量都不十分巨大，直连式不失为一个很好的选择。另外，对于SAN网络布线来讲，由于存储设备线缆连接后，一般很少变化，也可以考虑采用直连方式架构。

（三）置顶式ToR

ToR也是常用的架构，是将1RU高的接入层交换机放在机架顶，而机架上的所有服务器直接连接到交换机。ToR架构通常应用在部署密集的服务器环境下，例如集群环境、负载均衡应用、Web搜索引擎或虚拟化应用，这种情况下每个服务器需要多个网络连接。图6-58所示为ToR架构。

ToR的优点是可以在单个机柜中实现共享不同服务器的处理器，用体积较少的光缆连到汇聚层，铜缆主要是集中在机架里。缺点是可能没有足够的服务器端口连接到交换机的端口，造成设备的浪费。同时，由于上联光纤带宽较窄，一旦将来改变结构或是提升网络设备速度时，会产生问题。另外，在三级或四级数据中心内，交换机是需要左右备份的，不但增加冗余接入层交换机造成成本成倍上涨，同时互联布线也会令到每一个机架都需要个别的管

自连式Direct-Connect物理层架构

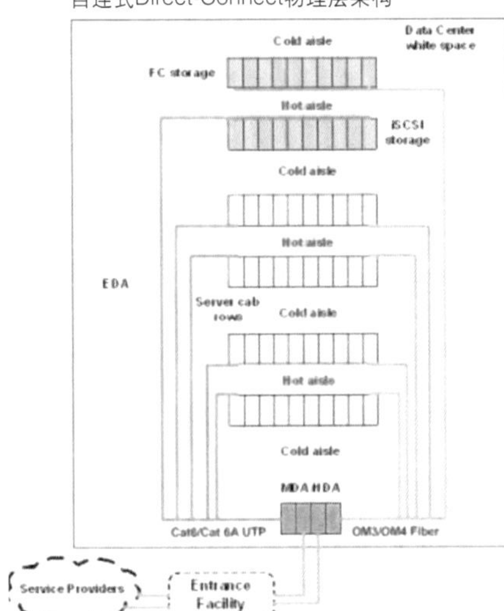

自连式Direct-Connect逻辑架构

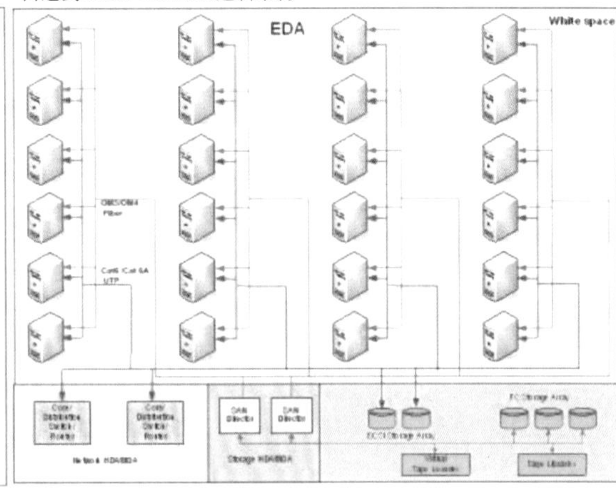

图6-57 直连式物理及逻辑架构

置顶式Top of Rack物理层架构

置顶式Top of Rack逻辑架构

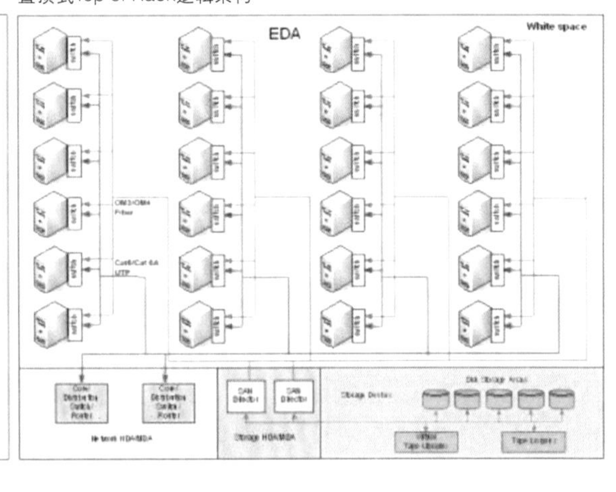

图6-58 置顶式物理及逻辑架构

理，跳线添加、移动和变更管理上很复杂，不如EoR可以集中管理的方式简单、方便。

三、布线架构对比

下面就区域、直连和置顶三种方式，进行简单的对比分析，使读者有更进一步的认识。

（一）优势劣势对比

三种数据中心网络布线架构的优劣势对比，见表6-15。

（二）成本性价比对比

三种数据中心网络布线架构的总体成本对比，见表6-16。

四、特殊架构介绍

虚拟化、云计算催生新一代数据中心架构的出现。像刀片服务器、交换存储网络的融合都提出了与之适应的网络布线架构，下面简单作些介绍。

表6-15 三种数据中心网络布线架构的优劣势对比

类型	优势	劣势
直连式Direct-Connect	·设计、安装、维护简单 ·网络瓶颈最小 ·最佳的交换机端口利用 ·网络设备管理简单	·缺乏扩展性 ·大量线缆堆积 ·电缆路由桥架空间设计困难 ·电缆管理困难
区域分布式Zone-Distribution	·最佳的扩展性 ·设计规划模块化、灵活 ·简单的网络设备管理 ·网络延迟和瓶颈小 ·相对简单的电缆管理 ·介于直连和置顶之间，在线缆成本和网络设备成本之间性价比最佳 ·分级维护铜缆/光缆满足了长度和桥架空间的限制	·在EoR/MoR方式中，交换机投资高 ·增加网络管理开支
置顶式Top-of-Rack	·最高效的使用电缆 ·是可扩展的解决方案 ·简单的电缆管理 ·高效的使用机柜空间 ·服务器机柜模块化	·最高的有源设备成本，每个服务器机柜均需要置顶交换机 ·完成冗余架构需要完全冗余的交换机 ·执行物理连接的移动、添加和变更困难 ·增加网络管理开支 ·低的端口利用率

表6-16 三种数据中心网络布线架构的总体成本对比

基建成本	直连式 Direct-Connect	区域分布式 Zone-Distribution	置顶式 Top-of-Rack
电缆成本	3倍	2倍	1倍
电缆类型	OM4多模万兆光缆Cat6A万兆铜缆	OM4多模万兆光缆Cat6A万兆铜缆	OM4多模万兆光缆Cat6A万兆铜缆CX1－Twinax铜轴电缆
端口/收发器类型	SFP＋/10GBase－SR RJ45/10GBase－T	SFP＋/10GBase－SR RJ45/10GBase－T	SFP＋/10GBase－SR SFP＋/10GBase－CR RJ45/10GBase－T
有源设备成本	1倍	2倍	3倍
电缆和有源设备成本比例	电缆25%，有源设备75%	电缆7%，有源设备93%	电缆5%，有源设备95%
运营成本	直连式 Direct-Connect	区域分布式 Zone-Distribution	置顶式 Top-of-Rack
有源设备更新率	3倍	3倍	3倍
电缆更新率	1倍	1倍	1倍
网络维护/管理成本	低	中	高

综合交换（Integrated Switching）也叫刀片式交换，主要是利用刀片服务器的整合能力（如Ethernet网络，存储光纤信道FC，高性能计算InfiniBand）来实现的架构，图6-59为综合交换架构。这种架构的好处是铜缆的数目会减少，目前由于可以支持集成式的刀片服务器的交换机不多，所以设计的灵活性以及可选择范围不大，同时如果实现服务器虚拟化，网络的复杂性将会大大地增加，这对于设计以及运维都将增加复杂度，导致成本提高。

五、需求进一步研究方向

Intel新一代的CPU（Sandybridge）已支持板

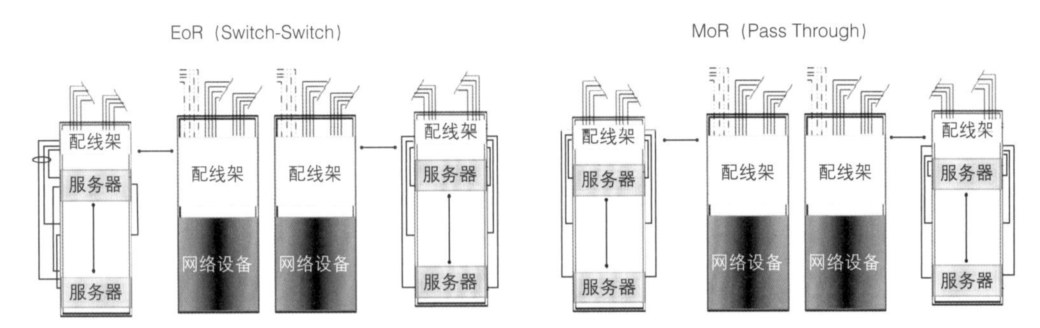

图6-59 综合交换架构

载万兆网卡，随着云计算的深入及万兆产业链的成熟，10GE应用到服务器端口，40GE/100GE部署到主干的应用的网络发展脉络已经十分清晰，同时也促进布线系统以MTP预连接光纤系统的需求大幅度增长。端口采用更高以太网协议的另一个好处，是使单位数据传输能耗下降，符合建设绿色节能型数据中心发展的大趋势。ToR交换机的端口密度及产品形态都有可能发生改变，具体采用何种布线方式可能需要布线行业分工的进一步细化。

摄影：于勇（中广映画）

摄于：中国农业银行河北省分行数据中心

数据中心布线系统

Data Center Cabling System

网络系统和基于互联网的应用需要更高带宽、更快速度和更安全机制来发挥所有系统设施的潜能。这些增长的需求来自于所有的数据中心设备，而结构化布线系统作为网络物理基础设施自然变得尤为重要，信息网络工程建设成为大家所关注的对象。

数据中心的综合布线系统是数据中心网络的一个重要组成部分，支撑着整个网络的联接、互通与运行。综合布线系统通常由铜缆、光缆、连接器和配线设备等部分组成，并需要在满足未来一段时间内的带宽需求的情况下兼顾性价比，所以确保数据中心布线解决方案的设计能够适应将来更高传输速率的需要将是至关重要的。因此在设计数据中心布线系统时要考虑未来业务和技术发展的趋势，在空间布局、系统架构、产品选型、数量设计上充分体现简单性、灵活性、可伸缩性、模块化和实用性。

第七章　数据中心布线系统

7.1 数据中心布线系统构成

目前数据中心建设可以参照的通用综合布线标准主要有国标GB 50174、国际标准ISO/IEC 24764、欧洲标准EN 50173.5/1和美国标准TIA 942A。

上述国内外标准对数据中心综合布线系统构成部分的命名和拓扑结构，在内容上略有差异，但在原则上是一致的。其中欧洲标准与国际标准的名词术语完全一致。

除了以上列出的标准以外，各相关的综合布线标准在数据中心设计过程中也应严格执行，如GB 50311、GB 50312、TIA 568C和ISO/IEC 11801等。

7.1.1 数据中心布线系统构成命名

表7-1列出了各标准中针对数据中心布线系统构成所定义的名词术语之间的对应关系，以此表内容来理解拓扑结构图。

表7-1 布线系统构成名称对应关系

TIA北美标准	ISO/IEC国际标准（EN欧标）
水平布线系统	区域配线子系统
主干布线系统	主配线子系统
	网络接入配线子系统
设备配线区EDA	设备插座EO
主配线区MDA	主配线架MD
中间配线区IDA	–
进线室	外部网络接口ENI
区域配线架ZDA	本地配线点LDP
水平配线区HDA	区域配线架ZD

7.1.2 数据中心布线系统构成

数据中心布线系统包括机房布线和支持空间布线，以下引用各标准定义的布线拓扑图。

（1）GB 50174标准中机房布线构成如图7-1所示。该图表示了计算机房内的布线系统构成。机房主配线设备可以通过主干布线连至水平配线区的交叉配线设备，也可以直接经过水平布线连至设备配线区的信息插座或区域配线区的集合点配线设备。

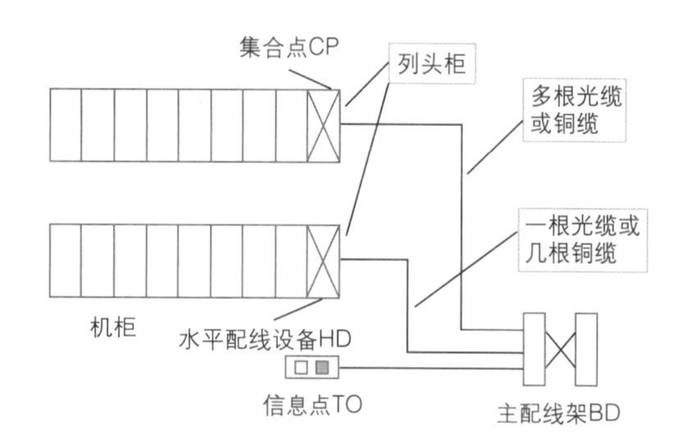

图7-1 GB 50174标准中数据中心布线构成

（2）ISO/IEC标准中机房布线构成，如图7-2所示。该图从一个建筑群的角度出发，说明在一个建筑物中的数据中心计算机房的主配线架通过网络接入配线子系统与该建筑物的水平配线架及外部网络接口进行互通，从而完成数据中心布线系统与建筑物通用布线系统及外部运营商线路的互联互通。机房内部则形成主配线、区域配线和设备配线的布线结构。

（3）TIA标准中机房布线构成，如图7-3所示。该图以一个建筑物展开，建筑物中数据中心计算机房内部的布线结构由主配线、中间配线、水平配线、区域配线和设备配线等几个区域组成。主配线区的配线架通过可选的中间配线区配线架或设备连接水平配线区配线架或直接与设备配线区的配线架相连接，并与建筑物通用布线系统及电信业务经营者的配线设备进

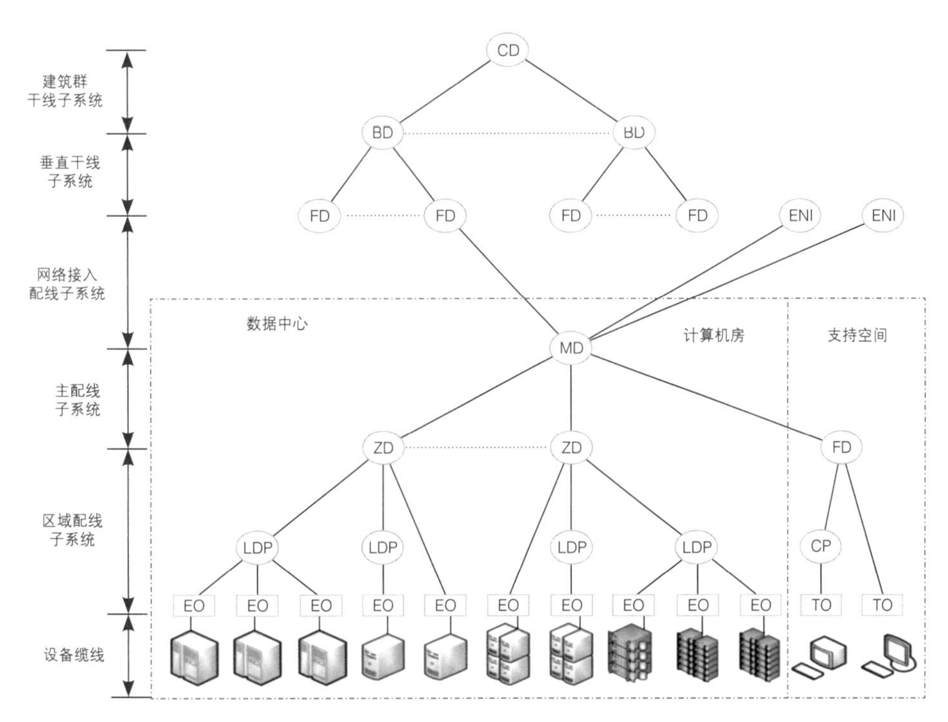

图7-2 ISO/IEC标准中数据中心布线构成

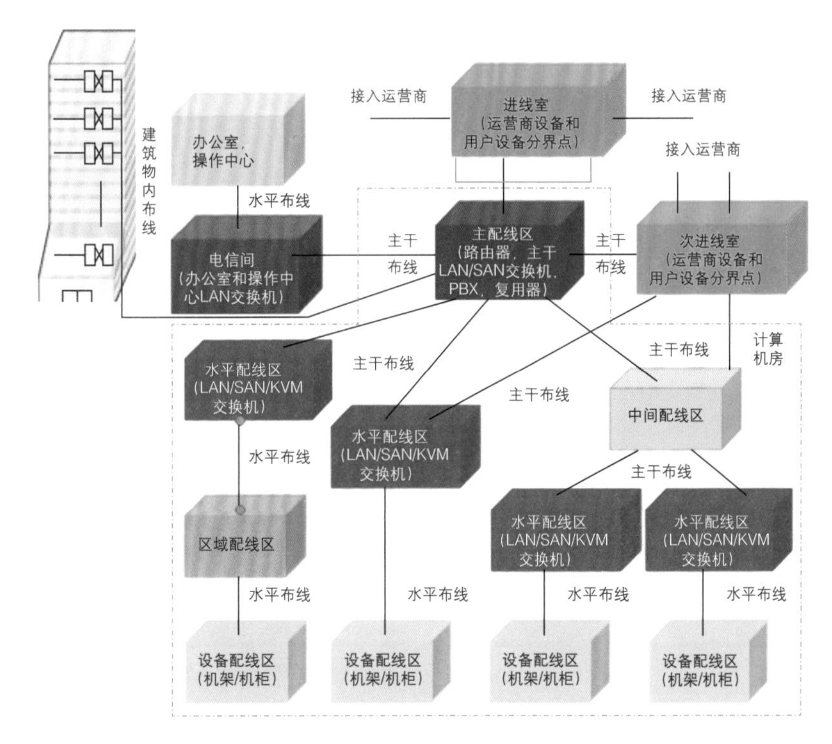

图7-3 TIA标准中数据中心布线构成图

行互通。从而完成数据中心布线系统与建筑物通用布线系统及外部运营商线路的互联互通。

由于TIA 942A标准中所描述的布线系统结构，是目前机房布线工程中广为采用的实施方案架构，下面以此为例介绍布线系统各部分具体组成内容与技术要点。

7.1.3 系统组成

一、数据中心计算机房内布线

数据中心计算机房内布线空间包含主配线区、中间配线区（可选）、水平配线区、区域配线区和设备配线区。

（1）主配线区（MDA）。主配线区包括主交叉连接（MC）配线设备，它是数据中心布线系统的中心配线点。当设备直接连接到主配线区时，水平交叉连接（HC）的配线设备。主配线区可以在数据中心网络的核心路由器、核心交换机和核心存储区域网络交换设备或PBX设备的支持下，服务于一个或多个数据中心内部的中间配线区、水平配线区或设备配线区（这些配线区可以不在一个计算机房内）以及数据中心外部的各个电信间，并为办公区域、操作中心和其他一些外部支持区域提供服务和支持。有时接入运营商的设备（如MUX多路复用器）也被放置在该区域，以避免因线缆超出额定传输距离，或考虑数据中心布线系统及通信设备可直接与安装于进线间电信业务经营者的通信业务接入设施实现互通。主配线区位于计算机房内部，为提高其安全性，主配线区也可以设置在计算机房内的一个专属空间内。每一个数据中心应该至少有一个主配线区。

（2）中间配线区（IDA）。可选的中间配线区用于支持中间交叉连接（IC），常见于占据多个建筑物、多个楼层或多个房间的大型数据中心。每间房间、每个楼层甚至每个建筑物可以有一个或多个中间配线区，并服务一个或多个水平配线区和设备配线区，以及计算机房以外的一个或多个电信间。

作为第二级主干，交叉的配线设备位于主配线区和水平配线区之间。

中间配线区可包含有源设备。

（3）水平配线区（HDA）。水平配线区用来服务于不直接连接到主配线区的HC设备。水平配线区主要包括水平配线设备，为终端设备服务的局域网交换机、存储区域网络交换机和KVM交换机。小型的数据中心可以不设水平配线区，而由主配线区来支持。一个数据中心可以有设置于各个楼层的计算机房，每一层至少含有一个水平配线区，如果设备配线区的设备水平配线距离超过水平线缆长度限制的要求，可以设置多个水平配线区。

在数据中心中，水平配线区为位于设备配线区的终端设备提供网络连接，连接数量取决于连接的设备端口数量和线槽通道的空间容量，应该为日后的发展预留空间。

（4）区域配线区（ZDA）。在大型计算机房中，为了获得在水平配线区与终端设备之间更高的配置灵活性，水平布线系统中可以包含一个可选择的对接点，叫作区域配线区。区域配线区位于设备经常移动或变化的区域，可以采用通过集合点（CP）的配线设施完成线缆的连接，也可以设置区域插座连接多个相邻区域的设备。区域配线区不可存在交叉连接，在同一个水平线缆布放的路由中，不得超过一个区域配线区。区域配线区中不可使用有源设备。

（5）设备配线区（EDA）。设备配线区是分配给终端设备安装的空间，这些终端设备包含各类PC服务器、存储设备、小型计算机、中型计算机、大型计算机和相关的外围设备等。设备配线区的水平线缆端接在固定于机柜或机架的配线架上。每个设备配线区的机柜或机架需设置充足数量的电源插座和配线架，使设备线缆和电源线的长度减少至最短距离。

二、支持空间布线

数据中心支持空间（计算机房外）布线空

间包含进线间、电信间、行政管理区、辅助区和支持区。

（1）进线间。进线间是数据中心布线系统和外部配线及公用网络之间接口与互通交接的场地，主要用于电信线缆的接入和电信业务经营者通信设备以及企事业数据中心自身所需的数据通信接入设备的放置。这些用于分界的配线设施在进线间内经过通信线缆交叉转接，接入数据中心内。进线间可以设置在计算机房内部。

进线间应满足多家接入运营商的需要。

基于安全目的，进线间宜设置在机房之外。根据冗余级别或层次要求的不同，进线间可能需要多个，在数据中心面积非常大的情况下，次进线间就显得非常必要，这是为了让进线间尽量与机房设备靠近，以使设备之间的连接线缆不超过线路的最大传输距离要求。

如果数据中心只占建筑物之中的若干区域，则建筑物进线间、数据中心主进线间和可选的次进线间的关系如图7-4所示。若建筑物只有一处外线进口，数据中心主进线间的进线也可经由建筑物进线间引入。

（2）电信间。电信间是数据中心内支持计算机房以外连接的布线空间，包括行政管理区、辅助区和支持区。电信间用于安置为数据中心的正常办公及操作维护支持提供本地数据、视频和语音通信服务的各种设备，一般位于计算机房外部，但是如果有需要，也可以和主配线区或水平配线区合并。

数据中心电信间是与建筑物电信间功能相同、但服务对象不同的空间。建筑物电信间主要服务于楼层的配线设施。

（3）行政管理区。行政管理区是用于办公、卫生等目的的场所。包括工作人员办公室、门厅、值班室、盥洗室和更衣间等。

行政管理区可根据服务人员数量设置数据和语音信息点。

（4）辅助区。辅助区是用于电子信息设备和软件的安装、调试、维护与运行监控和管理的场所。包括测试机房、监控中心、备件库、打印室、维修室、装卸室及用户工作室等区域。

辅助区中可根据工位数量与设备的应用与连接需要设置数据和语音信息点。

（5）支持区。支持区是支持并保障完成信息处理过程和必要的技术作业的场所。包括变配电室、柴油发电机房、UPS室、电池室、空调机房、动力站房、消防设施用房、消防和安防控制室等。

支持区可以以整个空间和设备安装场地为

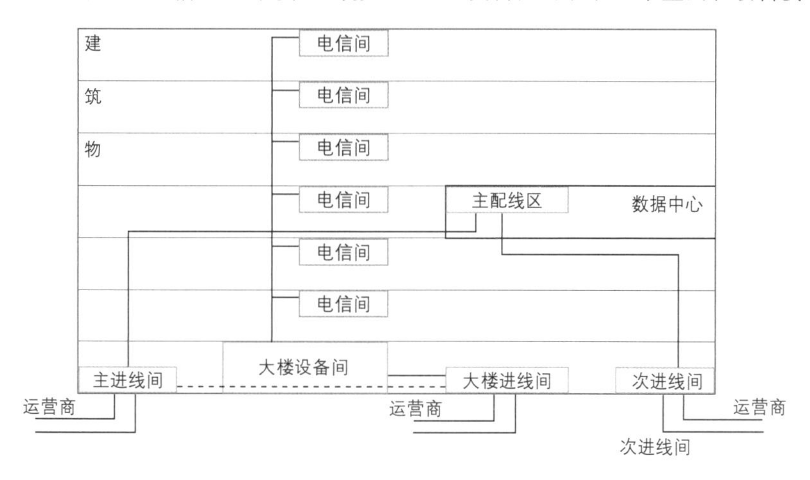

图7-4 建筑物进线间、数据中心主进线间及次进线间互通关系

单位，设置相应的数据和语音信息点。

7.1.4 数据中心布线系统构成范例

不同规模的数据中心可以包含若干或全部数据中心布线组成部分，这完全取决于业务的类型，网络的架构与设备的容量，以及计算机房的布局和面积大小。数据中心规模与构成模式不一定形成固定搭配，也可以在其内部共存混合模式。

（1）小型数据中心往往省略了主干子系统，将水平交叉连接集中在一个或几个主配线区域的机架或机柜中，所有网络设备均位于主配线区域，连接机房外部支持空间和电信接入网络的交叉连接也可集中至主配线区域，大大简化了布线拓扑结构，如图7-5所示。

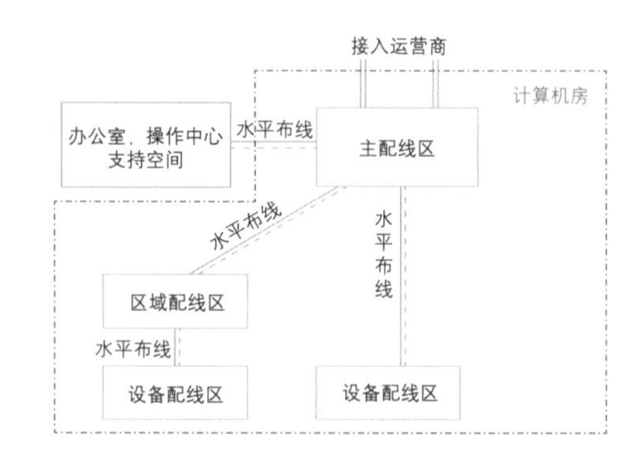

图7-5 小型数据中心构成

（2）中型数据中心一般由一个进线间、一个电信间、一个主配线区域和多个水平配线区域组成，占据一个房间或一层楼面，如图7-6所示。

（3）大型数据中心占据多个楼层或多个房间，需要在每个楼层或每个房间设立中间配线区域，作为网络的汇聚中心。有多个电信间用于连接独立的办公和支持空间。对超大型数据中心需要增设次进线间，线缆可直接连至水平配线区以解决线路的超长问题，如图7-7所示。

7.2 数据中心布线规划与拓扑结构

数据中心系统的效率依赖于优化的设计。设计涉及建筑、机械、电气与通信等各个方面，并直接影响初期的空间、设备、人员、供水和能耗的合理使用，但更重要的是运营阶段

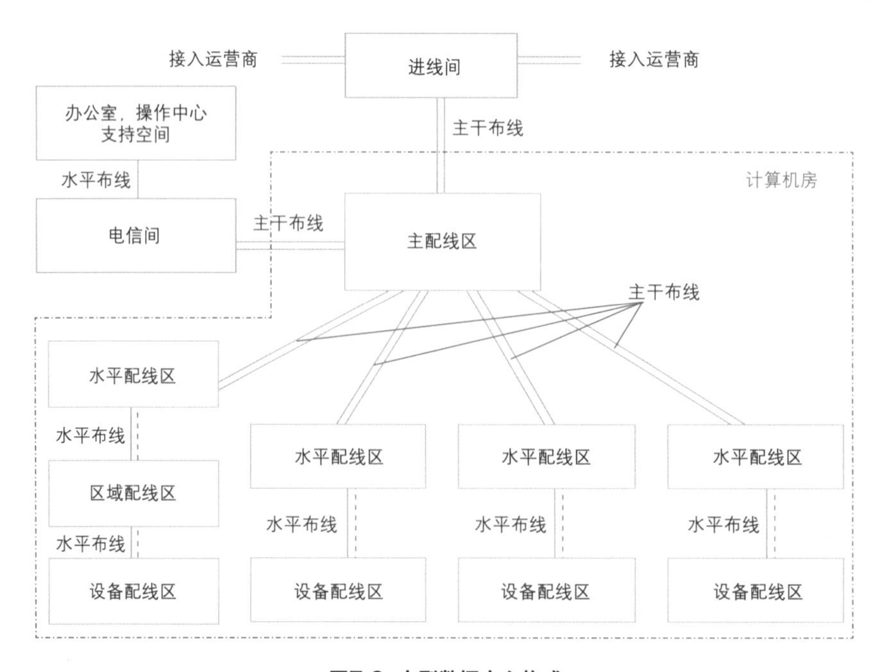

图7-6 中型数据中心构成

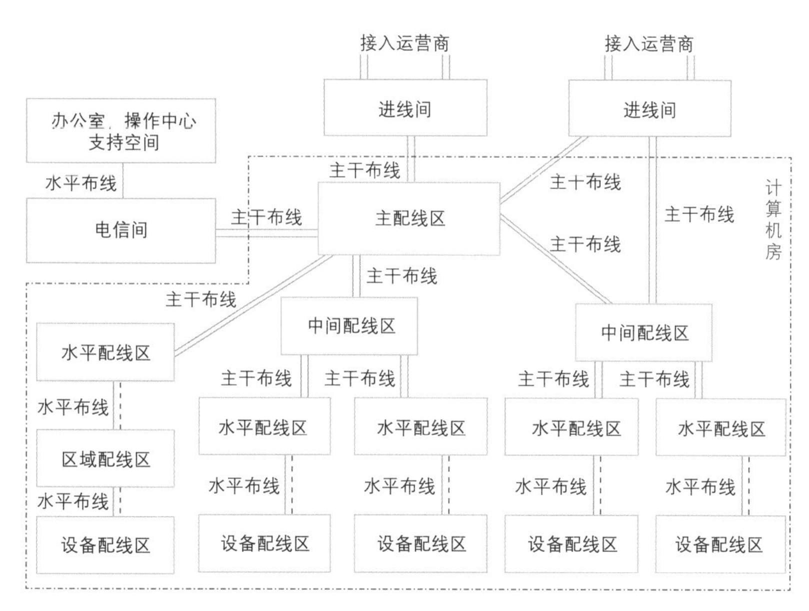

图7-7 大型数据中心构成

的节能与增效。

7.2.1 布线规划要点

数据中心的布线设计目的是实现系统的简单性、灵活性、可伸缩性、模块化和实用性。所有这些准则使数据中心运营商能够随着时间延续，仍然使设施适应于业务发展的需求。实践经验表明，具有足够的扩充空间对后期附加设备和服务设施的安装至关重要。应提供可通过简单的“即插即用”连接来添加或替代的模块化配线设备，使其对运营商更实用，并减少宕机时间和人工成本。

7.2.2 数据中心布线规划与设计的步骤

在规划和设计一个新建或扩建的数据中心时，要求对数据中心建设有一个整体的了解，尽早并全面地考虑与建筑物之间的关联与作用。综合考虑和解决场地规划布局与建筑规划、电气规划、电信布线结构、设备平面布置、供暖通风及空调、环境安全、消防措施和照明等多方面协调的问题。

数据中心规划与设计的步骤，建议按以下过程进行：

（1）确定机房的级别，明确不同级别的信息机房功能需求，设备配置原则及客户的特殊需求。

（2）机房空间中的电信设备及数据中心设备在通电满负载工作时的机房环境温、湿度及设备的冷却要求，并考虑目前和预估将来的冷却实施方案。

（3）提供场地房屋净高、楼板荷载、环境温湿度及有关建筑、设备和电气，如电源、空调、安全、接地、漏电保护、照明和环境电磁干扰等方面的要求，同时也针对操作中心、装卸区、储藏区、中转区与其他区域提出相关设备安装工艺的基本要求。

（4）结合建筑土建工程建设，给出数据中心空间上的功能区域初步规划。

（5）提供建筑平面布置图，包括进线间、主配线区、水平配线区和设备配线区的所在位置与面积。

（6）为相关专业的设计人员提供近、远期的供电方式、种类及功耗。

（7）将配线与网络设备机柜、供电设备和

线缆通道的安装位置及要求体现于数据中心的平面图中，并考虑冷热通道的设置。

（8）在数据中心内各配线区域布置的基础上，结合网络交换、服务器、存储与KVM之间的拓扑关系，传输带宽和端口容量，机柜等设备的布置，确定布线系统等级和线缆长度、冗余备份及防火阻燃等级，从而制定机房布线系统的整体方案。

7.2.3 数据中心网络布线拓扑结构与线缆长度

连接各数据中心空间的布线系统组成了数据中心布线系统星形拓扑结构的各个基本元素，以及体现这些元素间的连接关系。数据中心布线系统基本元素包括：

- 水平布线；
- 主干布线；
- 设备布线；
- 主配线区的交叉连接；
- 中间配线区的交叉连接；
- 水平配线区的交叉连接；
- 区域配线区内的区域插座或集合点；
- 设备配线区内的信息插座。

布线系统具体网络拓扑结构如图7-8所示。

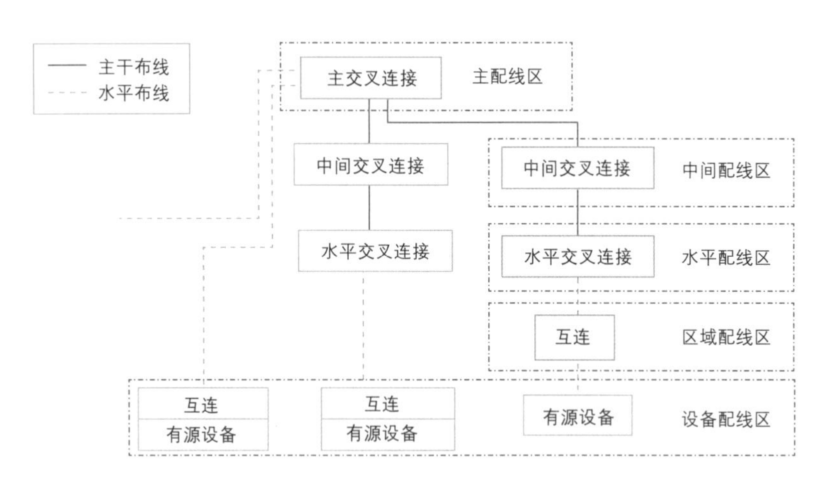

图7-8 数据中心布线系统网络拓扑结构

（一）水平布线系统

水平布线采用星形拓扑结构，每个设备配线区的连接端口应通过水平线缆连接到水平配线区或主配线区的交叉连接配线模块。水平布线包含水平线缆、交叉配线设备、设备连接配线模块、设备线缆、跳线以及区域配线区的插座或集合点。在设备配线区的设备连接端口至水平配线区的水平布线系统中，不能含有多于一个的区域配线区的集合点，信道最多只能存在4个连接器件，组成方式如图7-9所示。

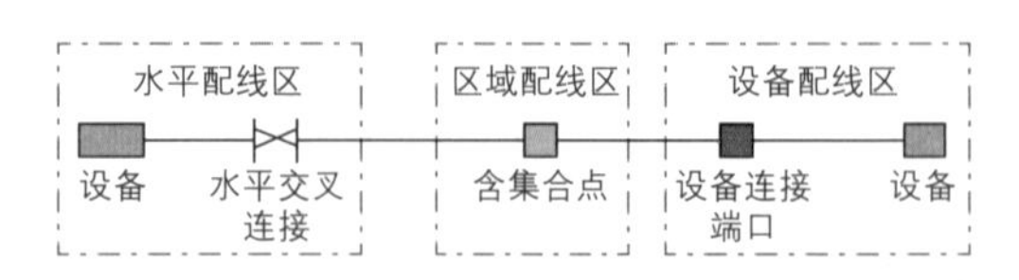

图7-9 水平布线系统信道构成（4个连接点）

为了适应现今的电信业务需求，水平布线系统的规划设计应尽量方便维护和以后设备的扩容，同时也适应未来设备和服务的更新。

平衡双绞线布线时，水平布线系统链路（不包含主配线区设备电缆、跳线与设备配线区设备电缆）的传输距离不能够超过90 m，信道（包含主配线区设备电缆、跳线与设备配线区设备电缆）的最大距离则不能超过100 m。若数据中心不设水平配线区，当设备配线区的有源设备采用光缆直接连至主配线区设备时，包含主配线区设备光缆、光纤跳线与设备配线区设备光缆在内的多模光纤布线信道的最大传输距离不应超过300 m（使用OM4多模光缆，可将最大传输距离延伸到550 m）。

如果在配线区使用过长的跳线和设备线缆，则水平线缆的最大距离应适当减小。水平线缆和设备线缆、跳线的总长度应能满足相关的规定和传输性能的要求。

基于补偿插入损耗对于传输指标的影响的考虑，区域配线区采用区域插座方案时，水平布线系统信道构成如图7-10所示。设备配线区设备线缆的最大长度由以下公式计算得出：

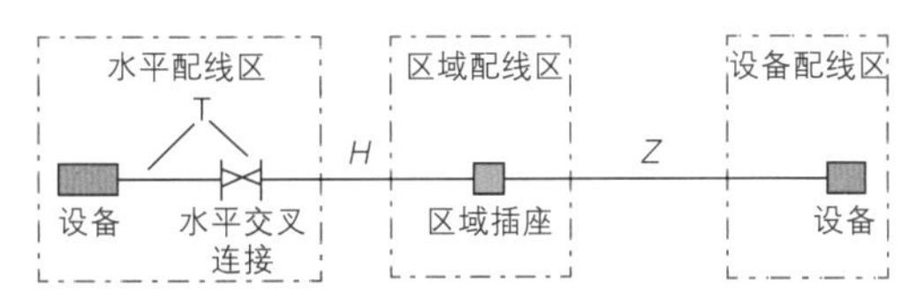

图7-10 水平布线系统信道（区域插座）构成

$$C=(102-H)/(1+D)$$

$$Z=C-T\leqslant 22\ \text{m}$$

式中 C——设备配线区设备线缆和水平配线区设备线缆及跳线的长度总和（$T+Z$）；

H——水平线缆的长度（$H+C\leqslant 100\ \text{m}$）；

D——跳线类型的降级因子，对于24 AWG电缆取0.2，对于26 AWG电缆取0.5；

Z——区域配线区的信息插座连接至设备配线区设备的线缆的最长距离；

T——水平交叉连接配线区跳线和设备线缆的总长度。

其中，22 m是针对使用 24 AWG（线规）的双绞线来说的；如果采用26 AWG（线规）双绞线，则$Z\leqslant 17$ m。

图7-11为在设置了区域配线区时，水平布线线缆的长度要求。

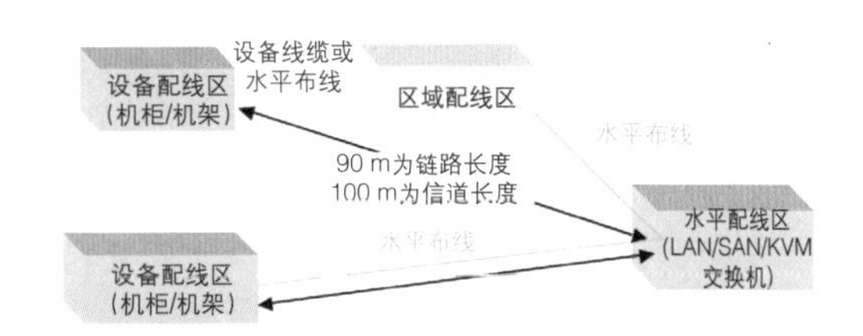

图7-11 水平布线线缆长度

应用实例如图7-12所示。

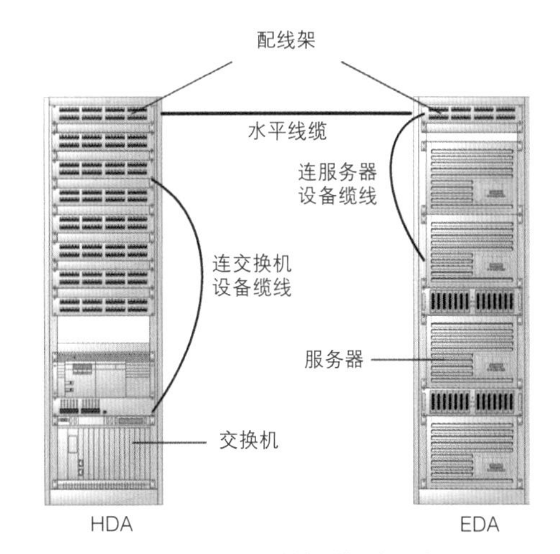

（a）水平配线区直接连接设备配线区

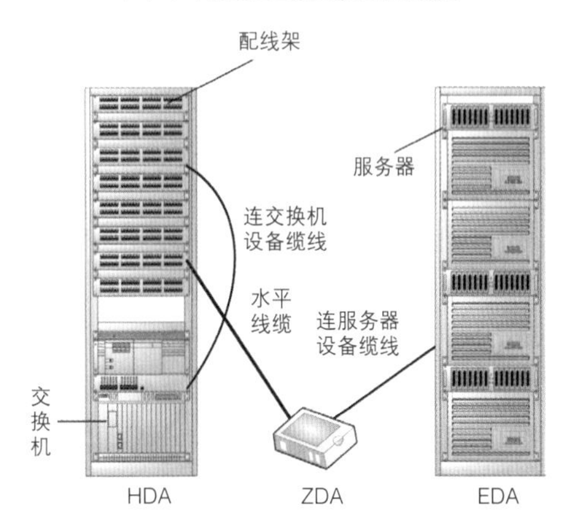

（b）水平配线区通过区域配线区区域插座连接设备配线区

图7-12 水平子系统连接方式

对于设备配线区内相邻或同一列的机架或机柜内的设备之间，允许点对点布线连接，连接线缆长度不应大于15 m。

（二）主干布线系统

主干布线采用星形拓扑结构，为主配线区、中间配线区、水平配线区、进线间和电信间之间的连接。主干布线包含主干线缆，主交叉连接、中间交叉连接及水平交叉连接配线模块、设备线缆以及跳线。主干布线系统的信道的组成方式如图7-13所示。

图7-13 主干布线系统的信道构成

主干布线设计同样应在每个使用期内，能适应业务要求的增长及系统设施的变更。

每个水平配线区中水平交叉连接的配线模块直接与主配线区中主交叉连接配线模块或中间配线区的中间交叉连接配线模块相连时，不允许在线缆的路由中存在多次交叉连接。

允许水平配线区（HDA）间通过主干线缆直连，这种直连是非星形拓扑结构的，作为主配线区和水平配线区之间的主干连接路由的冗余备份，或用于支持某些旧有应用时避免距离超长的问题。

为了避免进线电路超过限制的最大长度要求，允许在水平交叉连接和次进线间之间设置直连布线路由。

主干线缆最长支持的传输距离是和网络应用及采用何种传输介质有关的，主干线缆和设备线缆、跳线的总长度应能满足相关的规定和传输性能的要求。为了缩短布线系统中线缆的传输距离，一般将主交叉连接设置在数据中心的中间位置。超出这些距离极限要求的布线系统可以增加中间配线区，或将其拆分成多个计算机房分区，每个分区内的主干线缆长度都应能满足标准的要求。分区间的互联不属于本文定义范畴，可以参照广域网中布线系统线缆连接的应用情况。主干布线系统线缆连接如图7-14所示。各类线缆在网络应用中的传输距离见表7-2和表7-3（引用自标准TIA－568－C）。

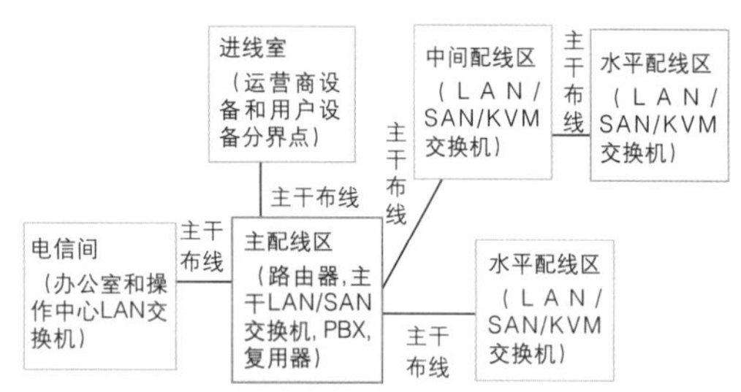

图7-14 主干布线系统线缆连接

7.2.4 支持空间信息点数量的确定

GB 50174标准要求A、B级数据中心的支持区中每个工作区有4个以上信息点，C级数据中心的支持区中每个工作区有2个以上信息点。支持空间各个区域信息插座数量可根据各自空间的功能和应用特点，参照图7-15内容确定。

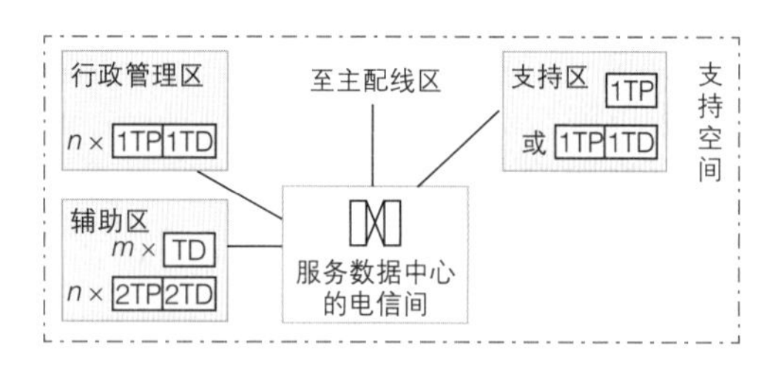

图7-15 支持空间各个区域信息插座分布

注：1. TP为语音信息点，TD为数据信息点。
2. *n*和*m*表示工作区数量。

对支持空间可参照GB 50311中规定，设置以下区域的数据/语音信息点数量。

（1）对行政管理区可根据服务人员数量，按一般办公区配置设置。

（2）辅助区中的监控中心可按重要办公区配置设置，并考虑安装支持大量的墙挂或悬吊式显示屏设备的数据网络接口。辅助区的测试机房、监控控制台和打印室会需要比标准办公环境工作区配置更多的信息插座，可依据房屋功能、用户工位的分布情况、终端设备的种类来确定具体的信息点数量。

（3）设备机房（如配电室、柴油发动机房、UPS室和空调机房等）内至少需要设置一个电话信息点，并根据设备管理系统（或环境

表7-2 常用对绞线缆传输距离（信道）

应用	介质	最长距离/m	备注
10BASE－T	3, 5e, 6, 6A, 7,7A类对绞电缆	100	–
100BASE－T	5e, 6, 6A, 7,7A类对绞电缆	100	–
1000BASE－T	5e, 6, 6A, 7,7A类对绞电缆	100	–
10GBASE－T	6A, 7,7A类对绞电缆	100	–
ADSL	3, 5e, 6, 6A, 7,7A类对绞电缆	5 000	1.5～9 Mbit/s
VDSL	3, 5e, 6, 6A, 7,7A类对绞电缆	5 000	速率为12.9 Mbit/s时达1 500 m，速率为52.8 Mbit//s时达300 m
模拟电话	3, 5e, 6, 6A, 7,7A类对绞电缆	5 000	–
传真	3, 5e, 6, 6A, 7,7A类对绞电缆	5 000	–
ATM 25.6	3, 5e, 6, 6A, 7,7A类对绞电缆	100	–
ATM 51.84	3, 5e, 6, 6A, 7,7A类对绞电缆	100	–
ATM 155.52	5e, 6, 6A, 7,7A类对绞电缆	100	–
ATM 1.2G	6, 6A, 7,7A类对绞电缆	100	–
ISDN BRI	3, 5e, 6, 6A, 7,7A类对绞电缆	5 000	128 Kbit/s
ISDN BRI	3, 5e, 6, 6A, 7,7A类对绞电缆	5 000	1.472 Mbit/s

表7-3 常用光纤传输距离

应用	参数	62.5/125 OM1		50/125 OM2		50/125 OM3		单模 OS1 OS2
产品	波长	850	1 300	850	1 300	850	1 300	1 310
10/100BASE－SX	距离	300 m		300 m		300 m		
100BASE－FX	距离		2 000 m		2 000 m		2 000 m	
1000BASE－SX	距离	275 m		550 m		800 m		
1000BASE－LX	距离		550 m		550 m		550 m	
10GBASE－S	距离	33 m		82 m		300 m		
10GBASE－LX4	距离		300 m		300 m		300 m	10 000 m
10GBASE－L	距离							10 000 m
10GBASE－LRM	距离		220 m		220 m		220 m	
Fibre Channel 100－MX－SN－I (1 062 Mbaud)	距离	300 m		500 m		860 m		
Fibre Channel 100－SM－LC－L (1 062 Mbaud)	距离							10 000 m
Fibre Channel 200－MX－SN－I (2 125 Mbaud)	距离	150 m		300 m		500 m		
Fibre Channel 200－SM－LC－L (2 125 Mbaud)	距离							10 000 m

（续）

应用	参数	62.5/125 OM1	50/125 OM2	50/125 OM3	单模 OS1 OS2
Fibre Channel 400－MX－SN－I (4 250 Mbaud)	距离	70 m	150 m	270 m	
Fibre Channel 400－SM－LC－L (4 250 Mbaud)	距离				10 000 m
Fibre Channel 1 200－MX－SN－I (10 512 Mbaud)	距离	33 m	82 m	300 m	
Fibre Channel 1 200－SM－LL－L (10 512 Mbaud)	距离				10 000 m
FDDI PMD ANSI X3.166	距离	2 000 m	2 000 m	2 000 m	
FDDI SMF－PMD ANSI X3.184	距离				10 000 m

监控系统）的布局设置相应的数据网络接口。

（4）其他区域空间可按照一般办公区配置设置。

7.2.5 用户需求分析

布线规划设计必须基于详细准确的用户需求信息。但是一些最终用户由于缺乏对于数据中心的全面专业认识，在规划阶段提供不出数据中心综合布线系统的设计要求。通过以下设计思路，填写详细的需求分析表，可以帮助用户逐步建立对于构建数据中心综合布线网络的感性认识，从而为今后的深化设计打下良好的基础。

（一）数据中心布线系统设计考虑

• 符合标准的开放系统，并满足工程的实际情况；

• 系统综合考虑升级与扩容需求，预留充分的扩展备用空间；

• 支持10 Gbit/s或更高速率（40 Gbit/s/100 Gbit/s）的网络应用；

• 支持新型存储设备；

• 系统的可用性和可量测性；

• 提高安装空间的利用率，采用高容量和高密度连接器件；

• 满足设备移动和增减的变化；

• 配线设备采用交叉连接的模式，通过跳线完成管理维护。

（二）需求分析表

进行布线系统的规划与设计以前，应提交用户工程需求与现状调查表，使得设计方案更加合理与贴近应用。以下提供用户需求基础数据调查分析，见表7-4；IT设备数据见表7-5的格式与内容。

在进行规划与设计的工作以前，向用户的基建和IT部门提交上述基础数据调查表，主要用于了解业务需求、网络架构和设备数量等方面的内容，以便整体考虑布线系统的构成与建设规模。

（三）设计规划表

在获得了以上的用户需求调查结果后，就可以通过填写表7-6来帮助完成数据中心布线系统的深化设计或作为编写招标书的依据。

7.3 产品分析与应用技术要点

7.3.1 线缆

布线标准认可多种介质类型以支持广泛的应用，但是建议新安装的数据中心宜采用支持高速率传输应用的布线介质，并保持基础布线的使用寿命。

表7-4 数据中心基础数据调查

项目	内容		用户回复	备注
项目名称				
建设单位				
数据中心等级与安全要求				
机房等级	A级（国标）			
	B级（国标）			
	C级（国标）			
	1级（TIA/EIA 942）			
	2级（TIA/EIA 942）			
	3级（TIA/EIA 942）			
	4级（TIA/EIA 942）			
布线等级	6类			
	6A类			
	7/7A类			
	多模光纤			
	单模光纤			
	3类大对数电缆（用于语音）			
安全要求	屏蔽			
	非屏蔽			
网络分类				
1	内网			
2	专用网			
3	外网			
4	生产网			
机房设置状况				
1	机房所处建筑物、楼层位置及周边环境情况			
2	机房层高及楼板荷载			
3	房屋净高及设置的架空地板下净高和吊顶内净空			
3	平面布置图（包括支持空间等）			
4	各功能区面积			
5	建筑物弱电间、电力室、线缆竖井位置与平面图			
6	等电位联结端子板位置			
7	外部线缆引入口位置及管孔分配状况	电力线		
		通信线缆		
		接地线		
		其他弱电线缆		

（续）

项目	内容	用户回复	备注
项目名称			
建设单位			
8	外部引入线缆敷设路由及管道间的间距 水管、暖气管、消防管和弱电管等管线安装位置、敷设路由		
大楼布线系统			
1	建筑物进线间、电信间、设备间位置与平面布置		
2	布线系统图		
3	FD、BD与CD机柜设置排列图		
4	产品的选用情况（线缆与配线模块品牌等）		
	……		
计算机网络系统			
1	网络结构图（大楼与机房两部分）		
2	网络设备安装场地平面布置图		
	……		
机房内信息通信等设施（部分可以表7-5内容代替）			
1	规模和数量(近期与远期)		
2	设备种类与清单		
3	机柜(机架)选用类型与尺寸及数量		
4	机柜(机架)安装及加固方式及位置		
5	机房空调设备的安装位置		
6	机房活动地板板块尺寸		
7	机房接地系统构成情况		
8	局部等电位联结端子板的位置		
	……		
机房内线缆布放方式			
1	架空地板下		
2	梁下或吊顶下		
3	密闭线槽或敞开布放		
4	管、槽敷设路由		
	……		

推荐使用的布线传输介质有：

（1）100 Ω对绞电缆。建议采用6类/E级（GB 50311—2007）、6A类/EA级（ANSI/TIA 568－C，ISO/IEC 11801:2008）、或7类/ F级和7A类/ FA级（GB 50311—2007，ISO/IEC 11801:2008）。

（2）多模光缆。50/125 μm（ANSI/TIA 568－C），建议选用50/125 μm的OM3和OM4

表7-5 IT设备数据收集

工程名称：

主管部门：

网络类型（内网、专用网、外网、生产网）：

项目	数据内容	调查数据		结果记录
接入网	接入类型	ADSL		
		EPON		
		MSTP		
		以太网		
		专线（E1）		
		其他方式		
	互通带宽（bit/s）			
	端口数量	电端口		
		光端口	单模	
			多模	
		其他		
	接口类型	电端口（RJ45）		
		光端口（ST/SCLC等）		
		其他		
	工程界面	MDF用户总配线架		
		DDF数字配线架		
		ODF光纤配线架		
		其他		
	接入电信经营者	中国电信		
		中国联通		
		中国移动		
		其他		
网络、存储、服务器设备	以太网交换机	品牌、型号、数量		
		类型（10 M/100 M/1 G/10 G）		
		功耗/W		
		端口数量（电、光）		
		尺寸		
	服务器	品牌、型号、数量		
		类型（标准、机架、刀片）		
		功耗/W		

（续）

项目	数据内容	调查数据	结果记录
网络、存储、服务器设备	服务器	端口数量（电、光）	
		尺寸	
	存储	品牌、型号、数量	
		类型（硬盘、阵列）	
		功耗/W	
		端口数量（电、光）	
		尺寸	
	KVM	品牌、型号、数量	
		功耗/W	
		端口数量（电、光）	
		尺寸	
通信系统	路由器	端口数量、接口类型与传输速率	
	防火墙	品牌、型号、数量与接口类型	
	用户交换机系统	容量、中继方式	
	接入网设备	设备类型、接口类型与数量	
	传输系统	接口类型与数量	
	其他系统		

表7-6 数据中心布线系统规划与设计确认数据表

（续）

项目	内容	规划与设计	备注	项目	内容	规划与设计	备注
	数据中心可用性分级				电信空间		
1	分级选择			1	数据中心有几个功能分区(楼、层、房屋)		
	接入运营商及进线间			2	分区之间的连接线路种类和数量		
1	是否多电信业务经营者线路接入			3	主配线区位置		
2	接入线路是否有冗余			4	主配线区配线设备连接方式与数量		
3	是否有多个进线间			5	中间配线区位置		
4	进线间是否设在计算机房内			6	中间配线区配线设备连接方式与数量		
5	进线是否经由建筑物布线的进线间			7	水平配线区位置		
6	线缆引入建筑物人（手）孔与引入管位置			8	水平配线区配线设备连接方式与数量		
7	线缆引入部位等电位联结端子板位置			9	设备配线区位置		
	……			10	设备配线区配线设备连接方式与数量		

（续）

项目	内容	规划与设计	备注
11	电信间位置		
12	电信间配线设备连接方式与数量		
13	各支持空间位置		
14	各支持空间配线设备连接方式与数量		
15	各支持空间信息点位置与数量		
	……		
	土建条件		
1	防静电地板网格尺寸		
2	防静电地板下净高度		
3	防静电地板面至楼顶板高度		
4	天花板吊顶内高度		
5	机柜顶部空间		
6	等电位联结端子板位置与接地导线选择		
	……		
	机架和机柜		
1	进线间使用机架/机柜数量及排列方式		
2	进线间机架/机柜内安装设备类型及数量		
3	主配线区使用机架/机柜数量及排列方式		
4	主配线区机架/机柜内安装设备类型及数量		
5	中间配线区使用机架/机柜数量及排列方式		
6	中间配线区机架/机柜内安装设备类型及数量		
7	水平配线区使用机架/机柜数量及排列方式		
8	水平配线区机架/机柜内安装设备类型及数量		
9	设备配线区使用机架/机柜数量及排列方式		
10	设备配线区机架/机柜内安装设备类型及数量		

（续）

项目	内容	规划与设计	备注
11	机柜规格一		
12	机柜规格二		
13	机架规格一		
14	机架规格二		
15	机架/机柜前后通道宽度		
16	机架/机柜特殊散热方式考虑		
17	机架/机柜行两端及中间走道的宽度		
18	机架/机柜接地方式		
19	机架/机柜抗震加固方式		
20	机架/机柜PDU容量		
21	列头柜设置位置、安装设备类型及数量		
22	机架/机柜排列是否满足气流系统要求		
	……		
	布线通道		
1	上/下布线方式		
2	布线通道设置位置		
3	布线通道选型及尺寸		
4	布线通道间隔		
5	布线通道路由		
6	布线通道层数		
	……		
	布线系统		
1	是否有主干布线		
2	主干是否有双线路冗余		
3	主干线缆类型(铜)		
4	主干线缆类型(光)		
5	是否有水平布线		
6	水平是否有双线路冗余		
7	水平线缆类型(铜)		
8	水平线缆类型(光)		
9	相邻行的列头柜之间是否有互连		
10	是否有CP点		

（续）

项目	内容	规划与设计	备注
11	CP点互连的配线设备类型及数量(铜)		
12	CP点互连的配线设备类型及数量(光)		
13	是否有区域插座		
14	区域插座类型及数量（铜）		
15	区域插座类型及数量（光）		
16	设备区设备之间是否有点到点互连		
	……		
	布线测试		
1	测试连接模型(铜、光)		
2	测试仪表选用		
3	测试方法		
4	测试项目及性能指标		
5	布线质量评判原则		
	……		
	布线管理		
1	ID编码方式		
2	线缆/跳线标记		
3	连接硬件标记		
4	是否标签类型与材质		
5	文档管理方式		
6	是否使用实时电子智能管理系统		
7	采用管理软件		
	……		
	其他		
1	……		

激光优化多模光缆（ANSI/TIA 568－C）。

（3）单模光缆（ANSI/TIA 568－C）。

除以上介质外，认可的同轴介质为75 Ω（型号是734和735）同轴电缆（符合Telcordia GR 139－CORE）及同轴连接头（ANSI T1.404）。这些电缆和连接头被建议用于支持E1（2 Mbit/s）及E3（32 Mbit/s）传输速率接口电路。

在数据中心机房设计时，应根据机房的等级、网络的传输速率、线缆在网络应用时的传输距离、线缆的敷设场地和敷设方式等因素选用相应的线缆，使其：

• 支持所对应的通信业务服务；
• 具有较长久的使用寿命；
• 减少占用空间；
• 传输带宽与性能指标有较大的冗余；
• 满足工程的实际需要与听取设备制造商的推荐意见。

表7-7列出数据中心机房对布线系统线缆选择的等级要求。

对应于万兆以太网，线缆应选择6A类对绞电缆和OM3万兆多模光纤/OS1单模光纤。为了支持未来的40 GE以太网和100 GE以太网，OM4多模和OS2单模零水峰光纤属于最佳选择。

另外，在数据中心内，为保障信息的可靠传输，为了更好地适应高速网络传输带宽的需要，对10 GE和40 GE以太网，7/7A类对绞屏蔽电缆比6A类具有更大的带宽余量，有助于提高

表7-7　数据中心布线系统线缆选择等级要求

产品类型		ANSI/TIA 942	EN 50173－5	ISO/IEC 24764	GB 50174—2008
铜缆	对绞电缆	6类（Class E）	推荐6A类（Class EA）	至少6A类（Class EA）	6类
	同轴电缆	75 Ω同轴电缆	－	－	－
多模光缆		OM3, 推荐OM4	OM2 / OM3	OM3	OM2 / OM3
单模光缆		OS1	OS1 / OS2	OS1	OS1

传输线上的信噪比，进而确保万兆以太网的误码率达到规定的范围内。

7.3.2 配线架

为降低企业的投资成本和提高运营效益，数据中心采用高密度的配线设备以提高应用空间，同时在结构上又要方便理线与端口模块在使用中的更换，并且模块还具备符合环境要求的清晰显示内容的标签。

模块化的配线架可以灵活配置机柜/机架单元空间内的端接数量，提高端口的适用性与灵活性。配线架的构成如图7-16所示。

常用的配线架，通常在1U或2U的空间可以提供24个或48个标准的RJ45接口，而使用高密度配线架可以在同样的机架空间内获得高达48个或72个标准的RJ45接口，从而节省了机柜的占用空间，同时也保持端口的可操作性和标识功能。高密度配线架的构成如图7-17所示。

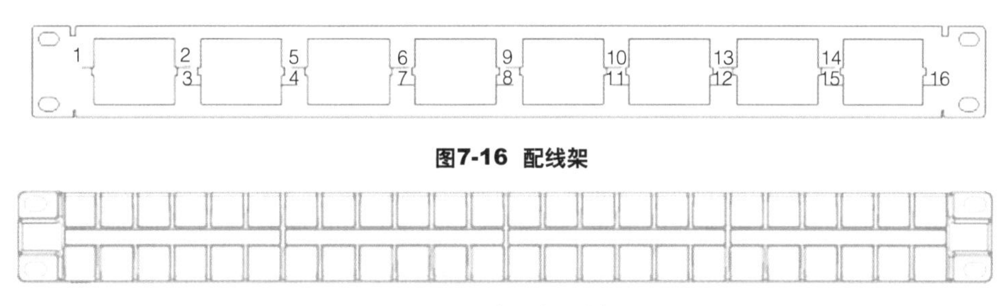

图7-16 配线架

图7-17 高密度配线架

角型配线架允许线缆直接从水平方向进入垂直的线缆管理器，而不需要水平线缆管理器，从而增加了机柜的安装密度，可以容纳更多的信息模块数量。角型高密度配线架的构成如图7-18所示。

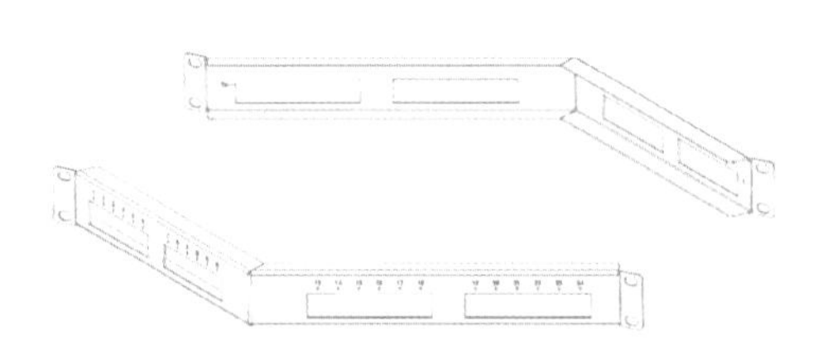

图7-18 角型高密度配线架

凹型配线架主要应用于需要在服务器机柜背部进行配线的情况下，配线架向下凹陷，使得模块的正面留有更多的空间，从而即使关闭机柜的前后柜门，也不会压迫到任何的终接线缆和跳线，且方便维护人员的跳线管理操作。凹型高密度配线架的构成如图7-19所示。

图7-19 凹型高密度配线架

机柜内的垂直配线架应充分利用机柜空间，不占用机柜内的安装高度（所以也叫0U配线架）。在机柜侧面可以安装多个铜缆或者光缆配线架，它的好处是可以节省机柜空间，满足跳线的弯曲半径要求和更方便地插拔跳线。

高密度的光纤配线架，配合小型化光纤接口，可以在1U空间内容纳48～144芯光纤，并具备人性化的抽屉式或翻盖式托盘管理和全方位的裸纤固定及保护功能。更可配合光纤预连接系统做到即插即用，节省现场施工时间。光纤高密度配线架的构成如图7-20所示。

7.3.3 线缆管理器

在数据中心中通过水平线缆管理器和垂直线缆管理器实现对机柜或机架内空间的整合，

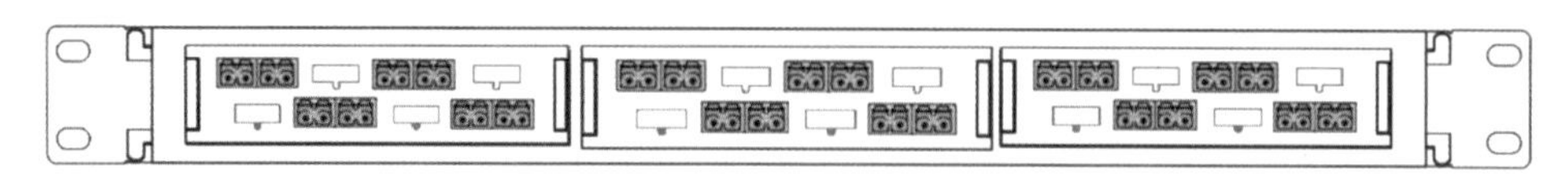

图7-20 光纤高密度配线架

提升线缆管理效率，使系统中杂乱无章的设备线缆与跳线管理得到很大的改善。水平线缆管理器主要用于容纳机柜内部设备之间的线缆连接，有1U和2U，单面和双面，有盖和无盖等不同结构组合，线缆可以从左右、上下出入，有些还具备前后出入的能力。垂直线缆管理器分机柜内和机柜外两种，内部的垂直线缆管理器主要用于管理机柜内部设备之间的线缆连接，一般配备滑槽式盖板；机柜外的垂直线缆管理器主要用于管理相邻机架设备之间的线缆连接，一般配备可左右开启的铰链门。为了节省机柜的设备安装空间，在同等U数的空间容纳更多的线缆冗余，针对数据中心应用的新型线缆管理器普遍增加了深度。线缆管理器的构成如图7-21所示。

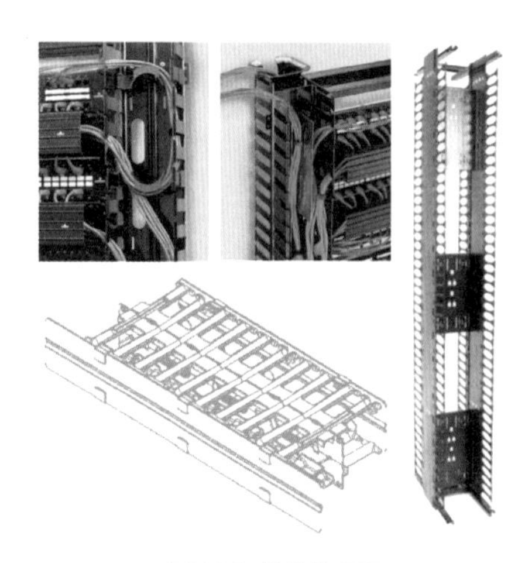

图7-21 线缆管理器

7.3.4 设备线缆与跳线

在数据中心中通过设备线缆与跳线实现端口之间的连接。设备线缆与跳线可采用铜缆或光纤。它们的性能指标应满足相应标准的要求。

光、电设备线缆与跳线应和水平或主干光（电）缆的类型和等级保持一致，还应与网络设备、配线设备端口连接硬件的等级保持一致，并且能够互通，达到传输指标的要求。

在端口密集的配线和网络机柜和机架上，可以使用高密度的连接器件组成的铜缆和光纤跳线。这些跳线通过对传统插拔方式或接口密度的重新设计，在兼容与标准化插口的前提下满足了高密度环境中的插拔准确性和安全性。线缆跳线的构成如图7-22所示。

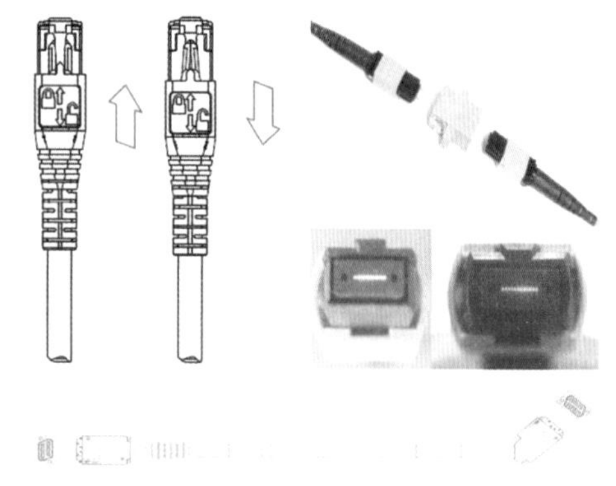

图7-22 高密度线缆跳线

7.3.5 预连接系统

预连接系统是一套高密度，由工厂端接、测试的，符合标准的模块式连接解决方案。预连接系统包括配线架、模块插盒和工厂预制的铜缆和光缆组件。预连接线缆两端既可以是插座连接，也可以是插头连接，且两端可以是不同的接口。预连接系统的特点使得铜缆和光缆组成的传输链路或信道可以具备良好的传输性能；基于模块化设计的系统安装时可快速便捷地连接系统部件，实现铜缆和光缆的即插即用，降低系统安装的成本；当移动大数量的线缆时，预连接系统可以减少变更所带来的风险；预连接系统在接口、外径尺寸等方面具有的高密度优点又节省了大量的安装空间，在网络连接上具有很大的灵活性，使系统的管理和操作都非常方便。光纤预连接组合器件能够保障光纤相连时的极性准确性。预连接系统的构成如图7-23和图7-24所示。

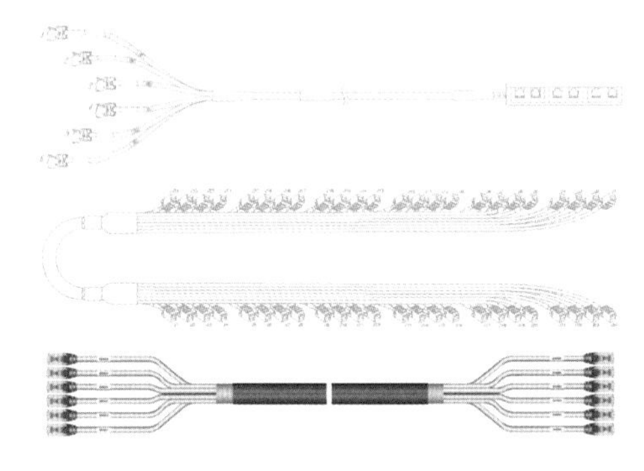

图7-23 铜缆预连接系统

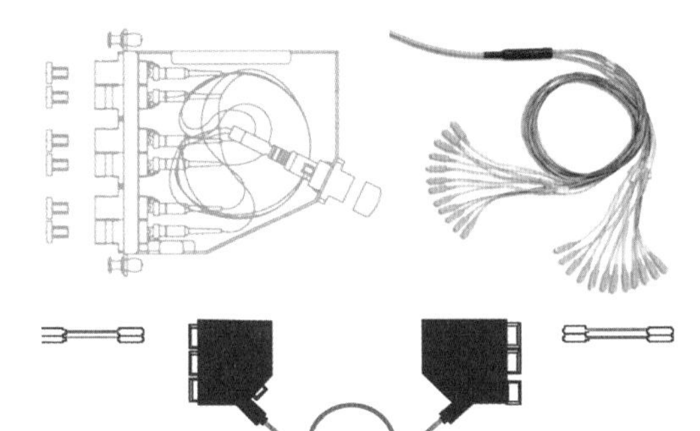

图7-24 光缆预连接系统

在表7-8中，各光纤预连接系统性能表现中，LC/SC预连接线缆＋LC/SC耦合器模块>MPO/MTP预连接线缆＋MPO/MTP耦合器模块>MPO/MTP预连接线缆＋MPO/MTP－LC/SC耦合器模块。

表7-8 光纤端接技术数据中心应用比较

项目	预连接	熔接	压接
性能（插入损耗）*	优	优	中
订货时间	长	短	短
安装时间	短	适中	适中
材料成本	高	低	中
安装成本	低	高	中
可靠性	好	一般	一般
环保（包装、材料损耗）	好	差	好
极性管理	容易	复杂	复杂
灾难恢复	好	一般	一般
安装空间	高密度	中密度	中密度
扩容	易	难	难
重复利用	好	中	中
管道占用	少	多	多
安全	高	中	中
40/100 GE支持(多模)	有	无	无

7.3.6 机柜/机架

工程通常使用标准19 in宽的机柜/机架。机架为开放式结构，一般用于安装配线设备，有2柱式和4柱式；机柜为封闭式结构，一般用于安装网络设备、服务器和存储设备等，也可以安装配线设备，有600 mm×600 mm、600 mm×800 mm、600 mm×900 mm、600 mm×1 000 mm、600 mm×1 200 mm、800 mm×800 mm、800 mm×1 000 mm、800 mm×1 200 mm等规格。宽度为600 mm的机柜没有垂直线槽，一般用于安装服务器设备；宽度为800 mm的机柜两侧有垂直线槽，适合跳线较多以及使用角型配线架的环境，一般作为配线柜和网络柜，对于集中式配线模式数据中心的配线机柜，还可以增加垂直线槽的深度以加强跳线管理的能力。对一列机柜而言，放置于中间位置的机柜可以是无侧板的，使得每一列机柜形成一个整体。通常机架和机柜最大高度为2.4 m，推荐的机架和机柜最好不高于2.1 m，以便于放置设备或在顶部安装连接硬件。推荐使用标准19 in宽的机柜/机架。机柜、机架的构成如图7-25所示。

机柜内的部位应能满足设备的安装空间需求，包括在设备前、后预留足够的布线，以及安装线缆管理器、电源插座、接地装置和电源

图7-25 机柜、机架

线的敷设空间。为确保充足的气流，机柜深度或宽度至少比设备最深部位多出150 mm 。

机柜中要求有可前后调整的轨道，并提供满足42U高度或更大的安装空间。

7.3.7 标签系统

单根线缆/跳线标签最常用的是覆膜标签，这种标签带有黏性并且在打印部分之外带有一层透明保护薄膜，可以保护标签打印字体免受磨损。除此之外，单根线缆/跳线也可以使用非覆膜标签、旗式标签和热缩套管式标签。单根线缆/跳线标签的常用的材料类型包括：乙烯基，聚酯和聚氟乙烯。

对于成捆的线缆，建议使用标识牌。这种标牌可以通过尼龙扎带或毛毡带与线缆绑扎固定，可以水平或垂直放置，如图7-26所示。

配线架标识主要以平面标识为主，要求材料能够不受恶劣环境的影响，在侵入各种溶剂时仍能保持良好的图像品质，并能粘贴至包括低表面能塑料的各种表面。配线架标识有直接粘贴型和塑料框架保护型，如图7-27所示。

7.3.8 智能配线系统

智能配线系统是一套完整的软硬件整合系统，通过对配线区域的设备端口或工作区的信息插座连接属性的实时监测，实现对布线系统的智能化管理，跟踪、记录及报告布线系统和网络连接的变化情况。

数据中心布线系统实施智能化管理，应该对安装在主配线区、中间配线区和水平配线区的交叉连接配线模块和跳线进行实时监测，通过控制线连接配线设备至控制器/管理器/分析仪，控制器/管理器/分析仪负责将收集到的配线连接变更信息通过IP网络传至软件服务器，操作人员通过远程登录获取相关的实时信息。

图7-26 线缆/跳线标签

图7-27 配线架标签

智能配线系统的软件均支持SNMP协议，与上述硬件相结合，可实现以下功能：

• 实时监测布线连接；

• 发现与记录布线连接和有源设备；

• 提高解决布线/网络中所出现问题的效率；

• 通过监控/阻止未授权的MAC进入网络来提高安全性；

• 通过识别未使用的端口来实现网络应用最大化；

• 网络资源的自动识别性能方便追踪和报告。

使用智能配线系统应考虑系统采用的应用技术（端口或链路）、配线模块的单配置与双配置、系统的升级与扩容、配线与网络的管理信息集成等实施方案。

7.3.9 布线通道

数据中心包含高度集中的网络和设备，在主配线区、水平配线区和设备配线区之间需要敷设大量的通信线缆，合理地选用布线方式显得尤为重要。数据中心内常见的通道产品主要分为开放式和封闭式两种。在早期的布线设计中，多采用封闭式的布线通道方式，随着数据中心布线对方便、快捷、易于升级以及对能耗等多方面要求的提高，工程中采用开放式的通道已经越来越普遍。

（1）开放式桥架，如图7-28所示。

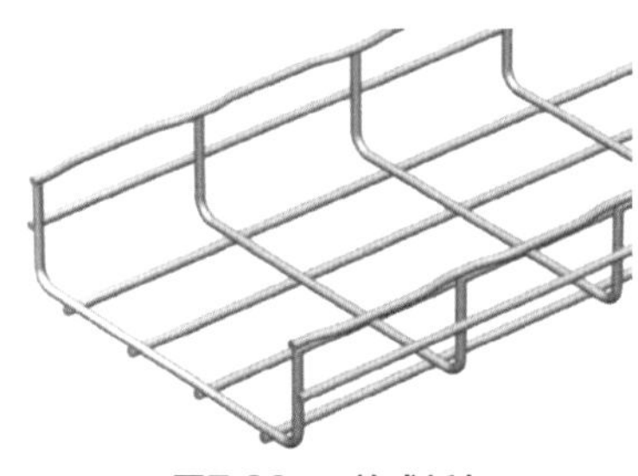

图7-28 开放式桥架

开放式桥架主要分为网格式桥架、梯架和穿孔式桥架等几大类。GB 50174《电子信息系统机房设计规范》也推荐在数据中心使用网格式桥架。

金属网格式电缆桥架由纵横两向钢丝组成，为网格式的镂空结构，具有轻便灵活，牢固，散热好，利于节能，安装快捷等特点。现在数据中心升级频繁，线缆的增减变动都是很经常的事情，用这种网格式桥架，维护升级很方便，一般带有安全T形边沿，从而可以保护布线时线缆或光缆不会被刮伤。而且它开放的结构无论上布线还是下布线时都不会阻碍空调的气流，可优化空调的使用效率，利于节能，更提高了安装线缆的可视性，辨别容易。可以选择地板下或机柜/机架顶部或吊顶内安装。

选择网格式桥架最要注重的是焊接工艺，因为焊接质量直接关系到网格式桥架的承载能力。

（2）封闭式线槽。

封闭式的电镀锌桥架与JDG、KBG类的薄壁镀锌钢管进行组合。

封闭式桥架主要有槽式电缆桥架、托盘式电缆桥架、梯级式电缆桥架、大跨距电缆桥架、组合式电缆桥架、阻燃玻璃钢电缆桥架和抗腐蚀铝合金电缆桥架等。

选用封闭式桥架的时候要注意材料的厚度，因为所用钢板的厚薄会直接影响桥架的承载性能。对于防鼠有较高要求的项目中，安装环节一定要把关，不可留大的孔隙间隙（特别是在桥架连接部分以及和三通、四通、折弯等特殊部件相连接处），日常维护时维护人员也要注意维护完成后把盖板复原。

无论选择开放式桥架还是封闭式桥架，桥架本体、支架和螺钉螺帽等配件的抗腐蚀性能，如镀锌层的厚度（电镀锌以6～12 μm为好）、镀层是否均匀光滑、是否已经有肉眼可见的锈点等体现产品质量的关键。同时需要确认桥架厂家的资质，产品检测报告、认证证书等文件。

7.4 系统配置

系统配置，尤其是机柜与机架内配线设

备的容量确定，是机房布线设计的难点问题。因为网络架构的多样性，网络设备的类型、结构、尺寸、端口数量、耗电量和采用的传输介质等各不相同，因此很难做到有一个规范化的设计。

系统配置的方案优化与贴近工程的应用可以帮助用户合理地进行投资与满足工程的需求。在GB 50174—2008中列出了不同等级数据中心对布线系统的配置要求。但这只是系统配置的原则，在设计时还应该根据工程的实际情况进行调整。表7-9列出不同等级的数据中心对布线及相关系统的技术要求。

表格中的信息点数量要求是最低要求，实际使用中可以根据对服务器等数据中心设备的规格、数量以及供电情况的综合分析后，选择具有实用价值的信息点数量。

北美的TIA 942标准也针对数据中心的分级，对布线系统需要达到的条件与指标提出了具体的要求，见表7-10。

7.4.1 LAN/SAN/网络拓扑与布线系统构成对应关系

一个典型数据中心的网络架构通常由几个元素构成：设置一个或多个的进线间，采用冗余设计引入线路与通信业务连接至路由设备层，安全设备层（如防火墙等安全设备）；之后，下连核心交换层，直至汇聚层和接入层交换机设备；交换机设备接入主机/服务器/小型机设备，便构成了数据中心的LAN 网络。对于存

表7-9 数据中心布线系统配置要求（GB 50174）

项目	技术要求			备注
	A级	B级	C级	
防静电活动地板的高度		不宜小于400 mm		作为空调静压箱时
防静电活动地板的高度		不宜小于250 mm		仅作为电缆布线使用时
网络布线				
数据业务	采用光缆(50 μm多模或单模光缆)或6类及以上对绞电缆，光缆或电缆根数采用1+1冗余	采用光缆(50 μm多模或单模光缆)或6类及以上对绞电缆，缆芯采用3+1冗余		
计算机房信息点配置	不少于12个信息点，其中冗余信息点为总信息点1/2	不少于8个信息点，其中冗余信息点不少于总信息点1/4	不少于6个信息点	机房布线以每一个机柜的占用场地为工作区的范围
支持区信息点配置	不少于4个信息点		不少于2个信息点	表中所列为一个工作区的信息点
实时智能管理系统	宜	可		
采用实时智能管理系统	宜	可		
线缆标识系统	应在线缆两端打上标签			配电电缆宜采用线缆标识系统
通信线缆防火等级	应采用CMP级电缆，OFNP或OFCP级光缆	宜采用CMP级电缆，OFNP或OFCP级光缆		也可采用同等级的其他电缆或光缆
公用电信配线网络接口	2个以上	2个	1个	

表7-10 不同等级数据中心布线系统分级指标（TIA 942）

	一级	二级	三级	四级
线缆、机架、机柜和通道满足TIA标准	是	是	是	是
接入运营商的不同入口路由和入口管孔间隔20 m以上	否	是	是	是
冗余接入运营商网络	否	否	是	是
设置次进线室	否	否	是	是
设置次配线区	否	否	否	可选
主干路由具有冗余线路	否	否	是	是
水平布线系统具有冗余线路	否	否	否	可选
路由器和交换机有冗余电源和处理器	否	是	是	是
连接业务接入路由器和交换机的配线具有多个冗余线路端口	否	否	是	是
对机柜和机架（前后方）、配线架、插座和线缆按照ANSI/TIA/EIA－606－A和ANSI/TIA－942附录B的相关条款进行标识	是	是	是	是
跳线两端的标识内容与终端于对应连接插座上线缆两端的标识内容一致	否	是	是	是
对配线架和跳线按照ANSI/TIA/EIA－606－A和ANSI/TIA－942 附录B的相关条款编制文档	否	否	是	是

储网络SAN来说，构成的元素较为简单，主要由主机/服务器/小型机设备、SAN交换设备及存储设备构成。主机/服务器/小型机设备下联SAN交换机设备，之后进一步下联存储设备，如图7-29所示。

对于数据中心LAN和SAN共存的网络，布线的规划可以采用两种方案，方案一是为LAN与SAN组建各自的主配线区域，这种方式配线管理清晰，但是服务器的布线系统需要采用两个路由，布线数量需要事先规划。方案二是SAN与LAN网络共用一个主配线区域，主机/服务器/小型机设备所在的设备配线区向一个主配线区布线，设备配线区的布线连接至SAN和LAN的数量可以相互调配，以提高布线利用率，但布线的管理没有方案一那么清晰。工程中采用的组网方案要根据数据中心规模加以比较后选择。如果数据中心主机/服务器/小型机设备数量较大，如大于25台以上的规模时，建议

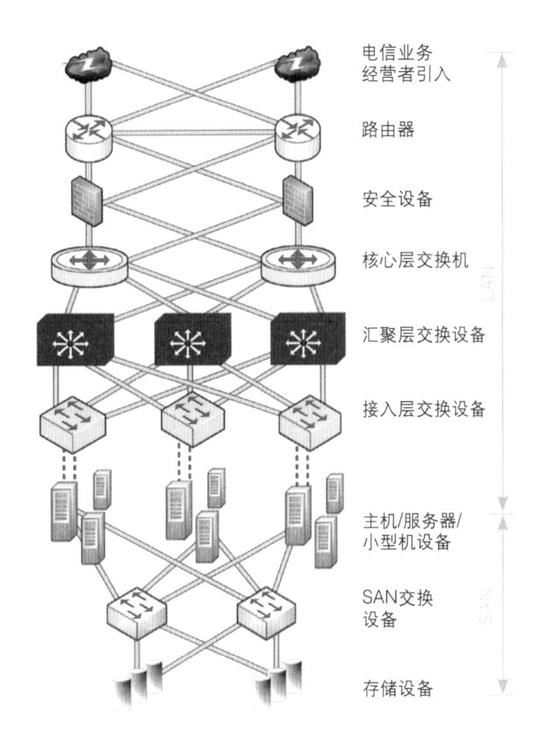

图7-29 数据中心网络架构

为SAN建立单独的主配线区。在上述设备数量很少的情况下，则可以采用SAN与LAN布线合并主配线区的方案.。

以下列出SAN和LAN合用主配线区的方案构成图，如图7-30所示。

7.4.2 主干系统配置

数据中心的主干系统，指的是主配线区（MDA）到水平配线区（HDA），多个主配线区之间的骨干布线系统。如果数据中心包含中间配线区（IDA），则主配线区到中间配线区，中间配线区到水平配线区之间的布线系统也被定义为主干系统。主干系统好比数据中心的大动脉，对整个数据中心来说至关重要。从某种程度上决定了数据中心的规模和扩容的能力。所以主干系统一般在设计之初就需要留有一定的余量，不论是系统的容量还是系统占用的空间都要给将来升级留足空间。这样将来数据中心升级的时候才能保证最大限度地平滑升级。主干系统通常采用单/多模光缆和对绞铜缆布线的组合配置。根据实际情况，如场地、容量等要求，选择合适的方案。主干线缆的选择如下。

（1）主干光缆。支持当前主流的10 G以太网，并考虑面向未来的40 G/100 G应用，采用激光优化OM3/OM4多模光缆或OS2零水峰单模光缆。采用LC或高密度MPO/MTP接口。

（2）主干铜缆。作为连接核心交换网络和汇聚交换网络及接入交换网络的主干系统，建议采用6 A及以上级别的布线系统支持网络传输。当采用铜缆布线支持数据网络时，两个配线区之间的线缆长度不应超过90 m。

一、主配线区机柜与水平配线区机柜设置组合方案

主配线区被认为是数据中心的核心，一般设置在计算机房的中心或者比较靠近核心的位置，这样能够尽量减少到各水平配线区之间的

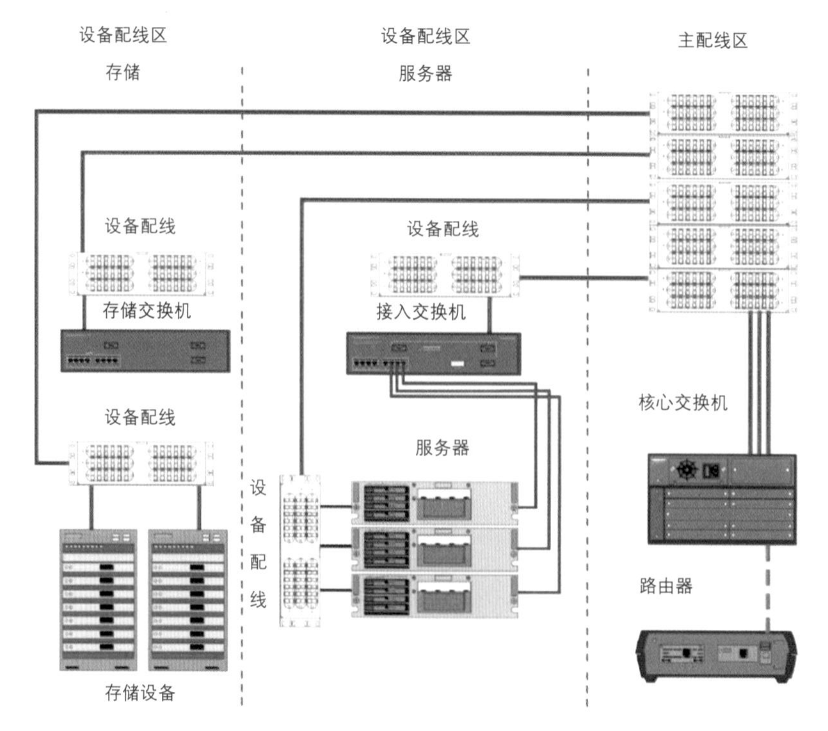

图7-30 SAN和LAN合用主配线区网络构成

距离。

在设计之初，主配线区就需要留有足够的设备与线缆安装空间，一般建议至少保留50%以上的空间作为将来升级的空间。避免将来升级的时候遇到空间不足的困扰。推荐光/铜的配线架分放在不同的机柜内。在主配线区推荐采用高密度的配线产品，尽可能地减少对空间的占用。在某些应用场合还需要考虑机柜的布线和理线空间能够满足容量的要求。

（1）方案一。是把所有的主配线区、水平配线区和设备配线区的光、电端口通过光缆和铜缆连接到一个集中的交叉连接配线设备区域。这样的设计将所有的设备机柜可以保持锁定状态。任何时候都没有必要去打开一个设备机柜，除非有硬件的变化。集中配线设备也可以实施智能配线功能， 通过自动监测和跟踪，添加和变更来提高系统安全性。

另外，所有有源设备的端口都可以被利用，通过划分VLAN，网络可根据需要来分割。

方案一系统连接方式如图7-31所示。

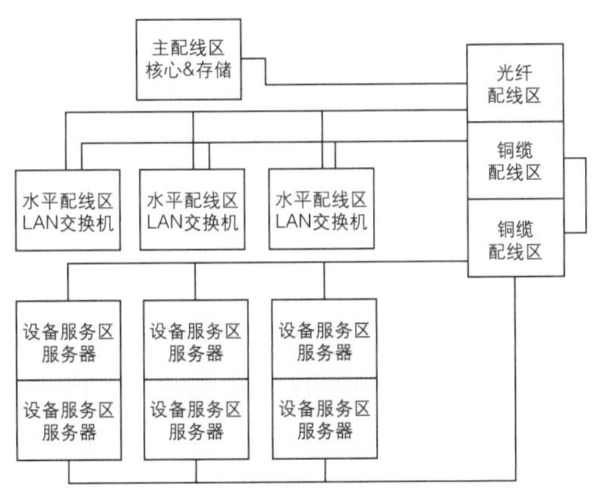

图7-31 集中设置方案

（2）方案二。在主配线区和水平配线区分别设置独立的配线机柜，配线设备采用交叉连接方式。水平配线区设置LAN交换机与配线机柜，通过水平线缆连至设备区服务器；主配线区设置核心网络交换和存储交换设备机柜和配线机柜，通过主干线缆连至水平配线区。配线设备按照交换设备的容量来确定端口数量。

方案二系统连接方式如图7-32所示。

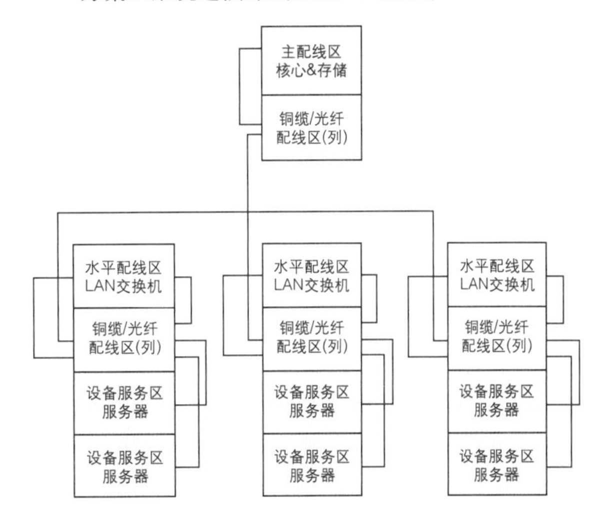

图7-32 分布设置方案

与方案一相比，方案二减少了线缆的总量，虽然有一些闲置的设备端口存在，但在ISP或其他环境下为不断变化的环境提供了灵活性，可以随着时间的推移，扩大或缩减存储/网络的要求。

二、主配线区机柜光/铜配线模块端口容量计算

主配线区汇聚其他配线区连接过来的光、铜主干和水平线缆，所以端口容量的计算应该满足线缆芯线的全部端接。如果楼宇内的网络也需要由数据中心支持，还需要将楼层电信间上行的光/铜配线数量考虑在内。

主配线区的光/铜端口数量可能会包含如下部分：

- 所有中间配线区、水平配线区的上联端口；
- 各主配线区之间的连接端口；
- 核心交换机/路由器与配线设备之间的交叉连接；
- 支持空间内的电信间互通端口；

•大楼楼层电信间互通端口；

•上述连接的冗余备份端口。

以下列举一些常见的主配线区交换机端口模型供参考。

如核心网络交换机有多种型号，对机柜的占有空间可能会达到4U、5U、12U、15U、20U机架单元，并分别对应有3、4、6、9、13个扩展槽（管理单元至少占用一槽），每块接口卡可支持48个RJ45铜端口或48个LC光纤端口。

又如，SAN导向器，占14U高度，最多可连接384个光纤端口。

三、主配线区网络、配线柜间的连接关系

为了提高数据中心的网络设备的稳定性，尽可能地减少网络设备端跳线的插拔，建议将网络交换设备区域的交换机、路由器端口，通过配线设备进行交叉连接。

（1）由进线室引入的光缆端接在主配线区的光缆配线架上，经交叉连接至路由器输入口。

（2）路由器输出口设备线缆连接至光配线或铜配线架上，经交叉连接后连接至核心交换机。

（3）核心交换机通过设备线缆连接至光配线或铜配线架上，经交叉连接后连至主干线缆。

四、主干线缆数量配置

主干线缆包括主配线区到水平配线区（中间配线区）的线缆、主配线区到电信间的线缆、主配线区到进线间的线缆以及主配线区到楼层电信间配线架的线缆。可根据水平配线区、电信间、进线室、楼层配线架的端口数确定主干线缆的数量。以下为可参考的主干线缆数量配置：

（1）主配线区与普通PC服务器或刀片服务器的水平配线区之间，采用24芯OM3/OM4多模或单模光缆与12根对绞电缆。

（2）主配线区与小型机区域水平配线区之间，采用48芯或者更高的72芯，甚至96芯OM3/OM4多模或单模光缆。如果SAN/LAN整合，数量可能会高达768芯OM3/OM4多模或单模光缆。同时配置12根对绞电缆作为备份与管理通道。

（3）主配线区与进信间之间，采用72芯单模光缆和少量对绞电缆。

（4）主配线区与电线间之间，采用24芯OM3/OM4多模光缆和少量对绞电缆。

7.4.3 水平系统配置

水平配线区是数据中心的水平管理区域，一般位于每列机柜的一端或两端，所以也常被称为列头柜。为了合理分配预连接线缆长度，也可将列头柜置于每列机柜中部。水平配线区包含局域网交换机、水平配线架等，一般各水平配线区管理的设备配线柜不超过15个，如果超过15个设备柜，需要设置多个水平配线区。

（1）水平光缆。支持当前主流的10 G以太网，采用激光优化OM3多模光缆和OS1单模光缆。采用LC或高密度MPO/MTP接口。

（2）水平铜缆。采用6类对绞电缆，建议采用6A及以上级别的布线系统支持网络传输。

一、水平配线区机柜与设备配线区机柜设置组合方案

根据网络交换机与配线设备设置的位置不同，列头柜可以设置于列头（EoR）、列中（MoR），网络设备也可以设置在机柜顶部（ToR）等。这些方法主要取决于服务器的种类、数量及网络架构。

（1）EoR（End-of-Row）。EoR是最传统的方法，接入交换机集中安装在一列机柜端部的机柜内，通过水平线缆以永久链路方式连接设备柜内的主机/服务器/小型机设备。采用EoR方式能提高接入交换机的端口利用率，但是从设备机柜敷设至列头柜的水平线缆数量较多；另一方面，布线通道中数据线缆填充率的增加也会降低冷却的通风量。连接关系如图7-33所示。

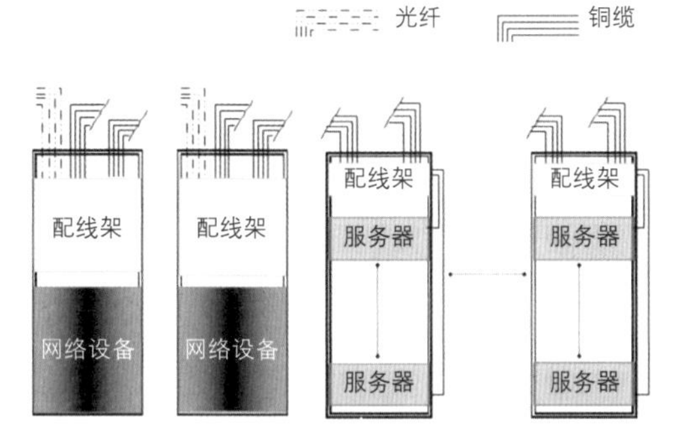

图7-33 End-of-Row/EoR设置方案

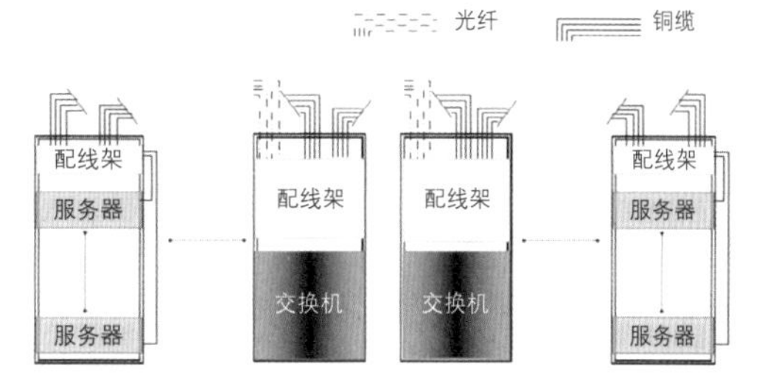

图7-34 Middle-of-Row/MoR设置方案

（2）MoR（Middle-of-Row）。MoR基本的概念是和EoR是一样的，都是采用交换机来集中支持多个机柜设备的接入。从图7-34可以看出，主要区别是在摆放列头机柜的位置，MoR是将其放在每一列机柜的中间。MoR的设置方式可以使得线缆从中间位置的列柜向两端布放，降低线缆在布线通道出入口的拥堵现象，并减少线缆的平均长度，也适合实施定制长度的预连接系统，而且对布线机柜内配线设备的交叉连接和管理较EoR要方便。

（3）ToR（Top-of-Rack）。典型的ToR配置是将1～2台1U高度的接入层交换机放在每一个设备区机柜顶部，上行通过铜缆或光缆以永久链路方式连接至上一级配线区（可以是水平配线区、中间配线区或主配线区）的配线设备，而机柜内的所有服务器通过设备线缆直接连接到ToR交换机。这样做的好处是，每一个机柜可以通过交换机的上联端口以较少的光缆纤芯数量连接到上一级配线区，铜缆主要使用于机柜内设备之间的连接。针对10 G端口的服务器，机柜内可采用表7-11的专用高速光/铜缆设备线缆在交换机和服务器之间建立互联。但是有可能初期部署的服务器数量不足以使得交换机的端口完全得到利用，造成交换机网络资源和能源的浪费。另外也会使布线系统和网络设备管理成为分散的方式，不像EoR/MoR那样较为集中。连接关系如图7-35所示。

为了降低刀片式服务器出线量，往往会在服务器内部设置交换机，以汇聚刀片服务器的

表7-11 10 G以太网服务器接口类型

连接器	线缆	距离/m	每一侧设备端口功耗/W	链路收发器延迟/μs	标准
SFP＋CU 铜	Twinax	<10	约1.5	约0.1	SFF 8431
X2 CX4 铜	Twinax	<15	4	约0.1	IEEE 802.3ak
SFP＋USR多模超短距离	多模OM2 多模OM3	10 100	1	约0	无
SFP＋SR多模短距离	多模OM2 多模OM3	82 300	1	约0	IEEE 802.3ae
RJ45 10GBASE－T铜	6A/7/7A类 6A/7类	100 30	约6 约4	2.5 1.5	IEEE 802.3ae

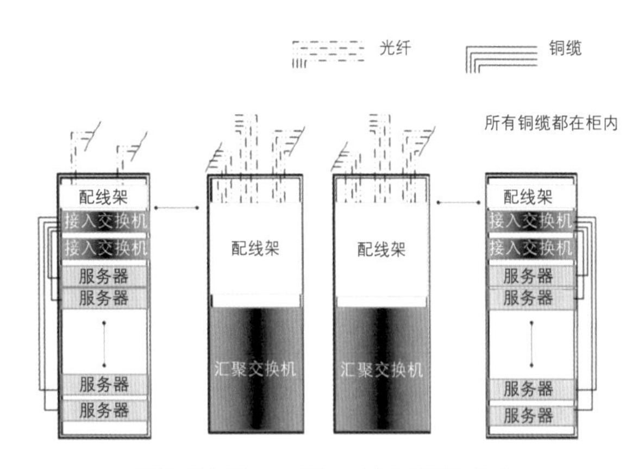

图7-35 Top-of-Rack/ToR设置方案

线缆，主要是利用刀片服务器的整合能力（如Ethernet，Fiber Channel，InfiniBand）。这样铜缆数量会大量地得到减少，但目前能支持整合刀片服务器的交换机不是很多，设计的选择和余地较少，而且如果以采用虚拟化的服务器（Servers Virtualization）作为取向，网络的复杂性会大大的提高，这对设计和管理都会提高成本。连接关系如图7-36所示。

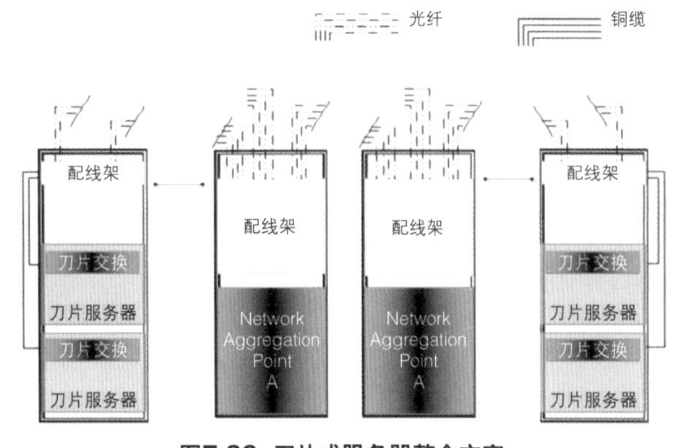

图7-36 刀片式服务器整合方案

（4）模块化POD方案。POD是可重复的构造单元，其组件必须整合，以便最大限度地提高数据中心空间的模块化、可伸缩性和易管理性。模块化POD是一组多功能的机柜，可优化供电、冷却和布线技术效能。POD设计可根据需求缩放，并能够方便地重复。典型的POD数据中心设计如图7-37所示。

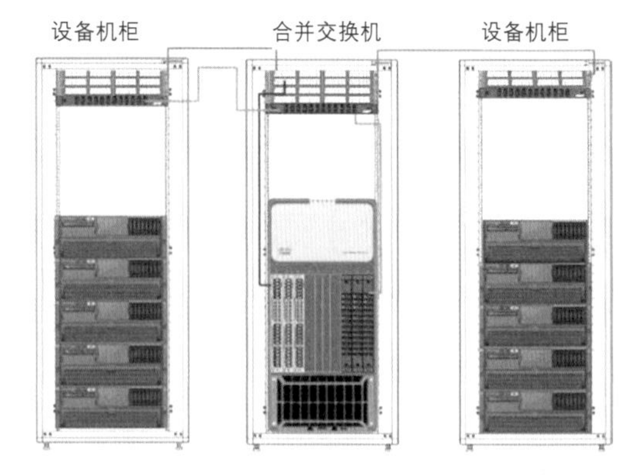

图7-37 模块化POD单元

对于POD中的布线一般采用ToR结构，在服务器和机柜顶部交换机之间，采用10 G Base－T铜缆布线支持单元内的输入/输出连接。在机柜内或服务器机柜组内仅需要少量光纤连接来延伸到汇聚层。这种设计有助于减少交换机的数量，节省数据中心机架空间，同时降低基建成本和运营成本。

以上几种网络组网方式导致的水平配线区至设备配线区的水平布线系统所采用的器件和线缆数量都大不相同，所以需要先确定交换机的设置位置，然后再决定水平布线系统的设计方案。

二、水平配线区和设备配线区机柜内配线模块端口容量计算

水平配线区根据所服务的设备配线区内主机/服务器/小型机、存储设备、交换机、KVM总的出、入端口需求，并考虑预留适当的备用端口，以计算光/铜配线模块端口的数量。

设备配线区机柜主要安装以下设备。

（1）PC服务器。如果采用EoR/MoR方式，推荐一个PC服务器机柜配置24根对绞电缆和12芯OM3光缆；如果采用液冷或者强制风冷时，可以考虑把线缆数量提高2～3倍；如果采用ToR的方式：推荐一个PC服务器机柜配置4根对绞电缆和12芯OM3光缆。

（2）小型机/存储。

• 推荐一个标准小型机机柜配置36芯光缆，12根对绞电缆；

• 推荐一个非标准小型机机柜配置48芯光缆，12根对绞电缆；

• 推荐一个存储设备机柜配置72芯光缆，12根对绞电缆。

三、水平配线区网络、配线柜和设备配线区设备柜之间的连接关系

为了提高数据中心的网络设备的稳定性，尽可能地减少网络设备端跳线的插拔，建议将水平配线区的网络交换机端口与配线设备端口，通过交叉连接方式互通。

（1）主干线缆连接至水平配线区的光配线或铜配线架，经交叉连接后连接至接入层交换机。

（2）交换机下行端口通过设备线缆连接至配线架上，又经交叉连接后连至水平线缆。

（3）水平线缆接入设备配线区机柜，端接至光/铜配线架，通过设备线缆连接主机/服务器/小型机设备。

四、水平线缆数量配置

水平系统铜缆和光纤的配线数量，需要考虑包括从设备配线区上行过来的所有配线以及上行去主配线区/中间配线区的主干配线数量。

7.4.4 进线间机柜端口数量、种类配置

数据中心与电信业务经营者之间的接口类型与接口的数量主要取决于计算机网络对公用网的传输速率与接口方式。对用户而言，还要满足接入多家电信业务经营者接入电信业务的需要，并留有备份的端口。当然端口的数量确定也要考虑日常的电路运营费用。配线机柜端口采用的传输介质与接插件的类型应当符合通信设施的互通要求。常用的网络接入方式与线路数量要求参见表 7-12。

7.4.5 布线系统配置步骤

（1）取得网络架构图与布线系统图。

（2）取得UPS供电系统对每一个机柜的供电负载量。

（3）取得每一台设备（服务器、交换机、存储器和KVM等设备）的耗电量、尺寸、安装方式以及输入/输出电与光的端口数量。

（4）机柜的高度及U数量。

（5）按照（1）～（4）的数据确定设备区每一个机柜内安装的设备类型、组合情况与数量：

•服务器（或存储器等）+配线设备；

表7-12 线路端口使用情况

编号	线路类型	数据中心等级/端口数量		
		A级	B 级	C级
1	E1（2 Mbit/s）数字电路端口	$N\times2+1$	$N\times2$	N
2	SDH（155 Mbit/s）数字电路光端口或电端口	$N\times2+1$	$N\times2$	N
3	MSTP（10 Mbit/s、100 Mbit/s）数字电路光端口或电端口	$N\times2+1$	$N\times2$	N
4	DDN专线（≤2 Mbit/s）电端口	$N\times2+1$	$N\times2$	N
5	PSTN (2 Mbit/s) 电端口	$N\times2+1$	$N\times2$	N
6	ISDN（128 Kbit/s 、2 Mbit/s）电端口	$N\times2+1$	$N\times2$	N
7	Internet 接入线路（10 Mbit/s、100 bit/s、1 000 Mbit/s）光端口或电端口	$N\times2+1$	$N\times2$	N

注：1. N为计算电路需求数量。

2. ×2为满足2家电信业务经营者接入的需要。

3. +1为电路端口备份数量。

• 服务器（或存储器等）+ KVM设备+配线设备；

• 服务器（或存储器等）+ KVM设备+以太交换机+配线设备；

• 服务器（或存储器等）+以太交换机+配线设备。

配线设备也可以安装在敞开式桥架部位。

（6）计算机柜内所有设备与业务输出光、电端口的数量及连接对象。

（7）计算电缆、光缆跳线数量。

（8）计算每一个机柜出、入电缆和光缆的数量。

（9）确定每一列列头柜的数量、摆放位置及安装设备组合情况：

• 几个机柜设置一个列头柜；

• 列头柜设置机列的一端或中间部位；

• 列头柜功能组合；

－以太交换机 + 配线设备

－KVM设备 + 以太交换机 + 配线设备

－配线设备

（10）列头柜出、入线缆数量及连接对象：

• 列头柜至列头柜配线设备；

• 至主配线区配线柜配线设备；

• 至水平配线区配线柜配线设备；

• 至中间配线区配线设备；

• 至设备区配线设备；

• 至电信间、进线间配线设备。

（11）计算列头柜安装配线设备的类型及数量。

（12）计算列头柜数量。

（13）计算桥架敷设路由与尺寸。

布线系统设备机柜配置统计表见表7-13，供工程设计参考使用。对于水平配线区、主配线区、中间配线区机柜的配置统计表格式与内容也可以参照表7-13。

7.5 机柜设备布置设计

机房设备平面布置主要面对机房的空调气流系统不被阻挡，机房内的各种管道路由不发生重叠现象，机柜的加固底座易于安装，机柜能够就近实现接地等问题，这需要在设计时综合加以考虑。

7.5.1 机柜/机架散热设置

机柜、机架与线缆的布线通道摆放位置，对于机房的气流系统设计至关重要，图7-38表示出了各种设备建议的安装位置。

表7-13 设备机柜配置统计

设备 容量	标准服务器/台	机架式服务器/台	刀片式服务器机框	KVM设备/台	存储器/台	交换机/台
每个机柜安装设备/台数						
每台设备电、光端口/个						
每个机柜安装配线设备/架						
每个机柜安装理线架/架						
每台设备占机柜空间总量/U						
设备及理线架占机柜空间总量/U						
19 in机柜数量（每一个机柜42U）/个						
每个机柜线缆总数量/根						
每一列机柜数量/个						
每一列线缆总数量/根						

以交替模式排列设备机柜，即机柜/机架面对面排列以形成热通道和冷通道。冷通道是机架/机柜的前面区域，热通道位于机架/机柜的后部，形成从前到后的冷却路由。设备机柜在冷通道两侧相对排列，冷气从架空地板板块的排风口吹出，热通道两侧设备机柜则背靠背，热通道部位的地板无孔，依靠天花板上的回风口排出热气。

为了提高架空地板下的净空空间，建议采用上布线方式，将通信线缆的桥架设置于机柜上部天花板下。既方便线缆敷设与引入机柜内，又可防止受到电力电缆的电场与磁场干扰，并且不影响地板下的冷空气送风效率。如果采用地板下布线，电力电缆和数据线缆宜分布在热通道的地板下面，或机柜/机架的地板下面，分层敷设。如果一定要在冷通道的地板下面布线，则应相应提高架空地板（静电地板）的高度以保证制冷空气流量不受影响。

地板上应按实际使用需要开布线口，调节闸、减振器或毛刷可安装在开口处以阻塞气流，防止冷气流失。

在没有满设备安装的机柜中，建议采用空白挡板以防止热通道气流进入冷通道，造成迂回气流。

对于适中的热负载，机柜可以采用以下任何通风措施：

（1）通过前后门上的开口或孔通风，提供50%以上开放空间，增大通风开放尺寸和面积能提高通风效果。

（2）采用风扇，利用门上通风口和设备与机架门间的充足的空间推动气流通风。安装机柜风扇时，要求不仅不能破坏冷热通道性能，而且要能增加其性能。来自风扇的气流要足够驱散机柜发出的热量。在数据中心热效率最高的地方，风扇要求从单独的电路供电，避免风扇损坏时中断通信设备和计算机设备的正常运行。

（3）对于高的热负载，自然气流效率不高，要求强迫气流为机柜内所有设备提供足够的冷却。强迫气流系统采用冷热通道系统附加通风口的方式。

7.5.2 行人通道设置

主机房内行人通道与设备之间的距离应符

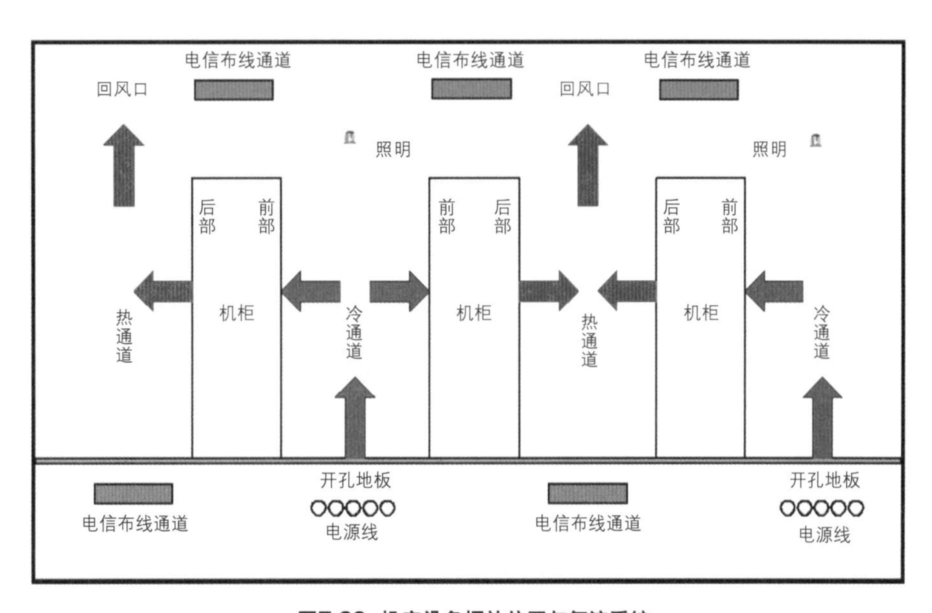

图7-38 机房设备摆放位置与气流系统

合下列规定：

（1）用于运输设备的通道净宽不应小于1.5 m。

（2）面对面布置的机柜或机架正面之间的距离不宜小于1.2 m。

（3）背对背布置的机柜或机架背面之间的距离不宜小于1 m。

（4）当需要在机柜侧面维修测试时，机柜与机柜、机柜与墙之间的距离不宜小于1.2 m。

（5）成行排列的机柜，其长度超过6 m（或数量超过10个）时，两端应设有走道；当两个走道之间的距离超过15 m（或中间的机柜数量超过25个）时，其间还应增加走道；走道的宽度不宜小于1 m，局部可为0.8 m。

在工程中，机列之间通道的距离还应该考虑到架空地板板块的实际尺寸，尽量以板块的尺寸取整预留通道，这样有利于机柜抗震底座的安装和方便板块的开口。

7.5.3 机柜安装抗震设计

单个机柜、机架应固定在抗震底座上，不得直接固定在架空地板的板块或随意摆放。对每一列机柜、机架应该连接成为一个整体，采用加固件与建筑物的柱子及承重墙进行固定。机柜的列与列之间也应当在两端或适当的部位采用加固件进行连接。机房设备应防止地震时产生过大的位移、扭转或倾倒。

7.6 通道安装设计

7.6.1 架空地板布线通道

架空地板起到地面防静电的作用，在它的下部空间可以作为冷、热通风的通道。同时又可设置线缆的敷设槽、道。

在下布线的机房中，线缆不能在架空地板下面随便摆放。架空地板下线缆敷设在布线通道内，通道可以按照线缆的种类分开设置，进行多层安装，线槽高度不宜超过150 mm。金属通道应当在两端就近接至机房活动地板下等电位联结网格。在建筑设计阶段，安装于地板下的布线通道应当与其他设备管线（如空调、消防和电缆等）相协调，并作好相应防护措施。

在机房建设中，有的房屋层高受到限制，尤其改造项目，情况较为复杂。因此GB 50174标准中规定，架空地板下空间只作为布放通信线缆使用时，地板内净高不宜小于250 mm。当架空地板下的空间既作为布线，又作为空调静压箱时，地板高度不宜小于400 mm。

国外BISCI的数据中心设计和实施手册中架空地板内净高至少满足450 mm，推荐900 mm，地板板块底面到地板下通道顶部的距离至少保持20 mm，如果有线缆束或管槽的出口时，则增至50 mm，以满足线缆的布放与空调气流系统的需要。地板下通道设置如图7-39所示。

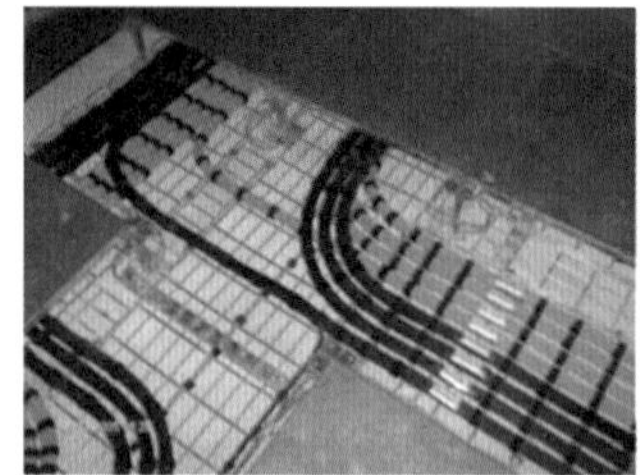

图7-39 地板下通道布线示意

7.6.2 天花板下布线通道

在数据中心的建设中，有安装抗静电天花板（或简称吊顶）和不使用吊顶等多种构造，这由各个数据中心的具体情况决定。

（1）净空要求。常用的机柜高度一般为2 m，气流系统所需机柜顶面至天花板的距离一般为500～700 mm，尽量与架空地板下净高相近，故机房净高不宜小于2.6 m。根据国际正常运行时间协会的可用性分级指标，1级～4级数据中心的机房梁下或天花板下的净高见表7-14。

（2）通道形式。天花板布线通道由开放式桥架（网格式桥架、梯架）、封闭式桥架（槽式）和相应的安装附件等组成。开放式桥架因

表7-14 机房净高要求

项目	1级	2级	3级	4级
天花板离地板高度	至少2.6 m	至少2.7 m	至少3 m（天花板离最高的设备顶部不低于460 mm）	至少3 m（天花板离最高的设备顶部不低于600 mm）

其方便线缆维护的特点，在新建的数据中心应用较广。布线通道安装在离地板2.7 m以上机房走道和其他公共空间上空的空间，否则天花板布线通道的底部应铺设实心材料，以防止人员触及和保护其不受意外或故意的损坏。天花板通道设置如图7-40所示。

图7-40 天花板通道布线示意

（3）通道位置与尺寸要求。

• 通道顶部距楼板或其他障碍物不应小于300 mm；

• 通道宽度不宜小于100 mm，高度不宜超过150 mm；

• 通道内横断面的线缆填充率不应超过50%；

• 如果存在多个天花板布线通道时，可以分层安装，光缆最好敷设在铜缆的上方，为了方便施工与维护，铜缆线路和光缆线路宜分开通道敷设；

• 照明装置和灭火装置的喷头应当设置于布线通道之间，不能直接放在通道的上面。机房采用管路的气体灭火系统时，电缆桥架应安装在灭火气体管道上方，不遮挡喷头，不阻碍气体；

• 天花板布线通道一般为悬挂安装，如果所有的机柜、机架是统一标准高度时，电缆桥架可以在架、柜的顶部支撑安装。但这并不是一个规范操作，因为悬挂安装方式可以支持各种高度的机柜、机架，并且对于架、柜的增加和移动有更大的灵活性。

7.6.3 布线通道间距要求

在数据中心机房内存在大量的通信线缆与电力电缆，在敷设路由的设置时，会出现平行与交叉的状况，在它们之间保持规定的距离应当考虑到现场的实施条件，如果受到条件的限制，应当在线缆的选用时，采用屏蔽的电缆或采取相应的防护措施。电力电缆和对绞电缆之间的间距要求见表7-15。

表7-15 电力电缆和对绞线之间的间距

电力线数量/根	电力线类型	分隔间距/mm
1～15	20 A 、110/240 V，屏蔽/单相	参照TIA/EIA 569B附录C
16～30	20 A、110/240 V，屏蔽/单相	50
31～60	20 A、110/240 V，屏蔽/单相	100
61～90	20 A、110/240 V，屏蔽/单相	150
＞90	20 A、110/240 V，屏蔽/单相	300
1条以上	100 A、415 V，三相/屏蔽馈电线	300

表7-15中描述的屏蔽电力电缆的屏蔽层应为完全包裹线缆（除非在插座中），并且在敷设时满足接地要求。如果电力电缆是非屏蔽的，表中提供的分隔距离应当加倍，除非其中任何一种线缆是敷设在焊接接地的密闭金属线槽中，并且相互之间有实心金属挡板隔离。

当数据电缆或电力电缆均放置在达到以下要求的金属管、槽内时，不需要对分隔的距离作要求：

• 金属管、槽完全密闭线缆，并且通道的段与段之间的连接导通是良好的；

• 金属管、槽与屏蔽电力线缆完好接地；

• 非屏蔽数据电缆是在机架顶部敷设，其与荧光灯的距离要保持在50 mm以上；

• 非屏蔽数据电缆缆与电力电缆布放在交叉部位，应采用垂直交叉的方式。

7.6.4 布线通道敷设要求

布线通道敷设应符合以下要求：

（1）布线通道安装时应安装牢固，横平竖直，沿布线通道水平走向的支吊架左右偏差应不大于10 mm，其高低偏差不大于5 mm。

（2）布线通道与其他管道共架安装时，布线通道应布置在管架的一侧。

布线通道内线缆垂直敷设时，在线缆的上端和每间隔1.5 m处应固定在通道的支架上，水平敷设时，在线缆的首、尾、转弯及每间隔3～5 m处进行固定。

7.7 配线设备安装设计

7.7.1 预连接系统安装设计

预连接系统可以用于水平配线区－设备配线区，也可以用于主配线区－水平配线区之间线缆的连接。预连接系统的设计关键是准确定位预连接系统两端的安装位置以定制合适的线缆长度，包括配线架在机柜内的单元高度位置和端接模块在配线架上的端口位置，机柜内的布线方式、冗余的安装空间，以及布线通道和机柜的间隔距离等。

7.7.2 机架线缆管理器安装设计

在每对机架之间和每列机架两端安装垂直线缆管理器（布线空间），垂直线缆管理器宽度至少为83 mm。在单个机架摆放处，垂直线缆管理器至少150 mm宽。两个或多个机架一列时，在机架间考虑安装宽度250 mm的垂直线缆管理器，在一排的两端安装宽度150 mm的垂直线缆管理器。线缆管理器要求从地面延伸到机架顶部。

水平线缆管理器安装在每个配线架上方或下方，水平线缆管理器和配线架的首选比例为1:1。

线缆管理器的空间尺寸应按照线缆50%的填充率来设计。

管理6A类及以上级别的线缆和跳线时，宜采用在高度或深度上适当增加理线空间的线缆管理器，以满足线缆最小弯曲半径与填充率要求。机架线缆管理器的组成如图7-41所示。

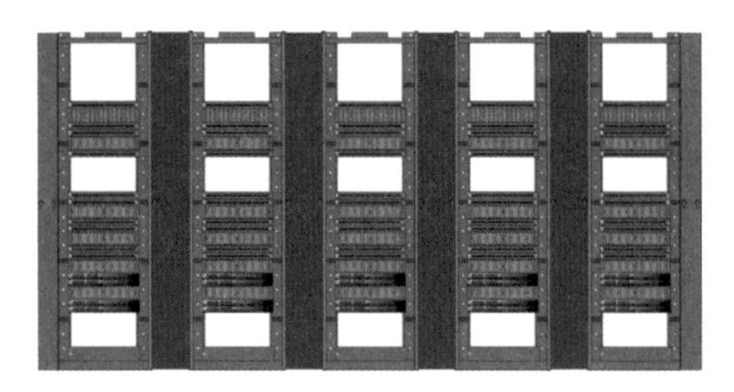

图7-41 机架管理器构成

7.8 接地系统安装设计

数据中心计算机房应设置等电位联结网格。电气和电子设备的金属外壳、机柜、机架、金属管槽、屏蔽线缆外层、防静电接地、安全保护接地、浪涌保护器（SPD）接地端等均应以最短的距离与等电位联结网格或等电位联结带连接。

7.8.1 接地要求

数据中心内设置的等电位联结网格为机房环境提供了良好的接地条件，可以使得浪涌电流、感应电流以及静电电流等及时释放，从而最大限度地保护人员和设备的安全，确保网络系统的高性能以及设备正常运行。有关接地的要求，国内的相关标准有比较详尽的描述，这里重点对涉及计算机房内的接地系统设计提出要求，机房接地系统组成如图7-42所示。

• 机房内应该设置等电位联结网格；

• 机房内的功能性接地与保护性接地应该共用一组接地装置，接地电阻值按照设置的各电子信息设备中，其中所要求的最小值确定；

• 设施的接地端应以最短的距离分别采用接地线与接地装置进行连接；

• 机房内的交流工作接地线和计算机直流地线不容许短接或混接；

• 机房内交流配线回路不能够与计算机直流地线紧贴或近距离平行敷设；

• 机架和机柜应当保持电气连续性。由于机柜和机架带有绝缘喷漆，因此用于连接机架的固定件不可作为连接接地导体使用，必须使用接地端子；

• 机房内所有金属元器件都必须与相关的接地装置相连接，其中包括设备、机架、机柜、爬梯、箱体、线缆托架和地板支架等；

接地系统的设计在满足高可靠性的同时，必须符合以下要求：

• 符合国家建筑物相关的防雷接地标准及规范；

• 机房内的接地装置建议采用铜质材料；

• 在进行接地导线的端接之前，使用抗氧化剂涂抹于连接处；

• 接地端子采用双孔结构，以加强其紧固性，避免其因振动或受力而脱落；

• 接地线缆外护套表面可附有绿色或黄绿相间等颜色，以易于辨识；

• 接地线缆外护套应为防火材料。

总等电位联结端子板（TMGB）应当位于进线间或进线区域设置，机房内或其他区域设置局部等电位联结端子板（TGB）。TMGB与TGB之间通过接地母干线TBB沟通。

TMGB应当与建筑物金属构件以及建筑物接地极连接。TGB也应当与各自区域内的建筑物金属构件以及电气接地装置连接。

用于连接TMGB以及TGB的接地母干线（TBB）所应具备的线规见表7-16。

TBB在敷设时，应当尽可能平直。当在建筑物内使用不止一条TBB时，除了在顶层将所有TBB相连外，必须每隔三层做等电位连接。

7.8.2 机柜与机架接地

机架和机柜应采用两根不同长度的适当截面积的绝缘铜导线就近与等电位联结网格连接。

7.8.3 布线通道接地

数据中心的线缆采用金属布线通道敷设时，通道应保持连续的电气连接，并应有不少于两点的良好接地，就近与等电位联结带等进行连接。

7.8.4 屏蔽接地

屏蔽布线系统只需要在配线架端接地。

（一）屏蔽配线架机柜立柱接地

屏蔽配线架的背后往往是金属表面，当

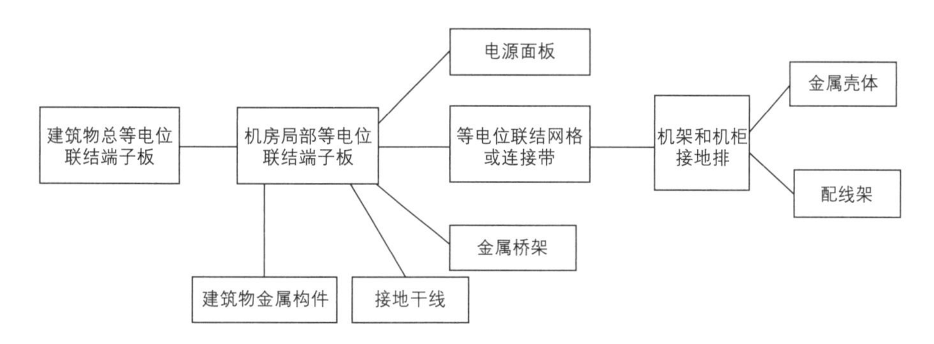

图7-42 机房接地系统组成

表7-16 TBB导线要求

TBB线缆长度/m	TBB 线规(AWG)	TBB线截面积/mm²
<4	6	16
4~6	4	25
6~8	3	35
8~10	2	35
10~13	1	50
13~16	1/0	50
16~20	2/0	70
>20	3/0	95

配线架通过两侧的螺钉固定在机柜的前立柱上时，自然就将配线架的金属面与前立柱的金属面结合，形成了屏蔽配线架借助于立柱连接到机柜接地汇集排的连接方式。

这一种解决方案看起来十分理想，因为前立柱的截面积很大，阻抗很小，可以作为机柜的接地母线使用，只要在立柱的下方（或上方）进行连接，就可以很简单地完成屏蔽配线架的接地。

但是，这一做法有一些限制条件：

• 立柱上不能喷涂油漆等绝缘材料；

• 立柱必须保证接地性能良好；

• 配线架的背面必须具备良好导通的金属接地接触表面。

由于现在的屏蔽配线架结构变化越来越多，使用非金属构成的屏蔽配线架也经常见到，而且综合布线系统的机柜同样也是种类繁多，有些机柜并不能保证接地性能。所以这一方法应该在具备了一定的条件下采用。因为存在使用上的一些限制，所以并没有普及。

（二）屏蔽配线架串联接地（菊花链连接方式）

在综合布线系统的机柜中，屏蔽配线架一般是集中放置。因此使用短的接地导线将相邻的配线架（上方的配线架或下方的配线架）进行菊花链连接，并固定在接地螺栓上，最终连接到机柜的接地汇集排上。为保证可靠接地，宜构成封闭式环状的接地方式。

这种接地方法结构简单。但是必须要求保证施工的质量。

（三）屏蔽配线架星形接地

每个屏蔽配线架配备一二个接地端子，使用接地导线直接连接至机柜接地汇集排上，构成星形接地方式，如图7-43所示。

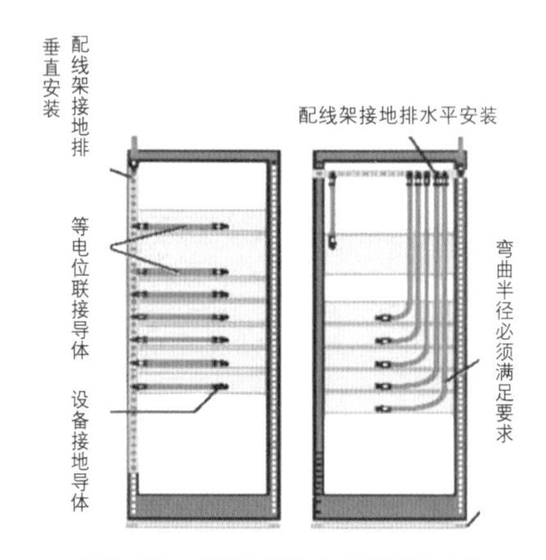

图7-43 屏蔽配线架星形接地示意

推荐第三种接地方式，任何一个接地点的故障只会影响一个屏蔽配线架，有助于提高系统的可靠性。

7.8.5 接地装置

接地装置由接地极、接地极引线和总等电位联结端子板三部分组成，它被用以实现电气系统与大地相连接的目的。

数据中心内的接地导线应避免敷设在金属管槽内。如果必须采用金属线槽敷设时，接地导线的两端必须同金属管槽连接。

对于小型数据中心，只包括少量的机架或机柜，可以采用接地导线直接将机柜或机架与TGB连接。而大型数据中心，则必须设置等电位联结网格（MCBN）。不同应用所采用的接地导线的规格可参见表7-17。

表7-17 接地导线尺寸

用途	线缆规格
共用等电位联结网格（上方或架空地板下）	2 AWG （35 mm^2）
PDU或电气面板的连接导线	电气标准或按照制造厂商要求
HVAC设备	6 AWG （16 mm^2）
建筑物金属构件	4 AWG （25 mm^2）
线缆桥架	6 AWG （16 mm^2）
金属线槽、水管和其他管路	6 AWG （16 mm^2）

架空地板下的等电位联结网格需要使用2 AWG（35 mm^2）或更大线规的连接导线将架空地板的支架每间隔一次作连接，以成为网格。等电位联结网格与TGB使用1/0 AWG（50 mm^2）或更大线规的连接导线相连接。

7.9 布线系统管理

布线系统的管理包括标识管理与文档的管理，现在又有了智能配线管理系统。

7.9.1 标签标识

布线标签标识系统的实施是给用户今后的维护和管理带来便利，提高其管理水平和工作效率，减少网络配置时间。

（1）标识要求。所有需要标识的设施都要有标签，每一电缆、光缆、跳线、配线设备及端口、端接点、接地装置、敷设管线等组成部分均应给定唯一的标识符。标识符应采用相同数量的字母和数字等标明，按照一定的模式和规则来进行。

（2）标签的材质。标签可以分为粘贴型与插入型（包括电缆标牌）。建议按照“永久标识”的概念选择材料，标签的寿命应能与布线系统的设计寿命相对应。标签还应该考虑到室内外等不同场地的应用。建议标签材料符合通过UL 969（或对应标准）认证以达到永久标识的保证；同时建议标签要达到环保RoHS和无卤指令要求。所有标签应保持清晰、完整，并满足环境的要求。标签应打印，不允许手工填写，应清晰可见、易读取。特别强调的是，标签应能够经受环境的考验，比如潮湿、高温、紫外线，应该具有与所标识的设施相同或更长的使用寿命。聚酯、乙烯基或聚烯烃等材料通常是最佳的选择。

7.9.2 标识设计

在数据中心布线系统设计、实施、验收和管理等实施系统化管理是相当必要的。定位和标识则是提高布线系统管理效率，避免系统混乱所必须考虑的因素。所以有必要将布线系统的标识当作管理的一个基础组成部分从布线系统设计阶段就予以统筹考虑，并在接下去的施工、测试和完成文档环节按规划统一实施，精确记录和标注每段线缆、每个设备和每个机柜/机架，让标识信息有效地向下一个环节传递。

一、机柜/机架标识

数据中心中，机柜和机架的摆放和分布位置可根据架空地板的分格来布置和标识，依照ANSI/TIA/EIA 606－A标准，在数据机房中必须使用两个字母或两个阿拉伯数字来标识每一块600 mm × 600 mm的架空地板。在机房平面上建立一个*XY*坐标网格图，以字母标注*X*轴，数字标注*Y*轴，确立坐标原点。机架与机柜的位置以其正面在网格图上的坐标标注，如图7-44所示。

所有机架和机柜在正面和背面应当贴上标签。每一个机架和机柜应当有一个唯一的基于地板网格坐标编号的标识符。如果机柜在不止一个地板网格上摆放，通过在每一个机柜上相同的拐角（例如右前角或左前角）所对应的地板网格坐标编号来识别。

在有多层的数据中心里，楼层的标志数应当作为一个前缀增加到机架和机柜的编号中去。例如上述在数据中心第三层的AJ05地板网格的机柜标为3AJ05。

一般情况下，机架和机柜的标识符可以为

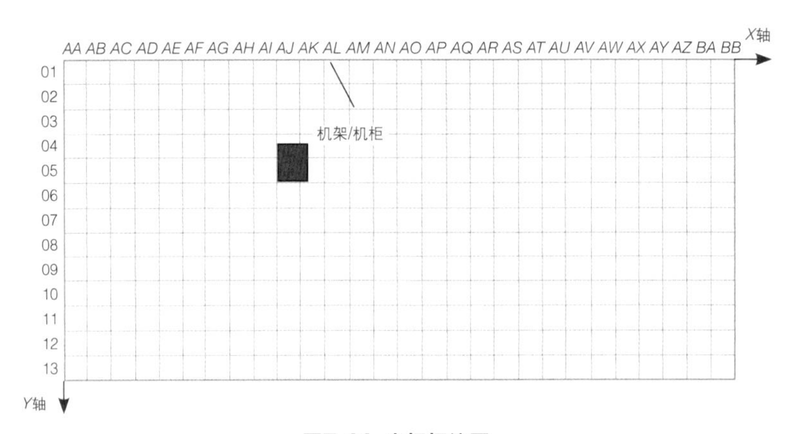

图7-44 坐标标注图

以下格式：

nnXXYY

其中，*nn*为楼层号；*XX*为地板网格列号；*YY*地板网格行号。

在没有采用架空地板网格坐标的计算机房里，也可以使用行字母/数字和列字母/数字来识别每一机架和机柜。如图7-45所示。在有些数据中心里，机房被细分到房间中，编号应对应房间名字和房间里面机架和机柜的序号。

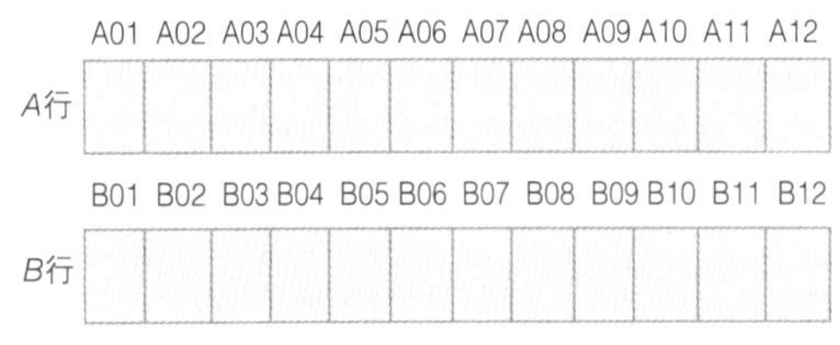

图7-45 行列标注图

二、配线架标识

（一）配线架的标识

配线架的编号方法应当包含机架和机柜的编号和该配线架在机架和机柜中的固定位置来表示。在决定配线架的位置时，水平线缆管理器不计算在内。配线架在机架和机柜中的位置可以自上而下用英文字母表示，如果一个机架或机柜有不止26个配线架，需要两个特征来识别。

（二）配线架端口的标识

用两个或三个特征来指示配线架上的端口号。如在机柜3AJ05（机房地板板块的坐标位置号码）中的第2个配线架B的第4个端口可以被命名为3AJ05－B04。

一般情况下，配线架端口的标识符可以为以下格式：

nnXXYY－*A*－*mmm*

其中，*nn*为楼层号；*XX*为地板网格列号；*YY*为地板网格行号；*A*为配线架号（*A*～*Z*，从上至下）；*mmm*为线对/芯纤/端口号

（3）配线架连通性的标识

配线架连通性管理标识为：

$$p_1 \text{ to } p_2$$

其中，p_1为近端机架或机柜、配线架次序和端口数字；p_2为远端机架或机柜、配线架次序和端口数字。

为了简化标识和方便维护，考虑补充使用ANSI/TIA/EIA－606－A 中用序号或者其他标识符表示。例如连接第24根从主配线区到水平配线区1的6类非屏蔽电缆的第24口配线架，标签应该包含的内容：MDA t－HDA 1 Cat 6 UTP 24

例如图7-46和图7-47显示用于有24根6类电缆从柜子AJ05连至AQ03（见图7-44）的24位配

线架的标签内容。

配线架标签标识配线架的所在机柜/机架占用的U空间位置（A，B，C，D，E，F，…）及端口的顺序号（01～24，01～48，01～96）。

三、线缆和跳线标识

连接的线缆上需要在两端都贴上标签标注其远端和近端的地址。

线缆和跳线的管理标识为

$$p_{1n}/p_{2n}$$

其中，p_{1n}为近端机架或机柜、配线架次序和指定的端口；p_{2n}为远端机架或机柜、配线架次序和指定的端口。

例如图7-48中显示连接到AQ03机柜内，B配线架，01端口位置的线缆终接处的标签可以包含下列内容：AJ05－A01/AQ03－B01。而在该线缆的另外一端则连接到对应的AJ05机柜，A配线架，01端口。该端线缆终接处标签将包含以下内容：AQ03－B01/AJ05－A01。线缆两端标签所标识的内容是相一致的。

7.9.3 布线管理系统

GB 50312标准中规定：要对所有的管理设施建立文档。文档应采用计算机进行文档记录与保存，简单且规模较小的布线工程可按图纸

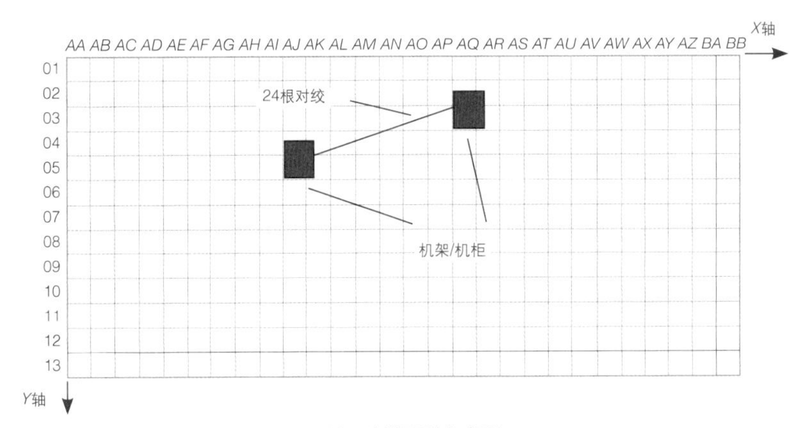

图7-46 采样配线架标签

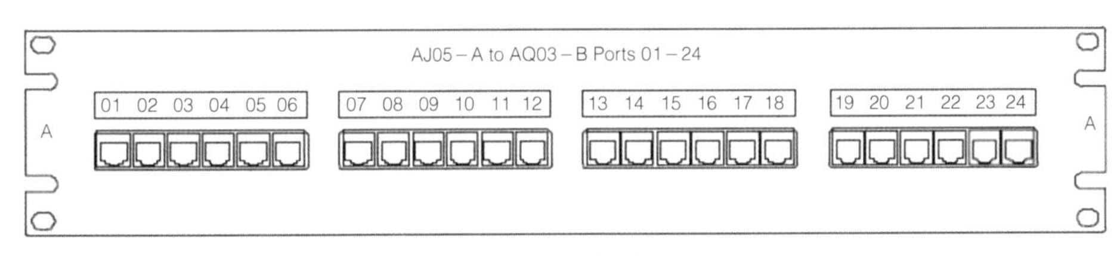

图7-47 配线架标签

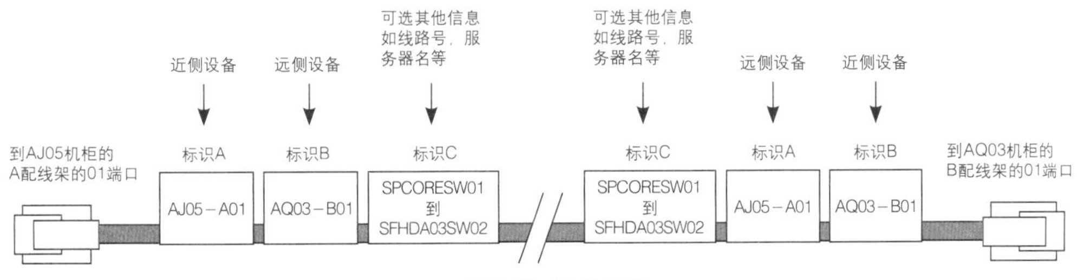

图7-48 跳线标识

资料等纸质文档进行管理，并做到记录准确、及时更新、便于查阅且文档资料应实现汉化。

工程中可采用纯软件的布线管理系统或软、硬件集成的智能电子布线管理系统来实施对布线系统的管理。系统功能要求见表7-18内容。

7.10 布线系统设施安装

7.10.1 线缆敷设

（1）布放在电缆桥架上的线缆必须绑扎。宜采用粘扣带（也被叫做魔术扎带）绑扎，绑扎后的线缆应互相紧密靠拢，外观平直整齐，线扣间距均匀，松紧适度。

（2）要求将交、直流电源线和数据铜缆分架布线，或采用内有金属板隔离的金属通道，在保证线缆间隔距离的情况下，同通道敷设。

（3）线缆应顺直，不宜交叉。在线缆转弯处应在保证弯曲半径的前提下于弯道前、后处绑扎固定。

（4）线缆在机柜内布放时不宜绷紧，应留有适当余量，绑扎线扣间距均匀，力度适宜，布放顺直、整齐，不应交叉缠绕。

（5）6A类UTP电缆外径一般大于8 mm，对线缆敷设和固定有较高要求。尽管其最小弯曲半径仍是安装时不得小于8倍线缆外径及固定时不得小于4倍线缆外径，但线缆敷设通道填充率却不应超过40%。

7.10.2 插座端接

为了保证不因线缆在插座端接时的质量而影响对阻抗的完好匹配，使得平衡破坏而造成串扰（包括NEXT和ELFEXT）、回损参数不达标，必须注意以下几点：

（1）在完成对绞电缆端接时应剥除最少长度的线缆外护套。

（2）正确按照制造商规定进行线缆准备、端接、定位和固定。

（3）由于端接而产生的线对开绞距离不能超过13 mm。

（4）机柜内6A类 UTP固定不宜采用过紧的捆扎工艺，并保证其最小弯曲半径。

7.10.3 配线架安装

（1）配线架不能同时安装在同一个机柜的前后安装架上。

（2）线缆应端接到性能级别相一致的连接

表7-18 布线管理系统功能要求

项 目	布线管理（纯）软件	智能电子布线管理系统
系统组成	软件	软件＋硬件
系统数据建立	手工录入	手工录入＋系统自动识别
配线连接变更记录	事后手工记录	实时自动识别
故障识别	无	有
系统故障恢复后数据同步生成	无	自动
生成包含设备在内的链路状况报告	无	有
设备查询功能	有	有
查询和报表功能	有	有
网络及终端设备管理	无	有
工作单流程	手工生成和记录	手工生成，自动确认
图形化界面	是	是
关联楼层平面图	是	是

硬件上。

(3) 进入同一机柜或机架内的主干线缆和水平线缆应被端接在不同的配线架上。

(4) 配线架上应预留标签区域，以方便对端口进行识别。

(5) 安装角型配线架前应检查机柜安装立柱进深位置，以保证机柜门的正常关闭和其他设备的正常安装。

(6) 现场端接的光纤系统应使用熔接托盘来管理尾纤。

(7) 注意光纤系统的端口极性。

7.10.4 跳线安装

(1) 完成交叉连接时，尽量减少跳线的冗余。

(2) 保证配线区域的对绞电缆及光纤跳线与设备线缆满足相应的弯曲半径要求。

(3) 跳线不应阻挡相邻配线架端口。

(4) 冗余长度的跳线应采用适当的工艺进行盘留储存，使其既满足最小弯曲半径要求又不阻挡机柜内空气流动。

7.10.5 预连接系统安装

(一) 安装方式

光缆连接器的可承受拉力应小于45 N。

对于单端端接连接器的预连接系统的安装，是非常容易实施的，可以采用牵引终端接连接器的一端进行敷设和布放，同时需要留意不要造成连接器的损伤。这种方法可以降低线缆端接所需的时间。

两端都包含预连接连接器的预连接系统在施工时要求设置特殊的通道和牵引保护管进行保护。牵引保护管必须与连接器隔离，这样才可以确保拉力的负载是施加在线缆本身上，牵引保护管也同样留意不要造成连接器的损伤。

按照作业指导书提供的有关预安装连接器和线缆组件的规程执行。

保持所有连接器的清洁。

预连接光缆通常采用中心束管式的光缆，大芯数光缆采用层绞式结构。这种结构的优势是大芯数的光缆外径可以做得比较小，而抗拉、抗压强度却比通常的紧套分支光缆要高。安装前要仔细阅读预连接光缆的安装说明书的要求，通常要求室内预连接光缆的安装温度保持在0～50 ℃，要求室外管道安装预连接光缆安装温度保持在－20～60 ℃内。

对于中等芯数（6～24芯）的光纤连接器需要等差排列，这样可以降低牵引保护管的直径，如果是高芯数（超过24芯）的预连接光缆，则需要考虑管道的内径尺寸，确保线缆和牵引保护管可以顺利通过。详细情况需要参考不同产品的设计和安装手册。

预连接系统在数据中心机房内的安装通常有两种方式：一种是天花板下的上布线方式；另一种是活动地板下的布线方式，光缆系统可以使用塑料材质的布线通道。这两种方式对线缆施工要求是相同的，如拉力要求，最小弯折半径要求（包括预连接线缆两端保护管尺寸及转弯处的弯折半径）等，具体安装技术参数参考供应商的要求。

(二) 安装注意事项

• 不要使线缆变形，尤其是在使用绑扎带对线缆或硬件的固定时；

• 敷设不要超过制造商标称的线缆最大拉伸力；

• 不要将铜缆和光缆混合管槽进行敷设；

• 在多根光缆一同牵引时，保持相同拉力负载和设计，不要超过多根光缆中，抗拉力最低的光缆；

• 不要在已有的光缆之上牵引光缆，光缆的摩擦可能会对原有的光缆造成损伤，光缆也有可能绞绕导致光缆损伤；

• 不要超过光缆的最小弯曲半径（安装过程和施工完毕以后状态）；

• 线缆的最小弯曲半径是随着光缆直径而变化的，需要参阅相关产品说明技术规格书，明确所使用的光缆的最小弯曲半径（安装过程和施工完毕以后状态）；

• 不要在弯角附近牵引光缆，如支撑架等；

• 在高风险的安装环境需提供附加的抗侧压/机械保护；

• 布放光缆时，尽可能设置多一点支撑件，减少线缆摩擦，以免抹掉标识和印字；

• 对于预连接系统的连接器施工时采取保护措施；

• 注意安装过程中的防火。

7.10.6 机柜机架安装

（一）机柜/机架摆放

机柜和机架放置时，要求前面或后面边缘沿地板板块边缘对齐排列，以便于机柜和机架前面和后面的地板板块取出。

用于机柜布线的地板开口位置应该置于机柜下方或其他不会绊倒人的其他位置；用于机架布线的地板开口位置应该位于机柜间的垂直线缆管理器的下方，或位于机柜下方的底部拐角处。通常在垂直线缆管理器下安置开口更可取。地板上应按实际使用需要开出线口，出线口周边应套装索环或固定扣，其高度不得影响机柜/机架的安装。

机柜和机架的摆放位置应与照明等设施的安装位置相协调。

（二）机柜轨道调整

机柜的每一个U（最大为42U的空间）要求有可前后调整的轨道。并给每个U单元做标记以简化设备布置。设备和连接硬件要求固定在机架的轨道上，便于最有效地利用机柜空间。

如果配线架安装在机柜前面，为了给配线架和门之间的线缆管理提供空间，配线架安装在机柜背面或正面，轨道应至少缩进100 mm。

为防止触及配线架背面，配线架不能同时安装在同一个机柜或机架前后轨道上。

如果电源板安装在机柜的前面或后面轨道，要为电源板和电源线提供足够的净空间。

（三）机柜气流通道调整

在没有使用的机架单元安装空面板，以防止气流短路，影响冷热通道工作效率。

在某些侧面散热的网络设备机柜内侧安装阻热或导流装置，以免影响相邻机柜内设备的正常工作。

7.10.7 智能布线系统安装

智能布线系统模块安装前应保证环境的洁净度，如已提前安装在机柜或机架中，则应做好相应的防护，避免灰尘和湿气对电气设备造成损害。

智能配线架线缆端接时应注意保护配线架背部的电路板不受到损坏，同时应对配线架的端口进行必要保护。

安装时需注意保护智能配线架与扫描仪（或管理单元）之间的连接线。

扫描仪（或管理单元）的安装高度应保证人员操作方便，推荐安装在42U机架第10～12U位置。

智能管理软件数据库搭建工作宜由相关技术人员操作，应设有相应登录权限。

7.10.8 通道安装

（一）开放式网格桥架的安装施工

（1）地板下安装。桥架在与大楼主桥架导通后，在相应的机柜列下方，每隔1.5 m安装一个桥架地面托架；安装时，配以M6法兰螺栓、垫圈、螺母等紧固件进行固定。托架具体安装方式，如图7-49所示。

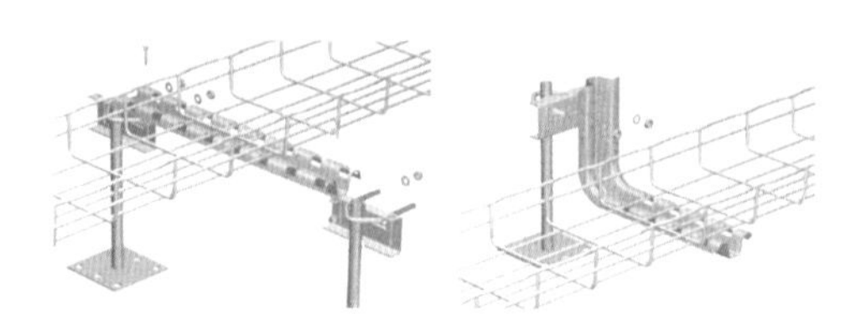

图7-49 托架安装方式

一般情况下可采用支架，托架与支架离地高度也可以根据用户现场的实际情况而定，不受限制，底部至少距地50 mm安装。支架具体安装方式如图7-50所示。

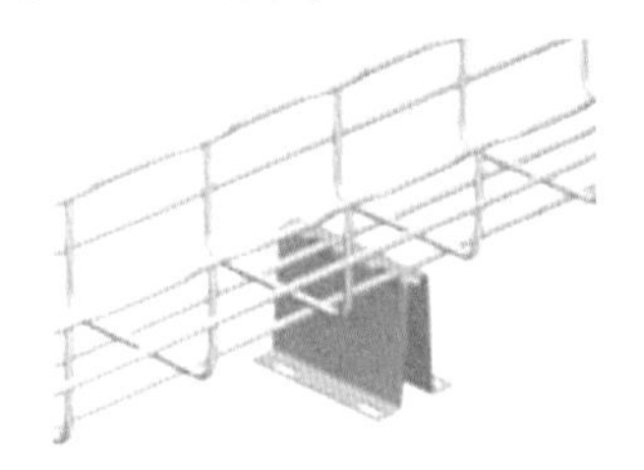

图7-50 支架安装方式

（2）天花板安装。根据用户承重等的实际需求，可选择不同的吊装支架。通过槽钢支架或者钢筋吊竿，再结合水平托架和M6螺栓将主桥架固定，吊装于机柜上方。在对应机柜的位置处，将相应的线缆布放到相应的机柜中，通过机柜中的理线器等对其进行绑扎、整理归位。吊装支架具体安装方式如图7-51所示。

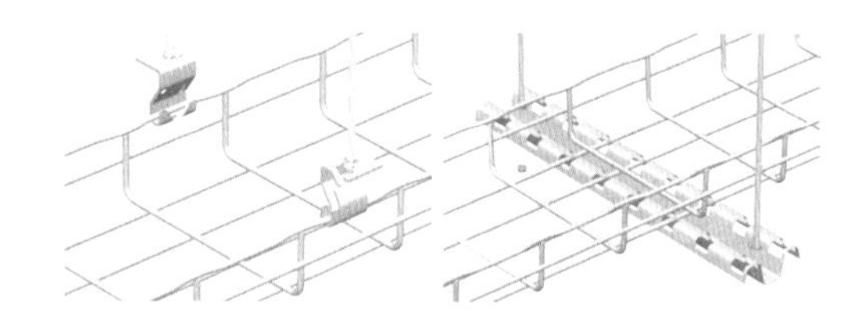

图7-51 吊装支架安装方式

（3）开放式网格桥架的特殊安装方式。分层吊挂安装如图7-52所示，可以满足敷设更多线缆的需求，便于维护和管理，也能使现场更美观。

图7-52 分层吊挂安装

（4）机柜支撑安装。机柜安装代替了传统的吊装和天花板安装，如图7-53所示。采用这种新的安装方式，安装人员不用在天花板上钻孔，不会破坏天花板，而且安装和布线时工人无需爬上爬下，省时省力，非常方便。再加上网格式桥架开放的特点，用户不仅能对整个安装工程有更直观的控制，线缆也能自然通风散热，减少能耗，节约能源；机房日后的维护升级也很简便。

图7-53 机柜支撑安装

将配线架（配线模块）直接安装在网格式桥架上，通过简单安装，配线架可以固定在网格式桥架上，水平线缆的整理和路由在桥架上进行，而配线架自带的环形理线器可以正常进行跳线的管理，当增加或减少机柜或机架的时候，只需要简单地连接或拆掉跳线即可实现，非常方便。

网格式桥架因其轻便、灵活，在很多情况下可以成为梯架理想的替代品。不过，也有很多用户在项目中把网格式桥架作为梯架的补充。梯架用于主干桥架，而网格式桥架则作为分支桥架。

（二）封闭式管、槽的安装施工

封闭式管、槽的安装施工在国家标准中有详尽的规定，可以参照执行。

线槽可在地板下或机柜上方安装，部分路径还要借助顶部楼板吊装。管材除了上述安装方法外，还有暗敷设于墙体内的等。电缆桥架直接安装于机柜上方或下方时，在相应的机柜处可将对应的线缆直接引入机柜中。强电插座电力线无法抵达到相应机柜处时，还要再通过JDG、KBG之类的薄壁镀锌钢管从线槽延伸，进行二次敷设。

7.10.9 接地

（一）机架接地连接

机架的接地连接方法如图7-54所示。

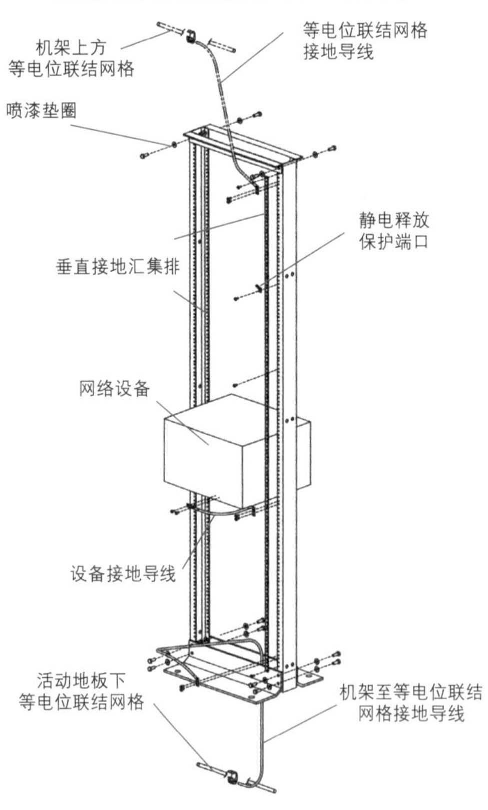

图7-54 机架接地连接

机架上的接地装置应当采用自攻螺钉以及喷漆穿透垫圈以获得最佳电气性能。如果机架表面是油漆过的，接地必须直接接触到金属，所以当装配机架时，借助清除漆溶剂、冲击钻的帮助，也可以获得更好的联结质量。

在机架后部，应当安装与机架安装高度相同的接地母线，以方便机架内设备的接地连接。通常安装在机架一侧就可满足要求。

在机架设备安装导轨的正面和背面距离地面1.21 m高度分别安装静电释放（ESD）保护端口。在静电释放（ESD）保护端口正上方安装相应标识。

机架通过6 AWG跳线与等电位联结网格相连，压接装置用于将跳线和等电位联结网格压接在一起。在实际安装中，禁止将机架的接地线按菊花链的方式串接在一起。

（二）机柜接地连接

机柜的接地连接方法如图7-55所示。

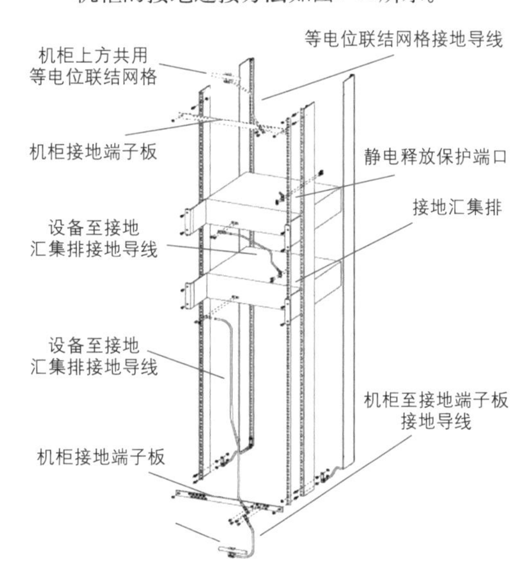

图7-55 机柜接地连接

为了保证机柜的导轨的电气连续性，建议使用跳线将机柜的前后导轨相连。在机柜后部，应当安装与机柜安装高度相同的接地母线，以方便机架上设备的接地连接。通常安装在机柜后部立柱导轨的一侧。

机柜应当安装接地端子板，并且根据等电位联结网格的位置，安装在机架的顶部或底部。使用6 AWG的接地导线连接。线缆一端为带双孔铜接地端子，通过螺钉固定在接地端子板，另一段则用压接装置与等电位联结网格压接在一起。

在机柜正面立柱和背面立柱距离地板1.21 m分别安装静电释放保护端口。静电释放保护端口正上方安装相应标识。背面立柱的

ESD保护端口直接安装在接地条上。

机柜上的接地装置应当采用自攻螺钉以及喷漆垫圈以获得最佳电气性能。

（三）设备接地

建议安装在机柜或机架上的设备通过以下方式连接到机柜或机架的接地汇集排上：

为满足设备接地需求，厂商可能提供专门的接地孔或螺栓。接地线一端连接到设备的接地孔或接地螺栓上，另一端连到机柜或机架的铜接地汇集排。在有些情况下，最好将设备接地线直接连接到机房等电位联结网格上。

如果设备厂商建议通过设备安装边缘接地，并且该处没有喷漆，可直接连接到机架金属构件上；如果设备安装边缘已经喷漆，可以除去油漆再连接到机架上或采用上述内外齿轮锁紧垫圈连接到机架上。

（四）桥架的接地

敞开式桥架接地方式如图7-56所示。

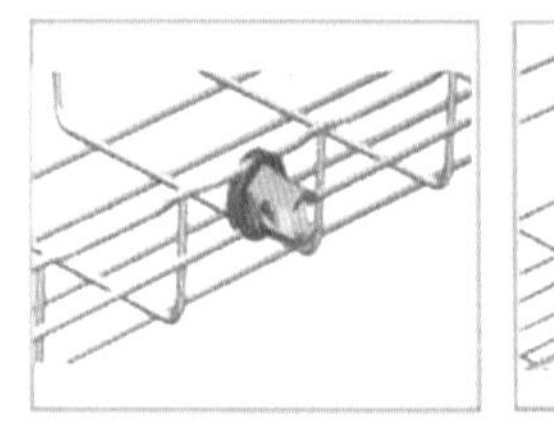
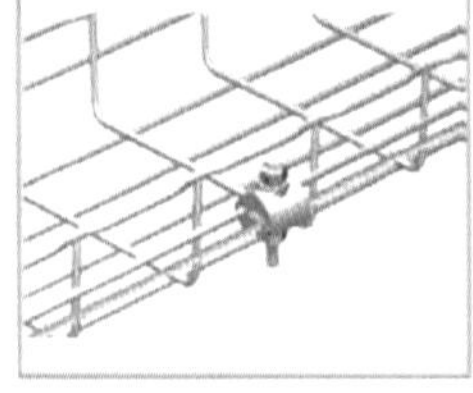

图7-56 敞开式桥架接地方式

（1）传统的接地使用电感型铜质短导线配以八爪螺钉进行安装，每一段桥架都需要加以端接，每次接地的有效范围约为1～3 m，前段桥架接的效果是否优良将直接影响后段桥架的接地效果。

（2）新型的接地方法是使用一段平行于整个桥架的直线铜质导线，从6～50 mm^{2}都可以方便地使用接地端子进行连接；小于50 m路径的网格式桥架直接两端接地即可；如果是较长的路径，每15～20 m的范围内做一次端接就可以达到接地要求。

（3）网格式桥架使用独立的接地系统连线，而传统的封闭式线槽或托盘式桥架等，由于其连接不方便，很难取得和前者完全一致优良的电连续性。

7.11 测试

7.11.1 测试对象特点

数据中心综合布线系统（TIA 942定义）与通用综合布线系统（TIA 568C定义）的验收测试对象相比存在一定差异：数据中心综合布线系统由于采用的链路传输速率较高，设备更新周期短，对布线系统的产品要求与水平布线等常规系统有所不同，链路结构也呈现自身的特点（短链路多、长跳线多、连接模块多和跳接点多），由此对应测试对象和测试方法也有所不同。

7.11.2 光纤测试

一、光纤测试仪表

常用光纤测试仪表有光功率计、稳定光源、光万用表、光时域反射仪（OTDR）和光故障定位仪。

二、测试方法

（一）单芯连接器的端到端损耗测试

测试前推荐使用单跳线法进行基准设置（即方法B），如图7-57所示；执行测试时再增加一根测试跳线，然后测试每一芯光纤的损耗，如图7-58所示。如果不能确认每根光纤的极性，则仪器设置时需要选择双向测试。为了提高测试效率，某些仪器设置时可选择双光纤、双波长测试。

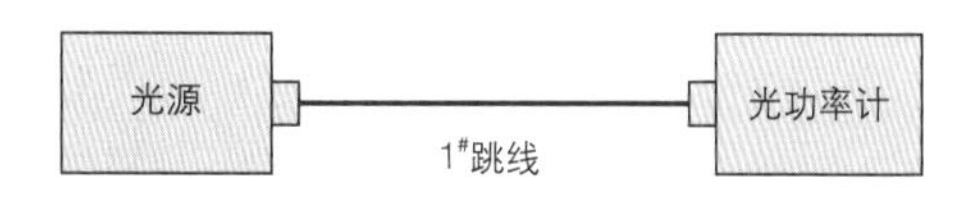

图7-57 单跳线设置基准值

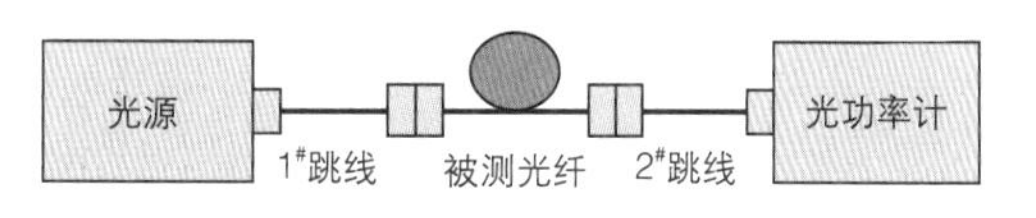

图7-58 增加一根跳线，接入被测光纤链路

（二）多芯MPO/MTP无插针连接器链路之端到端损耗测试

MPO/MTP含多芯光纤，而测试仪表多为SC接头，故不能将MPO/MTP直接插入SC插座进行损耗测试，而需经过一个SC－MPO/MTP多芯测试转换头。测试前需要用三段SC跳线设置基准值（选择经调整的方法B，这样可以输入三段跳线的长度），如图7-59所示。然后拆除中间的3#跳线，接入两个SC－MPO/MTP测试转换跳线，在两个测试转换跳线之间接入被测链路，逐根进行测试。如图7-60所示。为了提高效率，某些仪器设置时可选择双光纤、双波长测试。

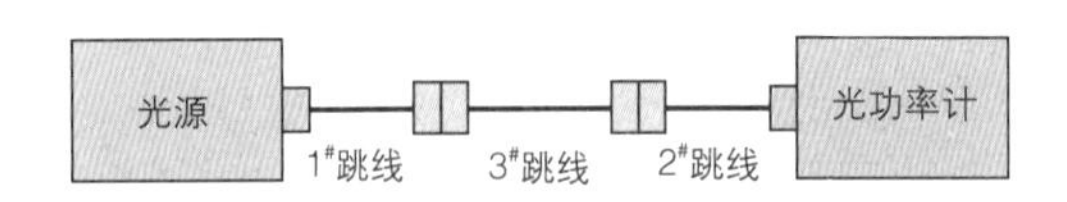

图7-59 三跳线设置基准值

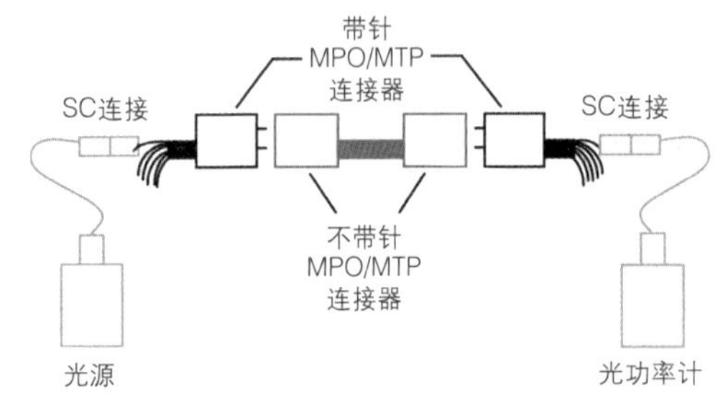

图 7-60 测试MPO/MTP多芯光纤

如果使用具备多芯MPO/MTP测试接口的测试仪表，可以按照上面提到的单跳线法进行基准设置，并一次性测试12芯光纤的损耗。

（三）短链路高速光纤的测试

数据中心由于大量采用能支持10 G以太网的OM3、OM4多模光纤链路，大部分链路长度较短，而短链路多模光纤允许的损耗余量很小，为了保证测试准确性，测试模型一定要选用B模式。

测试使用类型：一级测试或二级测试（用户选定）。

测试使用标准：通用型测试标准、应用型测试标准和二类测试标准。参见光纤测试方法。

一级测试就是常规的损耗－长度测试。二级测试就是在一级测试基础上增加OTDR测试，并由此判定两路中是否有引起性能下降的事件（如连接器、熔接点损耗超差，光纤弯曲过度，存在气泡，或者捆扎过紧等）。支持二级测试的OTDR可以根据甲方要求调整连接点或熔接点的损耗判断门限制，并给出“通过/失败”结果。

对于多模光纤应用，1 G和10 G以太网的光模块较多地采用了VCSEL光源，在一类测试时如果使用LED光源来测试损耗值，则存在一定误差。所以，为了更加精确地测试损耗，建议测试时最好使用相同的VCSEL光源模块，这样仿真度最高，误差最小。

由于LED多模光源存在许多高次模光能量，这些能量在设置基准的时候能传递到光功率计，但在测试时由于链路有一定长度，这些高次模能量则可能很快减弱，无法到达光功率计，由此将造成测试误差，故精确的测试损耗值须将连接光源的测试跳线绕在卷轴上（卷轴的作用就是滤除高次模光能量）。

（四）光纤信道测试

对于包含多个交叉连接的光纤信道，建议进行信道测试，以确保多个连接点累计的损耗不影响相应的网络应用预算指标。测试方法同上所述。

如果甲方希望接入设备跳线后光纤信道都能确保正常使用，则应检测光纤跳线。光纤跳线一般可按照一级测试的方法进行（即测试损耗值），而对于高速链路则可以增加测试ORL（光回波损耗）。

7.11.3 铜缆测试

一、测试标准和仪表

关于数据中心中铜缆布线系统的测试标

准，在TIA 942标准中并没有详细提及，应以通信业常用的ANSI/TIA/EIA 568－C.2标准或者是我国相对应的GB 50312标准作为测试的基准。市场上所有的品牌测试仪器，都已经集成了相关的国际标准，直接使用即可。

二、测试数量

安装结束要求对100%的永久链路进行测试并存档作为验收文档，测试可由甲方进行，乙方则必须提交自检测试报告，还可以全部委托由第三方进行测试。第三方如果受托进行抽测，则可选取10%～15%的链路进行测试。

对于甲方而言，还希望对即将开通的信道进行100%测试，以确保设备接入后都能正常使用。开通前的信道测试也可以作为检测报告存档备查。在最终验收过程中，最终客户可抽取3%～5%的线路进行抽查。如有必要，还可根据用户的最终应用情况，安排应用仿真测试。

三、6A类铜缆系统测试

（一）外部串扰（线间串扰）测试

6A类/EA级UTP线缆施工方便和无需考虑接地影响，但需要测试外部串扰（线间串扰）。由于外部串扰测试过程复杂，测试时间长，测试工作量极大，所以只推荐进行部分链路的选择性测试。

为此，建议用户采用两种测试来保证链路质量。一是安装前的进货测试，二是安装后的竣工验收测试。既可以减少测试数量，又可以最大限度地保证链路合格率。

安装前的进货仿真测试不是标准当中要求的测试，测试时采用“6包1”仿真测试，使用10 G标准化组织认可的10 G外部串扰模块进行测试。人工搭建的“6包1”仿真永久链路长度为90 m，被测的一条链路要一直处于电缆束的中间位置。进货仿真测试目的是把所好选用产品的进货质量关。抽测的比例由用户确定并执行，建议的抽测比例为1%包装箱，即每100箱电缆抽测1箱（“6包1”实际耗用630 m，每次基本上用两箱标准包装＋90 m的电缆）。基本上，如果施工队伍技术纯熟、经验丰富，则把好进货关的安装链路绝大多数都能通过竣工验收测试。

安装后的竣工验收测试，考虑到成本问题，可以进行抽样测试。样本保持在1%~5%，也可以选择上限保持在5～10条，至于实际抽测的数量需要在合同中规定，使用10 G标准化组织认可的10 G外部串扰模块进行测试。

选取被测链路（被干扰链路）的原则是：较长的链路，电缆束粗的链路，居于配线架中间部位的链路；选取干扰链路的原则是：除了同一捆电缆束的链路外，靠近被测链路配线架插座模块紧邻的链路，尽管它们不在同一捆电缆束中。

（二）非外部串扰测试

未被选中进行外部串扰的链路则只需像在水平链路中那样选择6A类/ EA级标准进行常规测试即可。6A类/ EA级屏蔽系统由于本身的屏蔽层是对外来串扰的天然屏障，目前业界和标准都倾向于不做外部串扰测试（但在故障诊断时需要注意屏蔽层检测不合格的链路，它可能引起外部串扰检测不合格）。

四、特殊测试

（一）长跳线测试

数据中心可能会使用少量的长跳线（<20 m）进行高速设备连接，若使用传统的水平布线标准来验收则因为标准中的短链路“3/4 dB原则”，很容易通过。而部分用户希望这些链路以后能支持更高速率的设备，会怀疑这类链路的本身质量是否达标（而不只是符合3/4 dB原则）。这时建议用户可以按跳线标准进行验收测试。

（二）短链路多连接模块测试

数据中心由于其结构的特点，可能存在多连接/跳接的短链路，链路虽然不长（小于20 m）但连接模块的数量可能达到4个，此时采用某些标准进行测试可能出现较多的回波损耗边界值（即*号），部分用户不认可这种测试结果。建议：选择包含“3/4 dB原则”的标准进行测试，这样可以减少“*号”，提高测试通过率。

五、接地电阻测试

若采用屏蔽电缆系统，一般不需进行外部串扰测试，但需要进行屏蔽层连通性测试和接地测试，屏蔽层检测可以在设置仪器时选择FTP/ScTP电缆类型即可自动完成测试；屏蔽层一般会与机架接地连成一体，接地测试方法和要求与弱电接地要求相同。请参见弱电接地电阻测试的相关内容。

六、外来干扰测试

本测试方法不属于物理测试验收范畴，但在系统集成完工后有时候需要进行这种测试，故在此作简单介绍。

数据中心由于设备密度大，速度快，造成电力谐波和高频辐射干扰强、接地回路干扰大等特点。系统集成商时常会发现，在对电缆进行验收测试时可能都是符合要求的，但实际工作时链路的出错率却比较高。这时需要引入基于局域网的网络链路传输速率测试，对重要的链路进行吞吐率、延迟量等测试。目前的测试方法只是涉及千兆链路，对于10 G链路则可用千兆测试作参考。测试时，被测链路需要接入交换机、路由器等真实设备，就近选择网络接入口进行链路测试（此测试包含链路两端的有源接口）。测试方法请参见国家标准GB/T 21671—2008。本测试除了可以考察链路接点设备的问题外，还可以考察UTP的外来辐射干扰（注意：此处不是指线间的外部串扰）和F/UTP的接地回路干扰情况。从吞吐量和丢包率上可以直接反映干扰导致出错的密度。

7.11.4 测试仪器操作

（1）开机后应自校验/设置NVP值。

（2）选择测试介质，一般需对应与所进行测试的对绞电缆/光缆/同轴电缆等。

（3）选择测试标准，应依据国家规定的技术标准。

（4）选择电缆类型，如Cat3，…，Cat7，OS1～OM4等。

（5）选择链路模式，如信道/永久链路/跳线/电缆/插座等。

（6）连接对应的测试模块。

（7）选择合适的测试方法，如方法A、B、C等，本书指定方法B（光纤）。

（8）必要时设置参考值/基准值。

（9）实施测试，即进入测试程序。

（10）命名并存储测试数据。

（11）重复步骤9/10，可能需要中途转入步骤（2）。

（12）批量测试结束后进行测试数据整理，取出/转存/合并/打印数据等工作。

（13）关机。

7.12 数据中心布线配置案例

7.12.1 工程简介

数据机房占地面积约1 500 m^2，分为网络机房、存储机房、主机房1、主机房2和高密度机房，规划安装258个机柜、机架。设备、配线机柜/机架的功能划分和布局如图7-61所示。

根据GB 50174标准A级和TIA 942Tier标准4级的布线设计，采用主干、水平双冗余连接。

7.12.2 系统设计方案

在网络机房设置主配线区MDA，主配线区中又分为两个功能区域，其中机柜ZA和ZB列为设备机柜，安装核心网络交换机/路由设备、存储交换设备和电信接入设备；机柜ZC和ZD为集中式配线机柜区，全采用开放式机架，便于布线安装和跨架跳线管理，其中ZC为光配线区，ZD为铜配线区并采用角型配线架以提高机架利用率。所有配线跳接操作均在集中配线区ZC和ZD机柜列内进行，简化了跳线管理，降低了对核心交换设备的访问误操作隐患。在主配线区

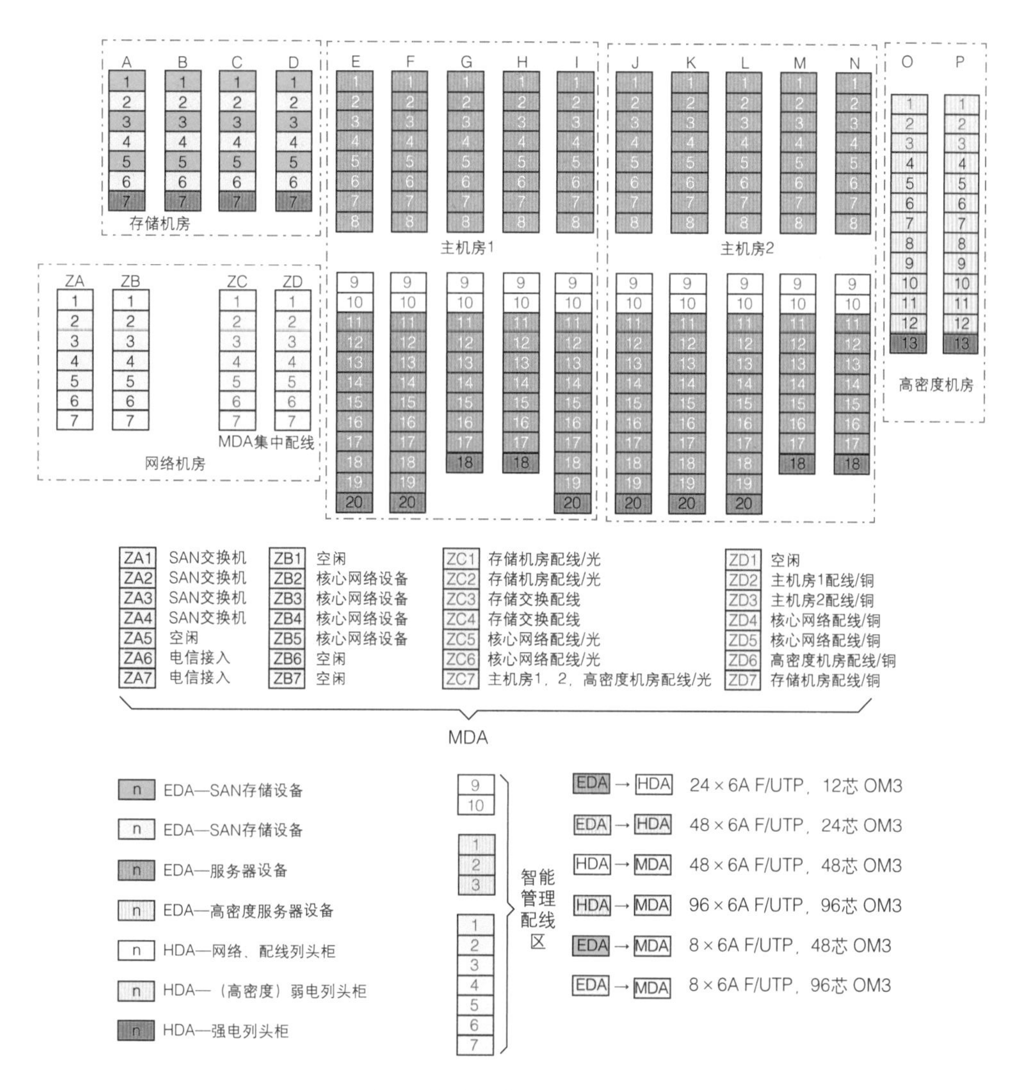

图7-61 数据中心机柜分布图

的配线机架区采用智能管理布线系统，直接监测主干、水平和网络设备铜端口之间的连接属性，一旦跳接状态变更，直接反映到监控中心的管理平台上。为了增加线槽利用率和方便日后扩容升级，在设备区与配线区之间的光纤连接采用即插即用预连接光缆系统提高安装和使用效率，此技术能够支持下一代40 Gbit/s和100 Gbit/s网络技术，如图7-62～图7-66所示。

系统配置，其中：

ZA－ZC：88根24芯OM3多模光缆，MTP预连接系统。

ZB－ZC：44根24芯OM3多模光缆，MTP预连接系统。

ZB－ZD：1 056根6A F/UTP铜缆。

在主机房1和主机房2中为每列服务器机柜中间设置两个水平配线区HDA列头柜，分别安装接入层网络交换机和配线设备，每个设备配

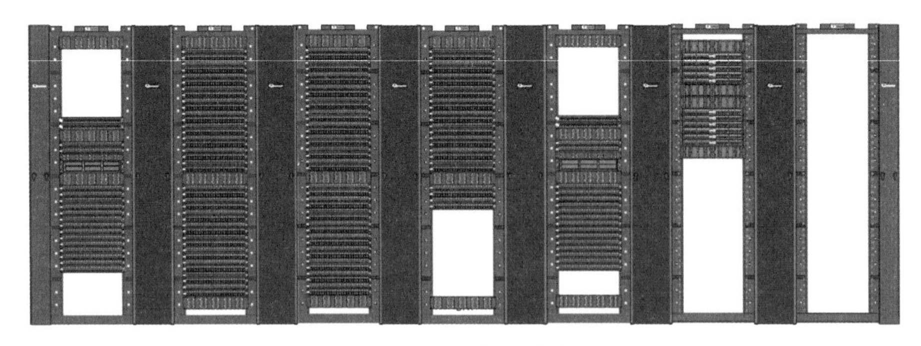

图7-62 主配线区铜缆配线机柜布局图

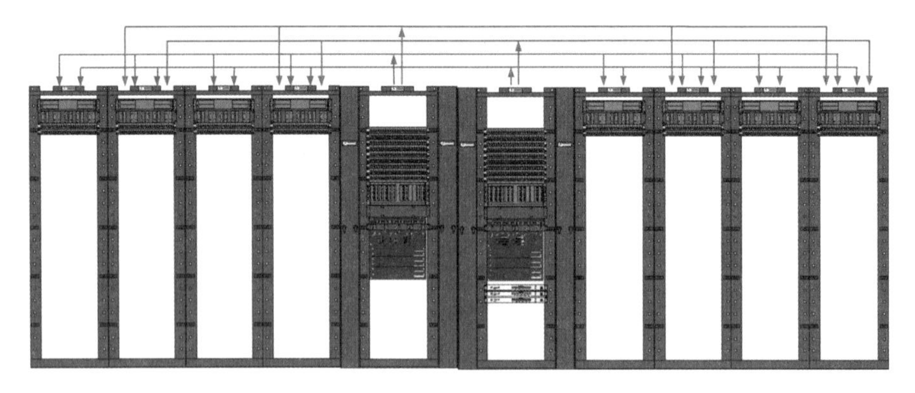

图7-63 数据中心水平线缆连接

线区服务器机柜EDA均有12根6A类水平万兆铜缆分别连到本列的两个水平配线区列头柜，每个偶数编号服务器机柜EDA均有12芯万兆多模OM3光纤分别连到本列的两个水平配线区列头柜。为了增加线槽利用率和方便日后扩容升级，在设备配线区与水平配线区之间的光纤连接采用即插即用预连接光缆系统。

其中：

EDAn奇－HDA9：12根6A F/UTP铜缆。

EDAn奇－HDA10：12根6A F/UTP铜缆。

EDAn偶－HDA9：12根6A F/UTP铜缆，12芯OM3多模光缆预连接系统。

EDAn偶－HDA10：12根6A F/UTP铜缆，12芯OM3多模光缆预连接系统。

HDA9－MDA：24根6A F/UTP铜缆，2根12芯OM3多模光缆。

HDA10－MDA：24根6A F/UTP铜缆，2根12芯OM3多模光缆。

在刀片机房中为每列服务器机柜设置3个水平配线区HDA列头柜（其中一个作为配线冗余），分别安装接入层网络交换机和配线设备，每个设备配线区服务器机柜EDA均有24根6A类水平万兆铜缆分别连到本列的两个水平配线区列头柜，每个偶数编号服务器机柜EDA均有24芯万兆多模OM3光纤分别连到本列的两个水平配线区列头柜。为了增加线槽利用率和方便日后扩容升级，在EDA与HDA之间的光纤连接采用即插即用预连接光缆系统提高安装和使用效率，此技术能够支持下一代40 G/s和100 G/s网络技术。

其中：

EDAn奇－HDA1：24根6A F/UTP铜缆。

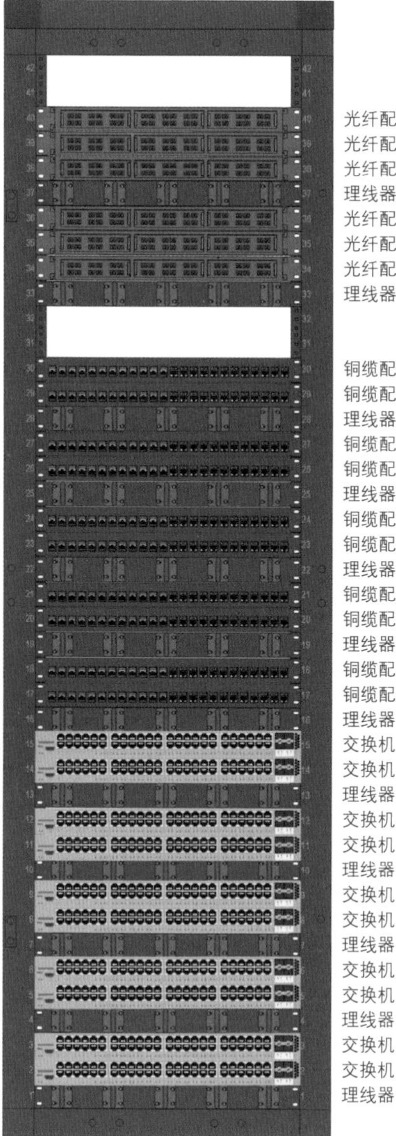

图7-64 平配线区机柜布局图

EDAn奇－HDA2：24根6A F/UTP铜缆。

EDAn偶－HDA2：24根6A F/UTP铜缆，24芯OM3多模光缆预连接系统。

EDAn偶－HDA2：24根6A F/UTP铜缆，24芯OM3多模光缆预连接系统。

HDA1－MDA：48根6A F/UTP铜缆，4根12芯OM3多模光缆。

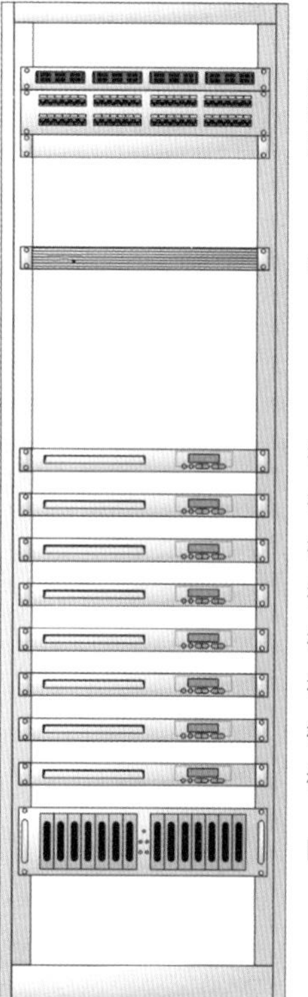

图7-65 设备配线区机柜布局图

HDA2－MDA：48根6A F/UTP铜缆，4根12芯OM3多模光缆

存储机房只设置设备配线区存储设备EDA机柜，所有的机柜直接连到主配线区。为了增加线槽利用率和方便日后扩容升级，在设备配线区与主配线区之间的光纤连接采用即插即用预连接光缆系统。

其中：

EDAn奇－MDA：8根6A F/UTP铜缆，2根24芯OM3多模光缆预连接系统。

EDAn偶－MDA：8根6A F/UTP铜缆，4根24芯OM3多模光缆预连接系统。

7.13 热点问题分析

一、数据中心内的线缆管理有多重要?

好的线缆管理不仅可以提高数据中心的美观程度，使网管人员对于布线系统的移动，添

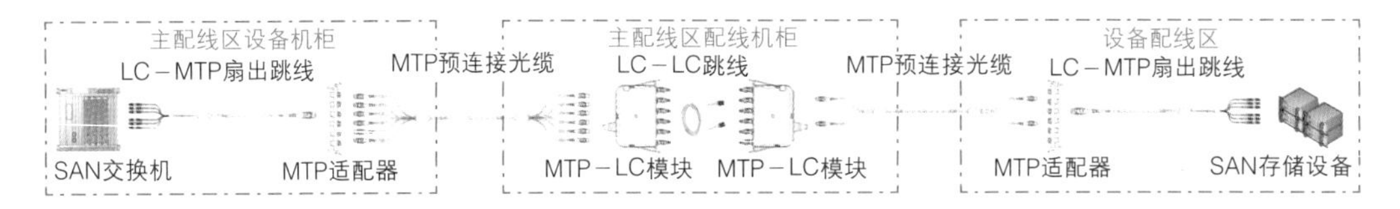

图7-66 SAN光纤预连接系统

加和更换更加简单快速，并且有效的线缆管理会避免线缆在机柜和机架上的堆积，防止其影响冷热空气的正常流动。如果热交换的效率下降，设备的温度将上升，不仅需要消耗更多的能源，而且会使设备的传输性能以及可靠性下降。数据显示，温度上升10 ℃，信号传输将衰减4%。因此数据中心内线缆管理的设计是非常重要的。

二、为什么需要支持10 G/40 G/100 G应用？

数据中心的布线系统，需要有效支持3代有源设备的更新换代。同时，数据中心应能够支持高速率的数据传输和存储及越来越大的单体文件的容量。所以，选择一套先进的布线系统是极其有必要的。它将确保在相当的一段时间内，无需更换或升级布线系统本身。要知道，更换一台网络设备相对容易，而更换整个布线系统需要更多的时间和成本。

三、双绞线能支持10 G应用到多少距离？

根据2006年9月颁布的IEEE 802.3an 10BASE－T标准，6类布线可以在55 m的距离上传输万兆以太网。而在2007年3月颁布的TSB－155标准中更是针对已经安装的6类、E级布线系统对万兆以太网应用支持提出关键因素：①支持10 G以太网的信道模型长度为37 m；②线间串扰测试合格的37～55 m信道，可支持10 G以太网；③55～100 m的信道，使用缓解技术后可支持10 G以太网。以上长度考虑主要针对已安装的布线信道对10 G以太网应用的支持，旨在减少需要升级的线路数量，原则上不可用于新建布线系统的设计。2008年4月，TIA正式颁布了在100 m距离的信道上传输10 G以太网的6A类布线标准。综合以上标准可以看出，支持10 G BASE－T的铜缆布线，关键要看传输性能，在不满足相关测试指标的情况下去确定最大传输距离是不可取的。

四、如何看待外来串扰（Alien crosstalk）对数据中心布线的影响？

外来串扰是数据中心布线设计和施工人员都应重视的问题。有时候，美观的布线整理背后往往隐藏着外来串扰的威胁。解决的方法，除了产品的结构、使用材料与制造工艺得到提升以外，线缆敷设时，不要过紧捆扎，不要超出规定的通道填充容量，避免过于弯曲（小于规定弯曲半径），或者采用6A类以上的布线系统，采用屏蔽布线系统等。

五、如何处置数据中心内的废置线缆？

废置线缆是指数据中心内一端未端接到插座或设备上，且没有标注“预留”标签的已安装电信线缆。TIA 942标准规定，数据中心内的线缆要么至少一端端接在主配线区或水平配线区，要么就被移去。废弃后堆积在天花板上、地板下和通风管内的线缆，被认为是火、烟及有毒气体的源头而危害用户安全。

六、数据中心内的交叉连接是否必要？

在ISO 11801标准中，定义了互连和交叉连接两种配线模型，如图7-67所示。

从图中可以看出，交叉连接在服务器和交换机之间多使用了一个配线架，故互连方式在提高传输性能的同时，经济性更强。但是，交叉连接所具有的管理便利性与可靠性却是互连方式所无法比拟的。使用交叉连接方式，可以将与交换机和服务器连接的线缆固定不动，

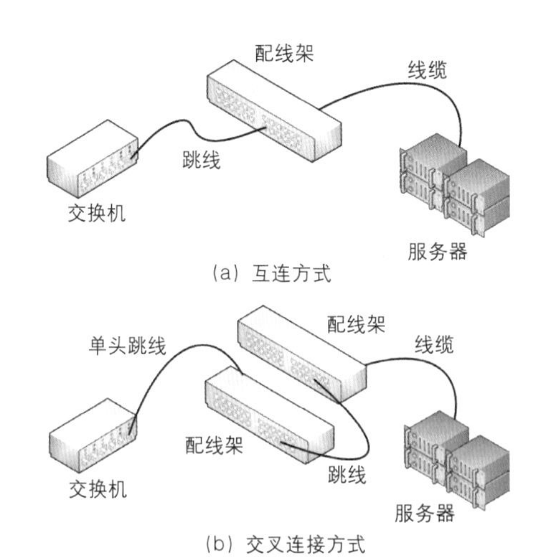

(a) 互连方式

(b) 交叉连接方式

图7-67 配线连接模型

视为永久连接。当需要进行移动、添加和更换时，维护人员只需变更配线架之间的跳线，而互连方式则需要插拔交换机端口的线缆。对于将快速恢复，降低误操作以及保证设备端口正常运行作为最基础要求的数据中心应用环境，交叉连接无疑是更优的选择。毕竟，在日常维护时尽量避开接触敏感的设备端口无疑是明智的。

七、数据中心内的服务器可以直接连到核心区的交换机吗？怎么连？

一般来说，EDA区域的服务器设备，应通过分布式网络的方式，经由HDA的网络设备，交叉连接到位于MDA的核心交换机，如图7-68所示。

如果距离允许（信道长度小于100 m），也可以采用集中式网络架构，不经由HDA，直接从EDA布水平线缆至MDA，通过交叉连接接入核心交换机，如图7-69所示。

或者在上例的基础上采用集合点或区域插座的方式，增加日后服务器变更的灵活性，如图7-70所示。

但是不可像图7-71所示直接通过跳线在HDA把主干布线和水平布线连接起来，哪怕是距离不大于100 m也不行（不符合GB 50311—2007的四连接点模型）。

八、冷通道下面可以布线吗？

根据TIA 942的解释，电力电缆可以敷设在冷通道下方的架空地板下面，这样一方面可以和数据线缆保持适当距离，一方面其工作时产生的热量可以被冷通道稀释。但是随着现在机房设备耗电发热情况的日趋严重，机房布线的趋势是尽可能不占用冷通道的通风空间，以维持当初的空调设计散热功能。电力电缆可以走

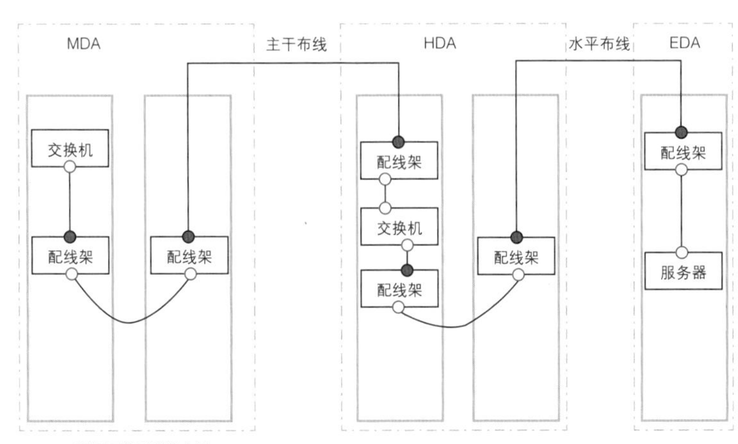

图7-68 分布式网络连接

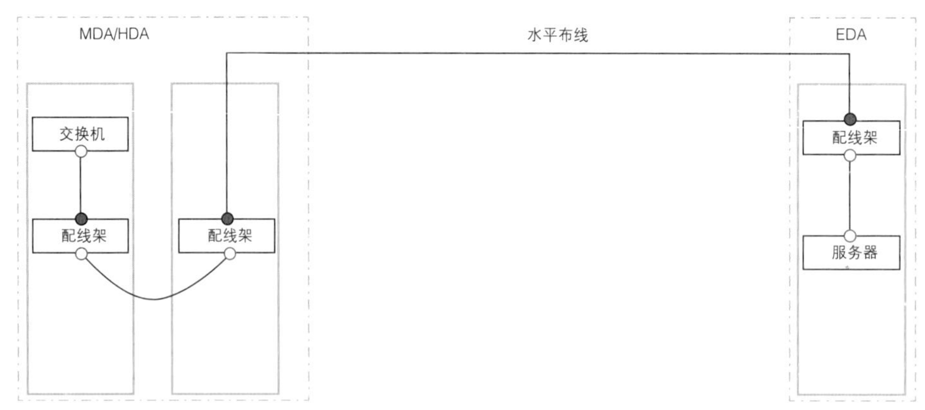

图7-69 集中式网络连接

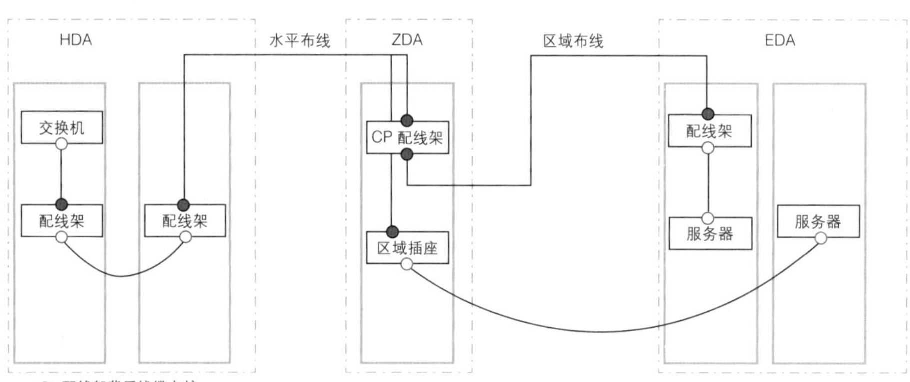

图7-70 区域插座与集合点连接方式

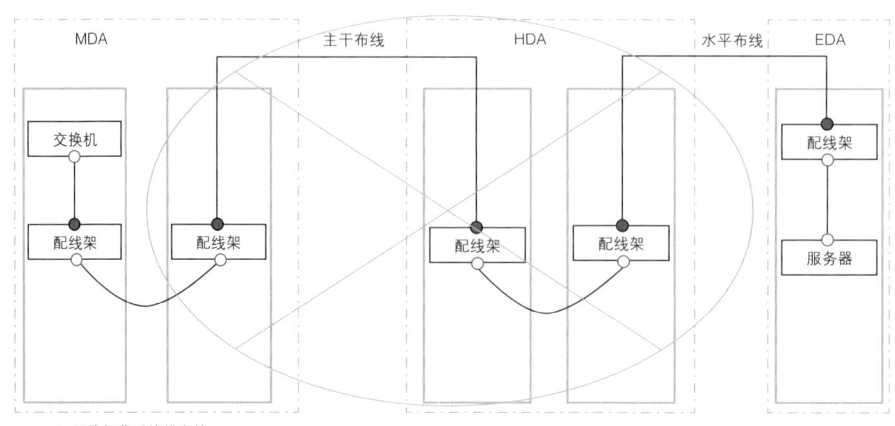

图7-71 错误连接方式

在热通道下，或机柜的上下方。

九、布线系统对数据中心的节能环保有积极的措施吗？

布线系统主要是从以下几方面来支持数据中心的绿色环保和节能：

（1）采用高密度的接口和配线设备，减少布线系统的机房占用空间。

（2）采用生命力长，能够支持未来2、3代网络应用的产品及解决方案，特别是支持融合技术的产品，推迟数据中心物理设施升级的年限。

（3）选用更细的线缆（如6A的屏蔽线缆），节省布线通道的材料，减少对冷热空气对流的阻隔。

（4）选择支持功耗相对比较小的设备的布线系统，如光纤。

（5）选择容错性能好，抗干扰能力强的布线系统，提高网络运行效率。

（6）选择智能管理的布线系统，实时掌控系统的使用状况，提高端口的使用率，减少闲置端口，缩短故障排查时间等。

摄影：于勇（中广映画）
摄于：中国农业银行河北省分行数据中心

工程应用案例

Data Center Engineering Application Cases

随着网络、通信和计算机系统的大规模应用和发展，作为其核心的各种机房的重要性越来越突出。机房的动力与环境设备，如配电、不间断电源、空调、消防、监控和防盗报警等子系统，必须时刻保证能够提供系统正常运行所需的环境。利用先进的计算机技术、控制技术和通信技术，将整个机房的各种动力、环境设备子系统集成到一个统一的监控和管理平台上，可以随时随地监控机房的任何一个设备，获取所需的实时和历史信息。本章给出的数据中心的应用案例都是国内知名企业的最新产品，如供配电系统、布线系统、空调系统、机柜系统和网络系统等，都具有高度集成化、智能化和易掌握等特点；这些案例已不仅仅是功能上的要求，而且要具有良好的可管理性，以确保系统安全可靠的运行。并且根据功能及设备要求区别对待，通过优质产品工艺把上述设计思想有机地结合起来，具有高度的先进性。

第八章　工程应用案例

案例1：ATMT自动电源转换系统在中国移动国际信息港一期工程中的应用

1 工程概况

中国移动国际信息港项目是集国际化支撑、研发创新、信息服务、国际合作交流及展示等功能于一体的世界一流“信息化”、“高科技”与“绿色环保”综合性基地。项目一期工程“国际信息港数据中心”单项工程，包括数据中心及配套设施约6.5万m^2建筑，初始投资额度为2.9亿元。

（1）交流供电电源系统。为数据中心机房楼内设备供电的交流主、备用电源分别由10 kV市电电源及10 kV高压柴油发电机组提供，引至数据中心1#、2#机房楼的一层高、低压变配电室的10 kV电源为市电与备用发电机转换后的电源。

（2）低压交流供电系统。变压器运行方式按“1+1”运行方式设计，即两两变压器均互为备用，平时变压器采用分段供电方式。当其中一路市电停电或一台变压器发生故障时，另一台变压器将承担失电低压母线段全部负载的用电，低压系统具备自投自复、自投手复和手动恢复的功能。

（3）对自动电源转换装置的技术要求。为保证市电切换的可靠性，进线开关与母联开关应具备可靠的电气联锁。进线开关与母联开关须采用电源级自动转换装置，该自动转换装置应具备远程遥控与就地操作两种模式。

2 方案的选择

根据本工程的供配电系统情况以及对自动电源转换系统的要求，拟采用ATMT－3A型电源自动转换方案。

3 ATMT与PLC搭接两种电源转换方案的对比分析

在以往的10 kV变配电所设计中，当出现两台变压器互为备用，低压单母线分段运行时，针对两进线开关与母联开关的自动转换方案，有两种可能的选择：

1）方案一。采用由继电器或PLC搭接的控制回路进行控制的电源自动转换装置，无专用的控制器，PLC的品牌和型号也不固定，取决于低压成套生产厂家。

2）方案二。采用由独立的智能化的ATSE控制器进行控制的电源自动转换装置，有专用的控制器，品牌唯一，针对不同的转换功能有不同的型号，如施耐德万高的ATMT－3A型。

随着低压开关电器技术的不断进步，供配电系统智能化水平的不断提高，以及数据中心用户对关键电源系统的安全性、可靠性和可维护性的要求越来越高，究竟采用哪一种电源自动转换方案，能够更加满足设计和使用者的要求？下面就将ATMT－3A与PLC搭接的电源自动转换方案之间的差异，从五个方面做一个详细的对比，供数据中心配电系统设计和运行维护人员参考，详见后表。

4 施耐德万高ATMT电源级自动转换装置

ATMT电源级自动转换开关由控制器、适配器和执行断路器构成。执行断路器选用Masterpact MT抽屉式空气断路器，断路器分别加装适配器。通过简单的插拔式控制连接线，连接控制器与适配器。

ATMT产品特性如下。

（1）符合标准，运行稳定可靠。ATMT全面符合国家相关标准，通过了严格的型式试验

表 ATMT-3A与PLC搭接方案的对比

	ATMT－3A	PLC搭接
认证	ATMT是一体化的标准产品，整体经过国家质量监督检验中心型式检验，并获得3C认证 ATMT的检测、控制自成系统，该系统通过了严酷的EMC电磁兼容性测试，满足工业级场所以及更恶劣的环境下使用，具有强大环境抗干扰能力，同时也不会对周边精密仪器造成电磁干扰，系统可避免误动作以及拒动作发生	PLC搭接的方案是非标的产品，没有经过3C认证 PLC搭接方案整体没有经过EMC兼容性测试，方案中包含大量的模拟量信号传输，该信号极易受到周围线路或负载产生的电磁干扰，检测信号出现偏差，进而造成误动或拒动发生
技术	ATMT是按照GB14048.11—2008国家转换开关标准研发而成，采用了模块化、集成化、智能化的设计理念，控制器是专为电源自动转换功能研发的，专业性更强，并代表了最先进的技术，可以轻松集成到智能配电监控系统中 ATMT的检测、控制回路采取了有效的隔离、屏蔽和滤波措施，大大提高了抗干扰能力和稳定性 ATMT采用模块化、集成化设计理念，并且采用对插线束连接，部件少，故障率低	PLC作为广泛应用于工业控制领域的可编程序控制器，需要采用众多采集、控制元器件以及辅助线路实现传动控制功能，专业性差，仅代表了传统的控制技术，难以满足现代配电系统模块化、集成化、智能化的要求 只有高端PLC才会采取有效的隔离、屏蔽、滤波等抗干扰措施，效果一般，且价格不菲；辅助元器件及线路并不能做到有效的隔离、屏蔽、滤波等抗干扰措施 PLC方案元器件多，线路复杂，接线繁琐，故障率高
服务	ATMT是成套的电源自动转换装置，由施耐德电气对断路器、控制器、适配器等提供一站式服务，对客户提出的服务需求，能够快速响应；并且责任容易分清	PLC搭接的电源转换装置，涉及多个厂家产品，不同厂家对各自产品的服务政策、流程各不相同，难以提供快速的服务响应；很难区分责任
使用	ATMT提供给客户简单清晰的控制器操作界面，实时显示主备回路的电源电压以及开关分合状态的单线图 自动转换及手动转换功能按钮均集成于控制器上，操作简便，并有效防止误操作的发生 所有系统参数的设定均通过控制器上的功能按钮实现，直观、准确 控制器自带报警指示功能，能够清晰指示各种故障	PLC搭接的电源转换装置，只能通过柜门上的电压表和转换开关来显示主备回路的电源电压，读数不便 手动、自动转换功能的选择需通过转换开关实现，手动转换操作要在进线及母联柜上分别操作分合闸按钮，操作复杂，易出现误操作 系统参数的设定需要外部编程后写入PLC，不能实时便捷地进行调整 不能对各种故障进行报警指示
维护	ATMT采用预制的插接式二次接线，方便用户安装接线及日常维护 ATMT控制器采用集成化的专用控制电路，部件少，维护简单 ATMT 手动按键操作简单可靠，按一个预定按键即可实现两台断路器的分合闸操作，效率比较高，也可节省人力成本 ATMT产品具有多种控制器，控制器批量化生产，并且可满足不同工况需求，系统升级极易实现	PLC搭接的电源转换装置，二次回路有复杂的接线，不便于日常的检修维护 PLC控制需要配合大量的中间继电器实现控制功能，元器件以及线路多，维护非常复杂 PLC搭接方案需要操作多台柜门上的分合闸按钮及转换按钮来实现手动操作，过程繁琐，容易出错，效率低，需要多人同时操作 PLC搭接方案升级非常困难，不同PLC的程序编制不同，不同项目的程序编制有差异，不同编程人员的专业水平又不同；而且常年使用后原理图以及接线图容易丢失，很难区分接线

测试，并取得了中国质量认证中心颁发的3C认证。从而保证其长期工作的稳定性、转换动作的可靠性以及保护动作的灵敏性。

（2）环境适应性强。ATMT具有高等级的耐污染和抗湿热特性，确保了其具有强大的环境适应能力，同时也适用于污染等级较高的工业级场所。

（3）抗干扰能力强。ATMT通过了严格的电磁兼容性测试，使其能够可靠地工作在复杂的电磁环境中，避免由于静电放电、浪涌电压以及电磁辐射等干扰而出现误动作或损坏。

（4）集成化、智能化的控制器。ATMT采

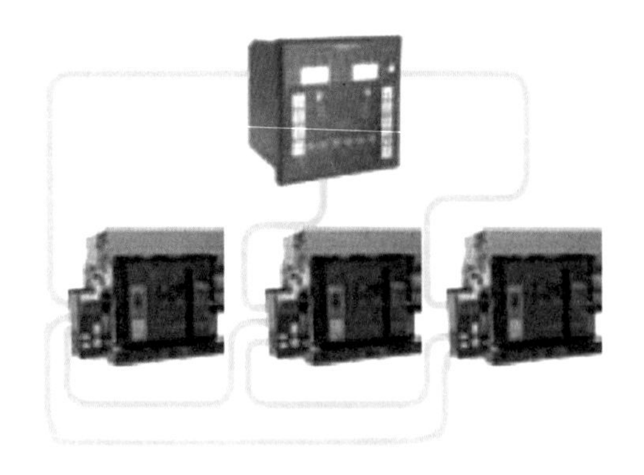

ATMT的二次接线

用了专用的集成化控制电路，使主回路与控制回路隔离，有效地防止干扰；控制器可自动判断电源的失压、欠电压、超压和断相等故障，并实现主备电源快速转换；根据需要还可实现通信及远程控制功能。

（5）可视化的操作。ATMT所有系统参数和转换功能设定均在控制器上进行操作，控制器实时显示主备回路的电源电压以及开关分合状态的单线图；并能够显示各种故障。

（6）产品认可度高。ATMT历经6年销售历程，5万余台的销售数量，项目遍布全国。2008的大学生冬季运动会、广州的亚运会以及石化、冶金、数据中心、供电局和电厂等众多行业项目中均有实际运行，得到了用户的一致好评，也得到业内很多专家的认可。

ATMT－3A型自动转换开关是专为单母线分段低压系统设计的，适用于两电源加母线联络的双电源供电场合，保证两进线开关和母联开关不能同时投入。当一路电源线路出现故障（失压、低电压、超压和断相）时，通过联络

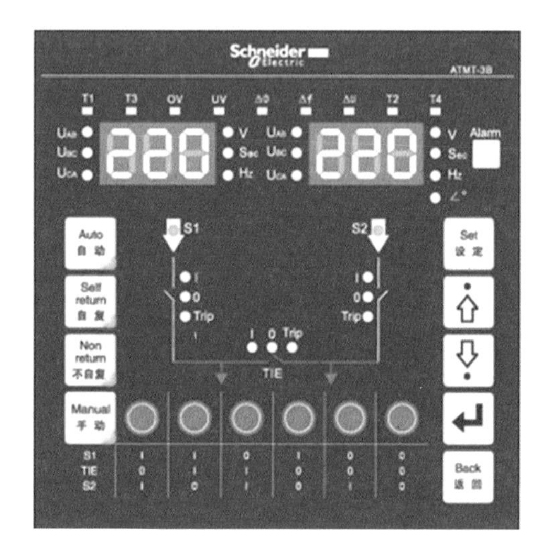

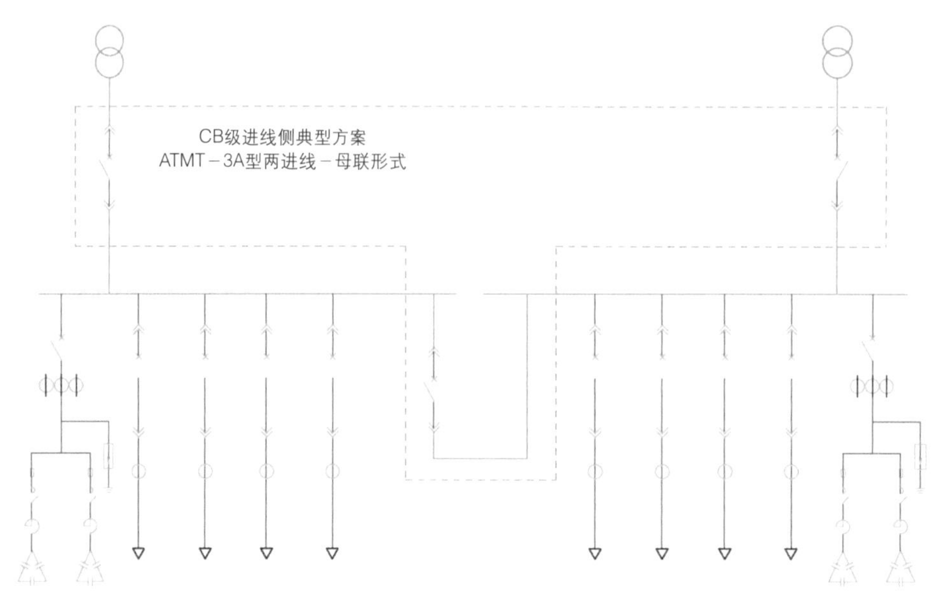

开关的自动投入实现对电源的快速切换，从而满足关键负载对供电连续性的要求。

4 结论

施耐德万高ATMT除了可以提供上述的3A型电源转换装置外，还可以提供2B/3B/TB等具有手动并联切换功能的方案，可实现供电不间断切换，保障了关键负载的连续供电，极大地简化了运行操作，缩短了操作时间，从而提高了配电的安全运行水平和供电连续性。电源自动转换装置的选型，除了要满足设计要求之外，还特别要考虑到运行维护人员的需求。好的产品不但能满足相关标准，通过各种严格的测试，而且还要操作简单、运行可靠，便于维护。

案例2：ATMT自动电源转换系统在万国数据深圳数据中心项目中的应用

1 项目概况

万国数据深圳数据中心位于深圳市福田保税区桃花路5号，为本地金融机构、政府机构和互联网企业提供生产中心和灾备中心服务。建筑物主体为框架结构，地上6层，局部为7层，高38.4 m，建筑面积15 700 m^2，机房面积5 255 m^2，可容纳2 388个机柜，依照7级抗震设计，建设等级为T3级。

制冷系统采用集中冷源冷冻水系统，独立的制冷模块内配置$N+1$（制冷主机），空调系统冗余设置，制冷主机（精密空调）终端采用$N+2$冗余设计。供配电系统采用两路独立变电站市电配置，供电密度为1.5 kW/m^2，$N+1$的发电机冗余设置，UPS系统2N冗余配置。

1.1 交流供电电源及高低压配电系统

为数据中心楼内设备供电的交流主用电源来自两路10 kV专线市电电源，采用单母线分段方式运行。备用电源由低压柴油发电机组提供，采用$N+1$配置，其中一台发电机作为备用机组。变压器采用“1＋1”方式配置，两台变压器互为备用，正常运行时每台变压器的负载率不大于50%，当一路市电停电或一台变压器故障时，另一台变压器可以带起全部一级负载。变压器低压侧采用单母线分段方式运行。

1.2 主用、备用电源转换的要求

当任意一路高压市电电源发生故障时，自动投入低压母联开关；当两路高压市电均失电时，断开母联开关，自动起动柴油发电机组；若柴油发电机起动失败，则自动起动备用发电机组。高压母联开关平时不做投切，只有当一路高压市电进线需要维护时，才投入高压母联开关。

2 两种电源转换方案的技术经济比较

（一）常规的电源转换方案

方案（一）采用了常规的两路市电与多台备用发电机的转换方案，如图1所示。

（1）两路市电电源均各自经过两套PC级自动转换开关，与备用柴油发电机转换后接入低压单母分段主母线，为数据中心一、二级负载供电。

（2）低压单母线分段系统采用两台进线开关加两台联络开关的方式，进线及母联开关均为空气式断路器（ACB），具有手动/自动投切功能，自动投切由PLC控制实现。

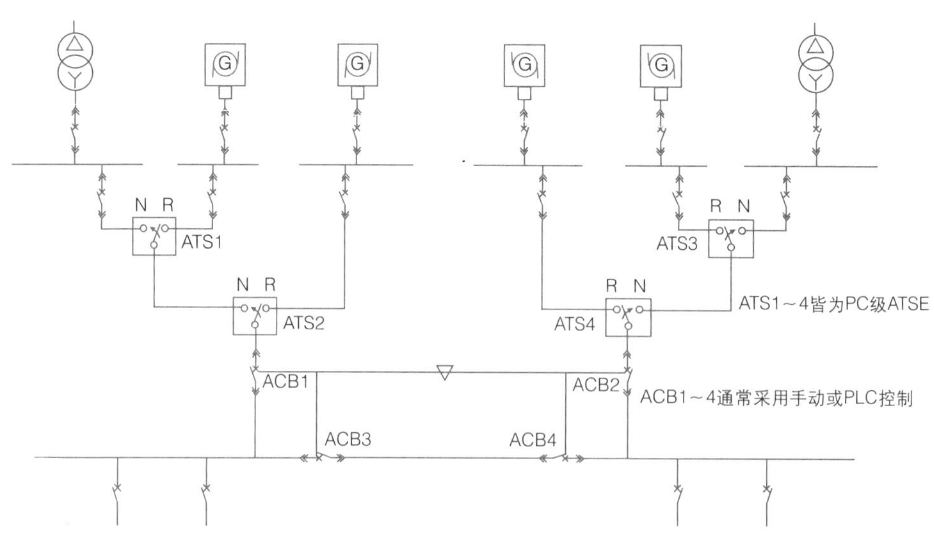

图1 常规方案示意

（二）优化的电源转换方案

方案（二）提出了优化的两路市电与多台备用发电机的转换方案，如图2所示。

（1）每路市电电源与备用柴油发电机之间的转换采用ATMT－TA型三选一自动电源转换系统，电源经过自动转换装置之后，接入各自分段运行的低压主母线，为数据中心一、二级负载供电。此方案中三电源的S_1为市电，S_2为柴油发电机组，S_3为备用发电机组，如图3所示。三电源任何时候只能有一路电源接通，并且根据电源的优先等级，按照$S_1 \to S_2 \to S_3$的顺序依次进行电源转换。当S_1失电时，S_2电源自动投入；当S_1和S_2均失电时，S_3电源自动投入；S_1或S_2电源恢复正常时，自动投入S_1或S_2电源。

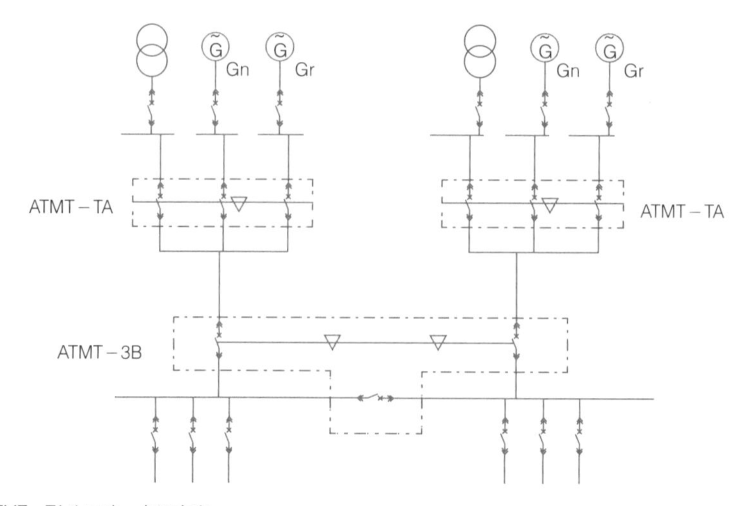

图2 优化方案示意

ATMT－TA型控制器具备发电机的起/停控制信号，可以实现当S_1电源无电时起动柴油发电机，当S_1恢复正常时关闭发电机。

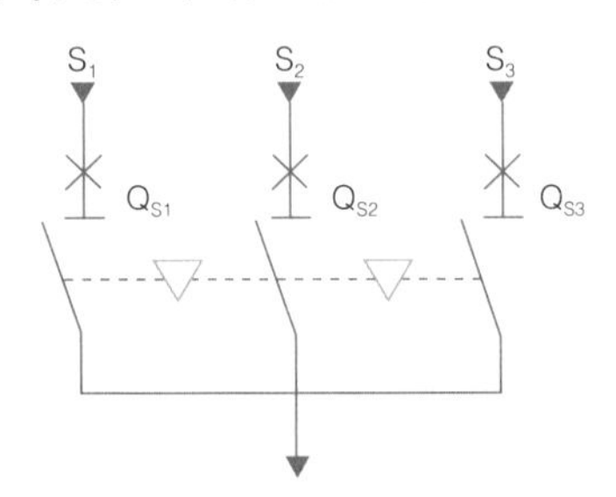

图3 ATMT－TA型电源自动转换系统

（2）低压单母线分段系统中，两台进线开关及母联开关之间的电源转换采用ATMT－3B型自动电源转换系统，具备自动投切和手动转换的功能。当其中一侧电源发生故障（失压、断相、欠电压、过电压）时，自动断开该侧电源的主进断路器，母联断路器自动投入；当该侧电源恢复正常时，则断开母联断路器，自动投入主进断路器。转换方式可以根据运行需要选择自投自复和自投不自复两种方式。ATMT－3B型控制器具有手动短时并联切换的功能，在手动操作方式下，控制器判别两路电源电压差、相位、频率符合并联要求，可以实现 “先合后分”的短时电源并列运行，保证了在计划性停电以及检修维护时，保障重要负载的连续供电。

2.1 市电与发电机之间电源转换方案的技术经济比较

方案（一）中， 市电与柴油发电机间的电源转换采用了两套PC级的自动转换开关串级安装的方式。此方案的优点在于，PC级的自动转换开关转换速度较快。但由于该方案是两层电源转换结构，存在着以下几方面的不足：

（1）电源转换层级多，结构复杂。较多的接线点使得潜在的故障点增多，电源转换系统的可靠性受到影响。

（2）PC级自动转换开关本身不具有过流保护的功能，在其电源侧需要安装额外的ACB断路器提供保护。当PC级转换开关负载侧出现短路故障，进而导致转换开关电源侧ACB脱扣时，PC级转换开关将做出转换动作，将故障回路接通至另外一路电源，引起故障范围的进一步扩大。

（3）由于组成电源转换的低压元件数量多，需要更多的配电柜空间，因此会占用更多配电室的面积。经测算，方案（一）至少需要10面配电柜用来安装PC级ATSE以及ACB断路器。

方案（二）中，没有采用常规的两台PC级ATSE，而是采用了属于CB级的ATMT－TA三电源转换系统。虽然在转换速度上比PC级慢一些，但是关键负载均有UPS提供不间断供电，对稍长的电源转换时间完全可以接受。同时由一套系统就可完成市电与油机的自动转换，满足“结构越简单，可靠性越高”的基本原则。该方案的具体优点在于：

（1）电源转换层级减少，结构扁平化、简单化，消除了潜在的故障点，大大提高了转换系统的安全性和可靠性。

（2）ATMT本身具有过电流保护功能，不需要额外的ACB断路器提供保护。当ATMT负载侧出现短路故障时，ATMT会保护性脱扣，同时锁定故障不转换，避免出现二次故障。

（3）由于低压元件数量的减少，需要的配电柜空间及配电室面积也都相应的减少。方案（二）仅需要6面配电柜就够了。经过综合测算，因减少了的配电柜及相应的元件和接线，使得方案（二）比方案（一）节省投资成本45%。

2.2 低压主进线和母联的投切控制方式上的比较

方案（一）采用了PLC搭接的方式。这种方式虽然成本较低，但需要低压成套厂完成二次回路的设计和接线，并进行逻辑编程，费时费力；因搭接方案涉及多个厂家的元件，售后服务难以保障；此外PLC易受电磁环境的干扰，从而导致误动和拒动，影响电源转换的安全性和可靠性。

方案（二）采用了集成化、一体化的智能自动电源转换系统ATMT－3B，具有专用的控制器，特殊的结构设计，抗电磁干扰能力强，环境适应性强；控制器具有简单易用的操作界面，实时监测显示电源状态，方便运维人员进行参数设定及转换操作；采用预制的二次线，接线简单可靠；由厂家提供整体的售后服务。

通过对上述两种方案的技术经济综比较，并与甲方及设计方共同对方案的可行性进行了详细的论证，最终确定了方案二做为本项目的电源转换方案。

3 施耐德万高ATMT－TA型三电源自动转换系统介绍

ATMT－TA型电源自动转换系统由控制器、适配器和执行断路器构成。执行断路器选用Masterpact MT抽屉式空气断路器，断路器分别加装适配器。通过简单的插拔式控制连接线，连接控制器与适配器。TA型控制器功能适用于三电源转换；具备电源失压、断相、低电压、过电压检测及自动、延时转换功能；具备发电机起动/停止控制功能；具有电气互锁。ATMT－TA的二次接线与案例一相同。

4 结论

随着大规模、高等级数据中心在国内的大量出现，用户对供配电系统的可靠性、灵活性以及自动化、智能化水平的需求不断增强。另外大量的数据中心为了提高利润水平、增强竞争力，需要对基础设施投资进行严格的控制。根据国际权威调研机构IDC提供的数据，数据中心基础设施建设中，供配电系统所占的投资比例达到总投资额的1/3。

所以，可靠性高、灵活性强、能为客户节约成本的电源转换方案，必然会受到客户的普遍欢迎。目前，施耐德万高ATMT系列产品已经为国内的数据中心提供了上百套的电源转换解决方案，得到了客户充分的认可和信任。

“智能转换，开创未来”，施耐德万高将继续引领ATSE的技术和市场，为客户提供更好的产品和服务。

案例3：中国科学技术大学超级计算中心空调系统

1 项目概况

中国科学技术大学（简称中科大）超级计算中心（以下简称超算中心）新址位于中科大东校区新图书馆大楼一楼东北侧，机房总面积约430 m^2，分为主机房、配电室、库房和展示厅等。主机房建有22台威图（Rittal）冷冻水型机柜级制冷空调和46台机柜，可满足超算中心未来三年新增超算能力100～300万亿次/s的需求，并可对用户提供服务器托管服务。超算中心新机房除支持中科大校内外的科学计算外，还将多方面的支持该校内的教学实验、创新与学术交流、用户培训、超算相关的国际竞赛、科技科普等教学与活动，充分发挥作为该校公共实验平台之一的支撑作用，成为积极宣传该校教学科研平台建设，促进与兄弟院校、超算系统和相关企事业单位等的发展交流的一个重要窗口。

2 主要设计特点

2.1 空调冷源

（1）空调主机的配置。由于该超算中心运行时IT设备会持续的产生大量热负载，故设计选用3台额定制冷量200 kW的单冷型风冷冷水机组，全年7×24 h不间断制冷，3台冷水机组$N+1$冗余，可靠性更高。

（2）考虑到数据中心的电力消耗很大，故设计时在冷水机组上选配了自然冷却模块，在主机自控系统的控制下，能够在室外环境温度不大于18 ℃时自动开启自然冷却模式，以降低压缩机的电力消耗，从而达到节能的效果。

（3）鉴于一般的冷水机组安装时均需要相关组件配套选型与工程实施工作，故设计时在每一台冷水机组上集成了$N+1$冗余的变频水泵、缓冲水箱、膨胀水箱、自动补水装置、压差旁通阀等组件，通过工厂化的组件选型与集成，能够帮助降低现场的工程实施工作量，避免由于人为因素带来的工程隐患，进一步提升工程质量与系统可靠性。

2.2 空调设备

（1）终端空调的配置思路。机柜级空调用于消除超算设备的散热，房间级空调用于保证机房大环境的温湿度在合理范围内。

（2）机柜级空调。本超算中心建成后要达到新增200～350万亿次/s的计算能力，因此预计每个服务器机柜内的IT设备散热量高达30 kW，故设计时选用了适合应对高密度散热的机柜级空调。机柜级空调单机额定制冷量高达60 kW，左右各配置一个800 mm宽的玻璃门机柜，能够为每个机柜提供30 kW的制冷量输出；共配置了22台机柜级空调，46个服务器机柜。

（3）房间级空调。为了保证整个机房的温湿度符合现行GB 50174的规范要求，设计时为主机房和配电室各配置了2台额定制冷量39 kW的房间级空调，均采用$N+1$冗余设计。

2.3 空调水系统

超算中心空调水系统采用变流量一次泵系统，水系统管路采用同程敷设方式。考虑到未来不断新增IT设备后，冷水主机的容量可能不足，故设计时按照未来扩容至800 kW的容量规划整个冷冻水管路，并在冷冻水主管上预留未来扩容的冷水主机接口，确保未来能够无缝扩容。

2.4 新风系统

超算中心设置新风系统的目的是满足工作人员的舒适性需求，以及保证机房对外正压，因此在设计时为主机房和配电间配置了一台新风机，风量2 500 m^3/h，新风口位于房间上部。新风机同时具备夏季制冷和冬季制热功能，能够保证送入机房的新风温度在设定的范围内。考虑到新风量约2 次/h的机房换气量，且送入机房的新风一部分会通过门缝泄漏出去，故本项目未考虑相应的排风系统。

2.5 灾后排烟系统

超算中心主机房和配电间均采用无管网气体灭火系统，房间内的消防排烟通常在气体灭火完成后开启，其目的是排出室内的污染空气，通常称之为“灾后排烟”或“灾后排气”。考虑到灭火介质的密度稍大于空气的密度，在灭火介质被释放后会集中在机房的地板附近，故灾后排烟系统的排风口设计位于地板上方200 mm的位置。

3 空调系统简述

3.1 设计参数

（1）室外计算参数（参与合肥地区气象参数，以及合肥市典型气象（设计典型）年逐时参数报表）。

（2）室内设计参数。根据GB 50174—2008《电子信息系统机房设计规范》的相关规定以及招标要求，本项目机房环境按照B级机房设计，室内设计参数见表1。

3.2 空调冷负载

本项目空调系统的设计思路是，主机房内机柜级空调用于消除IT设备的散热、房间级空调用于保证机房的温湿度在合理范围内；配电间放置了配电柜、UPS和电池，则由房间级空调承担所有冷负载，并保证温湿度在合理范围内。因此，空调系统的冷负载主要由两部分组成：IT设备散热形成的冷负载（全部是显热），以及围护结构与照明散热形成的冷负

表1 B级机房设计参数

		开机时	停机时
主机房区	温度/℃	全年 23±1	全年 5～35
	温度变化	不结露	
	相对湿度（%）	40～55	35～75
	空气含尘浓度	静态条件下测试，机房内≥0.5 μm的尘粒数不多于18 000 粒/L	
	新风量	按40（$m^3/h·p$）或保持机房5～10 Pa微正压计算结果中的最大值	

载（显热为主，少量潜热）。本机房无人员常年在内值守，平时仅一二名工作人员在内短时间维护，故未考虑人体散热冷负载。机房围护结构的密封性较好，在新风系统开启时外部的空气很难进入室内，故无需考虑门缝渗透冷负载。新风冷负载由直膨式新风机承担，此处不纳入冷冻水空调系统的冷负载内。

综上所述，本项目主机房和配电间的空调冷负载见表2。

表2 本项目主机房和配电间的空调冷负载参数

（单位：kW）

功能间名称	IT设备冷负载	UPS与电池冷负载	围护结构与照明冷负载	合计
主机房	300	–	24	324
配电间	–	8	8	16
总计				340

3.3 空调冷源

本项目选用的冷水主机为IT数据中心专用风冷冷水机组，由威图意大利工厂制造，整机进口。该主机具备在环境温度－20～＋43 ℃区间全天候7×24 h制冷，整机防腐防锈防震处理，自带完善的自控系统，其内置式自然冷却模块和工厂化全组件集成的模式更适合在中小型数据中心规模化应用。

3.3.1 自然冷却优势

该主机的额定制冷量为200.6 kW，整机（含压缩机、水泵、风扇及控制系统）额定电功率为60 kW，故整机额定能效值EER＝3.34。根据合肥市典型气象（设计典型）年逐时参数报表可知，全年8 760 h中，合肥气温小于等于18 ℃的时间有4 622 h，约占全年总小时数的一半以上。将冷水机组的逐时性能代入合肥市典型气象（设计典型）年逐时参数，在该冷水机组输出制冷量为200 kW且开启自然冷却功能后，可计算出该冷水机组全年的总用电量约271 409 kW·h，换算出全年平均电功率为31 kW。相比额定电功率，实际节能约48%；由此进一步获得该机组全年的平均能效值EER＝200 kW/31 kW =6.45，相比额定能效值3.34，性能提升了约93%。这一切均得益于自然冷却功能的应用。

3.3.2 高集成度优势

空调行业有一句俗语“十分空调，七分安装”，意思是，空调制造的质量再好，如果现场安装不善，则空调系统的整体质量将受很大影响，一些不可预见的隐患可能导致空调故障率急剧增加，降低使用寿命。

为了降低空调系统在安装环节出现的风险，威图的解决方案是将传统工程中需要现场实施的工作提前到威图的工厂完成。因此，本项目的冷水机组在威图意大利工厂内集成诸如缓冲水箱、冗余的水泵、压差旁通阀、定压罐、自动补水装置及完整的自控系统等功能组件，所有的功能组件均经过选型匹配、测试、安装、调试、检验和包装等工序，因此冷水机组自身就是一个完整的系统。

当冷水机组运抵安装场地后，现场的工作量变得很少，通常只需设备就位，并接管通水、接通电源即可开机使用，不需要额外的工程。这样的好处是可以最大程度降低施工环节的工作量，降低人为因素带来的质量隐患，提升冷水机组的可靠性。

3.4 机柜级空调

考虑到超算IT设备高散热量的特点，本项

目设计时选用了针对高密度散热的机柜级空调LCP Rack，该空调不仅可以消除一个服务器机柜的散热，还可以消除两个服务器机柜的散热。机柜级空调的气流组织见下图。

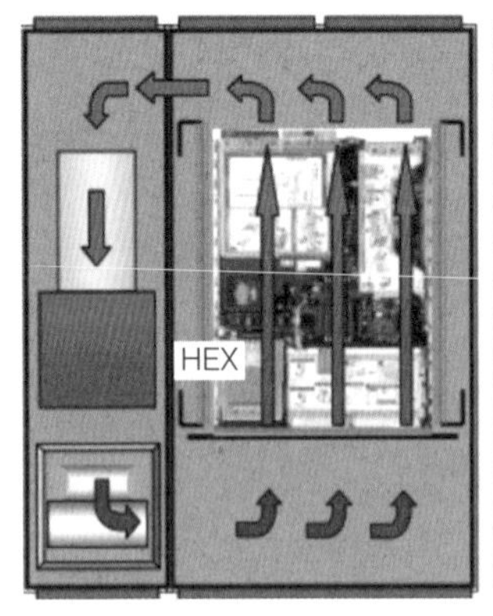

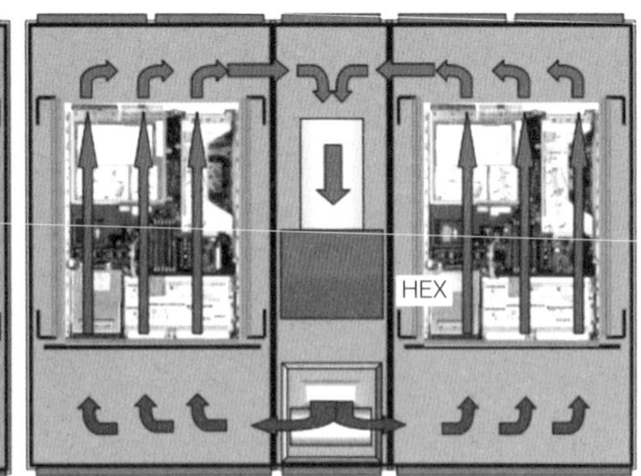

上图均为俯视图，左图常称为“一拖一”布置，右图常称为“一拖二”布置，气流组织描述如下：

（1）机柜级空调与全密闭式机柜并柜形成封闭的整体，封闭体内外空气完全隔离。

（2）从空调表冷器（图中HEX）出来的冷空气（蓝色箭头标识）被空调的风扇直接送入服务器前端区域（即服务器与机柜前门之间的空隙）。

（3）冷空气进入服务器，吸收散热后变成热空气（红色箭头标识），并被服务器的风扇排至服务器后端区域（即服务器与机柜后门之间的空隙）。

（4）在负压作用下，热空气被吸入空调，通过表冷器后被冷却为冷空气，并被再次送入服务器前端区域，进入下一轮循环。

由于机柜级空调与服务器机柜紧密相连并形成一个相对密封的整体，冷、热气流在内部循环，送、回风路径更短，因此冷量不易流失，空调系统的冷却效率更高。

机柜级空调除拥有上述高冷却效率的优势外，还具备以下两个显著优势：

（1）房间的噪声更低。得益于机柜和空调优秀的材料工艺和整体密封性能，服务器的噪声一部分被隔离在机柜内部，使得房间的噪声更低，人员工作环境更舒适。

（2）无惧灰尘更干净。同样得益于良好的密封性，机柜外部的灰尘无法进入机柜，故能够保持机柜内IT设备始终处于相对洁净的状态。

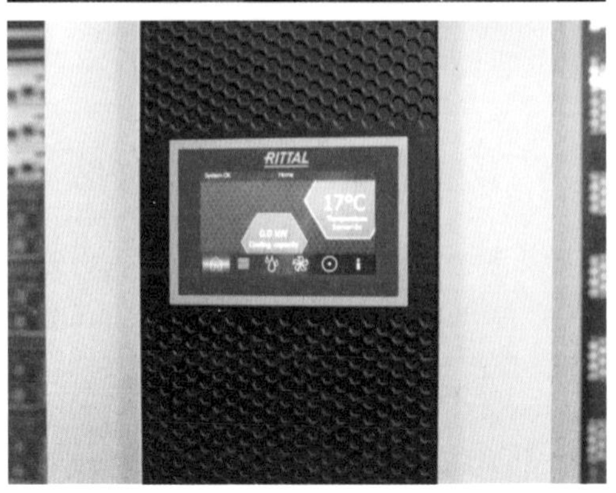

3.5 TS IT机柜

本项目选用了46台威图全新的TS IT机柜，TS IT机柜具有如下特点：

（1）采用全免工具安装设计，重新定义了机柜的安装方式和工作效率。

（2）优化了机柜顶部气流管理系统和电缆进出系统，为工程实施提供了极大的效率提升。

（3）采用人性化的机柜侧板结构，单人可以轻松安装。

（4）机柜侧板带有轻巧的锁具，并可在侧板安装完成后在机柜内部卡死，通过钥匙也无法从外部打开，为机柜级安全提供了基本保障。

（5）适应全球高密度数据中心发展趋势，将机柜的静态载荷提升至前所未有的15 kN（约合1 530 kg）。

（6）通过改进的气流管理套件，在标准的19 in 42U高度、800 mm宽度基础上额外提供6U的安装空间，将机柜的利用率提升至更高的高度。

（7）通过优化机柜结构，可在TS IT机柜内安装4条威图iPDU而不占用任何服务器空间和布线空间。

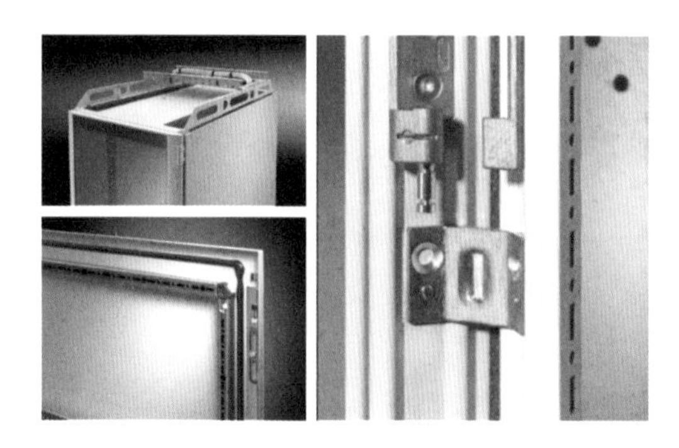

4 设计体会与总结

中科大超算中心自建成以来，已正常运行了近一年的时间，空调系统的运行效果达到了设计预期，整体令人满意。其中有一些经验和反思总结如下，供大家参考。

（1）机柜级空调和机柜并柜后形成相对密封的整体，如果机柜级空调因故停机或冷量不足，那么密封在机柜内的服务器设备在短时间内就会因大量散热无法消除而导致高温损坏或宕机，设计时就考虑如下相关应急措施：对于机柜级空调，设计时通常会考虑为每个机柜增加一套机柜自动开门系统，其工作原理是当自动开门系统的温度传感器检测出机柜内服务器的进风温度升高至设定的安全阈值时，控制系统会默认冷却系统故障，立即自动将机柜前后门弹开，利用房间的空气冷却服务器，将服务器产生的热量散发到房间中，避免服务器因高温而损坏。同时，自动开门系统还可以和消防系统联动，实现安全有效的消防控制。

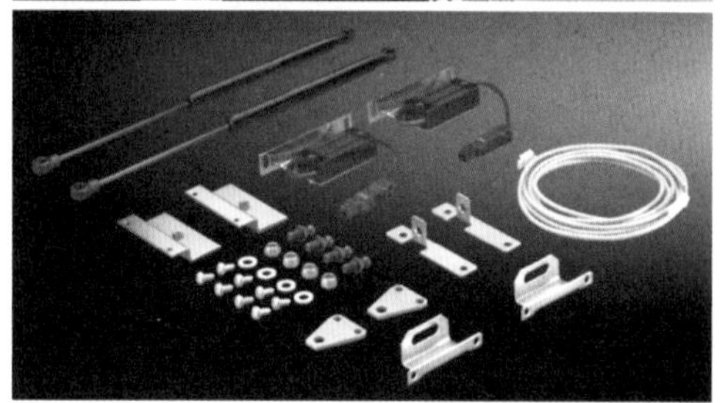

除了上述机柜自动开门系统外，威图的每一台机柜级空调LCP Rack和列级空调LCP Inline的自控系统均自带服务器自动关机功能，用户可以根据需要在自己的服务器上选装一个软件包，并设定服务器自动关机的条件，如漏水报警、高温报警和消防报警等多达16个

设定条件，一旦自控系统检测到符合的条件，LCP就会给安装了软件的服务器发出关机指令，同时向用户发出报警信息。因此，服务器自动关机系统能够进一步应对空调系统和其他系统故障对服务器带来的潜在危害，将风险降至最低。

（2）为什么一定要选择机柜级空调，而不考虑列级（也叫行级）空调？

对于一般的IT负载，列级空调能够胜任，但对于超级计算、高性能计算类的IT设备而言，列级空调的适用性就不如机柜级空调。原因有二：

1）应对高密度热负载。高性能计算和超算IT设备的功率密度通过高于一般的IT设备，一般单机柜散热量在20～30 kW，有些甚至超过40 kW。而市场上300 mm宽度的列级空调制冷量一般在20 kW左右，600 mm宽度的列级空调制冷量一般在60 kW左右。如果采用列级空调，从冷量匹配的角度看，一般一个机柜就需要配置一台列级空调。列级空调和机柜通常采用冷通道封闭或热通道封闭，显而易见的是，列级空调在这两种通道封闭下均属于半开放式冷却。半开放式冷却带给空调系统的是送、回风距离长，机房舒适度和空调冷却效率均不如机柜级空调（密闭式冷却）。因此，与其一个机柜配置一台列级空调，并使用半开放式冷却的通道封闭，还不如使用冷却效率更高的机柜级空调，同样可以一个机柜配置一台机柜级空调，甚至采用$N+1$冗余的机柜级空调。这也是目前国内多数超算中心或高性能计算都采用机柜级空调的原因之一。

2）应对更大的负载变化率。与一般IT设备不同的是，高性能IT设备的单机柜散热量可以高达20～30 kW，甚至更高，待机时的负载率通常只有20%左右，在加载计算任务后，负载率会在短时间内（可能不到1 min）升高至100%；反之亦然。这种高散热密度、高负载变化率的环境，是一般的空调系统无法应对的。

经过测试，对于同样规格尺寸、制冷量、风量和自控方式的列级空调与机柜级空调，机柜级空调在应对高性能IT设备时的制冷量输出响应速度更快，送风温度相对设定值的振荡幅度更小、更稳定，因此机柜级空调比列级空调更适合在高性能计算或超算中心使用。至于上述测试结果的原因，认为可能与机柜级空调的换气次数远远高于半开放式列级空调有关。

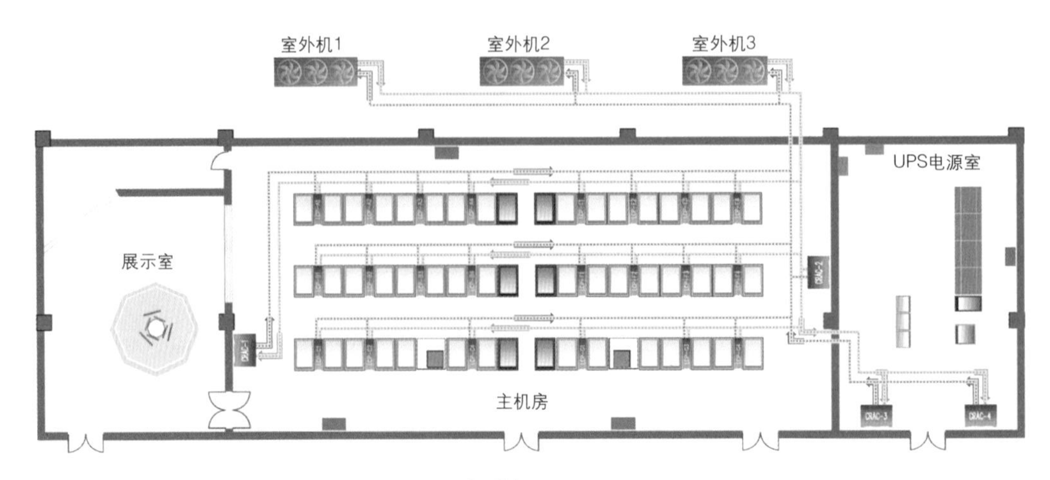

水系统平面图

（3）威图冷水机组的自然冷却功能之所以可以在环境温度小于等于18 ℃时开启是因为该冷水机组默认的进水温度是20 ℃，出水温度15 ℃，只要冷水机组的自控系统检测到环境温度比冷水机组的进水温度低2 ℃或2 ℃以上（也就是小于等于18 ℃），并持续一段时间，则自动开启自然冷却功能。

整个系统的参考图见图。

机柜与空调布置

案例4：大型银行IDC机房交流母线槽系统应用案例

1 项目概况

项目建设地点位于河北省石家庄市。作为大中型金融类数据中心项目，该数据中心可满足该银行未来5～10年IT发展和规划的需求。数据中心的设计和建设遵循安全性、可靠性、灵活性、扩展性、国际标准性、开放性及美观舒适的原则。数据中心建设满足国家标准A级及TIA 942 T3级标准（局部满足T4级标准）。数据中心按照模块化分期建设，共分四个模块，一期启用两个模块。全部投产后，机房年均PUE值控制在1.6以下。

2 项目设计要点

针对于该行数据中心的特性，机柜采用标准与非标容量混配、模块化建设的同时，又具备高可扩容性。

机房每模块8列机柜，每列机柜分为2个POD。采用即插即用StarLine（斯特莱恩）母线槽为每架机柜提供3 kW、5 kW、8 kW不同容量的配电的同时，还实现了本地及远程无线电力监控功能。母线槽主体槽段全点位带电，根据需要实时增加配电单元，具体特性如下：

（1）更好的灵活性。无论是柜顶或高架地板下均可部署，提供专用接地选项，支持多种单相、多相负载需求。

（2）更好的可扩展性。可以预置母线槽主体并通电，之后明确机柜内设备的用电需求后，可根据需要随时增加、减少或更换接插单元，随时满足客户的不同电力需要，做到终端精准配电。

（3）不再需要配电列头柜以及供电电缆，赢得更多的设备机柜位置，提高机房模块内的有效使用空间（推算10个机房模块部署StarLine终端AC强电供配电系统后，可提供原有列头柜加线缆配供电方式11个机房模块设备柜体布放空间），增加一个机房的空间，为客户创造更大的收益；同时母线槽的发热量低，降低机房PUE 值，从而实现节能减排。

（4）快速部署。不再需要搭建电缆桥架、专职电工现场端接线缆等复杂的链路铺设。只需要通过膨胀螺栓等吊装即可，为客户赢得最短的数据中心交付时间。

由于StarLine母线槽本身具有的屏蔽性特性，可以使其与弱电系统桥架同时部署于一个路由内。

减少大量铺设线缆，最大限度地提高机房内、地板下通风面积，使空调系统的制冷能效达到最优，减少用电“巨无霸”空调系统的用电量，达到节能减排的目的。

（5）完全模块化、产品化。通过即插即用式的设计，极大地方便了安装和使用。提供不间断的应用，可持续地接入电源，即插即用的配电单元可以在母线槽不断电的情况下进行加载或移除。带电状态下即插即用，是高密度环境最为理想的选择。

（6）满足高密度数据中心的配电需要。能够提供高密度的插入式配电选择，包括在一个配电接插箱单元上配置更多的电力供应端口。

（7）低总价、低拥有成本。对比传统电力配供电模式，总体拥有成本更加经济，有更多的部署模式及方案可供选择，可以有的放矢地解决终端用电设备的供配电任务。

（8）集成化的电路监控。可以实现对电流、电压等指标的有线或无线电力监控，并支持多种通信接口模式（符合Modbus协议），满足监控管理的要求，并可实现与温度、湿度监测，智能精密空调联动等整合方案。可以实现对每一路、每一分支回路电流、电压等指标监控；同时可以集成到现有的监控网络中，实现集中监控。

（9）免维护。极大地节约运行维护成本，提高客户满意度，减少工作量。

（10）随需而变。适应随时变化的设备配置。客户需求发生重大改变时，只需要简单快速地更换接插箱的种类、数量和位置即可。实现终端精准配电的同时，有效地保护投资。

（11）可持续性。可以反复使用所有的插入式配电单元，避免投资的浪费 。

由于母线槽是模块化的，当需要新的规划布局时，可以迁移并重新利用母线槽的独立部分或整个部分，最大限度地保护投资。母线槽可以在任何地方快速地安装使用，同时配备有多种类型的即插即用配电单元。母线槽主体和接插箱都可以重复使用、重新定位。

（12）绿色产品，节能减排。因其特殊的结构设计以及专利的材料应用，使其传导电力及配电时散热量极低、导电率极高和负载容量更大，可达到或超过传统方式的3倍，同时确保供配电过程中不产生局部温升及打弧等现象， 符合当今绿色数据中心建设趋势的诉求。

（13）美国UEC公司是一家专业的母线槽生产厂商，已有80年母线槽的研发和生产历史，是母线槽全球标准的开创者及制定者。

（14）StarLine母线槽是全球唯一一家同时拥有UL和ETL强电产品全球权威标准认证的母线槽产品，安全性能高。

（15）StarLine母线槽是全球唯一一家支持在母线槽上任意点即插即用、全点带电、满足高密度机房的应用要求的母线槽产品。

（16）StarLine母线槽专注于终端强电精准送配电解决方案，其规格覆盖100～800 A，完全满足终端用电设备的供配电需求。

3 StarLine AC交流母线槽系统配置简述

下图为StarLine AC交流母线槽系统结构示意图。

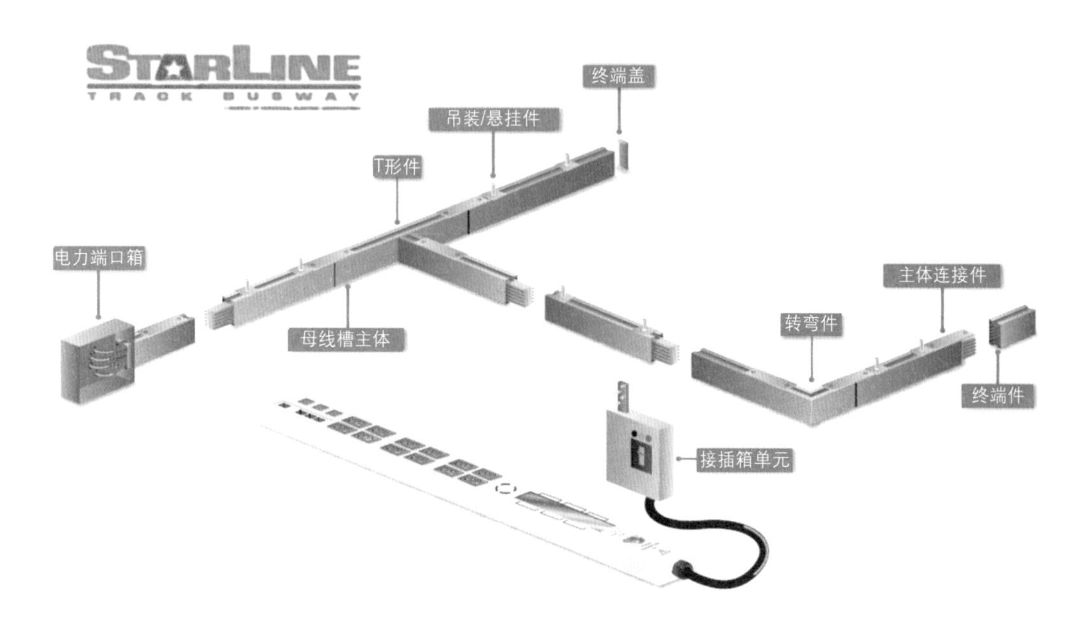

3.1 StarLine AC交流母线槽系统简介

StarLine AC母线槽系统是一种非常灵活的、革命性的电力分配系统，由UEC公司设计、制造、提供的即插即用的电力解决方案，目前已被公认为全球标准。广泛应用于数据中心、测试实验室、展览、零售以及生产工厂。产品的独特之处在于，母线槽可以在任何地方快速地安装使用，无需损失任何正常运行时间。

日益增长的电力密度和电力成本对于使用者来说是一种挑战，StarLine母线槽系统为解决目前存在的配电问题提供了一种最佳的选择。它把传统的、静态的电力分配系统转变为模块化的、因需而建的电力分配系统。它使用灵活、方便移动、迅速增加和改变电力分配模块，无需停机，持续使用，最大化能源效率，同时确保业务的连续性。

该交流母线槽系统提供的插入式配电单元配备多种插座、断路器和耦合器等，系统的核心——简单方便的“旋转－闭锁”连接方式让产品设计得到了改革，在母线槽任意位置上即插即用配电单元，降低了维护和升级当前数据中心的成本。

其原理是：在机柜顶部或地板下预置母线槽，之后根据每一台机柜内设备的需要再单独配置对应的接插箱，任意点放置，对应机柜的摆放位置，非常灵活，每增加一个机柜，只需要在该机柜的对应位置增加一个供电配置（接插箱）即可，部署快速，方便扩展。

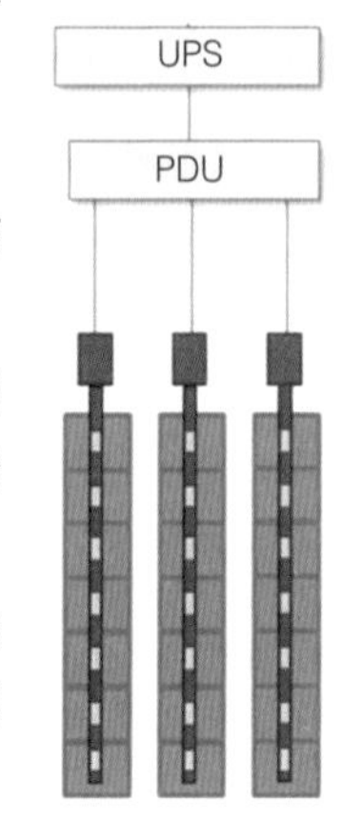

3.2 StarLine AC交流母线槽系统方案组成

图1为StarLine交流母线槽系统该项目应用方案结构图示以及部署示意图。

• AC交流电源：为母线槽输出220～240 V 的AC电源（UPS PDU输出）；

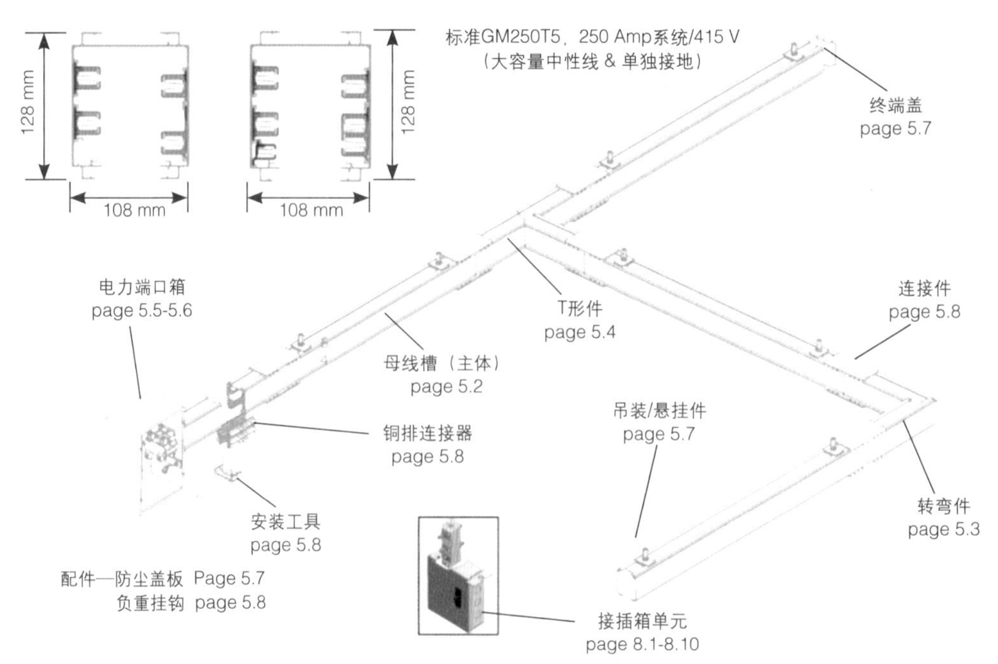

图1 StarLine AC交流母线槽系统应用示意图

• 端口箱单元：带无线电力监控功能，为母线槽主体供电；

• StarLine交流母线槽体（250 A规格主槽体）：用于供给每列AC 250 A三相五线制电流；

• 接插箱单元：从母线槽主体实现电流分流（终端配电），带有AC微型断路器，连接到AC服务器机柜内的PDU上。

通过上述部件完成StarLine交流母线槽系统在该项目中的搭建及应用。

具体图样如图2所示。配置清单见下表。

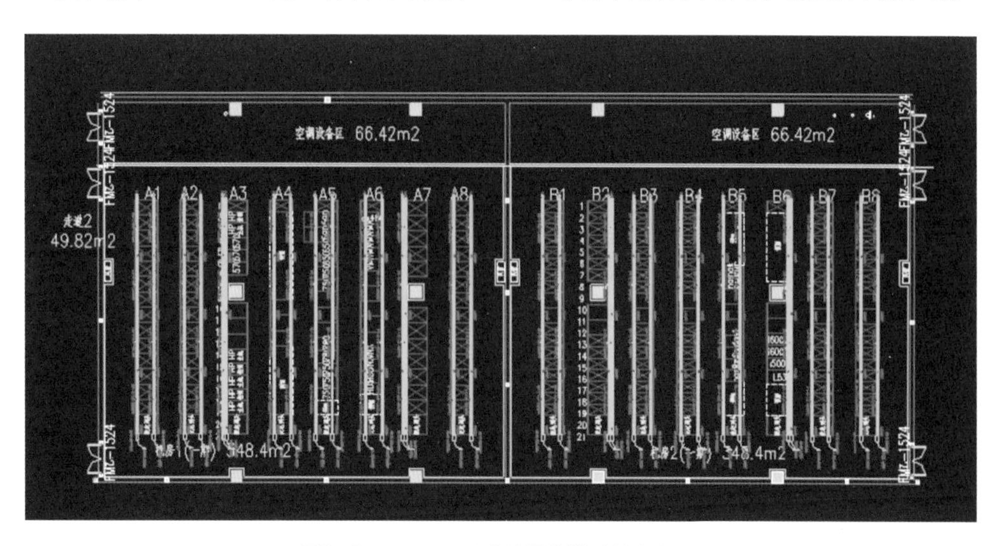

图2 StarLine AC交流母线槽系统路由图

表 配置清单

名称	数量	单位	用途	备注
3 m母线槽	若干	根	3 m的母线槽主体，250 A，415 V，单独G，用于供电	
2 m母线槽	若干	根	2 m的母线槽主体，250 A，415 V，单独G，用于供电	
端口箱	若干	个	250 A 端口供电箱（正向或反向），用于供电起始	
终端盖	若干	个	250 A终端盖，用于供电终端保护	
连接件	若干	个	250 A母线槽连接件，单独G，用于母线槽主体组件导电体连接及外壳等电位跨接	
吊装件	若干	个	250 A母线槽 M12吊装件，用于母线槽主体吊装	
安装工具	若干	个	250 A安装工具，母线槽主体组件间连接安装时使用	
单口32 A 单项接插箱	若干	个	250 A接插箱－内含1个32 A 单项断路器，即1个接插箱上面有1个单项IEC接插头，可以满足1台单项用电设备使用，包含无线电力监控功能	
三口32 A 单项接插箱	若干	个	250 A接插箱－内含3个32 A 单项断路器，即1个接插箱上面有3个单项IEC接插头，可以满足3台单项用电设备使用，包含无线电力监控功能	
单口32 A 三项接插箱	若干	个	250 A接插箱－内含1个32 A 三相断路器，即1个接插箱上面有1个三项IEC接插头，可以满足1台三项用电设备使用，包含无线电力监控功能	

4 参考照片

详见图3和图4。

图3 StarLine AC交流母线槽系统该行数据中心应用现场

图4 StarLineStarLineAC交流母线槽系统该行数据中心应用现场

9 Glossary | 名词解释

数据中心名词解释主要包括供配电系统、布线系统、空调系统、机柜系统和网络系统等，这些名词是数据中心日常工作中不可缺少的重要组成部分。一名合格的数据中心从业人员只有掌握这些常用名词和一些设计思路，才能在数据中心的管理、运行和维护中得心应手。

第九章　名词解释

1. 数据中心（Data Center）

数据中心通常是指在一个物理空间内实现信息的集中处理、存储、传输、交换和管理，而计算机设备、服务器设备、网络设备和存储设备等通常被认为是网络核心机房的关键设备。

关键设备运行所需要的环境因素，如供电系统、制冷系统、机柜系统、消防系统和监控系统等通常被认为是关键物理基础设施。

2. 主机房（Computer Room）

主要用于电子信息处理、存储、交换和传输设备安装和运行的建筑空间，包括服务器机房、网络机房和存储机房等功能区域。

3. 辅助区（Auxiliary Room）

用于电子信息设备和软件的安装、调试、维护、运行监控和管理的场所，包括进线间、测试机房、监控中心、备件库、打印室和维修室等区域。

4. 支持区（Support Area）

支持并保障完成信息处理过程和必要的技术作业的场所，包括变配电室、柴油发电机房、UPS 室、电池室、空调机房、动力站房、消防设施用房、消防和安防控制室等。

5. 行政管理区（Administrative Area）

用于日常行政管理及客户对托管设备进行管理的场所，包括工作人员办公室、门厅、值班室、盥洗室、更衣间和用户工作室等。

6. 冗余（Redundancy）

冗余是重复配置系统的一些部件，当系统中某些部件发生故障时，冗余配置的部件介入并承担故障部件的工作，由此减少系统的故障时间。

7. N－基本需求（Base Requirement）

系统满足基本需求，没有冗余。

8. $N+X$冗余（$N+X$ Redundancy）

系统满足基本需求外，增加了X个单元、X个模块、X个路径或X个系统。任何X个单元、模块或路径的故障或维护不会导致系统运行中断（$X=1\sim N$）。

9. 容错（Fault Tolerant）

容错系统是具有两套或两套以上相同配置的系统，在同一时刻，至少有两套系统在工作，每套系统是（$N+M$，$M=0\sim N$）结构。按容错系统配置的场地设备，至少能经受住一次严重的突发设备故障或人为操作失误事件而不影响系统的运行。

10. 相对湿度（Relative Humidity）

相对湿度ϕ表示空气中水蒸气分压力P_s与同温下饱和水蒸气分压力P_b之比，即$\phi=(P_s/P_b)\times 100\%$。

11. 焓（Enthalpy）

热力学中表示物质系统能量的一个状态函数，表示工质所含的全部热能，等于该工质的内能加上其体积与绝对压力的乘积，常用符号H表示。

12. 加湿量（Humidification）

指单位时间内加入密闭空间、房间或区域的空气中的水分，叫加湿量，单位为kg/h。

13. 能效比（Energy Efficiency Ratio，EER）

在额定工况和规定条件下，空调器进行制冷运行时，制冷量与制冷消耗功率之比。

14. 性能系数（Coefficient of Performance，COP）

在相关标准规定的名义工况下，机组以同一单位表示的制冷（热）量除以总输入电功率得出的比值。

15. 全年能效比（Annual Energy Efficiency

Ratio，AEER）

机房空调进行全年制冷时从室内除去的热量总和与消耗的电量总和之比。

16. 制冷量或制冷能力（Total Cooling Capacity）

空调在额定工况和规定条件下进行制冷运行时，单位时间内从密闭空间、房间或区域内除去的热量总和，单位为kW。

17. 显热制冷量（Sensible Cooling Capacity）

在规定的制冷量实验条件下，空调机从机房或基站除去显热部分的热量，单位为kW。

18. 制冷消耗功率（Refrigerating Consumed Power）

在规定的制冷量试验条件下，机房空调所消耗的总功率，单位为W。

19. 显热比（Sensible Heat Ratio）

显热制冷量与总制冷量的比值，用不大于1的小数表示。

20. 送风量（Indoor Discharge Air-Flow）

空调器用于室内、室外空气进行交换的通风门和排风门（如果有）完全关闭，并在额定制冷运行条件下，单位时间内向密闭空间、房间或区域送入的风量，单位为m^3/h。

21. 冷风比（Cooling-Air Ratio）

在规定的制冷量实验条件下，空调机的总制冷量与每小时送风量之比，单位为W/（m^3/h）。

22. 机外静压

机组风机出口处与回风口处的静压差，单位为Pa。

23. 机房专用空调（Air-Conditioning Unit Dedicated Used in Telecommunication Equipment Room）

机房专用空调是具有高可靠性、高显热比等特点，并具有能自动调节空调参数及进行参数检测、故障报警显示和停电自起动等智能控制功能的空气处理装置。一般送风量较大，空气处理焓差小，显热比大，适合数据中心机房使用。

24. 能量使用效率（Power Usage Effectiveness，PUE）

$$PUE=\frac{\text{Total Facility Power（数据中心总能耗）}}{\text{IT Equipment Power（IT设备总能耗）}}$$

25. 热通道/冷通道（Hot Aisle/Cold Aisle）

热通道/冷通道是数据中心的服务器机柜和其他计算设备的布局设计，对于前进风和后出风机柜，相邻两列机柜面对面背对背摆放，两列机柜的进风口通道形成冷通道，出风口通道形成热通道。热通道冷通道构造旨在通过管理气流来节约能源和降低冷却成本。

26. 乙二醇（或水）干式冷却器（Glycol or Water Drycooler）

由室外空气对散热器内带有排热量的乙二醇溶液（或水）进行冷却的冷却器。被冷却的乙二醇溶液（或水）可以用于制冷系统冷凝器的冷却介质，或者低温季节用于冷却机房内的循环空气。简称干冷器。

27. 双冷源式（Dual Cool）

在风冷式、水冷式机房空调吸热侧的空气处理通道中，再附加一套冷水盘管，其冷水由其他冷源提供，可实现以不同冷源制冷运行的机房空调机。

28. 自然冷却（Free-Cooling）

利用室外的低温空气作为冷源来冷却数据中心的方法，可以有效降低数据中心冷却系统的能耗，减少机械制冷的运行时间。

29. 计算流体动力学（Computation Fluid Dynamics，CFD）

计算流体动力学是以电子计算机为工具，应用各种离散化的数学方法，对流体力学的各类问题进行数值实验、计算机模拟和分析研究。对于数据中心来讲，通过计算流体动力学的方法，动态模拟数据中心内空气的流动速度、温度场、压力分布等参数，可作为设计和优化数据中心空调系统的有效手段。

30. 保护性接地（Protective Earthing）

以保护人身和设备安全为目的的接地。

31. 功能性接地（Functional Earthing）

用于保证设备（系统）正常运行，正确地实现设备（系统）功能的接地。

32. 等电位联结带（Bonding Bar）

将等电位联结网格、设备的金属外壳、金属管道、金属线槽、建筑物金属结构等连接其上形成等电位联结的金属带。

33. 等电位联结导体（Bonding Conductor）

将分开的诸导电性物体连接到接地汇集排、等电位联结带或等电位联结网格的导体。

34. 负载分级（Load Classfication）

（1）一级负载。符合下列情况之一时，应为一级负载：①中断供电将造成人身伤亡时。②中断供电将在政治、经济上造成重大损失时。例如重大设备损坏、重大产品报废、用重要原料生产的产品大量报废、国民经济中重点企业的连续生产过程被打乱需要长时间才能恢复等。③中断供电将影响有重大政治、经济意义的用电单位的正常工作，例如重要交通枢纽、重要通信枢纽、重要宾馆、大型体育场馆以及经常用于国际活动的大量人员集中的公共场所等用电单位中的重要电力负载。在一级负载中，当中断供电将发生中毒、爆炸和火灾等情况的负载以及特别重要场所的不允许中断供电的负载，应视为特别重要的负载。

（2）二级负载。①中断供电将在政治、经济上造成较大损失时，例如主要设备损坏、大量产品报废、连续生产过程被打乱需较长时间才能恢复、重点企业大量减产等；②中断供电将影响重要用电单位的正常工作，例如交通枢纽、通信枢纽等用电单位中的重要电力负载，以及中断供电将造成大型影剧院、大型商场等较多人员集中的重要的公共场所秩序混乱。

（3）三级负载。不属于一级和二级负载者应为三级负载。

35. 列头柜（Array Cabinet）

为成行排列或按功能区划分的机柜提供网络布线传输服务或配电管理的设备，一般位于一列机柜的端头。

36. Ⅰ类电气设备（I Kind Electric Equipment）

除靠基本绝缘防止电击外，还将易触及的外露可导电部分连接到PE 线上，当基本绝缘失效时，外露可导电部分一般不致带危险电位的用电设备。

37. 电气隔离（Electric Isolatetion）

为防电击将一电气器件或电路，与另外的电气器件或电路完全断开的安全措施。

38. 应急电源（Emergency Power）

在正常电源发生故障情况下，为确保一级负载中特别重要负载的供电电源。

39. 保护地（Protecting Earth）

为防电击用来与下列任一部分作电气连接的导线：① 外露可导电部分；②装置外可导电部分；③总接地线或总等电位联结端子；④接地极；⑤电源接地点或人工中性点。

40. 中性线（Neutral Line）

与电源的N点连接并能起传输电能作用的导体。

41. 活动地板（Raised Floor）

电子计算机场地内安装的、可灵活拆装的地板。

42. 开放系统参考模型（Open System Interconnection Reference Model，OSI）

国际标准化组织（ISO）在1984年创建的计算机之间的通信参考模型。为了能够解决不同计算机系统之间的互联问题，国际标准化组织制定了这个OSI模型。OSI将网络通信工作分为七层，由低到高依次为物理层、数据链路层、网络层、传输层、会话层、表示层和应用层。目前数据中心计算机之间的通信机制依然参考该模型：布线对应到物理层；网络接口包含以太网交换机接口和存储交换网络（Storage Area Network，SAN）的光通道接口（FC）；网络层对应到数据中心网络的路由设计及对外网络的连接通道；传输层对应于服务器等系统设备之间交换信息的模式标准；会话层、表示层及应用层对应到服务器等系统设备之间应用层面联动的协议标准接口。

43. 以太网（Ethernet）

以太网是一种计算机局域网组网技术。IEEE制定的IEEE 802.3标准给出了以太网的技术标准，它规定了包括物理层的连线、电信号和介质访问层协议的内容。以太网是当前应用最普遍的局域网技术，传输数据的带宽从10 Mbit/s、100 Mbit/s、1 Gbit/s、10 Gbit/s到100 Gbit/s。数据中心服务器系统之间的互联主要通信接口为以太网，带宽以1Gbit/s和10Gbit/s为主，网线以6类双绞线和光纤为主。

44. 以太网交换机（Ethernet Switch）

连接多个以太网段来组网的网络设备，通常工作在链路层，主要特点是根据服务器网卡地址进行高速的数据转发和交换。纯二层交换机只做以太网的桥接功能。三层交换机除了能够支持二层交换外还可以做三层的路由功能。

45. 路由器（Router）

具有多个网络接口的网络数据转发设备，功能与交换机有部分重叠。主要区别是依据数据包的网络地址，按照网络路由目标进行数据交换。

46. 数据中心以太网交换机（Data Center Ethernet Switch）

具有多个高速以太网接口的以太网交换机，在数据中心中为服务器，存储等资源提供组网连接。通常以高密度的1 Gbit/s/10 Gbit/s的接口为主，密度通常可支持24～500个接口。不同于园区网的交换机，数据中心交换机以高性能，低延迟为特性，再配合以合理的高速接口缓存，能够提供高性能的以太网数据交换转发和在可容忍延迟的情况下极低的丢包率。

47. 光通道交换机（Optical Channel Switch）

提供多个光通道（FC）接口的交换机，连接服务器和存储阵列的存储网络设备。通常在数据中心中为众多服务器群体提供统一的高性能存储资源访问，是虚拟化存储系统的实现基础。

48. 电气电子工程师学会（IEEE）

电气电子工程师学会（Institute of Electrical and Electronics Engineers，IEEE）是一个建立于1963年1月1日的国际性电子技术与电子工程师协会，亦是世界上最大的专业技术组织之一，拥有来自175个国家的36万名会员。数据中心网络的多数标准均来自IEEE。

49. 网际协议IP（Internet Protocol，IP）

网际协议是用于报文交换网络的一种面向数据的协议。目前数据中心的网络通信以IP协议为主导。IP是在TCP/IP协议中网络层的主要协议，任务是仅仅根据源主机和目的主机的地址传送数据。为此目的，IP定义了寻址方法和数据报的封装结构。第一个架构的主要版本，现在称为IPv4，仍然是最主要的因特网协议，尽管世界各地正在积极部署IPv6。

50. 传输控制协议（Transmission Control Protocol，TCP）

传输控制协议是一种面向连接的、可靠的、基于字节流的运输层（Transport Layer）通信协议，由IETF的RFC 793说明（Specified）。在简化的计算机网络OSI模型中，它完成第四层传输层所指定的功能，UDP是同一层内另一个重要的传输协议。在因特网协议族（Internet Protocol Suite）中，TCP层是位于IP层之上，应用层之下的中间层。不同主机的应用层之间经常需要可靠的、像管道一样的连接，但是IP层不提供这样的流机制，而是提供不可靠的包交换。应用层向TCP层发送用于网间传输的、用8位字节表示的数据流，然后TCP把数据流分割成适当长度的报文段（通常受该计算机连接的网络的数据链路层的最大传送单元（MTU）的限制）。之后TCP把结果包传给IP层，由它来通过网络将包传送给接收端实体的TCP层。TCP为了保证不发生丢包，就给每个字节一个序号，同时序号也保证了传送到接收端实体的包的按序接收。然后接收端实体对已成功收到的字节发回一个相应的确认（ACK）；如果发送端实体在合理的往返时延（RTT）内未收到确认，那么对应的数据（假设丢失了）将会被重传。TCP用一个校验和函数来检验数据是否有错误，在发送和接收时都要计算校验和。在数据中心中多数服务器的网络通信连接都会采用TCP的连接。

51. 用户数据报协议（User Datagram Protocol，UDP）

用户数据报协议是一个简单的面向数据报的传输层协议，IETF RFC 768是UDP的正式规范。在TCP/IP模型中，UDP为网络层以下和应用层以上提供了一个简单的接口。UDP只提供数据的不可靠传递，它一旦把应用程序发给网络层的数据发送出去，就不保留数据备份（所以UDP有时候也被认为是不可靠的数据报协议）。UDP在IP数据报的头部仅仅加入了复用和数据校验（字段）。在数据中心网络中有些应用会使用到UDP，如DNS服务等。

52. 光纤通道（Fibre Channel，FC）

光纤通道是一种跟SCSI 或IDE有很大不同的接口，它很像以太网的转换开头。以前它是专为网络设计的，后来随着存储器对高带宽的需求，慢慢移植到现在的存储系统上来了。光纤通道通常用于连接一个SCSI RAID（或其他一些比较常用的RAID类型），以满足高端工作或服务器对高数据传输率的要求。数据中心中的存储网络主要采用FC组网，但需要大量的光纤布线，成本较高。

53. 因特网（Internet）

因特网，就如国与国之间称为“国际”一般，网络与网络之间所串连成的庞大网络，则可译为“网际”网络，是指在ARPA网基础上发展出的世界上最大的全球性因特网络。“互连网”即是“连接网络的网络”，可以是任何分离的实体网络之集合，这些网络以一组通用的协议相连，形成逻辑上的单一网络。这种将计算机网络互相联接在一起的方法称为“网络互联”。数据中心的网络通常会有与因特网的接口。

54. 主配线区（Main Distribution Area，MDA）

计算机房内设置主交叉连接设施的空间。

55. 中间配线区（Intermediate Distribution Area，MDA）

计算机房内设置中间交叉连接设施的空间。

56. 水平配线区（Horizontal Distribution Area，HDA）

计算机房内设置水平交叉连接设施的空间。

57. 设备配线区（Equipment Distribution Area，EDA）

计算机房内由设备机架或机柜占用的空间。

58. 区域配线区（Zone Distribution Area，ZDA）

计算机房内设置区域插座或集合点配线设施的空间。

59. 进线间（Entrance Room）

外部线缆引入和电信业务经营者安装通信设施的空间。

60. 次进线间（Sub Entrance Room）

作为主进线间的扩充与备份。要求电信业务经营者的外部线路从不同路由和入口进入次进线间。当主进线间的空间不够用或计算机房需要设置独立的进线空间时增加次进线间。

61. 机柜（Rack）

装有配线与网络、服务器等设备，引入线路进行线缆端接的封闭式装置。由框架和可拆卸门板组成。

62. 预连接系统（Pretermination System）

由工厂预先定制的固定长度的光缆或铜缆连接系统，包含多芯/根线缆，多个模块化插座/插头或单个多芯数接头组成。

中国数据中心工作组发展大事记

2009年

3月，数据中心工作组成立；
陆续在全国十几个城市举办国标 GB 50174贯标活。

2010年

·举办一系列 GB 50174国家标准技术研讨会活动；
·8月，主办“绿色 IDC机房系统的设计”专题技术培训。

2011年

·4月，主办模块化 /集装箱数据中心研讨会；
·7月，开展税务行业数据中心建设专题技术培训活动；
·8月，发布《数据中心机柜系统技术白皮书》；
·8月，发布《数据中心供配电系统技术白皮书》；
·12月，发布《数据中心机房空调系统技术白皮书》。

2012年

·4月，主办 2012腐蚀性气体对数据中心设备腐蚀及对策国际技术研讨会；
·5月，数据中心工作组专家团队赴日，与日本数据中心协会 JDCC进行学术交流活动；
·6月，针对数据中心建设安全性与可靠性开展专题研讨会；
·7月，与新疆经信委合作主办“绿色数据中心建设新技术交流研讨会”，助推西部数据中心基地建设；
·8月，主办模块化数据中心展示及技术研讨会，现场展示集装箱数据中心、机柜系统、微模块等设备；
·12月，相继召开《数据中心备用电源系统技术白皮书》、《数据中心节能技术白皮书——空调篇》等编制启动大会。

2013年

· 3月，针对设计院举办“数据中心（机房）规划培训”；

· 4月，主办“2013年数据中心节能新技术专题研讨会”；

· 5月，主办“数据中心建设与发展专题（杭州）技术研讨会”；

· 6月，主办“模块化数据中心技术研讨会”；

· 7月，相继开展“最新 TIA 942-A标准解读”、“数据中心高压直流技术应用”专题研讨会；

· 8月，分别针对 40余家设计院单位召开了“数据中心工程标准化建设工作会议”，围绕数据中心标准化建设需求与发展方向等话题，进行了高水平的深入交流；30余家银行、证券和保险单位召开了“中国金融行业数据中心发展论坛”，围绕金融行业数据中心建设话题进行了深入讨论；

· 11月，“2013年度中国优秀数据中心评选”活动落下帷幕，9个类别的奖项花落各家，为国内数据中心行业规范发展带来积极示范效应。

2014年

· 2月，启动“数据中心节能万里行”活动，历时 10个月跨越 9个城市，行程上万里，以数据中心节能理念和技术推广为主题，进行全国范围的推广活动；

· 4月，启动 CDCC（探营活动），先后来到广东申菱空调工厂、北京中移动百万平米国际信息园区考察；

· 5月，CDCC（探营活动）走进发电机民族力量——无锡开普；

· 6月，CDCC成语大会暨成立五周年纪念活动，总结五年来的工作与收获，回顾五年走过的难忘历程；发布《数据中心监控技术白皮书》；

· 7月，第三届中国数据中心设计高峰论坛成功召开，发布《数据中心运维管理技术白皮书》；

· 8月，举办“百家大讲堂”，首期聚焦数据中心光纤应用，CDCC（探营活动）走进打造世界品牌的泰豪电源；

· 9月，发布《数据中心能源白皮书系列——数据中心能源构架篇》；

· 10月，举办“中国 IDC建设与发展高端研讨会”，定向邀请 IDC行业用户高管人员，聚焦 IDC数据中心技术话题探讨与应用经验分享。

特别鸣谢

在《中国数据中心技术指针》正式出版发行之际，谨代表中国数据中心工作组，向以下曾经参与编写《数据中心技术白皮书》的各单位及专家代表深表感谢。

《数据中心供配电系统技术白皮书》

主编单位：中国工程建设标准化协会信息通信专业委员会数据中心工作组

参编单位：

艾默生网络能源有限公司　　世源科技工程有限公司

西门子（中国）有限公司　　北京捷联设备有限公司

艾科沃电力系统设备（北京）有限公司　　康明斯电力

施耐德电气（中国）投资有限公司　　伊顿电源（上海）有限公司

北京捷通机房设备工程有限公司　　思瓦奇电子系统（上海）有限公司

课题技术负责人：钟景华

主要起草人员：曹 播　丁麒钢

参编人：姚 赟　胡宏宇　邓 馨　王 桓　张 华　贾佰山　赵德秀　张大红　王 伟　陈 军

主要审查人员：李道本　葛大麟　丁 杰　温伯银　董 青　韩 林　刘喜明　晁怀颇

《数据中心机柜系统技术白皮书》

主编单位：中国工程建设标准化协会信息通信专业委员会数据中心工作组

参编单位：

上海杜尔瑞克电子设备有限公司　　世源科技工程有限公司

日东工业（中国）有限公司　　威图电子机械技术（上海）有限公司

查沃丝(上海)贸易有限公司　　泛达网络产品国际贸易（上海）有限公司

浙江一舟电子科技股份有限公司　　奔泰电子机电设备（青岛）有限公司

艾默生网络能源有限公司

课题技术负责人：钟景华

主要起草人：何云晖

主要参编人：足立文明　丁 静　韩 勇　梁 俊　王 湜　李军波

主要审查人：李思林　贾允超　张 愚　肖必龙

《数据中心空调系统技术白皮书》

主编单位：中国工程建设标准化协会信息通信专业委员会数据中心工作组

参编单位：

艾默生网络能源有限公司　　世源科技工程有限公司

捷联克莱门特集团　　世图兹空调技术服务（上海）有限公司

日立（中国）有限公司　　深圳市英维克科技有限公司

威图电子机械技术（上海）有限公司　　北京科瑞机电工程有限公司

嘉贝德（上海）环境科技有限公司　　深圳睿立方智能科技有限公司

普拉飞（Purafil）空气净化设备公司

课题技术负责人：钟景华

主要起草人：王前方　陈　川

主要参编人：姚　赟　王铁旺　张　敬　谢　波　李　进　曾春利　程晓涛　高奎贞　杨建光

主要审查人员：汤中才　唐玛丽　曲海峰　李必胜　白桂华　朱利伟

《数据中心网络系统技术白皮书》

主编单位：中国工程建设标准化协会信息通信专业委员会数据中心工作组

参编单位：

思科系统（中国）信息技术服务有限公司　华为技术有限公司

国际商业机器公司　杭州华三通信技术有限公司

世源科技工程有限公司　美国康普公司

美国西蒙公司　泛达网络产品国际贸易（上海）有限公司

罗森伯格亚太电子有限公司

课题技术负责人：钟景华

主要起草人：汪　澍　庞俊英

参编人：孙玉武　王宏亮　兴　嘎　陈宇通　梁　俊　孙慧永

主要审查人：庞俊英　王　为　李必胜　王　喆　邵正强　谭　俊

《数据中心布线系统工程技术应用技术白皮书》

主编单位：

美国西蒙公司　南京普天楼宇智能有限公司

美国康普国际控股有限公司　浙江一舟电子科技股份有限公司

德特威勒电缆系统（上海）有限公司　3M中国有限公司

泰科电子（上海）有限公司　贝迪印刷（北京）有限公司

美国康宁通信（大中华区）　美国福禄克公司

Molex莫仕商贸（上海）有限公司　泛达网络产品国际贸易（上海）有限公司

罗森伯格亚太电子有限公司　施耐德电气(中国)投资有限公司

上海天诚通信技术有限公司　无锡 TCL罗格朗低压电器有限公司

西蒙电气（中国）有限公司　深圳日海通迅技术股份有限公司

西安开元电子实业有限公司

技术指导：张　宜

主要编写人：陈宇通　冯　岭　吴　健　王剑春　肖必龙　曾松鸣　常大钊　杨艳红　祝　君　丁　炜　房　毅　尹　岗　金海涛　白　波　孙慧永　师　伟　黎镜锋　潘立新　仲　林　李　刚　王公儒　张　伟　王　为　张燕东

主要审查人：李雪佩　张文才　钟景华　张成泉　朱立彤